子流形理论与应用丛书

子流形低阶曲率泛函变分研究

Variation Research to Low Order Curvature Functional of Submanifolds

刘　进　　许中杰　　著

U0209560

国防科技大学出版社

湖南长沙

内容简介

低阶曲率是子流形最重要的刻画特征。本书在泛函层面系统地用变分理论对子流形低阶曲率泛函进行了研究。全书分为三部分。第一部分为第1章，介绍低阶曲率泛函的几个典型范例的研究现状。第二部分为第2章至第7章，介绍和推导了本书的理论基础。第三部分为第8章至第13章，抽象地研究了最一般的低阶曲率泛函，计算了泛函的第一变分和第二变分，构造了多种泛函和例子，讨论了临界点子流形的间隙现象。全书论述简练、推导严密，适合数学与图形处理专业以及理论力学的研究生及科研工作者参考。

图书在版编目（CIP）数据

子流形低阶曲率泛函变分研究 / 刘进, 许中杰著.— 长沙：国防科技大学出版社, 2014.6

ISBN 978-7-5673-0275-4

I.①子… II.①刘… ②许… III.①子流形－曲率泛函－变分（数学）－研究 IV.① O189.3

中国版本图书馆CIP数据核字(2014)第108988号

国防科技大学出版社出版

电话：(0731)84572640　　邮政编码：410073

http://www.gfkdcbs.com

责任编辑：谷建湘　　LATEX排版：谷建湘

国防科技大学印刷厂印刷

开本：890 × 1240　1/32　印张：10.5　字数：312 千

2014年6月第1版第1次印刷　印数：1－1000册

定价：30.00元

前　言

平均曲率H^2、全曲率模长S、迹零曲率模长ρ等是子流形最重要的三个低阶曲率。平均曲率H^2可以刻画极小子流形，全曲率模长S用于刻画极小子流形的间隙现象的实验函数，迹零曲率模长ρ涉及Willmore猜想。关于以上三个曲率的泛函分别已有具体的结果。一个自然的想法是构造抽象的泛函$\int_M F(S, H^2)dv$，来统一已有的体积泛函$\int_M dv$、Willmore泛函$\int_M \rho^{\frac{n}{2}}dv$和全曲率模长泛函$\int_M S^r dv$的研究并发展新的定理。

本书的主要目的在于系统地用变分理论研究子流形的低阶曲率泛函。全书共分十三章，可以归纳为三部分。第一部分为第1章，主要介绍体积泛函、Willmore泛函、全曲率模长泛函、平均曲率模长泛函的国内外研究现状，并以此为启发提出可否统一研究低阶曲率泛函。第二部分是基础理论篇，包括第2章至第7章。各章的内容和作用不一。第2章精炼介绍微分几何的基本方程和定理，为后面各章提供预备知识；第3章推导子流形几何的基本方程和变分法基本公式，是本书的理论基础；变分法的计算中通常非常复杂，为了简化公式和计算过程，第4章研究了流形第二基本型的组合构造方法——Newton变换法，推导了新构造的张量的基本性质，是对第三章内容的扩充和精细；自伴算子是子流间隙现象研究的有效工具，第5章利用Newton张量设计了多种几何意义明确的自伴算子，并对几种典型函数做了精细的计算；子流形中几何量的估计涉及各种精巧的不等式和方法，第6章归纳了子流形研究常用的不等式；体积泛函是进行子流形研究的启发点，第7章作者给出了极小子流形简约的一些结果。第三部分是本书的核心篇章，包括第8章至第13章。各章的主题不一。第8章定义了最一般的低阶曲率泛函。第9章计算了低阶曲率泛函的第一变分公式，这是整个研究的基础。在第一变分公式的基础上，在第10章作者综合运用代数、方程的手段构造了典型的临界子流形。在第11章，作者计算了低阶曲率泛函的第二变分公式，适用范围广泛。第12章推导了子流形几何中非常奇异的Simons类型积分不等式。第13章详细讨论了各类型低阶曲率泛函的间隙现象，定出了间隙端点对应的特殊子流形，是全书的精华部分。

　　本书由两位作者联合完成。第1、3、4、8、10、11、12、13章由刘进执笔，第2、5、6、7、9章由许中杰执笔。全书由刘进统稿。

　　本书是我们对子流形低阶曲率泛函的一个粗浅阐述。由于作者水平有限，错误和失误难免，请各位专家批评指正。

刘　进　许中杰

2014年6月

目　录

第1章 绪论：子流形的曲率泛函

极小子流形的研究对于中国学者而言，一般遵循三篇基本的文献：一篇为Simons 的论文，参见文献[1]；一篇为陈省身先生的Kansas讲义，参见文献[2]；一篇为Chern do 和Carmo Kobayashi合写的著名论文，参见文献[3]。陈省身在讲义中用活动标架法对文献[1]中的内容进行了简化和深化。论文[3] 的内容引领了一种学术主题的发展，是子流形变分法理论、间隙现象、锥子流形研究方面的"圣经"级参考资料。在讲义中，推导了子流形的基本结构方程；计算了体积泛函的第一变分；对欧氏空间的极小子流形进行了微分刻画，推导了著名的函数图极小方程，介绍了Bernstein定理的演化进程；用复变函数（等温坐标，黎曼曲面）对欧氏空间的可定向二维极小曲面进行了刻画；对单位球面中的极小子流形的结构方程进行了推导，给出了几个典型例子，特别是Clifford 超曲面与Veronese 曲面；计算了第二基本型的Laplacian；利用此计算结合精巧的不等式分析导出了Simons 积分不等式；利用结构方程和Frobenius定理确定了间隙端点对应的特殊子流形；在第一变分公式的基础上计算了第二变分公式；最后讨论了锥子流形的稳定性的特征值刻画问题。

1.1 极小子流形及其推广

设$x: M^n \to N^{n+p}$是子流形，$e_1, \cdots, e_n, \cdots, e_{n+p}$是局部活动标架，使得$e_1, \cdots, e_n$是子流形$M$的切空间的标架，$e_{n+1}, \cdots, e_{n+p}$是子流形$M$的法空间的标架，$e_1, \cdots, e_n$的对偶标架记为$\theta^1, \cdots, \theta^n$. 子流形一个基本的事实是$\theta^{n+1} = \cdots = \theta^{n+p} = 0$. 在经典微分几何中我们知道，子流形的形态不仅由它的第一基本形式——度量结构决定，而且依赖它在原流形中的浸入方式——第二基本型

$$B = h_{ij}^{\alpha} \theta^i \otimes \theta^j \otimes e_{\alpha} = B_{ij} \theta^i \otimes \theta^j.$$

定义

$$\vec{H} = H^\alpha e_\alpha, \quad H^\alpha = \frac{1}{n} \sum_i h_{ii}^\alpha.$$

通过简单的代数计算，我们知道上面定义的向量场$\vec{H}$是一个整体量。

定义 1.1 (代数刻画)　设$x: M^n \to N^{n+p}$是子流形, 称其为极小子流形如果

$$\vec{H} = 0.$$

特别地, 如果原流形N^{n+p}是空间形式$R^{n+p}(c)$(具有常截面曲率的单连通完备的黎曼流形), 则对于子流形的浸入方式x可以进行协变导数微分。设ϕ_i^j为子流形切空间TM上的联络形式, ϕ_α^β是子流形$T^\perp M$的法联络, 我们知道子流形的运动方程为

$$\mathrm{d}x = \theta^i e_i;$$

$$\mathrm{d}e_i = \phi_i^j e_j + \phi_i^\alpha e_\alpha - c\theta^i x;$$

$$\mathrm{d}e_\alpha = \phi_\alpha^i e_i + \phi_\alpha^\beta e_\beta.$$

利用运动方程对位置向量x计算协变导数得到

$$\mathrm{d}x = \theta^i e_i, \quad x_{,i} = e_i,$$

$$x_{,ij}\theta^j = \mathrm{d}x_{,i} - x_{,j}\phi_i^j = \mathrm{d}e_i - \phi_i^j e_j = h_{ij}^\alpha \theta^j e_\alpha - c\delta_{ij}\theta^j x,$$

$$x_{,ij} = h_{ij}^\alpha e_\alpha - c\delta_{ij}x, \quad \Delta(x) + ncx = n\vec{H}.$$

因此, 空间形式中的子流形可以做如下的微分刻画。

定义 1.2 (微分刻画)　设$x: M^n \to R^{n+p}(c)$是子流形, 称其为极小子流形如果

$$\Delta(x) + ncx = 0.$$

如果仔细寻找历史, 可以知道极小子流形与面积泛函有极大的联系。实际上设$D \in R^2$是平面上的一个区域, ∂D是一条Jordan封闭曲线,

在 ∂D 上我们可以定义一条三维欧氏空间 R^3 中的封闭 Jordan 曲线：

$$\Gamma : \partial D \to R^3.$$

一个问题是，以封闭的三维空间中的 Jordan 曲线为边界张成的曲面，什么时候面积最小？这个问题的物理意义在于自然世界中各种液相和气相交界的曲面形状往往满足最小面积原理。回答这个问题的思路在于利用变分法原理推导面积泛函的临界点方程。实际上，设曲面可用一个显示表达：

$$f : D \to R, \quad (x, y) \to f(x, y),$$

同时应该满足约束条件

$$(x, y, f(x, y)) \mid_{\partial D} = \Gamma.$$

曲面的面积微元表达为

$$\sqrt{1 + |\nabla f|^2} \mathrm{d}x\mathrm{d}y,$$

因此问题的目标函数为

$$A(f) = \int_D \sqrt{1 + |\nabla f|^2} \mathrm{d}x\mathrm{d}y.$$

我们定义函数空间

$$H_\Gamma = \{f : f \in C^2(D), (x, y, f(x, y)) \mid_{\partial D} = \Gamma\}.$$

为了获得具有线性结构的函数空间，定义

$$H_0 = \{f : f \in C^2(D), \quad (x, y, f(x, y)) \mid_{\partial D} = 0\}.$$

函数空间 H_0 和 H_Γ 的关系是一个线性平移关系，即

$$\forall f \in H_\Gamma, \quad H_\Gamma = f + H_0.$$

因此问题可以描述为

$$\min_{f \in H_\Gamma} A(f) = \min_{f \in H_\Gamma} \int_D \sqrt{1 + |\nabla f|^2} \mathrm{d}x\mathrm{d}y,$$

利用 H_0 空间可以表示为

$$\min_{\phi \in H_0} = A(f + \phi) = \min_{\phi \in H_0} \int_D \sqrt{1 + |\nabla f + \nabla \phi|^2} \mathrm{d}x \mathrm{d}y.$$

如果 f 就是泛函的极小点，那么必须满足

$$\frac{\mathrm{d}}{\mathrm{d}t} A(f + t\phi)|_{t=0} = 0,$$

经过简单的计算得到

$$\mathrm{div} \frac{\nabla f}{\sqrt{1 + |\nabla f|^2}} = 0.$$

在微分几何中，函数图 $(x, y, f(x, y))$ 的平均曲率可以表示为

$$H = \frac{1}{2} \mathrm{div} \frac{\nabla f}{\sqrt{1 + |\nabla f|^2}}.$$

因此面积泛函的极小点就是函数图的极小。

将上面的思想进行抽象可以得到子流形的体积泛函：

$$Vol(M) = \int_M \theta^1 \wedge \cdots \wedge \theta^n = \int_M \mathrm{d}v.$$

体积泛函是子流形最简单最自然的泛函。设 $V = V^\alpha e_\alpha$ 是法向的变分向量场，经过计算我们得到

$$\frac{\mathrm{d}}{\mathrm{d}t}|_{t=0} Vol(M) = -\int_M N \langle \vec{H}, V \rangle \mathrm{d}v.$$

因此体积泛函的临界点方程是 $\vec{H} = 0$.

定义 1.3 (变分刻画)   设 $x : M^n \to N^{n+p}$ 是子流形，称其为极小子流形如果在紧致法向变分条件下它是体积泛函

$$Vol(M) = \int_M \theta^1 \wedge \cdots \theta^n = \int_M \mathrm{d}v$$

的临界点。

1.1.1   代数刻画推广：高阶极小子流形

我们观察第二基本型，通过基本的代数运算，可以实现对极小子流形的推广。

设 $x: M^n \to N^{n+1}$ 是一个超曲面，第二基本型表示为

$$B = h_{ij}\theta^i \otimes \theta^j.$$

对于矩阵 $(h_{ij})_{n \times n}$ 我们可以研究其基本多项式

$$S_0 \overset{\text{def}}{=} 1, \quad S_1 = \sum_{ii} h_{ii}, \quad \cdots, \quad S_r = \frac{1}{r!}\delta_{i_1 \cdots i_r}^{j_1 \cdots j_r} h_{i_1 j_1} \cdots h_{i_r j_r}, \quad \cdots, \quad S_n = \det(h_{ij}).$$

我们知道极小子流形是由

$$S_1 = 0$$

来刻画的。因此我们可以作下面的定义。

定义 1.4 (代数刻画) 设 $x: M^n \to N^{n+1}$ 是子流形，称其为 r 极小子流形，如果

$$S_{r+1} = 0, \quad \forall r \in \{0, 1, \cdots, n\}.$$

显然，0 极小就是经典意义上的极小。

对于余维数大于 1 的子流形 $x: M^n \to N^{n+p}, p \geqslant 2$，借助于

$$B_{ij} = h_{ij}^\alpha e_\alpha,$$

我们可以定义曲率函数和向量场：

- 对余维数大于 1，$r \in \{0, 1, \cdots, n\}$ 且为偶数的情况，

$$S_r = \frac{1}{r!}\delta_{i_1 \cdots i_r}^{j_1 \cdots j_r} \langle B_{i_1 j_1}, B_{i_2 j_2} \rangle \cdots \langle B_{i_{r-1} j_{r-1}}, B_{i_r j_r} \rangle.$$

- 对余维数大于 1，$r \in \{0, 1, \cdots, n\}$ 且为奇数的情况，

$$\vec{S}_r = \frac{1}{r!}\delta_{i_1 \cdots i_r}^{j_1 \cdots j_r} \langle B_{i_1 j_1}, B_{i_2 j_2} \rangle \cdots \langle B_{i_{r-2} j_{r-2}}, B_{i_{r-1} j_{r-1}} \rangle B_{i_r j_r}.$$

我们知道极小子流形是由

$$\vec{S}_1 = 0$$

来刻画的。

定义 1.5 (代数刻画) 设 $x: M^n \to N^{n+p}, p \geqslant 2$ 是子流形，$r \in \{0, 1, \cdots, n\}$ 且

为偶数, 称其为 r 极小子流形, 如果

$$\vec{S}_{r+1} = 0.$$

显然, 0 极小就是经典意义上的极小。

设 $R^{n+p}(c)$ 是空间形式, 当 $c = 1$ 时, 它是单位球面; 当 $c = 0$ 时, 它是欧氏空间; 当 $c = -1$ 时, 它是双曲空间。约定:

- $0 \leqslant r_1 < r_2 < \cdots < r_s \leqslant (n-1)$, 所有 r_i 都是偶数, 记
$$\overrightarrow{r+1} = (r_s + 1, \cdots, r_1 + 1), \quad \vec{r} = (r_s, \cdots, r_1).$$

- $\lambda_1, \cdots, \lambda_s \in R$ 都是实常数, $\lambda_s = 1$, 记
$$\vec{\lambda} = (\lambda_s, \cdots, \lambda_1).$$

定义 1.6 (代数刻画) 称 $x : M \to R^{n+p}(c)$ 是一个 $(\overrightarrow{r+1}, \vec{\lambda})$-平行子流形, 如果满足

$$\vec{S}_{(\overrightarrow{r+1}, \vec{\lambda})} \stackrel{\text{def}}{=} \sum_{i=1}^{s} (r_i + 1) \lambda_i \vec{S}_{r_i+1} = 0.$$

显然, $(\overrightarrow{r+1}, \vec{\lambda})$-平行子流形概念是极小和 r 极小概念的推广。

1.1.2 微分刻画推广: Newton 张量和平行曲率

设 $x : M^n \to R^{n+p}(c)$ 是空间形式中的子流形, 借助于第二基本型的 Newton 变换可以得到一类典型的自伴算子, 它们是 Laplacian 算子的自然推广。

设 $x : M^n \to N^{n+1}$ 是一个超曲面, 第二基本型表示为

$$B = h_{ij} \theta^i \otimes \theta^j.$$

对于矩阵 $(h_{ij})_{n \times n}$, 定义 Newton 张量为

$$T_{(r)i}^{\ j} = \frac{1}{r!} \delta_{i_1 \cdots i_r i}^{j_1 \cdots j_r j} h_{i_1 j_1} \cdots h_{i_r j_r}, \quad \forall r \in \{0, 1, \cdots, n\}.$$

显然

$$T_{(0)i}^{\ j} = \delta_i^j, \quad T_{(n)i}^{\ j} = 0.$$

定义微分算子 L_r：

$$L_r f = T_{(r)i}^{\;j} f_{,ij}, \quad \forall f \in C^\infty(M).$$

容易观察得到

$$L_0 = \Delta, \quad L_n = 0.$$

利用算子 L_r 作用于超曲面的位置向量 x 可以得到

$$L_r x = (r+1)S_{r+1} - c(n-r)S_r x.$$

定义 1.7 (微分刻画)　设 $x : M^n \to R^{n+1}(c)$ 是超曲面，称其为 r 极小子流形，如果

$$(L_r + (n-r)cS_r)x = 0.$$

对于余维数大于 1 的子流形 $x : M^n \to N^{n+p}$，$p \geqslant 2$，借助于

$$B_{ij} = h_{ij}^\alpha e_\alpha$$

可以定义 Newton 张量，此时一般只能对 $r \in \{0, 1, \cdots, n\}$ 且为偶数定义：

$$T_{(r)i}^{\;j} = \frac{1}{r!} \delta_{i_1 \cdots i_r, i}^{j_1 \cdots j_r, j} \langle B_{i_1 j_1}, B_{i_2 j_2} \rangle \cdots \langle B_{i_{r-1} j_{r-1}}, B_{i_r j_r} \rangle.$$

定义微分算子 L_r：

$$L_r f = T_{(r)i}^{\;j} f_{,ij}, \quad \forall f \in C^\infty(M).$$

定义 1.8 (微分刻画)　设 $x : M^n \to R^{n+p}(c), p \geqslant 2$ 是子流形，$r \in \{0, 1, \cdots, n\}$ 且为偶数，称其为 r 极小子流形，如果

$$(L_r + (n-r)cS_r)x = 0.$$

当 r 是偶数时，定义算子 Q_r：

$$Q_r = L_r + c(n-r)S_r.$$

利用 Q_r 算子作用于位置向量 x，有

$$Q_r x = (r+1)\vec{S}_{r+1}.$$

定义 1.9　称 $x: M \to R^{n+p}(c)$ 是一个 $(\overrightarrow{r+1}, \vec{\lambda})$ 平行子流形, 如果

$$\sum_{i=1}^{s} \lambda_i Q_{r_i} x = 0.$$

除了上面的推广之外, 还有一种重要的微分刻画推广。

定义 1.10 (微分刻画)　设 $x: M^n \to N^{n+p}$ 是子流形, 称其为平行平均曲率子流形, 如果

$$D\vec{H} = 0.$$

显然, 平行平均曲率子流形是极小子流形的推广。

1.1.3　变分刻画推广: 广义体积泛函

设 $x: M^n \to R^{n+p}(c)$ 是空间形式中的极小子流形, 其可用体积泛函来刻画:

$$Vol(x) = \int_M \theta^1 \wedge \theta^2 \cdots \theta^n = \int_M dv.$$

一个自然的问题是, 如何用泛函来刻画上文所定义的 r 阶极小和 $(\overrightarrow{r+1}, \vec{\lambda})$-平行子流形。通过猜想和计算, 我们可以构造出所需要的泛函, 称之为广义体积泛函。

对于 r 阶极小子流形, 我们引进所谓的 J_r 泛函, 其中 r 是偶数并且 $r \in \{0, 1, \cdots, n-1\}$。首先归纳定义函数:

$$F_0 = 1, \quad F_r = S_r + \frac{(n-r+1)c}{r-1} F_{r-2}, \quad 2 \leqslant r \leqslant n-1.$$

然后定义泛函

$$J_r = \int_M F_r(S_0, S_2, \cdots, S_r) dv.$$

对任意的向量场

$$V = V^\top + V^\perp = V^i e_i + V^\alpha e_\alpha,$$

有

$$J_r'(t) = -\int_{M_t} \langle (r+1)\vec{S}_{r+1}, V \rangle dv.$$

因此, 我们有下面的定义。

定义 1.11 (变分刻画) 设 $x : M^n \to R^{n+p}(c)$ 是子流形，$r \in \{0, 1, \cdots, n\}$ 且为偶数，称其为 r 极小子流形，如果子流形 M 是泛函 J_r 的临界点。

对于 $(\overrightarrow{r+1}, \vec{\lambda})$-平行子流形，我们研究的泛函是 J_r 泛函的线性组合。定义泛函

$$A_{\vec{r},\vec{\lambda}} = \sum_{i=1}^{s} \lambda_i J_{r_i}.$$

对任意的向量场

$$V = V^\top + V^\perp = V^i e_i + V^\alpha e_\alpha,$$

有

$$\frac{\mathrm{d}}{\mathrm{d}t} A_{\vec{r},\vec{\lambda}} = - \int_{M_t} \langle \vec{S}_{(\overrightarrow{r+1},\vec{\lambda})}, V \rangle \mathrm{d}v.$$

定义 1.12 (变分刻画) 设 $x : M^n \to R^{n+p}(c)$ 是子流形，称其为 $(\overrightarrow{r+1}, \vec{\lambda})$-平行子流形，如果子流形 M 是泛函 $A_{\vec{r},\vec{\lambda}}$ 的临界点。

1.2 重要的低阶曲率泛函

在子流形几何中，通过第二基本型

$$B = h_{ij}^\alpha e_\alpha \otimes \theta^i \otimes \theta^j,$$

我们可以定义三个最重要的几何量。

第一个基本的几何量是平均曲率模长

$$H^2 = \sum_\alpha (H^\alpha)^2,$$

其中 H^α 是平均曲率分量，定义为

$$H^\alpha = \frac{1}{n} \sum_i h_{ii}^\alpha.$$

如前面所述，极小子流形可以通过平均曲率来刻画，一个子流形被称为极小子流形当且仅当

$$H^\alpha = 0, \quad \forall \alpha.$$

上式等价为

$$H^2 = 0.$$

显然, 平均曲率模长 H^2 满足如下性质:

（1）非负性。平均曲率模长 H^2 非负, 即 $H^2(Q) \geqslant 0$, $\forall Q \in M$.

（2）零点即极小点。平均曲率模长 H^2 的零点即为极小点, 即 $H^2(Q) = 0$ 当且仅当 Q 是 M 的极小点。

（3）有界性。因为 M 是紧致无边流形, 所以平均曲率模长 H^2 可被一个与流形 M 有关的正常数 C_1 控制, 即 $0 \leqslant H^2 \leqslant C_1$.

第二个基本的几何量为第二基本型曲率模长

$$S = \sum_{\alpha i j} (h_{ij}^{\alpha})^2,$$

简称之为基本型全模长。显然, 基本型全模长 S 满足如下性质:

（1）非负性。基本型全模长 S 非负, 即 $S(Q) \geqslant 0$, $\forall Q \in M$.

（2）零点即测地点。基本型全模长 S 的零点即为测地点, 即是 $S(Q) = 0$ 当且仅当 Q 是 M 的测地点。

（3）有界性。因为 M 是紧致无边流形, 所以基本型全模长 S 可被一个与流形 M 有关的正常数 C_2 控制, 即 $0 \leqslant S \leqslant C_2$.

第三个基本的几何量为 Willmore 不变量

$$\rho = S - nH^2.$$

其中 S 表示基本型全模长, H^2 表示平均曲率模长。Willmore 不变量的另一种计算方法为

$$\rho = \sum_{ij\alpha} (\hat{h}_{ij}^{\alpha})^2.$$

其中 $\hat{h}_{ij}^{\alpha} = h_{ij}^{\alpha} - H^{\alpha}\delta_{ij}$. 此种计算方法表明了 Willmore 不变量具有较好的共形性质, 实际上我们可以构造出一个共形不变量

$$\rho^{\frac{n}{2}} \mathrm{d}v.$$

由其构造的泛函即为微分几何中著名的 Willmore 泛函。显然, Willmore 不变量 ρ 满足如下性质:

（1）非负性。Willmore不变量ρ非负，即$\rho(Q) \geqslant 0, \forall Q \in M$.

（2）零点即全脐点。Willmore不变量ρ的零点即为全脐点，即$\rho(Q) = 0$当且仅当Q是M的全脐点。

（3）有界性。因为M是紧致无边流形，所以Willmore不变量ρ可被一个与流形M有关的正常数C_3控制，即$0 \leqslant \rho \leqslant C_3$.

以上的三个几何量是子流形几何中最重要的低阶几何量，刻画了子流形最重要的特征。例如平均曲率$H^\alpha = 0$刻画了极小子流形，全曲率模长$S = 0$刻画了全测地子流形，Willmore不变量$\rho = 0$刻画了全脐子流形。

Willmore泛函是一类重要的几何泛函，具有共形不变形：

$$W_{(n, \frac{n}{2})} = \int_M \rho^{\frac{n}{2}} \mathrm{d}v.$$

"Willmore猜想"是对其下界的估计。

关于Willmore泛函有各种推广，李海中和郭震考虑了所谓的extremal Willmore泛函为

$$W_{(n,1)} = \int_M \rho \mathrm{d}v.$$

进一步，吴兰教授研究了幂函数类型的Willmore泛函

$$W_{(n,r)} = \int_M \rho^r \mathrm{d}v.$$

微分几何中有一个关于Willmore泛函的系统性的著名猜想，现在学术界称为"Willmore猜想"，它是以英国数学家Willmore[6-9]的名字冠名，追溯历史，实际上与Gauss也有关。Chen B. Y. 在文献[10]中指出其是共形不变泛函。王长平在文献[11]中从Moebius几何的角度出发，定义了其完全的不变量谱系，同样指出Willmore泛函是共形不变泛函，并且与研究团队成员李同柱、马翔、王鹏，聂圣智等按照Moebius几何的纲领，对Willmore子流形特别是Willmore曲面进行了全方位的研究，可见系列文献[11－23]。Pinkall在文献[24]中对Willmore 类型的子流形推导了一些不等式，对讨论间隙现象有一定用处。李海中在系列文献[25－27]中按照欧氏小变量体系分别计算了Willmore泛函的第一变分公式，

推导了Simons类积分不等式，定出了间隙端点对应的特殊子流形，提出了Clifford 环面 对偶的Willmore环面的概念。郭正利用郑绍远－丘成桐在文献[28] 中发明的一种自伴算子研究Willmore泛函得到相似的间隙现象的结论。

在曲面情形，李海中和德国的Udo Simon在文献[29]中讨论了多种曲面的量子化现象。在Willmore子流形的构造方面，李海中、胡泽军、Luc Vranken三人合作在文献[30,31]中，分别利用复欧氏空间Lagrange球面和两条曲线的张量乘法实现了不平凡例子。唐梓洲与严文娇等在系列文献[32,33]中利用等参函数、Clifford代数与代数拓扑构造了Willmore超曲面的例子，意义非常深刻，值得花费时间去学习。魏国新利用常微分方程关于旋转超曲面的研究[34,35]可用于Willmore类型子流形的构造。

为了研究经典Willmore子流形的稳定性，Palmer在文献[36,37]对Willmore曲面的共形Gauss映射和稳定性之间的关系进行了研究，并计算了第二变分公式。李海中、王长平和郭正在文献[38]中对于高维情形计算了的第二变分公式，非常复杂，在此基础上证明了经典Willmore环面的稳定性。Willmore泛函的重要性，使得对其有很多的推广。Cai M. 在文献[39]中对曲面情形研究了所谓的L^p-Willmore 泛函，在一定条件下证明了一些积分下界的重要估计。郭正、李海中和许洪伟在文献[40]中分别对extreme-Willmore泛函进行了研究，郭正、李海中计算了第一变分公式，建立了积分不等式，讨论了间隙现象（点点），刻画了Clifford环面和Veronese曲面，许洪伟从整体间隙现象出发讨论了类似的结论。吴兰在文献[41]中对幂函数形式的Willmore泛函做了同样的研究流程。受上面的启发，我们在文献[98]中提出了F-Willmore泛函的概念，得到了抽象的第一变分公式、抽象的Simons类积分不等式，抽象讨论了间隙现象，定出了间隙端点的特殊子流形，这些结果在某种意义上统一了前面的结果。通过子流形共形变换，我们知道其是高阶的共形不变积分。郭正对此展开了系统的研究[43]，一方面计算了变分公式，另一方面利用曲线张量乘法和旋转超曲面实现了某些临界子流形例子的构造，这是值得注意的工作。

在其他方面，周家足发表系列文献[44－47]基于凸几何理论，对凸的闭的超曲面Willmore泛函的下界进行了估计，特别是对在等式成立情况下的特殊超曲面确定的研究。许洪伟利用特殊的Schoerdinger算子的特征值刻画了Willmore子流形。李海中和吴兰在文献[48]中建立了Willmore泛函与子流形的Weyl泛函的关系，确定了等号成立的特殊子流形，这是一项很具有创造性的工作。马志圣在文献[49－52]中探讨了各阶Willmore泛函与Betti数的关系。李海中和魏国新在文献[53]中实现了对六维带有近kaehler结构（Caley数定义）的单位曲面中的Lagrange-Willmore子流形进行了分类。罗勇在文献[54]中对五维单位球面之中的Legendrian稳定曲面和Legendrian-Willmore曲面建立了Simons类积分不等式，讨论了间隙现象。此外还有其他学者的工作，在此不一一列举。文献[55－65]对具体的空间，如四维欧氏空间，三维、四维单位球面，Whitney球面，复射影空间，乘积空间，Lagrangian环面中的Willmore泛函或者Willmore子流形进行了具体的研究。文献[66－72]对Willmore子流形的几何性质特别是对称性或者不变量进行了研究，得到许多结果，如Peter-Li和丘成桐定义的共形不变量对Willmore猜想下界的估计有重要作用，Willmore曲面的对偶性、可比较性，共形不变Gauss映射，Bernstain性质都是子流形的典型特征描述等。文献[73－79]回归到对泛函本身的几何测度论或者变分法研究，特别是文献[79]宣称用Min－Max方法解决了二维的Willmore猜想。

本书第一作者在其专著《Willmore泛函的变分法研究》[104]中对各种类型的Willmore泛函进行了系统研究，特别是对如下具有抽象形式的Willmore泛函F-Willmore泛函进行了精密研究：

$$W_{(n,F)}(x) = \int_M F(\rho)\mathrm{d}v,$$

得到了丰富的系列的间隙现象的定理。

受Willmore泛函研究的启发，本书平行研究了全曲率模长的各种泛函。首先是幂函数类型的泛函

$$GD_{(n,r)} - \int_M S^r\mathrm{d}v,$$

其次是指数函数类型的泛函

$$GD_{(n,E)} = \int_M e^S \, dv,$$

再次是对数函数类型的泛函

$$GD_{(n,\ln)} = \int_M \ln(S) dv,$$

最后是统一描述的抽象函数类型的泛函

$$GD_{(n,F)} = \int_M F(S) dv.$$

　　本书中作者对上述的各类泛函计算了第一变分, 构造了泛函临界点的丰富的例子, 计算了第二变分, 研究了临界点例子的稳定性, 推导了Simons类型积分不等式, 建立了众多间隙定理。

　　受Willmore泛函和全曲率泛函研究的启发, 本书还研究了平均曲率模长的各种泛函。首先是幂函数类型的泛函

$$MC_{(n,r)} = \int_M (H^2)^r dv,$$

其次是指数函数类型的泛函

$$MC_{(n,E)} = \int_M e^{H^2} dv,$$

再次是对数函数类型的泛函

$$MC_{(n,\ln)} = \int_M \ln(H^2) dv,$$

最后是统一描述的抽象函数类型的泛函

$$MC_{(n,F)} = \int_M F(H^2) dv.$$

　　本书中作者计算了以上泛函的第一变分, 构造了泛函临界点的例子, 计算了第二变分, 讨论了临界点的稳定性。

　　上面我们已经定义了抽象Willmore泛函、抽象全曲率泛函、抽象平

均曲率泛函：

$$W_{(n,F)} = \int_M F(\rho)\mathrm{d}v,$$

$$GD_{(n,F)} = \int_M F(S)\mathrm{d}v,$$

$$MC_{(n,F)} = \int_M F(H^2)\mathrm{d}v.$$

又因为Willmore不变量满足

$$\rho = S - nH^2,$$

因此上面的三大类泛函可以归结于下面的抽象泛函：

$$LRC_{(n,F)} = \int_M F(S, H^2)\mathrm{d}v.$$

其中函数F是一个连续可微的二元抽象函数。

从上面的抽象泛函出发，我们可以构造不同于Willmore泛函、全曲率泛函、平均曲率泛函的新型泛函：

（1）抽象线性组合型泛函

$$LRC_{(n,F(au+bv))} = \int_M F(aS + bH^2)\mathrm{d}v, \quad \forall a, b \in \mathbb{R};$$

（2）抽象幂函数组合型泛函

$$LRC_{(n,F(u^a v^b))} = \int_M F S^a (H^2)^b \mathrm{d}v, \quad \forall a, b \in \mathbb{R};$$

（3）抽象幂函数组合型泛函的特殊情形——分式型泛函

$$LRC_{(n,\frac{u}{nv})} = \int_M \frac{S}{nH^2}\mathrm{d}v; \quad LRC_{(n,\frac{nv}{u})} = \int_M \frac{nH^2}{S}\mathrm{d}v.$$

实际上上面的分式型泛函可以度量无极小点或者无测地点的全脐子流形，若M是一个全脐子流形，则

$$\frac{S}{nH^2} = 1, \quad \frac{nH^2}{S} = 1,$$

因此泛函$LRC_{(n,\frac{u}{nv})}$, $LRC_{(n,\frac{nv}{u})}$越接近体积泛函，则表明M越接近全脐。

综上所述, 泛函$LRC_{(n,F)}$的研究是有新意的。本书基本是遵循子流形三篇"圣经"级参考资料结构而展开的。

第 2 章　预备知识：黎曼几何基本理论

本章列出需要的预备知识，包括：微分流形的定义、黎曼度量的存在性、黎曼几何的基本方程、共形变换公式。

2.1　微分流形的定义

本节回顾微分流形与黎曼几何基本方程，这些内容可以参见陈省身的讲义[2]和教材[105,106]。

流形的概念是欧氏空间的推广。粗略地说，流形在其上每一点的附近与欧氏空间的一个开集是同胚的，因此在每一点的附近可以引进局部坐标系。流形可以说是一块一块的"欧氏空间"粘起来的结果。流形之内的坐标是局部的，本身没有多大的意义。流形研究的主要目的是经过坐标卡的变换而保持不变的性质，这是与一般的数学对象不同的地方。

为了描述清楚流形的定义，我们需要拓扑空间和欧氏空间的概念。

定义 2.1　设 X 是任意一个集合，我们用符号 $2^X = \mathcal{P}(X)$ 表示集合 X 的所有子集组成的集合，$\mathcal{A}$ 是空间 2^X 的一个子集，也就是 X 其上的一个子集族，有

$$\mathcal{A} \subset 2^X.$$

如果子集族 $\mathcal{A}$ 满足如下性质，则称 $\mathcal{A}$ 为 X 上的拓扑结构：

（1）$\varnothing, X \in \mathcal{A}$;

（2）$\forall O_i \in \mathcal{A}, i \in I, \bigcup_{i \in I} O_i \in \mathcal{A}$;

（3）$\forall O_i \in \mathcal{A}, i = 1, 2, \cdots, n, \bigcap_{i=1}^{n} O_i \in \mathcal{A}$.

集合族 $\mathcal{A}$ 中的元素称为开集。对于一个点 $x \in X$ 和一个开集 O，如果 $x \in O$，称开集 O 为点 x 的领域。

定义 2.2   设$(X, \mathcal{A})$是任意一个拓扑空间, 任取集合X中的两个元素x, y, 如果存在开集O_1, O_2, 满足如下条件, 则称空间$(X, \mathcal{A})$是 Hausdorff 的:

$$x \in O_1, \ y \in O_2, \ O_1 \bigcap O_2 = \varnothing.$$

用$\mathbb{R}$表示实数域, 用$\mathbb{R}^m$表示m维的实数空间:

$$\mathbb{R}^m = \{x = (x_1, \cdots, x_m) \mid x_i \in \mathbb{R}, 1 \leqslant i \leqslant m\},$$

即$\mathbb{R}^m$是全体有序的m个实数所形成的数组的集合, 实数x_i表示点$x \in \mathbb{R}^m$的第i个坐标。对于任意的$x, y \in \mathbb{R}^m, a \in \mathbb{R}$, 我们规定

$$(x + y)_i = x_i + y_i;$$

$$(ax)_i = ax_i.$$

于是在$\mathbb{R}^m$上, 我们定义了线性结构, 从而$\mathbb{R}^m$成为m维向量空间。

$\mathbb{R}^m$上除了有线性结构以外, 还有距离结构或者拓扑结构。对于$\mathbb{R}^m$中的两个点$x, y \in \mathbb{R}^m$, 我们定义

$$|x| = \sqrt{\sum_{i=1}^{n} (x_i)^2},$$

$$|x - y| = \sqrt{\sum_{i=1}^{n} (x_i - y_i)^2};$$

$$d(x, y) = |x - y| = \sqrt{\sum_{i=1}^{n} (x_i - y_i)^2}.$$

可以验证, 函数$d(x, y)$满足距离定义的三个公理:

（1）$d(x, y) \geqslant 0, d(x, y) = 0$当且仅当$x = y$;

（2）$d(x, y) = d(y, x)$;

（3）$d(x, y) + d(y, z) \geqslant d(x, z), \ \forall x, y, z \in \mathbb{R}^m$.

所以, 函数$d(x, y)$是$\mathbb{R}^m$中的距离函数。我们可以定义距离空间$\mathbb{R}^m$的拓扑基:

$$B(x, r) = \{y : d(y, x) < r\}, \ \forall x \in \mathbb{R}^m, \ r > 0.$$

空间$\mathbb{R}^m$中的开集为任意多个开球的并集。

以上定义了线性结构与距离结构的空间$\mathbb{R}^m$被称为欧氏空间。

定义 2.3   设M是Hausdorff空间。若对任意一点$x \in M$，都有x在M中的一个领域U同胚于m维欧氏空间$\mathbb{R}^m$的一个开集，则称M是一个m维拓扑流形。

我们设上面定义中提到的同胚映射为

$$\phi_U : U \to \phi_U(U),$$

这里$\phi_U(U)$是欧氏空间中的开集，则称$(U, \phi_U(U))$是拓扑流形M的一个坐标卡。因为ϕ_U是同胚，所以对任意一点$y \in U$，可以把$\phi_U(y) \in \mathbb{R}^m$的坐标定义为$y$的坐标，即令

$$u_i = (\phi_U(y))_i, \ y \in U, \ i = 1, \cdots, m,$$

称u_i, $i = 1, \cdots, m$为点$y \in U$的局部坐标。

设(U_α, ϕ_α)和(U_β, ϕ_β)是流形中的两个坐标卡，$V_\alpha = \phi_\alpha(U_\alpha), V_\beta = \phi_\beta(U_\beta)$为欧氏空间中对应的开集。那么两个坐标卡之间的关系出现下面两种情况之一：

（1）$U_\alpha \bigcap U_\beta = \varnothing$. 此时称坐标卡$(U_\alpha, \phi_\alpha)$和$(U_\beta, \phi_\beta)$是任意相容的。

（2）$U_\alpha \bigcap U_\beta \neq \varnothing$. 此时$V_{\alpha;\beta} \overset{\text{def}}{=} \phi_\alpha(U_\alpha \bigcap U_\beta)$和$V_{\beta;\alpha} = \phi_\beta(U_\beta \bigcap U_\alpha)$是欧氏空间中的非空开集；显然下面两个映射是同胚：

$$\phi_\beta.\phi_\alpha^{-1} : \phi_\alpha(U_\alpha \bigcap U_\beta) \to \phi_\beta(U_\beta \bigcap U_\alpha),$$

$$\phi_\alpha.\phi_\beta^{-1} : \phi_\beta(U_\alpha \bigcap U_\beta) \to \phi_\alpha(U_\beta \bigcap U_\alpha).$$

如果上面的映射都是C^r（r次连续可微）或者C^∞（光滑）或者C^ω（解析）的，称坐标卡(U_α, ϕ_α)和(U_β, ϕ_β)是C^r或者C^∞或者C^ω相容的。

定义 2.4   设M是一个m维的拓扑流形。如果在M上给定了一个坐标卡集合$C = \{(U_\alpha, \phi_\alpha)\}_{\alpha \in \mathcal{A}}$，满足如下条件，则称$C$为$M$上的一个$C^r(C^\infty, C^\omega)$微分机构：

（1）$\{U_\alpha\}_{\alpha \in \mathcal{A}}$是流形$M$的一个开覆盖；

（2）C中的任意两个坐标卡都是$C^r(C^\infty, C^\omega)$相容的；

（3）C是极大的。即，M的任意一个坐标卡(U, ϕ_U)，如果与C中的

任意一个坐标卡都是$C^r(C^\infty, C^\omega)$相容的，那么此坐标卡$(U, \phi_U) \in C$.

在光滑流形上，光滑函数的定义是有意义的。设函数f是定义在m维光滑流形M上的实函数。若点$x \in M$，(U_α, ϕ_α)是包含点x的容许坐标卡，那么函数

$$f \cdot \phi_\alpha^{-1} : \phi_\alpha(U_\alpha) \to \mathbb{R}$$

是定义在欧氏空间$\mathbb{R}^m$的开集$\phi_\alpha(U_\alpha)$上的实函数。如果函数$f \cdot \phi_\alpha^{-1}$是光滑的，则称函数f在点x是光滑的，如果函数在流形M上的每一点都是光滑的，则称函数f在整个流形上都是光滑的。

函数f在一点x的光滑性实际上与点x的容许坐标卡的选择无关。设点x有两个容许坐标卡$(U_\alpha, \phi_\alpha), (U_\beta, \phi_\beta)$，则有

$$U_\alpha \bigcap U_\beta \neq \varnothing, \quad \phi_\alpha \cdot \phi_\beta^{-1} : \phi_\beta(U_\alpha \bigcap U_\beta) \to \phi_\alpha(U_\alpha \bigcap U_\beta) \in C^\infty.$$

于是

$$f \cdot \phi_\beta^{-1} = f \cdot \phi_\alpha^{-1} \cdot \phi_\alpha \cdot \phi_\beta^{-1}$$

在点x也是光滑的，因此光滑性的定义与局部容许坐标卡的选择无关。

对于光滑流形M上的每一点x，都有很多通过它的光滑曲线，通过容许坐标卡，我们可以知道，通过点x的光滑曲线在局部上就是空间$\mathbb{R}^m$的曲线，于是可以微分计算曲线的切线，并且满足坐标卡的变化规律。此类切线集合起来，可以认为是点x的切空间，记为T_xM. 所有的切空间集合起来，可以认为是切丛，记为TM.

在每一点x的切空间T_xM，我们定义其上的正定对称二次型，记为G，在局部标架之下，可以表示为

$$\mathrm{d}s^2(x) = G_x = g_{ij}(x)\mathrm{d}u^i \otimes \mathrm{d}u^j.$$

如果可以整体光滑地定义于整个流形上，那么说G是流形M的黎曼度量。

通过分解函数，可以构造出整个流形上的黎曼度量。实际上，我们有下面的著名的命题。

命题 2.1　任意的m维光滑流形必有黎曼度量。

2.2　黎曼几何结构方程

有了流形上的黎曼度量，我们就可以给出黎曼几何的基本方程。

设$(N, \mathrm{d}s^2)$是黎曼流形，$S = (s_1, \cdots, s_N)^{\mathrm{T}}$和$\sigma = (\sigma^1, \cdots, \sigma^N)$分别是$TN$, T^*N的局部正交标架，显然有

$$S \cdot S^{\mathrm{T}} = I, \quad \sigma^{\mathrm{T}} \cdot \sigma = I.$$

设D是联络，ω, τ, Ω分别是联络形式、挠率形式和曲率形式，那么有下面方程。

- 运动方程

$$DS = \omega \otimes S,$$

$$DS_A = \omega_A^B \otimes S_B = \Gamma_{AC}^B \sigma^C \otimes S_B,$$

$$D\sigma = -\sigma \otimes \omega,$$

$$D\sigma^A = -\sigma^B \otimes \omega_B^A.$$

- 挠率方程

$$D(\sigma \otimes S) = \mathrm{d}\sigma \otimes S - \sigma \wedge \omega \otimes S$$

$$= (\mathrm{d}\sigma - \sigma \wedge \omega) \otimes S = \tau \otimes S,$$

$$\tau = \mathrm{d}\sigma - \sigma \wedge \omega,$$

$$\tau^A = \mathrm{d}\sigma^A - \sigma^B \wedge \omega_B^A.$$

- 曲率方程

$$D^2 S = D(\omega \otimes S) = (\mathrm{d}\omega - \omega \wedge \omega) \otimes S = \Omega \otimes S,$$

$$D^2 S_A = \frac{1}{2} R_{ACD}^B \sigma^C \wedge \sigma^D \otimes S_B,$$

$$D^2 \sigma = D(-\sigma \otimes \omega) = -\sigma \otimes (\mathrm{d}\omega - \omega \otimes \omega) = -\sigma \otimes \Omega.$$

- 第一 Bianchi 方程

$$D^2(\sigma \otimes S) = \sigma \wedge D^2 S = (\sigma \wedge \Omega) \otimes S,$$

$$D^2(\sigma \otimes S) = D(D(\sigma \otimes S)) = D(\tau \otimes S) = (\mathrm{d}\tau + \tau \wedge \omega) \otimes S,$$

$$\mathrm{d}\tau + \tau \wedge \omega = \sigma \wedge \Omega.$$

- 第二 Bianchi 方程

$$D^3 S = D(D^2(S)) = D(\Omega \otimes S) = (\mathrm{d}\Omega + \Omega \wedge \omega) \otimes S,$$

$$D^3 S = D^2(\omega \otimes S) = \omega \wedge \Omega \otimes S,$$

$$\mathrm{d}\Omega = \omega \wedge \Omega - \Omega \wedge \omega.$$

- 相容方程

$$DI = D(S \cdot S^{\mathrm{T}}) = \omega \otimes S \cdot S^{\mathrm{T}} + S \cdot S^{\mathrm{T}} \otimes \omega^{\mathrm{T}} = \omega + \omega^{\mathrm{T}} = 0,$$

$$D^2 I = D^2(S \cdot S^{\mathrm{T}}) = \Omega \otimes S \cdot S^{\mathrm{T}} + S \cdot S^{\mathrm{T}} \otimes \Omega^{\mathrm{T}} = \Omega + \Omega^{\mathrm{T}} = 0.$$

注释 2.1　在本文中，作者采用活动标架法，故约定：$S_A = S^A$，$\sigma^A = \sigma_A$，$\tau^A = \tau_A$，$\omega_A^B = \omega_{AB}$，$\Gamma_{AC}^B = \Gamma_{ABC}$，$\Omega_A^B = \Omega_{AB}$，$R_{ACD}^B = R_{ABCD}$。

黎曼联络由相容方程和挠率为零唯一决定，这就是著名的黎曼联络存在唯一定理。

定理 2.1　设 $(N, \mathrm{d}s^2)$ 是黎曼流形，σ 是局部正交余标架，那么黎曼联络 ω 由以下方程唯一决定：

$$\omega + \omega^{\mathrm{T}} = 0, \quad \mathrm{d}\sigma - \sigma \wedge \omega = 0.$$

对于黎曼流形上的任意张量

$$T = T_{j_1 \cdots j_s}^{i_1 \cdots i_r} \sigma^{j_1} \otimes \cdots \otimes \sigma^{j_s} \otimes S_{i_1} \otimes \cdots \otimes S_{i_r},$$

定义其协变导数如下：

$$DT_{j_1 \cdots j_s}^{i_1 \cdots i_r} = \sum_k T_{j_1 \cdots j_s, k}^{i_1 \cdots i_r} \sigma^k$$

$$= \mathrm{d}T_{j_1 \cdots j_s}^{i_1 \cdots i_r} - \sum_{1 \leqslant a \leqslant s} T_{j_1 \cdots p \cdots j_s}^{i_1 \cdots i_r} \omega_{j_a}^p + \sum_{1 \leqslant b \leqslant r} T_{j_1 \cdots j_s}^{i_1 \cdots p \cdots i_r} \omega_p^{i_b},$$

$$DT^{i_1\cdots i_r}_{j_1\cdots j_s,k} = \sum_l T^{i_1\cdots i_r}_{j_1\cdots j_s,kl}\sigma^l$$

$$=\mathrm{d}T^{i_1\cdots i_r}_{j_1\cdots j_s,k} - \sum_{1\leqslant a\leqslant s} T^{i_1\cdots i_r}_{j_1\cdots p\cdots j_s,k}\omega^p_{j_a}$$

$$- T^{i_1\cdots i_r}_{j_1\cdots j_s,p}\omega^p_k + \sum_{1\leqslant b\leqslant r} T^{i_1\cdots p\cdots i_r}_{j_1\cdots j_s,k}\omega^{i_b}_p.$$

则有Ricci恒等式

$$T^{i_1\cdots i_r}_{j_1\cdots j_s,kl} - T^{i_1\cdots i_r}_{j_1\cdots j_s,lk} = \sum_a T^{i_1\cdots i_r}_{j_1\cdots p\cdots j_s}R^p_{j_akl} - \sum_b T^{i_1\cdots p\cdots i_r}_{j_1\cdots j_s,k}R^{i_b}_{pkl}.$$

特别地，从曲率张量出发，可以定义新的张量和函数

$$Ric = R_{ij}\sigma^i\otimes\sigma^j = \Big(\sum_p R^p_{ipj}\Big)\sigma^i\otimes\sigma^j,$$

$$R = \sum_i R_{ii} = \sum_{ij}R_{ijji}.$$

从Bianchi方程、相容方程出发可以得到下面的定理。

定理 2.2 设$(N, \mathrm{d}s^2)$是黎曼流形，其上的曲率张量、Ricci张量、数量曲率满足

$$R_{ijkl} = -R_{jikl} = -R_{ijlk} = R_{klij},$$

$$R_{ijkl} + R_{iklj} + R_{iljk} = 0,$$

$$R_{ijkl,h} + R_{ijlh,k} + R_{ijhk,l} = 0,$$

$$\sum_j R_{ij,j} = \frac{1}{2}R_{,i}.$$

特别地，完备、单连通、常截面曲率c的空间记为$R^n(c)$，满足以下简单关系：

$$R_{ABCD} = -c(\delta_{AC}\delta_{BD} - \delta_{AD}\delta_{BC}),$$

$$R_{AB} = (n-1)c\delta_{AB},$$

$$R = n(n-1)c.$$

第 3 章　子流形基本方程
与变分理论

本章主要研究子流形的基本方程，包括：结构方程、变分公式。同时也列出了很多子流形的例子。大部分内容都是新的。本章的指标采用如下两个约定。（1）爱因斯坦约定：重复指标表示求和；（2）指标范围：

$$1 \leqslant A, B, C, D \cdots \leqslant n + p,$$

$$1 \leqslant i, j, k, l \cdots \leqslant n,$$

$$n + 1 \leqslant \alpha, \beta, \gamma, \delta \cdots \leqslant n + p.$$

3.1　子流形结构方程

本节主要研究子流形的结构方程。参见文献[2,4,5]。

设 $x : (M^n, \mathrm{d}s^2) \to (N^{n+p}, \mathrm{d}\bar{s}^2)$ 是子流形，x 是等距浸入，即 $x^*\mathrm{d}\bar{s}^2 = \mathrm{d}s^2$. 设 $S = (S_I, S_{\mathcal{A}})^\mathrm{T}$ 是 TN 的局部正交标架，对偶地，设 $\sigma = (\sigma^I, \sigma^{\mathcal{A}})$ 是 T^*N 的局部正交标架。那么 $e = x^*S = x^*(S_I, S_{\mathcal{A}}) = (e_I, e_{\mathcal{A}})$ 是 M 上拉回向量丛 $x^*TN = TM \oplus T^\perp M$ 的局部正交标架，对偶地，$\theta^I = x^*\sigma^I$ 是 T^*M 的局部正交标架。　在子流形几何中一个基本的重要事实是

$$\theta^{\mathcal{A}} = x^*\sigma^{\mathcal{A}} = 0.$$

则有等式

$$\mathrm{d}s^2 = \sum_i (\theta^i)^2, \quad \mathrm{d}\bar{s}^2 = \sum_A (\sigma^A)^2.$$

设 ω, Ω 是 TN 上的联络和曲率形式，在不致混淆的情况下，设 D 是联

络。有

$$x^*\omega = \phi, \quad x^*\Omega = \Phi,$$

$$DS = \omega S = D\begin{pmatrix} S_{\mathcal{I}} \\ S_{\mathcal{A}} \end{pmatrix} = \begin{pmatrix} \omega_{\mathcal{I}}^{\mathcal{I}} & \omega_{\mathcal{I}}^{\mathcal{A}} \\ \omega_{\mathcal{A}}^{\mathcal{I}} & \omega_{\mathcal{A}}^{\mathcal{A}} \end{pmatrix}\begin{pmatrix} S_{\mathcal{I}} \\ S_{\mathcal{A}} \end{pmatrix},$$

$$D^2 S = \Omega S = D^2\begin{pmatrix} S_{\mathcal{I}} \\ S_{\mathcal{A}} \end{pmatrix} = \begin{pmatrix} \Omega_{\mathcal{I}}^{\mathcal{I}} & \Omega_{\mathcal{I}}^{\mathcal{A}} \\ \Omega_{\mathcal{A}}^{\mathcal{I}} & \Omega_{\mathcal{A}}^{\mathcal{A}} \end{pmatrix}\begin{pmatrix} S_{\mathcal{I}} \\ S_{\mathcal{A}} \end{pmatrix},$$

$$De = x^*(\omega)e = \phi e = D\begin{pmatrix} e_{\mathcal{I}} \\ e_{\mathcal{A}} \end{pmatrix} = \begin{pmatrix} \phi_{\mathcal{I}}^{\mathcal{I}} & \phi_{\mathcal{I}}^{\mathcal{A}} \\ \phi_{\mathcal{A}}^{\mathcal{I}} & \phi_{\mathcal{A}}^{\mathcal{A}} \end{pmatrix}\begin{pmatrix} e_{\mathcal{I}} \\ e_{\mathcal{A}} \end{pmatrix},$$

$$D^2 e = x^*(\Omega)e = \Phi e = D^2\begin{pmatrix} e_{\mathcal{I}} \\ e_{\mathcal{A}} \end{pmatrix} = \begin{pmatrix} \Phi_{\mathcal{I}}^{\mathcal{I}} & \Phi_{\mathcal{I}}^{\mathcal{A}} \\ \Phi_{\mathcal{A}}^{\mathcal{I}} & \Phi_{\mathcal{A}}^{\mathcal{A}} \end{pmatrix}\begin{pmatrix} e_{\mathcal{I}} \\ e_{\mathcal{A}} \end{pmatrix}.$$

从而$(D, e_{\mathcal{I}}, \phi_{\mathcal{I}}^{\mathcal{I}})$是$TM$的联络，$(D, e_{\mathcal{A}}, \phi_{\mathcal{A}}^{\mathcal{A}})$是$T^{\perp}M$的联络，$\phi_{\mathcal{I}}^{\mathcal{A}}, \phi_i^{\alpha} = h_{ij}^{\alpha}\theta^j$是$M$的第二基本型，记为

$$B = \sum_{ij\alpha} h_{ij}^{\alpha}\theta^i \otimes \theta^j \otimes e_{\alpha}, \quad B_{ij} = \sum_{\alpha} h_{ij}^{\alpha}e_{\alpha}.$$

从第二基本型出发，下面定义的基本符号，在后面论述中将反复用到。

当余维数为1时，$p = 1$，记

$$B = h_{ij}\theta^i \otimes \theta^j,$$

$$A = (h_{ij})_{n\times n}, H = \frac{1}{n}\sum_i h_{ii}, S = \sum_{ij}(h_{ij})^2,$$

$$\hat{h}_{ij} = h_{ij} - H\delta_{ij},$$

$$\hat{B} = \hat{h}_{ij}\theta^i \otimes \theta^j = B - H\mathrm{d}s^2,$$

$$\hat{A} = (\hat{h}_{ij})_{n\times n} = A - HI,$$

$$\hat{S} = \sum_{ij}(\hat{h}_{ij})^2 = S - nH^2,$$

$$P_k = \mathrm{tr}(A^k), \quad P_1 = \sum_i h_{ii},$$

$$P_2 = \sum_{ij} (h_{ij})^2 = S, \quad P_3 = \sum_{ijk} h_{ij} h_{jk} h_{ki},$$

$$\hat{P}_k = \operatorname{tr}(\hat{A}^k), \quad \hat{P}_1 = 0,$$

$$\hat{P}_2 = \sum_{ij} (\hat{h}_{ij})^2 = P_2 - \frac{1}{n}(P_1)^2 = \hat{S},$$

$$\hat{P}_3 = \sum_{ijk} \hat{h}_{ij} \hat{h}_{jk} \hat{h}_{ki},$$

$$\rho = S - nH^2 = \hat{S}.$$

当余维数大于1时，$p \geqslant 2$，记

$$B = h_{ij}^\alpha \theta^i \otimes \theta^j \otimes e_\alpha, \quad B_{ij} = \sum_\alpha h_{ij}^\alpha e_\alpha,$$

$$A_\alpha = A^\alpha = (h_{ij}^\alpha)_{n \times n},$$

$$H^\alpha = \frac{1}{n} \sum_i h_{ii}^\alpha, \quad \vec{H} = \sum_\alpha H^\alpha e_\alpha,$$

$$H = \sqrt{\sum_\alpha (H^\alpha)^2}, \quad S = \sum_{ij\alpha} (h_{ij}^\alpha)^2,$$

$$\hat{h}_{ij}^\alpha = h_{ij}^\alpha - H^\alpha \delta_{ij},$$

$$\hat{B} = \hat{h}_{ij}^\alpha \theta^i \otimes \theta^j \otimes e_\alpha = B - \vec{H} \otimes \mathrm{d}s^2,$$

$$\hat{B}_{ij} = \hat{h}_{ij}^\alpha \otimes e_\alpha = \sum_\alpha (h_{ij}^\alpha - H^\alpha \delta_{ij}) e_\alpha = B_{ij} - \vec{H} \delta_{ij},$$

$$\hat{A}_\alpha = \hat{A}^\alpha = (\hat{h}_{ij}^\alpha)_{n \times n} = (h_{ij}^\alpha - H^\alpha \delta_{ij})$$

$$= A_\alpha - H^\alpha I = A^\alpha - H^\alpha I,$$

$$S_{\alpha\beta} = \operatorname{tr}(A_\alpha A_\beta) = \sum_{ij} h_{ij}^\alpha h_{ij}^\beta, \quad S = \sum_\alpha S_{\alpha\alpha},$$

$$S_{\alpha\beta\gamma} = \operatorname{tr}(A_\alpha A_\beta A_\gamma) = \sum_{ijk} h_{ij}^\alpha h_{jk}^\beta h_{ki}^\gamma,$$

$$S_{\alpha\beta\gamma\delta} = \operatorname{tr}(A_\alpha A_\beta A_\gamma A_\delta) = \sum_{ijkl} h_{ij}^\alpha h_{jk}^\beta h_{kl}^\gamma h_{li}^\delta,$$

$$N(A_\alpha) = \text{tr}(A_\alpha A_\alpha^{\text{T}}) = \sum_{ij} (h_{ij}^\alpha)^2 = S_{\alpha\alpha},$$

$$N(A_\alpha A_\beta - A_\beta A_\alpha) = \text{tr}((A_\alpha A_\beta - A_\beta A_\alpha)(A_\alpha A_\beta - A_\beta A_\alpha)^{\text{T}})$$

$$= 2(S_{\alpha\alpha\beta\beta} - S_{\alpha\beta\alpha\beta}),$$

$$\hat{S} = \sum_{ij\alpha} (\hat{h}_{ij}^\alpha)^2 = \sum_{ij\alpha} (h_{ij}^\alpha - H^\alpha \delta_{ij})^2$$

$$= S - nH^2,$$

$$\hat{S}_{\alpha\beta} = \text{tr}(\hat{A}_\alpha \hat{A}_\beta) = \text{tr}[(A_\alpha - H^\alpha)(A_\beta - H^\beta)]$$

$$= S_{\alpha\beta} - nH^\alpha H^\beta,$$

$$\hat{S}_{\alpha\beta\gamma} = \text{tr}(\hat{A}_\alpha \hat{A}_\beta \hat{A}_\gamma)$$

$$= \text{tr}[(A_\alpha - H^\alpha I)(A_\beta - H^\beta I)(A_\gamma - H^\gamma I)]$$

$$= S_{\alpha\beta\gamma} + 2nH^\alpha H^\beta H^\gamma$$

$$- S_{\alpha\beta} H^\gamma - S_{\alpha\gamma} H^\beta - S_{\beta\gamma} H^\alpha,$$

$$\hat{S}_{\alpha\beta\gamma\delta} = \text{tr}(\hat{A}_\alpha \hat{A}_\beta \hat{A}_\gamma \hat{A}_\delta)$$

$$= \text{tr}[(A_\alpha - H^\alpha I)(A_\beta - H^\beta I)$$

$$\times (A_\gamma - H^\gamma I)(A_\delta - H^\delta I)]$$

$$= S_{\alpha\beta\gamma\delta} - 3nH^\alpha H^\beta H^\gamma H^\delta$$

$$- H^\alpha S_{\beta\gamma\delta} - H^\beta S_{\alpha\gamma\delta} - H^\gamma S_{\alpha\beta\delta} - H^\delta S_{\alpha\beta\gamma}$$

$$+ S_{\alpha\beta} H^\gamma H^\delta + S_{\alpha\gamma} H^\beta H^\delta + S_{\alpha\delta} H^\beta H^\gamma$$

$$+ S_{\beta\gamma} H^\alpha H^\delta + S_{\beta\delta} H^\alpha H^\gamma + S_{\gamma\delta} H^\alpha H^\beta,$$

$$N(\hat{A}_\alpha) = \text{tr}(\hat{A}_\alpha \hat{A}_\alpha^{\text{T}}) = \sum_{ij} (\hat{h}_{ij}^\alpha)^2 = \hat{S}_{\alpha\alpha},$$

$$N(\hat{A}_\alpha \hat{A}_\beta - \hat{A}_\beta \hat{A}_\alpha) = \text{tr}[(\hat{A}_\alpha \hat{A}_\beta - \hat{A}_\beta \hat{A}_\alpha)(\hat{A}_\alpha \hat{A}_\beta - \hat{A}_\beta \hat{A}_\alpha)^{\text{T}}]$$

$$= 2(\hat{S}_{\alpha\alpha\beta\beta} - \hat{S}_{\alpha\beta\alpha\beta}),$$

$$\rho = S - nH^2 = \sum_\alpha S_{\alpha\alpha} - n(H^\alpha)^2$$

$$= \sum_\alpha \hat{S}_{\alpha\alpha} = \hat{S}.$$

显然

$$S_{\alpha\alpha} \geqslant 0, \quad S \geqslant 0, \quad \hat{S}_{\alpha\alpha} \geqslant 0, \quad \hat{S} \geqslant 0, \quad \rho \geqslant 0.$$

记 TN, TM, $T^\perp M$ 上的微分算子、Christoffel 和黎曼曲率符号分别为

d, d_M; $\bar{\Gamma}_{AC}^B$, ω, $\bar{R}_{ABCD}$, Ω; Γ_{ik}^j, ϕ_i^j, R_{ijkl}, $\Omega^\top$; $\Gamma_{\alpha i}^\beta$, ϕ_α^β, $R^\perp{}_{\alpha\beta ij}$, $\Omega^\perp$.

于是

$$\omega + \omega^{\mathrm{T}} = 0, \quad \mathrm{d}\sigma - \sigma \wedge \omega = 0, \tag{3.1}$$

$$\Omega + \Omega^{\mathrm{T}} = 0, \quad \mathrm{d}\omega - \omega \wedge \omega = \Omega, \tag{3.2}$$

$$\sigma \wedge \Omega = 0, \quad \sigma \wedge \Omega^{\mathrm{T}} = 0, \quad \mathrm{d}\Omega = \omega \wedge \Omega - \Omega \wedge \omega. \tag{3.3}$$

对式 (3.1) 进行拉回运算:

$$\phi + \phi^{\mathrm{T}} = 0,$$

$$\phi_A^B = \Gamma_{Ai}^B \theta^i,$$

$$x^* \bar{\Gamma}_{Ai}^B = \Gamma_{Ai}^B,$$

$$\Gamma_{ik}^j = -\Gamma_{jk}^i,$$

$$\Gamma_{ij}^\alpha = -\Gamma_{\alpha j}^i \stackrel{\mathrm{def}}{=} h_{ij}^\alpha,$$

$$\Gamma_{\alpha i}^\beta = -\Gamma_{\beta i}^\alpha,$$

$$\mathrm{d}_M \theta - \theta \wedge \phi = 0,$$

$$\mathrm{d}_M \theta^{\mathcal{I}} - \theta^{\mathcal{I}} \wedge \phi_{\mathcal{I}}^{\mathcal{I}} - \theta^{\mathcal{A}} \wedge \phi_{\mathcal{A}}^{\mathcal{I}}$$

$$= \mathrm{d}_M \theta^{\mathcal{I}} - \theta^{\mathcal{I}} \wedge \phi_{\mathcal{I}}^{\mathcal{I}} = 0,$$

$$\mathrm{d}_M \theta^{\mathcal{A}} - \theta^{\mathcal{I}} \wedge \phi_{\mathcal{I}}^{\mathcal{A}} - \theta^{\mathcal{A}} \wedge \phi_{\mathcal{A}}^{\mathcal{A}}$$

$$= -\theta^{\mathcal{I}} \wedge \phi_{\mathcal{I}}^{\mathcal{A}} = 0,$$

$$h_{ij}^{\alpha} = h_{ji}^{\alpha}.$$

对式(3.2)进行拉回运算:

$$\Phi + \Phi^{\mathrm{T}} = 0, \quad \Phi_{AB} = \frac{1}{2} x^*(\bar{R}_{ABij}) \theta^i \wedge \theta^j,$$

$$R_{ijkl} = x^* \bar{R}_{ijkl} = -R_{jikl} = -R_{ijlk},$$

$$R^{\perp}{}_{\alpha\beta ij} = x^* \bar{R}_{\alpha\beta ij} = -R^{\perp}{}_{\beta\alpha ij} = -R^{\perp}{}_{\alpha\beta ji}.$$

对矩阵的第一部分，有

$$\Phi = \mathrm{d}_M \phi - \phi \wedge \phi,$$

$$\Phi_{II} = \Omega^{\mathrm{T}} - \phi_I^{\mathcal{A}} \wedge \phi_{\mathcal{A}}^I,$$

$$\frac{1}{2} \bar{R}_{ijkl} \theta^k \wedge \theta^l = \frac{1}{2} R_{ijkl} \theta^k \wedge \theta^l + \sum_{\alpha} h_{ik}^{\alpha} h_{jl}^{\alpha} \theta^k \wedge \theta^l$$

$$= \frac{1}{2} (R_{ijkl} + \sum_{\alpha} h_{ik}^{\alpha} h_{jl}^{\alpha} - h_{jk}^{\alpha} h_{il}^{\alpha}) \theta^k \wedge \theta^l,$$

$$\bar{R}_{ijkl} = R_{ijkl} + \sum_{\alpha} h_{ik}^{\alpha} h_{jl}^{\alpha} - h_{jk}^{\alpha} h_{il}^{\alpha}.$$

对矩阵的第二部分，有

$$\Phi_I^{\mathcal{A}} = \mathrm{d}_M \phi_I^{\mathcal{A}} - \phi_I^I \wedge \phi_I^I - \phi_I^{\mathcal{A}} \wedge \phi_{\mathcal{A}}^I,$$

$$\frac{1}{2} \bar{R}_{ijk}^{\alpha} \theta^j \wedge \theta^k = \Phi_i^{\alpha}$$

$$= \mathrm{d}_M h_{ik}^{\alpha} \wedge \theta^k - h_{ip} \phi_k^p \wedge \theta^k - h_{pk}^{\alpha} \phi_i^p \wedge \theta^k + h_{ik}^{\beta} \phi_{\beta}^{\alpha} \theta^k$$

$$= \frac{1}{2} (h_{ik,j}^{\alpha} - h_{ij,k}^{\alpha}) \theta^j \wedge \theta^k,$$

$$\bar{R}_{ijk}^{\alpha} = h_{ik,j}^{\alpha} - h_{ij,k}^{\alpha}.$$

对矩阵的第四部分，有

$$\Phi_{\mathcal{A}\mathcal{A}} = \mathrm{d}_M \phi_{\mathcal{A}}^{\mathcal{A}} - \phi_{\mathcal{A}}^{\mathcal{A}} \wedge \phi_{\mathcal{A}}^{\mathcal{A}} - \phi_{\mathcal{A}}^I \wedge \phi_I^{\mathcal{A}} = \Omega^{\perp} - \phi_{\mathcal{A}}^I \wedge \phi_I^{\mathcal{A}},$$

$$\frac{1}{2} \bar{R}_{\alpha\beta ij} \theta^i \wedge \theta^j = \frac{1}{2} R^{\perp}{}_{\alpha\beta ij} \theta^i \wedge \theta^j + \sum_p h_{ip}^{\alpha} h_{pj}^{\beta} \theta^i \wedge \theta^j$$

$$= \frac{1}{2}(R^{\perp}{}_{\alpha\beta ij} + \sum_p h^{\alpha}_{ip}h^{\beta}_{pj} - h^{\beta}_{ip}h^{\alpha}_{pj}),$$

$$\bar{R}_{\alpha\beta ij} = R^{\perp}{}_{\alpha\beta ij} + \sum_p h^{\alpha}_{ip}h^{\beta}_{pj} - h^{\beta}_{ip}h^{\alpha}_{pj}.$$

对式(3.3)进行拉回运算:

$$\theta \wedge \Omega = 0, \quad \theta \wedge \Omega^{\mathrm{T}} = 0, \quad \theta^I \wedge (\Omega^I_I)^{\mathrm{T}} = 0, \quad \theta^I \wedge (\Omega^{\mathscr{A}}_I) = 0,$$

$$\frac{1}{2}\bar{R}_{ijkl}\theta^j \wedge \theta^k \wedge \theta^l = 0, \quad \bar{R}_{ijkl} + \bar{R}_{iklj} + \bar{R}_{iljk} = 0,$$

$$\frac{1}{2}\bar{R}^{\alpha}_{ijk}\theta^i \wedge \theta^j \wedge \theta^k = 0, \quad \bar{R}^{\alpha}_{ijk} + \bar{R}^{\alpha}_{jki} + \bar{R}^{\alpha}_{kij} = 0.$$

对于矩阵的第一部分，有

$$d_M\Phi = \phi \wedge \Phi - \Phi \wedge \phi,$$

$$d_M\Phi_{II} = \phi^I_I \wedge \Phi^I_I + \phi^{\mathscr{A}}_I \wedge \Phi^I_{\mathscr{A}} - \Phi^I_I \wedge \phi^I_I - \Phi^{\mathscr{A}}_I \wedge \phi^I_{\mathscr{A}},$$

$$\frac{1}{2}d_M\bar{R}_{ijkl}\theta^k \wedge \theta^l - \frac{1}{2}\bar{R}_{ijpl}\phi^p_k\theta^k \wedge \theta^l - \frac{1}{2}\bar{R}_{ijkp}\phi^p_l\theta^k \wedge \theta^l$$

$$- \frac{1}{2}\bar{R}_{pjkl}\phi^p_i\theta^k \wedge \theta^l - \frac{1}{2}\bar{R}_{ipkl}\phi^p_j\theta^k \wedge \theta^l$$

$$+ \frac{1}{2}\sum_{\alpha}(h^{\alpha}_{im}\bar{R}^{\alpha}_{jkl} - h^{\alpha}_{jm}\bar{R}^{\alpha}_{ikl})\theta^k \wedge \theta^l \wedge \theta^m = 0,$$

$$\frac{1}{2}(\bar{R}_{ijkl,m} - \sum_{\alpha}(\bar{R}^{\alpha}_{ikl}h^{\alpha}_{jm} - \bar{R}^{\alpha}_{jkl}h^{\alpha}_{im}))\theta^k \wedge \theta^l \wedge \theta^m = 0,$$

$$\bar{R}_{ijkl,m} + \bar{R}_{ijlm,k} + \bar{R}_{ijmk,l} - \sum_{\alpha}(\bar{R}^{\alpha}_{ikl}h^{\alpha}_{jm} - \bar{R}^{\alpha}_{jkl}h^{\alpha}_{im})$$

$$- \sum_{\alpha}(\bar{R}^{\alpha}_{ilm}h^{\alpha}_{jk} - \bar{R}^{\alpha}_{jlm}h^{\alpha}_{ik}) - \sum_{\alpha}(\bar{R}^{\alpha}_{imk}h^{\alpha}_{jl} - \bar{R}^{\alpha}_{jmk}h^{\alpha}_{il}) = 0.$$

对于矩阵的第二部分，有

$$d_M\Phi^{\mathscr{A}}_I = \phi^I_I \wedge \Phi^{\mathscr{A}}_I + \phi^{\mathscr{A}}_I \wedge \Phi^{\mathscr{A}}_{\mathscr{A}} - \Phi^I_I \wedge \phi^{\mathscr{A}}_I - \Phi^{\mathscr{A}}_I \wedge \phi^{\mathscr{A}}_{\mathscr{A}},$$

$$\frac{1}{2}[\bar{R}^{\alpha}_{ijk,l} + (\sum_p \bar{R}_{ipjk}h^{\alpha}_{pl} - \sum_{\beta}\bar{R}^{\alpha}_{\beta jk}h^{\beta}_{il})]\theta^j \wedge \theta^k \wedge \theta^l = 0,$$

$$\bar{R}^{\alpha}_{ijk,l} + \bar{R}^{\alpha}_{ikl,j} + \bar{R}^{\alpha}_{ilj,k} + (\sum_p \bar{R}_{ipjk} h^{\alpha}_{pl} - \sum_{\beta} \bar{R}^{\alpha}_{\beta jk} h^{\beta}_{il})$$

$$+ (\sum_p \bar{R}_{ipkl} h^{\alpha}_{pj} - \sum_{\beta} \bar{R}^{\alpha}_{\beta kl} h^{\beta}_{ij}) + (\sum_p \bar{R}_{iplj} h^{\alpha}_{pk} - \sum_{\beta} \bar{R}^{\alpha}_{\beta lj} h^{\beta}_{ik}) = 0.$$

对于矩阵的第四部分, 有

$$\mathrm{d}_M \Phi^{\mathcal{A}}_{\mathcal{A}} = \phi^I_{\mathcal{A}} \wedge \Phi^{\mathcal{A}}_I + \phi^{\mathcal{A}}_{\mathcal{A}} \wedge \Phi^{\mathcal{A}}_{\mathcal{A}} - \Phi^I_{\mathcal{A}} \wedge \phi^{\mathcal{A}}_I - \Phi^{\mathcal{A}}_{\mathcal{A}} \wedge \phi^{\mathcal{A}}_{\mathcal{A}},$$

$$\frac{1}{2}(\bar{R}_{\alpha\beta ij,k} - \sum_p (\bar{R}^{\alpha}_{pij} h^{\beta}_{pk} - \bar{R}^{\beta}_{pij} h^{\alpha}_{pk}))\theta^i \wedge \theta^j \wedge \theta^k = 0,$$

$$\bar{R}_{\alpha\beta ij,k} + \bar{R}_{\alpha\beta jk,i} + \bar{R}_{\alpha\beta ki,j} - \sum_p (\bar{R}^{\alpha}_{pij} h^{\beta}_{pk} - \bar{R}^{\beta}_{pij} h^{\alpha}_{pk})$$

$$- \sum_p (\bar{R}^{\alpha}_{pjk} h^{\beta}_{pi} - \bar{R}^{\beta}_{pjk} h^{\alpha}_{pi}) - \sum_p (\bar{R}^{\alpha}_{pki} h^{\beta}_{pj} - \bar{R}^{\beta}_{pki} h^{\alpha}_{pj}) = 0.$$

对于第二基本型, 下面的Ricci恒等式是重要的:

$$h^{\alpha}_{ij,kl} - h^{\alpha}_{ij,lk} = \sum_p h^{\alpha}_{pj} R_{ipkl} + \sum_p h^{\alpha}_{ip} R_{jpkl} + \sum_{\beta} h^{\beta}_{ij} R^{\perp}_{\alpha\beta kl}$$

$$= \sum_p h^{\alpha}_{pj}(\bar{R}_{ipkl} - \sum_{\beta}(h^{\beta}_{ik} h^{\beta}_{pl} - h^{\beta}_{il} h^{\beta}_{pk}))$$

$$+ \sum_p h^{\alpha}_{ip}(\bar{R}_{jpkl} - \sum_{\beta}(h^{\beta}_{jk} h^{\beta}_{pl} - h^{\beta}_{jl} h^{\beta}_{pk}))$$

$$+ \sum_{\beta} h^{\beta}_{ij}(\bar{R}_{\alpha\beta kl} - \sum_p(h^{\alpha}_{kp} h^{\beta}_{pl} - h^{\alpha}_{lp} h^{\beta}_{pk}))$$

$$= \sum_p h^{\alpha}_{pj}\bar{R}_{ipkl} + \sum_p h^{\alpha}_{ip}\bar{R}_{jpkl} + \sum_{\beta} h^{\beta}_{ij}\bar{R}_{\alpha\beta kl}$$

$$+ \sum_{p\beta}(h^{\beta}_{il} h^{\alpha}_{jp} h^{\beta}_{pk} - h^{\beta}_{ik} h^{\alpha}_{jp} h^{\beta}_{pl}) + \sum_{p\beta}(h^{\alpha}_{ip} h^{\beta}_{pk} h^{\beta}_{jl} - h^{\alpha}_{ip} h^{\beta}_{pl} h^{\beta}_{jk})$$

$$+ \sum_{p\beta}(h^{\beta}_{ij} h^{\beta}_{kp} h^{\alpha}_{pl} - h^{\beta}_{ij} h^{\alpha}_{kp} h^{\beta}_{pl}).$$

综上所述, 得到了子流形的结构方程定理。

定理 3.1 [2]　　设$x : M \to N$是子流形, 张量的变化规律为

$$h^{\alpha}_{ij} = h^{\alpha}_{ji},$$

$$\bar{R}_{ijkl} = R_{ijkl} + \sum_{\alpha} h^{\alpha}_{ik} h^{\alpha}_{jl} - h^{\alpha}_{jk} h^{\alpha}_{il},$$

$$\bar{R}^{\alpha}_{ijk} = h^{\alpha}_{ik,j} - h^{\alpha}_{ij,k},$$

$$\bar{R}_{\alpha\beta ij} = R^{\perp}{}_{\alpha\beta ij} + \sum_{p} h^{\alpha}_{ip} h^{\beta}_{pj} - h^{\beta}_{ip} h^{\alpha}_{pj},$$

$$R_{ij} = \sum_{p} \bar{R}_{ippj} - \sum_{p\alpha} h^{\alpha}_{ip} h^{\alpha}_{pj} + \sum_{\alpha} nH^{\alpha} h^{\alpha}_{ij},$$

$$R = \sum_{ij} \bar{R}_{ijji} - S + n^2 H^2,$$

$$\bar{R}_{ijkl,m} + \bar{R}_{ijlm,k} + \bar{R}_{ijmk,l} - \sum_{\alpha}(\bar{R}^{\alpha}_{ikl} h^{\alpha}_{jm} - \bar{R}^{\alpha}_{jkl} h^{\alpha}_{im})$$

$$- \sum_{\alpha}(\bar{R}^{\alpha}_{ilm} h^{\alpha}_{jk} - \bar{R}^{\alpha}_{jlm} h^{\alpha}_{ik}) - \sum_{\alpha}(\bar{R}^{\alpha}_{imk} h^{\alpha}_{jl} - \bar{R}^{\alpha}_{jmk} h^{\alpha}_{il}) = 0,$$

$$\bar{R}^{\alpha}_{ijk,l} + \bar{R}^{\alpha}_{ikl,j} + \bar{R}^{\alpha}_{ilj,k} + (\sum_{p} \bar{R}_{ipjk} h^{\alpha}_{pl} - \sum_{\beta} \bar{R}^{\alpha}_{\beta jk} h^{\beta}_{il})$$

$$+ (\sum_{p} \bar{R}_{ipkl} h^{\alpha}_{pj} - \sum_{\beta} \bar{R}^{\alpha}_{\beta kl} h^{\beta}_{ij}) + (\sum_{p} \bar{R}_{iplj} h^{\alpha}_{pk} - \sum_{\beta} \bar{R}^{\alpha}_{\beta lj} h^{\beta}_{ik}) = 0,$$

$$\bar{R}_{\alpha\beta ij,k} + \bar{R}_{\alpha\beta jk,i} + \bar{R}_{\alpha\beta ki,j} - \sum_{p}(\bar{R}^{\alpha}_{pij} h^{\beta}_{pk} - \bar{R}^{\beta}_{pij} h^{\alpha}_{pk})$$

$$- \sum_{p}(\bar{R}^{\alpha}_{pjk} h^{\beta}_{pi} - \bar{R}^{\beta}_{pjk} h^{\alpha}_{pi}) - \sum_{p}(\bar{R}^{\alpha}_{pki} h^{\beta}_{pj} - \bar{R}^{\beta}_{pki} h^{\alpha}_{pj}) = 0.$$

注释 3.1 在定理3.1中，前三行等式是经典的结果，后面的Bianchi等式是新推导的结果，当然也可以由Gauss，Codazzi，Ricci等式协变导数得到。

设N是空间形式$R^{n+p}(c)$，众所周知有如下关系：

$$\bar{R}_{ABCD} = -c(\delta_{AC}\delta_{BD} - \delta_{AD}\delta_{BC}).$$

将其代入定理3.1，可得如下推论。

推论 3.1 [2] 设N是空间形式$R^{n+p}(c)$，子流形$x : M \to R^{n+p}(c)$有以下结构方程：

$$\mathrm{d}x = \theta^i e_i,$$

$$\mathrm{d}e_i = \phi_i^j e_j + \phi_i^\alpha e_\alpha - c\theta^i x,$$

$$\mathrm{d}e_\alpha = \phi_\alpha^i e_i + \phi_\alpha^\beta e_\beta,$$

$$h_{ij}^\alpha = h_{ji}^\alpha,$$

$$R_{ijkl} = -c(\delta_{ik}\delta_{jl} - \delta_{il}\delta_{jk}) - \sum_\alpha (h_{ik}^\alpha h_{jl}^\alpha - h_{jk}^\alpha h_{il}^\alpha),$$

$$R_{ij} = c(n-1)\delta_{ij} - \sum_{p\alpha} h_{ip}^\alpha h_{pj}^\alpha + \sum_\alpha nH^\alpha h_{ij}^\alpha,$$

$$R = cn(n-1) - S + n^2 H^2,$$

$$h_{ik,j}^\alpha = h_{ij,k}^\alpha,$$

$$R^\perp{}_{\alpha\beta ij} = -\sum_p (h_{ip}^\alpha h_{pj}^\beta - h_{ip}^\beta h_{pj}^\alpha),$$

$$\bar{R}_{ijkl,m} + \bar{R}_{ijlm,k} + \bar{R}_{ijmk,l} = 0,$$

$$\bar{R}_{ijk,l}^\alpha + \bar{R}_{ikl,j}^\alpha + \bar{R}_{ilj,k}^\alpha = 0,$$

$$\bar{R}_{\alpha\beta ij,k} + \bar{R}_{\alpha\beta jk,i} + \bar{R}_{\alpha\beta ki,j} = 0.$$

注释 3.2 在定理3.1和推论3.1中，对$\bar{R}_{ABCD}$的协变导数都是在拉回丛上进行的。

命题 3.1 设$x : M \to N$是子流形，有如下Ricci恒等式：

（1）当$p \geqslant 2$，x为一般子流形时，

$$h_{ij,kl}^\alpha - h_{ij,lk}^\alpha = \sum_p h_{pj}^\alpha \bar{R}_{ipkl} + \sum_p h_{ip}^\alpha \bar{R}_{jpkl} + \sum_\beta h_{ij}^\beta \bar{R}_{\alpha\beta kl}$$

$$+ \sum_{p\beta} (h_{il}^\beta h_{jp}^\alpha h_{pk}^\beta - h_{ik}^\beta h_{jp}^\alpha h_{pl}^\beta) + \sum_{p\beta} (h_{ip}^\alpha h_{pk}^\beta h_{jl}^\beta - h_{ip}^\alpha h_{pl}^\beta h_{jk}^\beta)$$

$$+ \sum_{p\beta} (h_{ij}^\beta h_{kp}^\beta h_{pl}^\alpha - h_{ij}^\beta h_{kp}^\alpha h_{pl}^\beta).$$

（2）当$p \geqslant 2$，x为空间形式中子流形时，

$$h_{ij,kl}^\alpha - h_{ij,lk}^\alpha = c(\delta_{il} h_{jk}^\alpha - \delta_{ik} h_{jl}^\alpha + \delta_{jl} h_{ik}^\alpha - \delta_{jk} h_{il}^\alpha)$$

$$+ \sum_{p\beta}(h_{il}^{\beta}h_{jp}^{\alpha}h_{pk}^{\beta} - h_{ik}^{\beta}h_{jp}^{\alpha}h_{pl}^{\beta}) + \sum_{p\beta}(h_{ip}^{\alpha}h_{pk}^{\beta}h_{jl}^{\beta} - h_{ip}^{\alpha}h_{pl}^{\beta}h_{jk}^{\beta})$$

$$+ \sum_{p\beta}(h_{ij}^{\beta}h_{kp}^{\beta}h_{pl}^{\alpha} - h_{ij}^{\beta}h_{kp}^{\alpha}h_{pl}^{\beta}).$$

（3）当 $p = 1$，x 为一般超曲面时，

$$h_{ij,kl} - h_{ij,lk} = \sum_{p} h_{pj}\bar{R}_{ipkl} + \sum_{p} h_{ip}\bar{R}_{jpkl}$$

$$+ \sum_{p}(h_{il}h_{jp}h_{pk} - h_{ik}h_{jp}h_{pl} + h_{ip}h_{pk}h_{jl} - h_{ip}h_{pl}h_{jk}).$$

（4）当 $p = 1$，x 为空间形式中超曲面时，

$$h_{ij,kl} - h_{ij,lk} = c(\delta_{il}h_{jk} - \delta_{ik}h_{jl} + \delta_{jl}h_{ik} - \delta_{jk}h_{il})$$

$$+ \sum_{p}(h_{il}h_{jp}h_{pk} - h_{ik}h_{jp}h_{pl} + h_{ip}h_{pk}h_{jl} - h_{ip}h_{pl}h_{jk}).$$

3.2　子流形共形变换

本节主要讨论子流形的共形变换，沿用第 2 章和节 3.1 的符号。

设 $\bar{u} : N \to R$ 是光滑函数，则 $\widetilde{\mathrm{d}\bar{s}^2} = \mathrm{e}^{2\bar{u}}\mathrm{d}\bar{s}^2$ 是 $\mathrm{d}\bar{s}^2$ 的共形变换，$(N, \widetilde{\mathrm{d}\bar{s}^2})$ 的局部正交标架分别为

$$\widetilde{S} = \frac{1}{\mathrm{e}^{\bar{u}}}S = \frac{1}{\mathrm{e}^{\bar{u}}}(S_I, S_{\mathcal{A}})^{\mathrm{T}},$$

$$\widetilde{\sigma} = \mathrm{e}^{\bar{u}}\sigma = \mathrm{e}^{\bar{u}}(\sigma^I, \sigma^{\mathcal{A}}).$$

记

$$\mathrm{d}\bar{u} = \bar{u}_{,A}\sigma^A,$$

$$\mathrm{d}\bar{u}_{,A} - \bar{u}_{,B}\omega_A^B = \bar{u}_{,AB}\sigma^B,$$

$$\mathrm{d}\bar{u}_{,AB} - \bar{u}_{,CB}\omega_A^C - \bar{u}_{,AC}\omega_B^C = \bar{u}_{,ABC}\sigma^C,$$

$$D\bar{u} = (\bar{u}_{,A})_{1\times(n+p)},$$

$$D^2 \bar{u} = (\bar{u}_{,AB})_{(n+p)\times(n+p)},$$

$$D^3(\bar{u}) = (\bar{u}_{,ABC}),$$

$$x^* \bar{u} = u, \quad x^* \bar{u}_{,\alpha} = u_{,\alpha}, \quad x^* \bar{u}_{,i} = u_{,i},$$

$$\mathrm{d}_M u = \sum_i u_{,i} \theta^i,$$

$$\mathrm{d}_M u_{,i} - \sum_p u_{,p} \phi_i^p = u_{,ij} \theta^j,$$

$$\mathrm{d}_M u_{,\alpha} - u_{,\beta} \phi_\alpha^\beta = u_{,\alpha i} \theta^i,$$

$$Du = (u_{,i})_{1\times n},$$

$$D^2 u = (u_{,ij})_{n\times n},$$

$$DD^\perp u = (u_{,\alpha i})_{p\times n},$$

$$x^* \bar{u}_{ij} = u_{,ij} - \sum_\alpha u_{,\alpha} h_{ij}^\alpha,$$

$$x^* \bar{u}_{\alpha i} = u_{,\alpha i} + \sum_j h_{ij}^\alpha u_{,j}.$$

显然，$\widetilde{\mathrm{d}s}^2 = \mathrm{e}^{2u}\mathrm{d}s^2$ 是 $\mathrm{d}s^2$ 的共形变换，因此子流形

$$x: (M, \mathrm{d}s^2) \to (N, \mathrm{d}\bar{s}^2), \quad x: (M, \widetilde{\mathrm{d}s}^2) \to (N, \widetilde{\mathrm{d}\bar{s}}^2)$$

的局部正交标架是

$$\widetilde{e} = x^* \widetilde{S} = \frac{1}{\mathrm{e}^u} e = \frac{1}{\mathrm{e}^u}(e_{\mathcal{I}}, e_{\mathcal{A}})^{\mathrm{T}},$$

$$\widetilde{\theta} = x^* \widetilde{\sigma} = \mathrm{e}^u \theta = \mathrm{e}^u(\theta^{\mathcal{I}}, \theta^{\mathcal{A}}).$$

由定理2.3，可得到下面的定理。

定理 3.2　在 $(M, \widetilde{\mathrm{d}s}^2)$ 和 $(M, \mathrm{d}s^2)$ 分别的标架 $\widetilde{e}, e$ 下，第二基本型的变换规律为

$$\widetilde{h}_{ij}^\alpha = \frac{h_{ij}^\alpha - u_{,\alpha}\delta_{ij}}{\mathrm{e}^u},$$

$$\widetilde{B} = \widetilde{h}_{ij}^\alpha \widetilde{\theta}^i \otimes \widetilde{\theta}^j \otimes \widetilde{e}_\alpha$$

$$=B - \sum_{\alpha} u_{,\alpha} e_{\alpha} \mathrm{d}s^2.$$

3.3　子流形的例子

例 3.1　全测地子流形 $B = 0$. 欧氏空间中的超平面，球面中的赤道。

例 3.2　欧氏空间 E^{n+1} 中的单位球面 $S^n(1)$，显然，$k_1 = k_2 = \cdots = k_n = 1$.

例 3.3 [2]　设 $0 < r < 1$，$M : S^m(r) \times S^{n-m}(\sqrt{1-r^2}) \to S^{n+1}(1)$. 计算如下：

$$S^m(r) = \{rx_1 : |x_1| = 1\} \hookrightarrow E^{m+1},$$

$$S^{n-m}(\sqrt{1-r^2}) = \{\sqrt{1-r^2}\,x_2 : |x_2| = 1\} \hookrightarrow E^{n-m+1},$$

$$M \overset{\text{def}}{=} \{x = (rx_1, \sqrt{1-r^2}\,x_2)\} \hookrightarrow S^{n+1}(1) \hookrightarrow E^{n+2},$$

$$\mathrm{d}s^2 = (r\mathrm{d}x_1)^2 + (\sqrt{1-r^2}\,\mathrm{d}x_2)^2,$$

$$e_{n+1} = (-\sqrt{1-r^2}\,x_1, rx_2),$$

$$h_{ij}^{n+1} \theta^j \otimes \theta^i \overset{\text{def}}{=} h_{ij} \theta^i \otimes \theta^j = -\langle \mathrm{d}x, \mathrm{d}e_{n+1} \rangle$$

$$= \frac{\sqrt{1-r^2}}{r}(r\mathrm{d}x_1)^2 - \frac{r}{\sqrt{1-r^2}}(\sqrt{1-r^2}\,\mathrm{d}x_2)^2,$$

$$k_1 = \cdots = k_m = \frac{\sqrt{1-r^2}}{r}, \quad k_{m+1} = \cdots = k_n = -\frac{r}{\sqrt{1-r^2}}.$$

例 3.4 [3]　设 $0 < a_1, \cdots, a_{p+1} < 1$ 满足 $\sum_1^{p+1}(a_i)^2 = 1$，设正整数 $n_1, \cdots, n_{p+1}$ 满足 $\sum_1^{p+1} n_i = n$. $M \overset{\text{def}}{=} S^{n_1}(a_1) \times \cdots \times S^{n_{p+1}}(a_{p+1}) \to S^{n+p}(1)$，计算如下：

$$S^{n_1}(a_1) = \{a_1 x_1 : |x_1| = 1\} \hookrightarrow E^{n_1+1}, \cdots,$$

$$S^{n_{p+1}}(a_{p+1}) = \{a_{p+1} x_{p+1} : |x_{p+1}| = 1\} \hookrightarrow E^{n_{p+1}+1},$$

$$M = \{x : x = (a_1 x_1, \cdots, a_{p+1} x_{p+1})\} \to S^{n+p}(1) \hookrightarrow E^{n+p+1},$$

$$\mathrm{d}s^2 = \sum_1^{p+1}(a_i \mathrm{d}x_i)^2,$$

$$e_\alpha = (a_{\alpha 1}x_1, \cdots, a_{\alpha(p+1)}x_{p+1}), \quad (n+1) \leqslant \alpha \leqslant (n+p),$$

$$h_{ij}^\alpha \theta^i \otimes \theta^j = -\langle \mathrm{d}x, \mathrm{d}e_\alpha \rangle = -\sum_1^{p+1} \frac{a_{\alpha i}}{a_i}(a_i \mathrm{d}x_i)^2,$$

$$(h_{ij}^\alpha) = \begin{pmatrix} -\frac{a_{\alpha 1}}{a_1}E_{n_1} & 0 & 0 \\ 0 & \ddots & 0 \\ 0 & 0 & -\frac{a_{\alpha(p+1)}}{a_{p+1}}E_{n_{p+1}} \end{pmatrix},$$

$$A = \begin{pmatrix} a_1 & \cdots & a_{p+1} \\ a_{(n+1)1} & \cdots & a_{(n+1)(p+1)} \\ \vdots & \vdots & \vdots \\ a_{(n+p)1} & \cdots & a_{(n+p)(p+1)} \end{pmatrix},$$

$$A^{\mathrm{T}}A = I, \quad \sum_\alpha a_{\alpha i}a_{\alpha j} = \delta_{ij} - a_i a_j,$$

$$\sum_i a_{\alpha i}a_i = 0, \quad \sum_i a_{\alpha i}a_{\beta i} = \delta_{\alpha\beta}.$$

例 3.5 [80-92] 设 M 是 $S^{n+1}(1)$ 中的闭的等参超曲面，设 $k_1 > \cdots > k_g$ 是常主曲率，重数分别为 $m_1, \cdots, m_g, n = m_1 + \cdots + m_g$. 有

（1）g 只能取 1, 2, 3, 4, 6；

（2）当 $g = 1$ 时，M 是全脐；

（3）当 $g = 2$ 时，$M = S^m(r) \times S^{n-m}(\sqrt{1-r^2})$；

（4）当 $g = 3$ 时，$m_1 = m_2 = m_3 = 2^k$, $k = 0, 1, 2, 3$；

（5）当 $g = 4$ 时，$m_1 = m_3$, $m_2 = m_4$. $(m_1, m_2) = (2,2)$ 或 $(4,5)$ 或 $m_1 + m_2 + 1 \equiv 0 (\mathrm{mod}\ 2^{\phi(m_1-1)})$，这里 函数 $\phi(m) = \#\{s : 1 \leqslant s \leqslant m, s \equiv 0, 1, 2, 4(\mathrm{mod}\ 8)\}$；

（6）当 $g = 6$ 时，$m_1 = m_2 = \cdots = m_6 = 1$ 或者 2；

（7）存在一个角度 θ, $0 < \theta < \frac{\pi}{g}$，使得

$$k_\alpha = \cot(\theta + \frac{\alpha-1}{g}\pi), \quad \alpha = 1, \cdots, g.$$

例 3.6 Nomizu 等参超曲面，令

$$S^{n+1}(1) = \{(x_1, \cdots x_{2r+1}, x_{2r+2}) \in R^{n+2} = R^{2r+2} : |x| = 1\},$$

其中 $n = 2r \geqslant 4$. 定义函数

$$F(x) = \left(summ_{i=1}^{r+1} x_{2i-1}^2 - x_{2i}^2 \right)^2 + 4 \left(\sum_{i=1}^{r+1} x_{2i-1} x_{2i} \right)^2.$$

考虑由函数 $F(x)$ 定义的超曲面

$$M_t^n = \{x \in S^{n+1} : F(x) = \cos^2(2t)\}, \quad 0 < t < \frac{\pi}{4}.$$

M_t^n 对固定参数 t 的主曲率为

$$k_1 = \cdots = k_{r-1} = \cot(-t), \quad k_r = \cot\left(\frac{\pi}{4} - t\right),$$

$$k_{r+1} = \cdots = k_{n-1} = \cot\left(\frac{\pi}{2} - t\right), \quad k_n = \cot\left(\frac{3\pi}{4} - t\right).$$

例 3.7 [2] Veronese 曲面。设 R^3 和 R^5 的自然标架分别为

$$(x, y, z), \quad (u_1, u_2, u_3, u_4, u_5).$$

定义映射如下：

$$u_1 = \frac{1}{\sqrt{3}} yz, \quad u_2 = \frac{1}{\sqrt{3}} xz, \quad u_3 = \frac{1}{\sqrt{3}} xy,$$

$$u_4 = \frac{1}{2\sqrt{3}} (x^2 - y^2), \quad u_5 = \frac{1}{6}(x^2 + y^2 - 2z^2),$$

$$x^2 + y^2 + z^2 = 3.$$

该映射给出了一个嵌入 $i : RP^2 = S^2(\sqrt{3})/Z_2 \to S^4(1)$，称之为 Veronese 曲面，它是极小的。

3.4 子流形变分公式

本节主要讨论子流形的变分公式。沿用前面的符号。主要思想取自于文献 [2,15]。

设 $x : (M, \mathrm{d}s^2) \to (N, \mathrm{d}\bar{s}^2)$ 是子流形，$X : (M, \mathrm{d}s^2) \times (-\epsilon, \epsilon) \to (N, \mathrm{d}\bar{s}^2)$ 是其变分。定义

$$x_t \overset{\text{def}}{=} X(., t) : \ M \times \{t\} \to N, \ \ t \in (-\epsilon, \epsilon).$$

那么每个 x_t 都是等距浸入，而且 $x_0 = x$。

设 d, d_M, $\mathrm{d}_{M \times (-\epsilon, \epsilon)} = \mathrm{d}_M + \mathrm{d}t \wedge \frac{\partial}{\partial t}$ 是 $N, M, M \times (-\epsilon, \epsilon)$ 上的微分算子，变分向量场为 $V = \sum_A V^A e_A$，即 $\frac{\partial X}{\partial t} = V$. 通过拉回映射，有

$$X^* \sigma = \theta + \mathrm{d}t V, \ \ X^* \sigma^A = \theta^A + \mathrm{d}t V^A,$$

$$X^* \sigma^i = \theta^i + \mathrm{d}t V^i, \ \ X^* \sigma^\alpha = \mathrm{d}t V^\alpha,$$

$$X^* \omega = \phi + \mathrm{d}t L, \ \ X^* \omega_A^B = \phi_A^B + \mathrm{d}t L_A^B,$$

$$X^* \omega_i^j = \phi_i^j + \mathrm{d}t L_i^j, \ \ X^* \omega_i^\alpha = \phi_i^\alpha + \mathrm{d}t L_i^\alpha,$$

$$X^* \omega_\alpha^\beta = \phi_\alpha^\beta + \mathrm{d}t L_\alpha^\beta,$$

$$X^* \Omega = \Phi + \mathrm{d}t \wedge P, \ \ X^* \Omega_A^B = \Phi_A^B + \mathrm{d}t \wedge P_A^B,$$

$$X^* \Omega_i^j = \Phi_i^j + \mathrm{d}t \wedge P_i^j, \ \ X^* \Omega_i^\alpha = \Phi_i^\alpha + \mathrm{d}t \wedge P_i^\alpha,$$

$$X^* \Omega_\alpha^\beta = \Phi_\alpha^\beta + \mathrm{d}t \wedge P_\alpha^\beta.$$

其中

$$\begin{aligned}
X^* \omega_A^B &= \phi_A^B + \mathrm{d}t L_A^B \\
&= \bar{\Gamma}_{Ai}^B \theta^i + \mathrm{d}t \sum_C \bar{\Gamma}_{AC}^B V^C, \\
\phi_A^B &= \bar{\Gamma}_{Ai}^B \theta^i, \\
L_A^B &= \sum_C \bar{\Gamma}_{AC}^B V^C, \\
X^* \Omega_A^B &= \frac{1}{2} \bar{R}_{ABCD} (\theta^C + \mathrm{d}t V^C) \wedge (\theta^D + \mathrm{d}t V^D) \\
&= \frac{1}{2} \bar{R}_{ABCD} (\theta^C \wedge \theta^D + \mathrm{d}t \wedge (V^C \theta^D - \theta^C V^D)) \\
&= \frac{1}{2} \bar{R}_{ABij} \theta^i \wedge \theta^j + \mathrm{d}t \wedge (\bar{R}_{ABCi} V^C \theta^i),
\end{aligned}$$

$$\Phi_A^B = \frac{1}{2}\bar{R}_{ABij}\theta^i \wedge \theta^j,$$

$$P_A^B = \bar{R}_{ABCi}V^C\theta^i.$$

定义 3.1   定义张量

$$\bar{Z}_{ABi} = \bar{R}_{ABCi}V^C, \quad P_{AB} = \bar{Z}_{ABi}\theta^i.$$

对于以下三对方程，通过拉回运算，可以得到变分公式。

$$\omega + \omega^{\mathrm{T}} = 0, \quad \mathrm{d}\sigma - \sigma \wedge \omega = 0, \tag{3.4}$$

$$\Omega + \Omega^{\mathrm{T}} = 0, \quad \mathrm{d}\omega - \omega \wedge \omega = \Omega, \tag{3.5}$$

$$\sigma \wedge \Omega = 0, \quad \sigma \wedge \Omega^{\mathrm{T}} = 0, \quad \mathrm{d}\Omega = \omega \wedge \Omega - \Omega \wedge \omega. \tag{3.6}$$

对式(3.4)进行拉回运算：

$$\phi + \phi^{\mathrm{T}} + \mathrm{d}t(L + L^{\mathrm{T}}) = 0,$$

$$(\mathrm{d}_M + \mathrm{d}t \wedge \frac{\partial}{\partial t})(\theta + \mathrm{d}tV)$$

$$\quad - (\theta + \mathrm{d}tV) \wedge (\phi + \mathrm{d}tL) = 0,$$

$$\phi + \phi^{\mathrm{T}} = 0,$$

$$L + L^{\mathrm{T}} = 0,$$

$$\mathrm{d}_M\theta - \theta \wedge \phi + \mathrm{d}t \wedge (\frac{\partial\theta}{\partial t} - \mathrm{d}_MV - V\phi + \theta L) = 0,$$

$$\mathrm{d}_M\theta - \theta \wedge \phi = 0,$$

$$\frac{\partial\theta}{\partial t} = \mathrm{d}_MV + V\phi - \theta L,$$

$$\frac{\partial\theta^I}{\partial t} = \mathrm{d}_MV^I + V^I\phi_I^I + V^{\mathscr{A}}\phi_{\mathscr{A}}^I - \theta^I L_I^I - \theta^A L_{\mathscr{A}}^I$$

$$\quad = DV^I + V^{\mathscr{A}}\phi_{\mathscr{A}}^I - \theta^I L_I^I,$$

$$\frac{\partial\theta^i}{\partial t} = \sum_j (V_{,j}^i - \sum_\alpha h_{ij}^\alpha V^\alpha - L_j^i)\theta^j,$$

$$\frac{\partial \theta^{\mathcal{A}}}{\partial t} = d_M V^{\mathcal{A}} + V^{\mathcal{A}} \phi_{\mathcal{A}}^{\mathcal{A}} + V^I \phi_I^{\mathcal{A}} - \theta^I L_I^{\mathcal{A}} - \theta^A L_{\mathcal{A}}^{\mathcal{A}}$$

$$= DV^{\mathcal{A}} + V^I \phi_I^{\mathcal{A}} - \theta^I L_I^{\mathcal{A}},$$

$$L_i^{\alpha} = V_{,i}^{\alpha} + \sum_j h_{ij}^{\alpha} V^j,$$

$$L_{i,j}^{\alpha} = V_{,ij}^{\alpha} + \sum_p h_{ip}^{\alpha} V_{,j}^p + \sum_p h_{ij,p}^{\alpha} V^p + \sum_p \bar{R}_{ijp}^{\alpha} V^p.$$

对式(3.5)进行拉回运算:

$$\Phi + \Phi^{\mathrm{T}} + dt(P + P^{\mathrm{T}}) = 0, \quad \Phi + \Phi^{\mathrm{T}} = 0, \quad P + P^{\mathrm{T}} = 0,$$

$$\Phi + dt \wedge P = (d_M + dt \wedge \frac{\partial}{\partial t})(\phi + dtL)$$

$$- (\phi + dtL) \wedge (\phi + dtL),$$

$$\Phi = d_M \phi - \phi \wedge \phi, \quad \frac{\partial \phi}{\partial t} = d_M L + L\phi - \phi L + P.$$

对于矩阵的第一部分,L_i^j不是张量,但是可以形式地记为

$$\frac{\partial \theta_I^I}{\partial t} = d_M L_I^I + L_I^I \phi_I^I + L_I^{\mathcal{A}} \phi_{\mathcal{A}}^I - \phi_I^I L_I^I - \phi_I^{\mathcal{A}} L_{\mathcal{A}}^I + P_I^I$$

$$= DL_I^I + L_I^{\mathcal{A}} \phi_{\mathcal{A}}^I - \phi_I^{\mathcal{A}} L_{\mathcal{A}}^I + P_I^I,$$

$$\frac{\partial \Gamma_{ik}^j}{\partial t} = L_{i,k}^j + \sum_\alpha h_{ik}^\alpha L_j^\alpha - \sum_\alpha L_i^\alpha h_{jk}^\alpha + \bar{Z}_{ijk}$$

$$- \sum_p \Gamma_{ip}^j V_{,k}^p + \sum_{p\alpha} \Gamma_{ip}^j h_{pk}^\alpha V^\alpha + \sum_p \Gamma_{ip}^j L_k^p.$$

对于矩阵的第二部分,L_i^α是张量,记为

$$\frac{\partial \theta_I^{\mathcal{A}}}{\partial t} = d_M L_I^{\mathcal{A}} + L_I^I \phi_I^{\mathcal{A}} + L_I^{\mathcal{A}} \phi_{\mathcal{A}}^{\mathcal{A}} - \phi_I^I L_I^{\mathcal{A}} - \phi_I^{\mathcal{A}} L_{\mathcal{A}}^{\mathcal{A}} + P_I^{\mathcal{A}}$$

$$= DL_I^{\mathcal{A}} + L_I^I \phi_I^{\mathcal{A}} - \phi_I^{\mathcal{A}} L_{\mathcal{A}}^{\mathcal{A}} + P_I^{\mathcal{A}},$$

$$\frac{\partial h_{ij}^\alpha}{\partial t} = L_{i,j}^\alpha + \sum_p L_i^p h_{pj}^\alpha - \sum_\beta h_{ij}^\beta L_\beta^\alpha + \bar{Z}_{ij}^\alpha$$

$$- \sum_p h_{ip}^{\alpha} V_{,j}^p + \sum_{p\beta} h_{ip}^{\alpha} h_{pj}^{\beta} V^{\beta} + \sum_p h_{ip}^{\alpha} L_j^p$$

$$= V_{,ij}^{\alpha} + \sum_p h_{ij,p}^{\alpha} V^p + \sum_p h_{pj}^{\alpha} L_i^p + \sum_p h_{ip}^{\alpha} L_j^p$$

$$- \sum_{\beta} h_{ij}^{\beta} L_{\beta}^{\alpha} + \sum_{p\beta} h_{ip}^{\alpha} h_{pj}^{\beta} V^{\beta} - \sum_{\beta} \bar{R}_{ij\beta}^{\alpha} V^{\beta}.$$

对于矩阵的第四部分，L_α^β 不是张量，但是可以形式地记为

$$\frac{\partial \theta_{\mathcal{A}}^{\mathcal{A}}}{\partial t} = d_M L_{\mathcal{A}}^{\mathcal{A}} + L_{\mathcal{A}}^{\mathcal{A}} \phi_{\mathcal{A}}^{\mathcal{A}} + L_{\mathcal{A}}^{I} \phi_{\mathcal{A}}^{\mathcal{A}} - \phi_{\mathcal{A}}^{\mathcal{A}} L_{\mathcal{A}}^{\mathcal{A}} - \phi_{\mathcal{A}}^{I} L_{I}^{\mathcal{A}} + P_{\mathcal{A}}^{\mathcal{A}}$$

$$= D L_{\mathcal{A}}^{\mathcal{A}} + L_{\mathcal{A}}^{I} \phi_{I}^{\mathcal{A}} - \phi_{\mathcal{A}}^{I} L_{I}^{\mathcal{A}} + P_{\mathcal{A}}^{\mathcal{A}},$$

$$\frac{\partial \Gamma_{\alpha i}^{\beta}}{\partial t} = L_{\alpha,i}^{\beta} + \sum_p L_p^{\beta} h_{pi}^{\alpha} - \sum_p L_p^{\alpha} h_{pi}^{\beta} + \bar{Z}_{\alpha\beta i}$$

$$- \sum_p \Gamma_{\alpha p}^{\beta} V_{,i}^p + \sum_p \Gamma_{\alpha p}^{\beta} h_{pi}^{\gamma} V^{\gamma} + \sum_p \Gamma_{\alpha p}^{\beta} L_i^p.$$

对式(3.6)进行拉回运算：

$$(\theta + dtV) \wedge (\Phi + dt \wedge P) = 0,$$

$$\theta \wedge \Phi = 0, \quad V\Phi - \theta \wedge P = 0.$$

上式是Bianchi恒等式，对于式(3.6)的后半部分，有

$$LHS = (d_M + dt \wedge \frac{\partial}{\partial t})(\Phi + dtP)$$

$$= d_M \Phi + dt \wedge (\frac{\partial \Phi}{\partial t} - d_M P),$$

$$RHS = (\phi + dtL) \wedge (\Phi + dtP) - (\Phi + dtP) \wedge (\phi + dtL)$$

$$= \phi \wedge \Phi - \Phi \wedge \phi + dt(L\Phi - \phi P - P\phi - \Phi L),$$

$$d_M \Phi = \phi \wedge \Phi - \Phi \wedge \phi,$$

$$\frac{\partial \Phi}{\partial t} = d_M P + L\Phi - \phi P - P\phi - \Phi L.$$

对于矩阵的第一部分，有

$$
\frac{\partial \Phi_I^I}{\partial t} = \mathrm{d}_M P_I^I - \phi_I^I P_I^I - P_I^I \phi_I^I - \phi_I^{\mathcal{A}} P_{\mathcal{A}}^I - P_I^{\mathcal{A}} \phi_{\mathcal{A}}^I
$$

$$
+ L_I^I \Phi_I^I + L_I^{\mathcal{A}} \Phi_{\mathcal{A}}^I - \Phi_I^I L_I^I - \Phi_I^{\mathcal{A}} L_{\mathcal{A}}^I,
$$

$$
\frac{\partial \Phi_{ij}}{\partial t} = \bar{Z}_{ijl,k} \theta^k \wedge \theta^l + \sum_\alpha h_{ik}^\alpha \bar{Z}_{jl}^\alpha \theta^k \wedge \theta^l
$$

$$
+ \sum_\alpha \bar{Z}_{ik}^\alpha h_{jl}^\alpha \theta^k \wedge \theta^l + \sum_p L_{ip} \Phi_{pj} - \sum_p \Phi_{ip} L_{pj}
$$

$$
+ \sum_\alpha \Phi_i^\alpha L_j^\alpha - \sum_\alpha L_i^\alpha \Phi_j^\alpha,
$$

$$
\frac{\partial \bar{R}_{ijkl}}{\partial t} = (\bar{Z}_{ijl,k} - \bar{Z}_{ijk,l}) + \sum_\alpha (h_{ik}^\alpha \bar{Z}_{jl}^\alpha - h_{il}^\alpha \bar{Z}_{jk}^\alpha + \bar{Z}_{ik}^\alpha h_{jl}^\alpha - \bar{Z}_{il}^\alpha h_{jk}^\alpha)
$$

$$
+ \sum_A (\bar{R}_{ikl}^A L_j^A - L_i^A \bar{R}_{jkl}^A) - \sum_p (\bar{R}_{ijpl} V_{,k}^p + \bar{R}_{ijkp} V_{,l}^p)
$$

$$
+ \sum_{p\alpha} (\bar{R}_{ijpl} h_{pk}^\alpha V^\alpha + \bar{R}_{ijkp} h_{pl}^\alpha V^\alpha) + \sum_p (\bar{R}_{ijpl} L_k^p + \bar{R}_{ijkp} L_l^p).
$$

对于矩阵的第二部分，有

$$
\frac{\partial \Phi_I^{\mathcal{A}}}{\partial t} = \mathrm{d}_M P_I^{\mathcal{A}} - \phi_I^I P_I^{\mathcal{A}} - P_I^{\mathcal{A}} \phi_{\mathcal{A}}^{\mathcal{A}} - P_I^I \phi_I^{\mathcal{A}} - \phi_I^{\mathcal{A}} P_{\mathcal{A}}^{\mathcal{A}}
$$

$$
+ L_I^I \Phi_I^{\mathcal{A}} + L_I^{\mathcal{A}} \Phi_{\mathcal{A}}^{\mathcal{A}} - \Phi_I^I L_I^{\mathcal{A}} - \Phi_I^{\mathcal{A}} L_{\mathcal{A}}^{\mathcal{A}},
$$

$$
\frac{\partial \Phi_i^\alpha}{\partial t} = D P_i^\alpha - \sum_p P_{ip} \phi_p^\alpha - \sum_\beta \phi_i^\beta P_\beta^\alpha + \sum_A (L_i^A \Phi_A^\alpha - \Phi_i^A L_A^\alpha),
$$

$$
\frac{\partial \bar{R}_{ijk}^\alpha}{\partial t} = (\bar{Z}_{ik,j}^\alpha - \bar{Z}_{ij,k}^\alpha) + \sum_p (\bar{Z}_{ipk} h_{pj}^\alpha - \bar{Z}_{ipj} h_{pk}^\alpha)
$$

$$
+ \sum_\beta (h_{ik}^\beta \bar{Z}_{\beta j}^\alpha - h_{ij}^\beta \bar{Z}_{\beta k}^\alpha) + \sum_A (L_i^A \bar{R}_{Ajk}^\alpha - \bar{R}_{ijk}^A L_A^\alpha)
$$

$$
- \sum_p (\bar{R}_{ipk}^\alpha V_{,j}^p + \bar{R}_{ijp}^\alpha V_{,k}^p) + \sum_{p\beta} (\bar{R}_{ipk}^\alpha h_{pj}^\beta V^\beta + \bar{R}_{ijp}^\alpha h_{pk}^\beta V^\beta)
$$

$$
+ \sum_p (\bar{R}_{ipk}^\alpha L_j^p + \bar{R}_{ijp}^\alpha L_k^p).
$$

对于矩阵的第四部分，有

$$\frac{\partial \Phi_{\mathcal{A}}^{\mathcal{A}}}{\partial t} = \mathrm{d}_M P_{\mathcal{A}}^{\mathcal{A}} - \phi_{\mathcal{A}}^{\mathcal{A}} P_{\mathcal{A}}^{\mathcal{A}} - P_{\mathcal{A}}^{\mathcal{A}} \phi_{\mathcal{A}}^{\mathcal{A}} - P_{\mathcal{A}}^{I} \phi_{I}^{\mathcal{A}} - \phi_{\mathcal{A}}^{I} P_{I}^{\mathcal{A}}$$

$$+ L_{\mathcal{A}}^{\mathcal{A}} \Phi_{\mathcal{A}}^{\mathcal{A}} + L_{\mathcal{A}}^{I} \Phi_{I}^{\mathcal{A}} - \Phi_{\mathcal{A}}^{I} L_{I}^{\mathcal{A}} - \Phi_{\mathcal{A}}^{\mathcal{A}} L_{\mathcal{A}}^{\mathcal{A}},$$

$$\frac{\partial \Phi_{\alpha}^{\beta}}{\partial t} = D P_{\alpha}^{\beta} + \sum_p P_p^{\alpha} \phi_p^{\beta} + \sum_p \phi_p^{\alpha} P_p^{\beta} + \sum_A (L_{\alpha}^{A} \Phi_A^{\beta} - \Phi_{\alpha}^{A} L_A^{\beta}),$$

$$\frac{\partial \bar{R}_{\alpha\beta ij}}{\partial t} = (\bar{Z}_{\alpha\beta j,i} - \bar{Z}_{\alpha\beta i,j}) + \sum_p (\bar{Z}_{pi}^{\alpha} h_{pj}^{\beta} - \bar{Z}_{pj}^{\alpha} h_{pi}^{\beta} + h_{ip}^{\alpha} \bar{Z}_{pj}^{\beta} - h_{jp}^{\alpha} \bar{Z}_{pi}^{\beta})$$

$$+ \sum_A (\bar{R}_{Aij}^{\alpha} L_A^{\beta} - L_A^{\alpha} \bar{R}_{Aij}^{\beta}) - \sum_p (\bar{R}_{\alpha\beta pj} V_{,i}^{p} + \bar{R}_{\alpha\beta ip} V_{,j}^{p})$$

$$+ \sum_{p\gamma} (\bar{R}_{\alpha\beta pj} h_{ip}^{\gamma} V^{\gamma} + \bar{R}_{\alpha\beta ip} h_{jp}^{\gamma} V^{\gamma}) + \sum_p (\bar{R}_{\alpha\beta pj} L_i^{p} + \bar{R}_{\alpha\beta ip} L_j^{p}).$$

综上所述，证明了下面的变分基本公式。

定理 3.3 设 $x : M \to N$ 是子流形，$V = V^i e_i + V^{\alpha} e_{\alpha}$ 是变分向量场，令 $\bar{Z}_{ABi} \overset{\text{def}}{=} \sum_C \bar{R}_{ABCi} V^C$，则张量的变分公式为

$$\frac{\partial \theta^i}{\partial t} = \sum_j (V_{,j}^i - \sum_{\alpha} h_{ij}^{\alpha} V^{\alpha} - L_j^i) \theta^j,$$

$$\frac{\partial \mathrm{d}v}{\partial t} = (\mathrm{div} V^{\top} - n \sum_{\alpha} H^{\alpha} V^{\alpha}) \mathrm{d}v,$$

$$\frac{\partial \Gamma_{ik}^j}{\partial t} = L_{i,k}^j + \sum_{\alpha} h_{ik}^{\alpha} L_j^{\alpha} - \sum_{\alpha} L_i^{\alpha} h_{jk}^{\alpha} + \bar{Z}_{ijk}$$

$$- \sum_p \Gamma_{ip}^j V_{,k}^p + \sum_{p\alpha} \Gamma_{ip}^j h_{pk}^{\alpha} V^{\alpha} + \sum_p \Gamma_{ip}^j L_k^p,$$

$$\frac{\partial h_{ij}^{\alpha}}{\partial t} = V_{,ij}^{\alpha} + \sum_p h_{ij,p}^{\alpha} V^p + \sum_p h_{pj}^{\alpha} L_i^p + \sum_p h_{ip}^{\alpha} L_j^p$$

$$- \sum_{\beta} h_{ij}^{\beta} L_{\beta}^{\alpha} + \sum_{p\beta} h_{ip}^{\alpha} h_{pj}^{\beta} V^{\beta} - \sum_{\beta} \bar{R}_{ij\beta}^{\alpha} V^{\beta},$$

$$\frac{\partial \Gamma_{\alpha i}^{\beta}}{\partial t} = L_{\alpha,i}^{\beta} + \sum_p L_p^{\beta} h_{pi}^{\alpha} - \sum_p L_p^{\alpha} h_{pi}^{\beta} + \bar{Z}_{\alpha\beta i}$$

$$- \sum_p \Gamma_{\alpha p}^\beta V_{,i}^p + \sum_p \Gamma_{\alpha p}^\beta h_{pi}^\gamma V^\gamma + \sum_p \Gamma_{\alpha p}^\beta L_i^p,$$

$$\frac{\partial \bar{R}_{ijkl}}{\partial t} = \bar{Z}_{ijl,k} - \bar{Z}_{ijk,l} + \sum_\alpha (h_{ik}^\alpha \bar{Z}_{jl}^\alpha - h_{il}^\alpha \bar{Z}_{jk}^\alpha + \bar{Z}_{ik}^\alpha h_{jl}^\alpha - \bar{Z}_{il}^\alpha h_{jk}^\alpha)$$

$$+ \sum_A (\bar{R}_{ikl}^A L_j^A - L_i^A \bar{R}_{jkl}^A) - \sum_p (\bar{R}_{ijpl} V_{,k}^p + \bar{R}_{ijkp} V_{,l}^p)$$

$$+ \sum_{p\alpha} (\bar{R}_{ijpl} h_{pk}^\alpha V^\alpha + \bar{R}_{ijkp} h_{pl}^\alpha V^\alpha) + \sum_p (\bar{R}_{ijpl} L_k^p + \bar{R}_{ijkp} L_l^p),$$

$$\frac{\partial \bar{R}_{ijk}^\alpha}{\partial t} = \bar{Z}_{ik,j}^\alpha - \bar{Z}_{ij,k}^\alpha + \sum_p (\bar{Z}_{ipk} h_{pj}^\alpha - \bar{Z}_{ipj} h_{pk}^\alpha) + \sum_\beta (h_{ik}^\beta \bar{Z}_{\beta j}^\alpha - h_{ij}^\beta \bar{Z}_{\beta k}^\alpha)$$

$$+ \sum_A (L_i^A \bar{R}_{Ajk}^\alpha - \bar{R}_{ijk}^A L_A^\alpha) - \sum_p (\bar{R}_{ipk}^\alpha V_{,j}^p + \bar{R}_{ijp}^\alpha V_{,k}^p)$$

$$+ \sum_{p\beta} (\bar{R}_{ipk}^\alpha h_{pj}^\beta V^\beta + \bar{R}_{ijp}^\alpha h_{pk}^\beta V^\beta) + \sum_p (\bar{R}_{ipk}^\alpha L_j^p + \bar{R}_{ijp}^\alpha L_k^p),$$

$$\frac{\partial \bar{R}_{\alpha\beta ij}}{\partial t} = \bar{Z}_{\alpha\beta j,i} - \bar{Z}_{\alpha\beta i,j} + \sum_p (\bar{Z}_{pi}^\alpha h_{pj}^\beta - \bar{Z}_{pj}^\alpha h_{pi}^\beta + h_{ip}^\alpha \bar{Z}_{pj}^\beta - h_{jp}^\alpha \bar{Z}_{pi}^\beta)$$

$$+ \sum_A (\bar{R}_{Aij}^\alpha L_A^\beta - L_A^\alpha \bar{R}_{Aij}^\beta) - \sum_p (\bar{R}_{\alpha\beta pj} V_{,i}^p + \bar{R}_{\alpha\beta ip} V_{,j}^p)$$

$$+ \sum_{p\gamma} (\bar{R}_{\alpha\beta pj} h_{ip}^\gamma V^\gamma + \bar{R}_{\alpha\beta ip} h_{jp}^\gamma V^\gamma)$$

$$+ \sum_p (\bar{R}_{\alpha\beta pj} L_i^p + \bar{R}_{\alpha\beta ip} L_j^p).$$

注释 3.3 关于余标架、体积与第二基本型的变分公式可参见文献[15]，其余的公式都是新推导的。

特别地，作如下记号：

$$\bar{R}_{AB} = \sum_C \bar{R}_{ACCB}, \quad \bar{R}_{AB}^\top = \sum_i \bar{R}_{AiiB}, \quad \bar{R}_{AB}^\perp = \sum_\alpha \bar{R}_{A\alpha\alpha B}.$$

分别称为流形N的Riici曲率、切Ricci曲率、法Ricci曲率。

观察上面的定理，我们发现，黎曼张量$\bar{R}_{i\alpha jk}, \bar{R}_{\alpha ijk}, \bar{R}_{\alpha\beta ij}$的变分公式已经获得，但是其它类型的黎曼张量，比如$\bar{R}_{ijk\alpha}$的变分公式并没有获

得，实际上我们可以通过更加一般的方式获得。首先定义流形 N 上的黎曼张量 $\bar{R}_{ABCD}$ 的协变导数为

$$\bar{R}_{ABCD;E}\sigma^E = d\bar{R}_{ABCD} - \bar{R}_{FBCD}\omega_A^F - \bar{R}_{AFCD}\omega_B^F$$
$$- \bar{R}_{ABFD}\omega_C^F - \bar{R}_{ABCF}\omega_D^F.$$

通过拉回映射可知

$$x^*(\bar{R}_{ABCD;E}\sigma^E) = (T1)x^*(d\bar{R}_{ABCD}) - (T2)x^*(\bar{R}_{FBCD}\omega_A^F)$$
$$- (T3)x^*(\bar{R}_{AFCD}\omega_B^F) - (T4)x^*(\bar{R}_{ABFD}\omega_C^F)$$
$$- (T5)x^*(\bar{R}_{ABCF}\omega_D^F),$$

$$RHS = x^*(\bar{R}_{ABCD;E}\sigma^E)$$
$$= \sum_i \bar{R}_{ABCD;i}\theta^i + dt \wedge (\sum_E \bar{R}_{ABCD;E}V^E),$$

$$T1 = x^*(d\bar{R}_{ABCD}) = d_M\bar{R}_{ABCD} + dt \wedge \frac{\partial}{\partial t}\bar{R}_{ABCD},$$

$$T2 = x^*(\bar{R}_{FBCD}\omega_A^F) = \sum_F \bar{R}_{FBCD}(\phi_A^F + dtL_A^F),$$

$$T3 = x^*(\bar{R}_{AFCD}\omega_B^F) = \sum_F \bar{R}_{AFCD}(\phi_B^F + dtL_B^F),$$

$$T4 = x^*(\bar{R}_{ABFD}\omega_C^F) = \sum_F \bar{R}_{ABFD}(\phi_C^F + dtL_C^F),$$

$$T5 = x^*(\bar{R}_{ABCF}\omega_D^F) = \sum_F \bar{R}_{ABCF}(\phi_D^F + dtL_D^F),$$

$$LHS = d_M\bar{R}_{ABCD} - \sum_F \bar{R}_{FBCD}\phi_A^F - \sum_F \bar{R}_{AFCD}\phi_B^F,$$
$$- \sum_F \bar{R}_{ABFD}\phi_C^F - \sum_F \bar{R}_{ABCF}\phi_D^F,$$
$$+ dt \wedge (\frac{\partial}{\partial t}\bar{R}_{ABCD} - \sum_F \bar{R}_{FBCD}L_A^F - \sum_F \bar{R}_{AFCD}L_B^F$$
$$- \sum_F \bar{R}_{ABFD}L_C^F - \sum_F \bar{R}_{ABCF}L_D^F),$$

$$RHS = LHS,$$

$$\sum_i \bar{R}_{ABCD;i}\theta^i = \mathrm{d}_M \bar{R}_{ABCD} - \sum_F \bar{R}_{FBCD}\phi_A^F - \sum_F \bar{R}_{AFCD}\phi_B^F$$

$$- \sum_F \bar{R}_{ABFD}\phi_C^F - \sum_F \bar{R}_{ABCF}\phi_D^F,$$

$$\frac{\partial}{\partial t}\bar{R}_{ABCD} = \sum_E \bar{R}_{ABCD;E}V^E + \sum_F \bar{R}_{FBCD}L_A^F + \sum_F \bar{R}_{AFCD}L_B^F$$

$$+ \sum_F \bar{R}_{ABFD}L_C^F + \sum_F \bar{R}_{ABCF}L_D^F.$$

总结以上的变分公式为下面的结论。

定理 3.4 设 $x: M \to N$ 是子流形，$V = V^i e_i + V^\alpha e_\alpha$ 是变分向量场，则有

$$\sum_i \bar{R}_{ABCD;i}\theta^i = \mathrm{d}_M \bar{R}_{ABCD} - \sum_F \bar{R}_{FBCD}\phi_A^F - \sum_F \bar{R}_{AFCD}\phi_B^F$$

$$- \sum_F \bar{R}_{ABFD}\phi_C^F - \sum_F \bar{R}_{ABCF}\phi_D^F,$$

$$\frac{\partial}{\partial t}\bar{R}_{ABCD} = \sum_E \bar{R}_{ABCD;E}V^E + \sum_F \bar{R}_{FBCD}L_A^F + \sum_F \bar{R}_{AFCD}L_B^F$$

$$+ \sum_F \bar{R}_{ABFD}L_C^F + \sum_F \bar{R}_{ABCF}L_D^F.$$

从定理3.4的第一个公式出发，可以得到张量 $\bar{R}_{ABCD}$ 在流形 N 上的协变导数 $\bar{R}_{ABCD;i}$ 与其在流形 M 的拉回丛 x^*TN 上的协变导数 $\bar{R}_{ABCD,i}$ 之间的差异，对于不同的指标集合 $ABCD$，差异公式也不相同，我们做如下推导：

$$\bar{R}_{ijkl;p}\theta^p = \mathrm{d}_M \bar{R}_{ijkl} - \sum_A \bar{R}_{Ajkl}\phi_i^A - \sum_A \bar{R}_{iAkl}\phi_j^A$$

$$- \sum_A \bar{R}_{ijAl}\phi_k^A - \sum_A \bar{R}_{ijkA}\phi_l^A$$

$$= \mathrm{d}_M \bar{R}_{ijkl} - \sum_q \bar{R}_{qjkl}\phi_i^q - \sum_q \bar{R}_{iqkl}\phi_j^q$$

$$- \sum_q \bar{R}_{ijql}\phi_k^q - \sum_q \bar{R}_{ijkq}\phi_l^q - \sum_\alpha \bar{R}_{\alpha jkl}\phi_i^\alpha$$

$$- \sum_\alpha \bar{R}_{i\alpha kl}\phi_j^\alpha - \sum_\alpha \bar{R}_{ij\alpha l}\phi_k^\alpha - \sum_\alpha \bar{R}_{ijk\alpha}\phi_l^\alpha$$

$$=\bar{R}_{ijkl,p}\theta^p - \sum_\alpha \bar{R}_{\alpha jkl}h_{ip}^\alpha\theta^p - \sum_\alpha \bar{R}_{i\alpha kl}h_{jp}^\alpha\theta^p$$

$$- \sum_\alpha \bar{R}_{ij\alpha l}h_{kp}^\alpha\theta^p - \sum_\alpha \bar{R}_{ijk\alpha}h_{lp}^\alpha\theta^p,$$

$$\bar{R}_{ijk\alpha;p}\theta^p = \mathrm{d}_M\bar{R}_{ijk\alpha} - \sum_A \bar{R}_{Ajk\alpha}\phi_i^A - \sum_A \bar{R}_{iAk\alpha}\phi_j^A$$

$$- \sum_A \bar{R}_{ijA\alpha}\phi_k^A - \sum_A \bar{R}_{ijkA}\phi_\alpha^A$$

$$= \mathrm{d}_M\bar{R}_{ijk\alpha} - \sum_q \bar{R}_{qjk\alpha}\phi_i^q - \sum_q \bar{R}_{iqk\alpha}\phi_j^q$$

$$- \sum_q \bar{R}_{ijq\alpha}\phi_k^q - \sum_\beta \bar{R}_{ijk\beta}\phi_\alpha^\beta - \sum_\beta \bar{R}_{\beta jk\alpha}\phi_i^\beta$$

$$- \sum_\beta \bar{R}_{i\beta k\alpha}\phi_j^\beta - \sum_\beta \bar{R}_{ij\beta\alpha}\phi_k^\beta - \sum_q \bar{R}_{ijkq}\phi_\alpha^q$$

$$= \bar{R}_{ijk\alpha,p}\theta^p - \sum_\beta \bar{R}_{\beta jk\alpha}h_{ip}^\beta\theta^p - \sum_\beta \bar{R}_{i\beta k\alpha}h_{jp}^\beta\theta^p$$

$$- \sum_\beta \bar{R}_{ij\beta\alpha}h_{kp}^\beta\theta^p + \sum_q \bar{R}_{ijkq}h_{qp}^\alpha\theta^p,$$

$$\bar{R}_{ij\alpha\beta;p}\theta^p = \mathrm{d}_M\bar{R}_{ij\alpha\beta} - \sum_A \bar{R}_{Aj\alpha\beta}\phi_i^A - \sum_A \bar{R}_{iA\alpha\beta}\phi_j^A$$

$$- \sum_A \bar{R}_{ijA\beta}\phi_\alpha^A - \sum_A \bar{R}_{ij\alpha A}\phi_\beta^A$$

$$= \mathrm{d}_M\bar{R}_{ij\alpha\beta} - \sum_q \bar{R}_{qj\alpha\beta}\phi_i^q - \sum_q \bar{R}_{iq\alpha\beta}\phi_j^q$$

$$- \sum_\gamma \bar{R}_{ij\gamma\beta}\phi_\alpha^\gamma - \sum_\gamma \bar{R}_{ij\alpha\gamma}\phi_\beta^\gamma$$

$$- \sum_\gamma \bar{R}_{\gamma j\alpha\beta}\phi_i^\gamma - \sum_\gamma \bar{R}_{i\gamma\alpha\beta}\phi_j^\gamma$$

$$+ \sum_q \bar{R}_{ijq\beta}\phi_q^\alpha - \sum_q \bar{R}_{ij\alpha q}\phi_q^\beta$$

$$= \bar{R}_{ij\alpha\beta,p}\theta^p - \sum_\gamma \bar{R}_{\gamma j\alpha\beta}h_{ip}^\gamma\theta^p - \sum_\gamma \bar{R}_{i\gamma\alpha\beta}h_{jp}^\gamma\theta^p$$

$$+ \sum_q \bar{R}_{ijq\beta}h_{qp}^\alpha\theta^p + \sum_q \bar{R}_{ij\alpha q}h_{qp}^\beta\theta^p,$$

$$\bar{R}_{i\alpha j\beta;p}\theta^p = \mathrm{d}_M\bar{R}_{i\alpha j\beta} - \sum_A \bar{R}_{A\alpha j\beta}\phi_i^A - \sum_A \bar{R}_{iAj\beta}\phi_\alpha^A$$

$$- \sum_A \bar{R}_{i\alpha A\beta}\phi_j^A - \sum_A \bar{R}_{i\alpha jA}\phi_\beta^A$$

$$= \mathrm{d}_M\bar{R}_{i\alpha j\beta} - \sum_q \bar{R}_{q\alpha j\beta}\phi_i^q - \sum_\gamma \bar{R}_{i\gamma j\beta}\phi_\alpha^\gamma$$

$$- \sum_q \bar{R}_{i\alpha q\beta}\phi_j^q - \sum_\gamma \bar{R}_{i\alpha j\gamma}\phi_\beta^\gamma$$

$$- \sum_\gamma \bar{R}_{\gamma\alpha j\beta}\phi_i^\gamma + \sum_q \bar{R}_{ij\beta}\phi_q^\alpha$$

$$- \sum_\gamma \bar{R}_{i\alpha\gamma\beta}\phi_j^\gamma + \sum_q \bar{R}_{i\alpha jq}\phi_q^\beta$$

$$= \bar{R}_{i\alpha j\beta,p}\theta^p - \sum_\gamma \bar{R}_{\gamma\alpha j\beta}h_{ip}^\gamma\theta^p + \sum_q \bar{R}_{iqj\beta}h_{qp}^\alpha\theta^p$$

$$- \sum_\gamma \bar{R}_{i\alpha\gamma\beta}h_{jp}^\gamma\theta^p + \sum_q \bar{R}_{i\alpha jq}h_{qp}^\beta\theta^p,$$

$$\bar{R}_{i\alpha\beta\gamma;p}\theta^p = \mathrm{d}_M\bar{R}_{i\alpha\beta\gamma} - \sum_A \bar{R}_{A\alpha\beta\gamma}\phi_i^A - \sum_A \bar{R}_{iA\beta\gamma}\phi_\alpha^A$$

$$- \sum_A \bar{R}_{i\alpha A\gamma}\phi_\beta^A - \sum_A \bar{R}_{i\alpha\beta A}\phi_\gamma^A$$

$$= \mathrm{d}_M\bar{R}_{i\alpha\beta\gamma} - \sum_q \bar{R}_{q\alpha\beta\gamma}\phi_i^q - \sum_\delta \bar{R}_{i\delta\beta\gamma}\phi_\alpha^\delta$$

$$- \sum_\delta \bar{R}_{i\alpha\delta\gamma}\phi_\beta^\delta - \sum_\delta \bar{R}_{i\alpha\beta\delta}\phi_\gamma^\delta$$

$$- \sum_\delta \bar{R}_{\delta\alpha\beta\gamma}\phi_i^\delta - \sum_q \bar{R}_{iq\beta\gamma}\phi_\alpha^q$$

$$- \sum_q \bar{R}_{i\alpha q\gamma}\phi_\beta^q - \sum_q \bar{R}_{i\alpha\beta q}\phi_\gamma^q$$

$$= \bar{R}_{i\alpha\beta\gamma,p}\theta^p - \sum_\delta \bar{R}_{\delta\alpha\beta\gamma}h_{ip}^\delta\theta^p + \sum_q \bar{R}_{iq\beta\gamma}h_{qp}^\alpha\theta^p$$

$$+ \sum_q \bar{R}_{i\alpha q\gamma}h_{qp}^\beta\theta^p + \sum_q \bar{R}_{i\alpha\beta q}h_{qp}^\gamma\theta^p,$$

$$\bar{R}_{\alpha\beta\gamma\delta;p}\theta^p = \mathrm{d}_M\bar{R}_{\alpha\beta\gamma\delta} - \sum_A \bar{R}_{A\beta\gamma\delta}\phi_\alpha^A - \sum_A \bar{R}_{\alpha A\gamma\delta}\phi_\beta^A$$

$$- \sum_A \bar{R}_{\alpha\beta A\delta}\phi_\gamma^A - \sum_A \bar{R}_{\alpha\beta\gamma A}\phi_\delta^A$$

$$= \mathrm{d}_M \bar{R}_{\alpha\beta\gamma\delta} - \sum_\eta \bar{R}_{\eta\beta\gamma\delta}\phi_\alpha^\eta - \sum_\eta \bar{R}_{\alpha\eta\gamma\delta}\phi_\beta^\eta$$

$$- \sum_\eta \bar{R}_{\alpha\beta\eta\delta}\phi_\gamma^\eta - \sum_\eta \bar{R}_{\alpha\beta\gamma\eta}\phi_\delta^\eta - \sum_q \bar{R}_{q\beta\gamma\delta}\phi_\alpha^q$$

$$- \sum_q \bar{R}_{\alpha q\gamma\delta}\phi_\beta^q - \sum_q \bar{R}_{\alpha\beta q\delta}\phi_\gamma^q - \sum_q \bar{R}_{\alpha\beta\gamma q}\phi_\delta^q$$

$$= \bar{R}_{\alpha\beta\gamma\delta,p}\theta^p + \sum_q \bar{R}_{q\beta\gamma\delta}h_{qp}^\alpha\theta^p + \sum_q \bar{R}_{\alpha q\gamma\delta}h_{qp}^\beta\theta^p$$

$$+ \sum_q \bar{R}_{\alpha\beta q\delta}h_{qp}^\gamma\theta^p + \sum_q \bar{R}_{\alpha\beta\gamma q}h_{qp}^\delta\theta^p.$$

综上所述，我们有协变导数的差异公式。

定理 3.5 设 $x: M \to N$ 是子流形，协变导数的差异公式如下：

$$\bar{R}_{ijkl;p} = \bar{R}_{ijkl,p} - \sum_\alpha \bar{R}_{\alpha jkl}h_{ip}^\alpha - \sum_\alpha \bar{R}_{i\alpha kl}h_{jp}^\alpha$$

$$- \sum_\alpha \bar{R}_{ij\alpha l}h_{kp}^\alpha - \sum_\alpha \bar{R}_{ijk\alpha}h_{lp}^\alpha,$$

$$\bar{R}_{ijk\alpha;p} = \bar{R}_{ijk\alpha,p} - \sum_\beta \bar{R}_{\beta jk\alpha}h_{ip}^\beta - \sum_\beta \bar{R}_{i\beta k\alpha}h_{jp}^\beta$$

$$- \sum_\beta \bar{R}_{ij\beta\alpha}h_{kp}^\beta + \sum_q \bar{R}_{ijkq}h_{qp}^\alpha,$$

$$\bar{R}_{ij\alpha\beta;p} = \bar{R}_{ij\alpha\beta,p} - \sum_\gamma \bar{R}_{\gamma j\alpha\beta}h_{ip}^\gamma - \sum_\gamma \bar{R}_{i\gamma\alpha\beta}h_{jp}^\gamma$$

$$+ \sum_q \bar{R}_{ijq\beta}h_{qp}^\alpha + \sum_q \bar{R}_{ij\alpha q}h_{qp}^\beta,$$

$$\bar{R}_{i\alpha j\beta;p} = \bar{R}_{i\alpha j\beta,p} - \sum_\gamma \bar{R}_{\gamma\alpha j\beta}h_{ip}^\gamma + \sum_q \bar{R}_{iqj\beta}h_{qp}^\alpha$$

$$- \sum_\gamma \bar{R}_{i\alpha\gamma\beta}h_{jp}^\gamma + \sum_q \bar{R}_{i\alpha jq}h_{qp}^\beta,$$

$$\bar{R}_{i\alpha\beta\gamma;p} = \bar{R}_{i\alpha\beta\gamma,p} - \sum_\delta \bar{R}_{\delta\alpha\beta\gamma}h_{ip}^\delta + \sum_q \bar{R}_{iq\beta\gamma}h_{qp}^\alpha$$

$$+ \sum_q \bar{R}_{i\alpha q\gamma} h_{qp}^\beta + \sum_q \bar{R}_{i\alpha\beta q} h_{qp}^\gamma,$$

$$\bar{R}_{\alpha\beta\gamma\delta;p} = \bar{R}_{\alpha\beta\gamma\delta,p} + \sum_q \bar{R}_{q\beta\gamma\delta} h_{qp}^\alpha + \sum_q \bar{R}_{\alpha q\gamma\delta} h_{qp}^\beta$$

$$+ \sum_q \bar{R}_{\alpha\beta q\delta} h_{qp}^\gamma + \sum_q \bar{R}_{\alpha\beta\gamma q} h_{qp}^\delta.$$

注释 3.4 特别注意，符号 $\bar{R}_{ABCD;E}$ 表示张量 $\bar{R}_{ABCD}$ 在流形 N 上的协变导数，而 $\bar{R}_{ABCD,i}$ 表示张量 $\bar{R}_{ABCD}$ 在流形 M 的拉回丛 x^*TN 上的协变导数，其意义是不一样的。

设 N 是空间形式 $R^{n+p}(c)$，我们知道黎曼曲率满足如下的等式：

$$\bar{R}_{ABCD} = -c(\delta_{AC}\delta_{BD} - \delta_{AD}\delta_{BC}).$$

将上面的关系式代入定理 3.3，得到下面的推论。

推论 3.2 设 $x : M \to R^{n+p}(c)$ 是子流形，$V = V^i e_i + V^\alpha e_\alpha$ 是变分向量场，则有

$$\frac{\partial \theta^i}{\partial t} = \sum_j (V^i_{,j} - \sum_\alpha h_{ij}^\alpha V^\alpha - L_j^i)\theta^j,$$

$$\frac{\partial \mathrm{d}v}{\partial t} = (\mathrm{div}\, V^\top - n\sum_\alpha H^\alpha V^\alpha)\mathrm{d}v,$$

$$\frac{\partial}{\partial t} h_{ij}^\alpha = V^\alpha_{,ij} + \sum_p h_{ij,p}^\alpha V^p + \sum_p h_{pj}^\alpha L_i^p + \sum_p h_{ip}^\alpha L_j^p$$

$$- \sum_\beta h_{ij}^\beta L_\beta^\alpha + \sum_{p\beta} h_{ip}^\alpha h_{pj}^\beta V^\beta + c\delta_{ij}V^\alpha.$$

推论 3.3 设 $x : M \to R^{n+1}(c)$ 是超曲面，$V = V^i e_i + fN$ 是变分向量场，则有

$$\frac{\partial \theta^i}{\partial t} = \sum_j (V^i_{,j} - h_{ij}f - L_j^i)\theta^j,$$

$$\frac{\partial \mathrm{d}v}{\partial t} = (\mathrm{div}\, V^\top - nHf)\mathrm{d}v,$$

$$\frac{\partial h_{ij}}{\partial t} = f_{,ij} + \sum_p h_{ij,p} V^p + \sum_p h_{pj} L_i^p$$

$$+ \sum_p h_{ip} L_j^p + \sum_p h_{ip} h_{pj} f + c\delta_{ij} f.$$

上面我们给出了第二基本型和余标架的变分公式，对于由第二基本型组合而成的其它典型张量，我们可以给出变分公式，这些公式在后面大有用处。

推论 3.4 设 $x: M \to N^{n+p}$ 是子流形，$V = V^i e_i + V^\alpha e_\alpha$ 是变分向量场，则有

$$\frac{\partial S}{\partial t} = \sum 2h_{ij}^\alpha V_{,ij}^\alpha + \sum_i S_{,i} V^i$$

$$+ \sum 2S_{\alpha\alpha\beta} V^\beta - \sum 2h_{ij}^\alpha \bar{R}_{ij\beta}^\alpha V^\beta,$$

$$\frac{\partial}{\partial t} H^\alpha = \frac{1}{n}\Delta V^\alpha + \sum_i H_{,i}^\alpha V^i - H^\beta L_\beta^\alpha$$

$$+ \frac{1}{n} S_{\alpha\beta} V^\beta + \frac{1}{n} \bar{R}_{\alpha\beta}^\top V^\beta,$$

$$\frac{\partial \rho}{\partial t} = \sum_{ij\alpha} 2h_{ij}^\alpha V_{,ij}^\alpha - \sum_\alpha 2H^\alpha \Delta V^\alpha$$

$$+ \sum_i \rho_{,i} V^i + \sum_{\alpha\beta} 2(S_{\alpha\alpha\beta} - S_{\alpha\beta} H^\alpha) V^\beta$$

$$- \sum_{ij\alpha\beta} 2h_{ij}^\alpha \bar{R}_{ij\beta}^\alpha V^\beta - \sum_{\alpha\beta} 2H^\alpha \bar{R}_{\alpha\beta}^\top V^\beta,$$

$$\frac{\partial S_{\alpha\beta}}{\partial t} = V_{,ij}^\alpha h_{ij}^\beta + h_{ij}^\alpha V_{,ij}^\beta + S_{\alpha\beta,i} V^i + S_{\alpha\gamma} L_\beta^\gamma + S_{\beta\gamma} L_\alpha^\gamma$$

$$+ 2S_{\alpha\beta\gamma} V^\gamma - (\bar{R}_{ij\gamma}^\alpha h_{ij}^\beta + h_{ij}^\alpha \bar{R}_{ij\gamma}^\beta) V^\gamma,$$

$$\frac{\partial S_{\alpha\beta\beta}}{\partial t} = V_{,ij}^\alpha h_{jk}^\beta h_{ki}^\beta + h_{ij}^\alpha V_{,jk}^\beta h_{ki}^\beta + h_{ij}^\alpha h_{jk}^\beta V_{,ki}^\beta$$

$$+ S_{\alpha\beta\beta,i} V^i + S_{\gamma\beta\beta} L_\alpha^\gamma + S_{\alpha\gamma\beta\beta} V^\gamma + S_{\alpha\beta\gamma\beta} V^\gamma + S_{\alpha\beta\beta\gamma} V^\gamma$$

$$- (\bar{R}_{ij\gamma}^\alpha h_{jk}^\beta h_{ki}^\beta + h_{ij}^\alpha \bar{R}_{jk\gamma}^\beta h_{ki}^\beta + h_{ij}^\alpha h_{jk}^\beta \bar{R}_{ki\gamma}^\beta) V^\gamma,$$

$$\frac{\partial \bar{R}_{i\beta j\alpha}}{\partial t} = \sum_\gamma \bar{R}_{i\beta j\alpha;\gamma} V^\gamma + \sum_p \bar{R}_{i\beta j\alpha;p} V^p$$

$$+ \sum_q \bar{R}_{q\beta j\alpha} L_i^q + \sum_\gamma \bar{R}_{\gamma\beta j\alpha}(V_{,i}^\gamma + h_{ip}^\gamma V^p)$$

$$- \sum_q \bar{R}_{iqj\alpha}(V_{,q}^\beta + h_{qp}^\beta V^p) + \sum_\gamma \bar{R}_{i\gamma j\alpha} L_\beta^\gamma$$

$$+ \sum_q \bar{R}_{i\beta q\alpha} L_j^q + \sum_\gamma \bar{R}_{i\beta\gamma\alpha}(V_{,j}^\gamma + h_{jp}^\gamma V^p)$$

$$- \sum_q \bar{R}_{i\beta jq}(V_{,q}^\alpha + h_{qp}^\alpha V^p) + \sum_\gamma \bar{R}_{i\beta j\gamma} L_\alpha^\gamma$$

$$= \sum_\gamma \bar{R}_{i\beta j\alpha;\gamma} V^\gamma + \sum_p (\bar{R}_{i\beta j\alpha,p} - \sum_\gamma \bar{R}_{\gamma\beta j\alpha} h_{ip}^\gamma$$

$$+ \sum_q \bar{R}_{iqj\alpha} h_{qp}^\beta - \sum_\gamma \bar{R}_{i\beta\gamma\alpha} h_{jp}^\gamma + \sum_q \bar{R}_{i\beta jq} h_{qp}^\alpha) V^p$$

$$+ \sum_q \bar{R}_{q\beta j\alpha} L_i^q + \sum_\gamma \bar{R}_{\gamma\beta j\alpha}(V_{,i}^\gamma + h_{ip}^\gamma V^p)$$

$$- \sum_q \bar{R}_{iqj\alpha}(V_{,q}^\beta + h_{qp}^\beta V^p) + \sum_\gamma \bar{R}_{i\gamma j\alpha} L_\beta^\gamma$$

$$+ \sum_q \bar{R}_{i\beta q\alpha} L_j^q + \sum_\gamma \bar{R}_{i\beta\gamma\alpha}(V_{,j}^\gamma + h_{jp}^\gamma V^p)$$

$$- \sum_q \bar{R}_{i\beta jq}(V_{,q}^\alpha + h_{qp}^\alpha V^p) + \sum_\gamma \bar{R}_{i\beta j\gamma} L_\alpha^\gamma,$$

$$\frac{\partial \bar{R}_{\alpha\beta}^\top}{\partial t} = \sum_{i\gamma} \bar{R}_{\alpha ii\beta;\gamma} V^\gamma + \sum_{ip} \bar{R}_{\alpha ii\beta;p} V^p$$

$$- \sum_{iq} \bar{R}_{qii\beta}(V_{,q}^\alpha + h_{qp}^\alpha V^p) + \sum_{i\gamma} \bar{R}_{\gamma ii\beta} L_\alpha^\gamma$$

$$+ \sum_{i\gamma} (\bar{R}_{\alpha\gamma i\beta} + \bar{R}_{\alpha i\gamma\beta})(V_{,i}^\gamma + h_{ip}^\gamma V^p)$$

$$- \sum_{iq} \bar{R}_{\alpha iiq}(V_{,q}^\beta + h_{qp}^\beta V^p) + \sum_{i\gamma} \bar{R}_{\alpha ii\gamma} L_\beta^\gamma$$

$$= \sum_{i\gamma} \bar{R}_{\alpha ii\beta;\gamma} V^\gamma + \sum_{ip} (\bar{R}_{\alpha ii\beta,p} + \sum_q \bar{R}_{qii\beta} h_{qp}^\alpha$$

$$- \sum_{\gamma} \bar{R}_{\alpha\gamma i\beta} h_{ip}^{\gamma} - \sum_{\gamma} \bar{R}_{\alpha i\gamma\beta} h_{ip}^{\gamma} + \sum_{q} \bar{R}_{\alpha iiq} h_{qp}^{\beta}) V^p$$

$$- \sum_{iq} \bar{R}_{qii\beta} (V_{,q}^{\alpha} + h_{qp}^{\alpha} V^p) + \sum_{i\gamma} \bar{R}_{\gamma ii\beta} L_{\alpha}^{\gamma}$$

$$+ \sum_{i\gamma} (\bar{R}_{\alpha\gamma i\beta} + \bar{R}_{\alpha i\gamma\beta})(V_{,i}^{\gamma} + h_{ip}^{\gamma} V^p)$$

$$- \sum_{iq} \bar{R}_{\alpha iiq}(V_{,q}^{\beta} + h_{qp}^{\beta} V^p) + \sum_{i\gamma} \bar{R}_{\alpha ii\gamma} L_{\beta}^{\gamma}.$$

推论 3.5 设 $x : M \to N^{n+1}$ 是超曲面，$V = V^i e_i + fN$ 是变分向量场，则有

$$\frac{\partial S}{\partial t} = \sum 2h_{ij} f_{,ij} + \sum S_{,i} V^i$$

$$+ 2P_3 f + \sum 2h_{ij} \bar{R}_{i(n+1)(n+1)j} f,$$

$$\frac{\partial H}{\partial t} = \frac{1}{n}(\Delta f + \sum_i nH_{,i} V^i + S f + \bar{R}_{(n+1)(n+1)} f),$$

$$\frac{\partial \rho}{\partial t} = \sum_{ij} 2h_{ij} f_{,ij} - 2H\Delta f$$

$$+ \sum_i \rho_{,i} V^i + 2(P_3 - HS)f$$

$$+ \sum_{ij} 2h_{ij} \bar{R}_{i(n+1)(n+1)j} f - 2H\bar{R}_{(n+1)(n+1)} f.$$

推论 3.6 设 $x : M \to R^{n+p}(c)$ 是子流形，$V = V^i e_i + V^{\alpha} e_{\alpha}$ 是变分向量场，则有

$$\frac{\partial S}{\partial t} = \sum 2h_{ij}^{\alpha} V_{,ij}^{\alpha} + \sum S_{,i} V^i$$

$$+ \sum_{\alpha\beta} 2S_{\alpha\beta} V^{\beta} + \sum_{\alpha} 2ncH^{\alpha} V^{\alpha},$$

$$\frac{\partial H^{\alpha}}{\partial t} = \frac{1}{n}\Big(\Delta V^{\alpha} + \sum_i nH_{,i}^{\alpha} V^i - H^{\beta} L_{\beta}^{\alpha}$$

$$+ \sum_{\beta} S_{\alpha\beta} V^{\beta} + ncV^{\alpha}\Big),$$

$$\frac{\partial \rho}{\partial t} = \sum_{ij\alpha} 2h_{ij}^{\alpha} V_{,ij}^{\alpha} - \sum_{\alpha} 2H^{\alpha} \Delta V^{\alpha} + \sum_{i} \rho_{,i} V^{i}$$

$$+ \sum_{\alpha\beta} 2(S_{\alpha\alpha\beta} - S_{\alpha\beta} H^{\alpha}) V^{\beta}.$$

推论 3.7 设 $x : M \to R^{n+1}(c)$ 是超曲面，$V = V^i e_i + f N$ 是变分向量场，则有

$$\frac{\partial S}{\partial t} = \sum 2h_{ij} f_{,ij} + \sum S_{,i} V^i$$

$$+ \sum 2h_{ij} h_{ip} h_{pj} f + 2ncHf,$$

$$\frac{\partial H}{\partial t} = \frac{1}{n}(\Delta f + \sum_i nH_{,i} V^i + S f + cnf),$$

$$\frac{\partial \rho}{\partial t} = \sum_{ij} 2h_{ij} f_{,ij} - 2H \Delta f$$

$$+ \sum_i \rho_{,i} V^i + (2P_3 - 2HS) f.$$

我们知道，空间形式 $R^{n+p}(c)$ 中的结构方程为

$$dX = \sum_A \sigma^A s_A,$$

$$ds_i = \omega_i^A s_A - c\sigma^i X,$$

$$ds_\alpha = \omega_\alpha^j s_j + \omega_\alpha^\beta s_\beta.$$

通过拉回运算，有

$$(d_M + dt \wedge \frac{\partial}{\partial t})x = (\theta^A + dtV^A)e_A = \theta^i e_i + dtV^A e_A,$$

$$d_M x = \theta^i e_i, \quad \frac{d}{dt} x = V^A e_A,$$

$$(d_M + dt \wedge \frac{\partial}{\partial t})e_i = (\phi_i^A + dtL_i^A)e_A - c(\theta^i + dtV^i)x,$$

$$d_M e_i = \phi_i^A e_A - c\theta^i x,$$

$$\frac{\mathrm{d}}{\mathrm{d}t}e_i = L_i^A e_A - cV^i x,$$

$$(\mathrm{d}_M + \mathrm{d}t \wedge \frac{\partial}{\partial t})e_\alpha = (\phi_\alpha^A + \mathrm{d}t L_\alpha^A)e_A,$$

$$\mathrm{d}_M e_\alpha = \phi_\alpha^A e_A, \quad \frac{\mathrm{d}}{\mathrm{d}t}e_\alpha = L_\alpha^A e_A.$$

命题 3.2 设 $x : M \to R^{n+p}(c)$ 是空间形式中的子流形，设 $V = V^i e_i + V^\alpha e_\alpha$ 是变分向量场，则有

$$\frac{\mathrm{d}}{\mathrm{d}t}x = V^A e_A,$$

$$\frac{\mathrm{d}}{\mathrm{d}t}e_i = L_i^A e_A - cV^i x,$$

$$\frac{\mathrm{d}}{\mathrm{d}t}e_\alpha = L_\alpha^A e_A.$$

推论 3.8 设 $x : M \to R^{n+1}(c)$ 是空间形式中的超曲面，$V = V^i e_i + fN$ 是变分向量场，则有

$$\frac{\mathrm{d}}{\mathrm{d}t}x = V^i e_i + fN,$$

$$\frac{\mathrm{d}}{\mathrm{d}t}e_i = L_i^j e_j + L_i^{n+1} N - cV^i x,$$

$$\frac{\mathrm{d}}{\mathrm{d}t}N = L_{n+1}^i e_i.$$

第4章 张量组合构造

本章主要研究广义Newton变换的定义和性质，主要思想来源于文献[5,42]。

4.1 Newton变换的定义

设 $x : M^n \to N^{n+p}$ 是子流形，B 是其第二基本型。记

$$B = B_{ij}\theta^i\theta^j = (h_{ij}^\alpha e_\alpha)\theta^i\theta^j,$$

$$\hat{h}_{ij}^\alpha = h_{ij}^\alpha - H^\alpha\delta_{ij},$$

$$\hat{B} = \hat{h}_{ij}^\alpha \theta^i \otimes \theta^j \otimes e_\alpha = B - \vec{H} \otimes (\mathrm{d}s^2),$$

$$\hat{B}_{ij} = (h_{ij}^\alpha - H^\alpha\delta_{ij}) \otimes e_\alpha = B_{ij} - \delta_{ij}\vec{H}.$$

针对余维数 p 的不同，我们分别讨论。

- 当 $p = 1$，即 x 是超曲面时，固定法向量 e_{n+1}，

$$B = h_{ij}\theta^i\theta^j, \quad \hat{h}_{ij} = h_{ij} - H\delta_{ij}.$$

- 当 $p = 1$，$0 \leqslant r \leqslant n$ 时，第 r 个曲率函数为

$$S_0 = 1, \quad S_r = \frac{1}{r!}\delta_{j_1\cdots j_r}^{i_1\cdots i_r}h_{i_1j_1}\cdots h_{i_rj_r},$$

$$H_0 = 1, \quad H_r = \frac{S_r}{\binom{n}{r}}, \quad H_1 = H,$$

$$\hat{S}_0 = 1, \quad \hat{S}_r = \frac{1}{r!}\delta_{j_1\cdots j_r}^{i_1\cdots i_r}\hat{h}_{i_1j_1}\cdots \hat{h}_{i_rj_r} = \sum_{a=0}^{r}(-1)^a\binom{n+a-r}{a}H^a S_{r-a},$$

$$\hat{H}_0 = 1, \quad \hat{H}_r = \sum_{a=0}^{r}(-1)^a\binom{r}{a}H^a H_{r-a}, \quad \hat{H}_1 = \hat{H} = 0.$$

- 当 $p = 1$, $0 \leqslant r \leqslant n$ 时，第 r 个经典Newton变换为

$$T_{(0)\,j}^{i} = \delta_j^i, \quad T_{(r)\,j}^{i} = \frac{1}{r!}\delta_{j_1\cdots j_r j}^{i_1\cdots i_r i}h_{i_1 j_1}\cdots h_{i_r j_r},$$

$$\widehat{T_{(0)}}_{\,j}^{\,i} = \delta_j^i, \quad \widehat{T_{(r)}}_{\,j}^{\,i} = \frac{1}{r!}\delta_{j_1\cdots j_r j}^{i_1\cdots i_r i}\hat{h}_{i_1 j_1}\cdots \hat{h}_{i_r j_r},$$

$$\widehat{T_{(0)}}_{\,j}^{\,i} = \delta_j^i, \quad \widehat{T_{(r)}}_{\,j}^{\,i} = \sum_{a=0}^{r}(-1)^a H^a \binom{n+a-r-1}{a}T_{(r-a)\,j}^{i}.$$

- 当 $p = 1$, $0 \leqslant r, s \leqslant n$ 时，第 r 个广义Newton变换为

$$T_{(r)\,l_1\cdots l_s}^{k_1\cdots k_s} = \frac{1}{r!}\delta_{j_1\cdots j_r l_1\cdots l_s}^{i_1\cdots i_r k_1\cdots k_s}h_{i_1 j_1}\cdots h_{i_r j_r},$$

$$\widehat{T_{(r)}}_{\,l_1\cdots l_s}^{\,k_1\cdots k_s} = \frac{1}{r!}\delta_{j_1\cdots j_r l_1\cdots l_s}^{i_1\cdots i_r k_1\cdots k_s}\hat{h}_{i_1 j_1}\cdots \hat{h}_{i_r j_r},$$

$$\widehat{T_{(r)}}_{\,l_1\cdots l_s}^{\,k_1\cdots k_s} = \sum_{a=0}^{r}(-1)^a H^a \binom{n+a-r-s}{a}T_{(r-a)\,l_1\cdots l_s}^{k_1\cdots k_s}.$$

对于超曲面的广义Newton变换，我们有

- 当 $s = 0$ 时，第 r 个广义Newton变换 $T_{(r)}$ 为曲率函数 S_r；

- 当 $s = 1$ 时，第 r 个广义Newton变换 $T_{(r)}$ 为经典Newton变换 $T_{(r)\,j}^{i}$；

- 当 $p \geqslant 2$ 时，即 x 是高余维子流形时，

$$B = B_{ij}\theta^i\theta^j = (h_{ij}^{\alpha}e_{\alpha})\theta^i\theta^j,$$

$$\hat{h}_{ij}^{\alpha} = h_{ij}^{\alpha} - H^{\alpha}\delta_{ij},$$

$$\hat{B} = \hat{h}_{ij}^{\alpha}\theta^i \otimes \theta^j \otimes e_{\alpha} = B - \vec{H} \otimes \mathrm{d}s^2,$$

$$\hat{B}_{ij} = \hat{h}_{ij}^{\alpha} \otimes e_{\alpha} = \sum_{\alpha}(h_{ij}^{\alpha} - H^{\alpha}\delta_{ij})e_{\alpha}$$

$$= B_{ij} - \vec{H}\delta_{ij},$$

$$\langle \hat{B}_{ij}, \hat{B}_{kl}\rangle = \langle B_{ij}, B_{kl}\rangle - \delta_{ij}\langle \vec{H}, B_{kl}\rangle$$

$$- \delta_{kl}\langle \vec{H}, B_{ij}\rangle + \delta_{ij}\delta_{kl}H^2.$$

- 当 $p \geqslant 2$，r 为偶数时，第 r 个经典Newton变换为

$$T^i_{(0)j} = \delta_{ij},$$

$$T^i_{(r)j} = \frac{1}{r!} \delta^{i_1 \cdots i_r i}_{j_1 \cdots j_r j} \langle B_{i_1 j_1}, B_{i_2 j_2} \rangle \cdots \langle B_{i_{r-1} j_{r-1}}, B_{i_r j_r} \rangle,$$

$$\widehat{T}^i_{(0)j} = \delta^i_j,$$

$$\widehat{T}^i_{(r)j} = \frac{1}{r!} \delta^{i_1 \cdots i_r i}_{j_1 \cdots j_r j} \langle \hat{B}_{i_1 j_1}, \hat{B}_{i_2 j_2} \rangle \cdots \langle \hat{B}_{i_{r-1} j_{r-1}}, \hat{B}_{i_r j_r} \rangle.$$

- 当 $p \geqslant 2$，r 为奇数时，第 r 个经典Newton变换为

$$T^\alpha_{(r)ij} = \frac{1}{r!} \delta^{i_1 \cdots i_r i}_{j_1 \cdots j_r j} \langle B_{i_1 j_1}, B_{i_2 j_2} \rangle \cdots$$

$$\times \langle B_{i_{r-2} j_{r-2}}, B_{i_{r-1} j_{r-1}} \rangle h^\alpha_{i_r j_r},$$

$$\widehat{T}^\alpha_{(r)ij} = \frac{1}{r!} \delta^{i_1 \cdots i_r i}_{j_1 \cdots j_r j} \langle \hat{B}_{i_1 j_1}, \hat{B}_{i_2 j_2} \rangle \cdots$$

$$\times \langle \hat{B}_{i_{r-2} j_{r-2}}, \hat{B}_{i_{r-1} j_{r-1}} \rangle \hat{h}^\alpha_{i_r j_r}.$$

- 当 $p \geqslant 2$，r 为偶数时，第 r 个曲率函数为

$$S_r = \frac{1}{r!} \delta^{i_1 \cdots i_r}_{j_1 \cdots j_r} \langle B_{i_1 j_1}, B_{i_2 j_2} \rangle \cdots \langle B_{i_{r-1} j_{r-1}}, B_{i_r j_r} \rangle$$

$$= \sum_{ij\alpha} \frac{1}{r} T^\alpha_{(r-1)ij} h^\alpha_{ij},$$

$$S_0 = 1, \quad H_r = \frac{S_r}{\binom{n}{r}},$$

$$\hat{S}_r = \frac{1}{r!} \delta^{i_1 \cdots i_r}_{j_1 \cdots j_r} \langle \hat{B}_{i_1 j_1}, \hat{B}_{i_2 j_2} \rangle \cdots \langle \hat{B}_{i_{r-1} j_{r-1}}, \hat{B}_{i_r j_r} \rangle$$

$$= \sum_{ij\alpha} \frac{1}{r} \widehat{T}^\alpha_{(r-1)ij} \hat{h}^\alpha_{ij},$$

$$\hat{S}_0 = 1, \quad \hat{H}_r = \frac{\hat{S}_r}{\binom{n}{r}}.$$

- 当 $p \geqslant 2$，r 为奇数时，第 r 个曲率向量为

$$\vec{S}_r = \frac{1}{r!} \delta^{i_1 \cdots i_r}_{j_1 \cdots j_r} \langle B_{i_1 j_1}, B_{i_2 j_2} \rangle \cdots \langle B_{i_{r-2} j_{r-2}}, B_{i_{r-1} j_{r-1}} \rangle B_{i_r j_r}$$

$$= \sum_{ij\alpha} \frac{1}{r} T_{(r-1)j}^{i} h_{ij}^{\alpha} e_{\alpha} \overset{\text{def}}{=} S_r^{\alpha} e_{\alpha},$$

$$\vec{H}_r = \frac{\vec{S}_r}{\binom{n}{r}} \overset{\text{def}}{=} H_r^{\alpha} e_{\alpha},$$

$$\hat{\vec{S}}_r = \frac{1}{r!} \delta_{j_1 \cdots j_r}^{i_1 \cdots i_r} \langle \hat{B}_{i_1 j_1}, \hat{B}_{i_2 j_2} \rangle \cdots \langle \hat{B}_{i_{r-2} j_{r-2}}, \hat{B}_{i_{r-1} j_{r-1}} \rangle \hat{B}_{i_r j_r}$$

$$= \sum_{ij\alpha} \frac{1}{r} \widehat{T_{(r-1)}}_{j}^{i} \hat{h}_{ij}^{\alpha} e_{\alpha} \overset{\text{def}}{=} \hat{S}_r^{\alpha} e_{\alpha},$$

$$\hat{\vec{H}}_r = \frac{\hat{\vec{S}}_r}{\binom{n}{r}} \overset{\text{def}}{=} \hat{H}_r^{\alpha} e_{\alpha}.$$

- 当 $p \geqslant 2$，r 为偶数时，$t, s \in N$，广义Newton变换为

$$T_{(r,t)k_1 \cdots k_s; l_1 \cdots l_s}^{\alpha_1 \cdots \alpha_t} = \frac{1}{(r+t)!} \delta_{j_1 \cdots j_r q_1 \cdots q_t l_1 \cdots l_s}^{i_1 \cdots i_r p_1 \cdots p_t k_1 \cdots k_s} \langle B_{i_1 j_1}, B_{i_2 j_2} \rangle \cdots$$

$$\times \langle B_{i_{r-1} j_{r-1}}, B_{i_r j_r} \rangle h_{p_1 q_1}^{\alpha_1} \cdots h_{p_t q_t}^{\alpha_t},$$

$$\widehat{T_{(r,t)}}_{k_1 \cdots k_s; l_1 \cdots l_s}^{\alpha_1 \cdots \alpha_t} = \frac{1}{(r+t)!} \delta_{j_1 \cdots j_r q_1 \cdots q_t l_1 \cdots l_s}^{i_1 \cdots i_r p_1 \cdots p_t k_1 \cdots k_s} \langle \hat{B}_{i_1 j_1}, \hat{B}_{i_2 j_2} \rangle \cdots$$

$$\times \langle \hat{B}_{i_{r-1} j_{r-1}}, \hat{B}_{i_r j_r} \rangle \hat{h}_{p_1 q_1}^{\alpha_1} \cdots \hat{h}_{p_t q_t}^{\alpha_t}.$$

对于余维数大于等于2的子流形的广义Newton变换，有

- 当 $p \geqslant 2$，$s = 0$ 时，

$$T_{(r,t)k_1 \cdots k_s; l_1 \cdots l_s}^{\alpha_1 \cdots \alpha_t} \overset{\text{def}}{=} T_{(r)\varnothing}^{\alpha_1 \cdots \alpha_t},$$

$$\widehat{T_{(r,t)}}_{k_1 \cdots k_s; l_1 \cdots l_s}^{\alpha_1 \cdots \alpha_t} \overset{\text{def}}{=} \widehat{T_{(r)\varnothing}}^{\alpha_1 \cdots \alpha_t}.$$

- 当 $p \geqslant 2$，$t = 0$ 时，

$$T_{(r,0)k_1 \cdots k_s; l_1 \cdots l_s} \overset{\text{def}}{=} T_{(r)l_1 \cdots l_s}^{k_1 \cdots k_s},$$

$$\widehat{T_{(r,0)}}_{k_1 \cdots k_s; l_1 \cdots l_s} \overset{\text{def}}{=} \widehat{T_{(r)}}_{l_1 \cdots l_s}^{k_1 \cdots k_s}.$$

- 当$p \geqslant 2$，$r = 0, t = 0$时，

$$T_{(0,0)k_1\cdots k_s;l_1\cdots l_s} = \delta_{l_1\cdots l_s}^{k_1\cdots k_s},$$

$$\widehat{T_{(0,0)}}_{k_1\cdots k_s;l_1\cdots l_s} = \delta_{l_1\cdots l_s}^{k_1\cdots k_s}.$$

- 当$p \geqslant 2$，$t = 1, s = 1$时，

$$T_{(r,1)k;l}^{\alpha} = \frac{1}{(r+1)!}\delta_{j_1\cdots j_r j_{r+1} l}^{i_1\cdots i_r i_{r+1} k}\langle B_{i_1 j_1}, B_{i_2 j_2}\rangle\cdots$$

$$\times \langle B_{i_{r-1}j_{r-1}}, B_{i_r j_r}\rangle h_{i_{r+1}j_{r+1}}^{\alpha} = T_{(r+1)kl}^{\alpha},$$

$$\widehat{T_{(r,1)}}_{k;l}^{\alpha} = \frac{1}{(r+1)!}\delta_{j_1\cdots j_r j_{r+1} l}^{i_1\cdots i_r i_{r+1} k}\langle \hat{B}_{i_1 j_1}, \hat{B}_{i_2 j_2}\rangle\cdots$$

$$\times \langle \hat{B}_{i_{r-1}j_{r-1}}, \hat{B}_{i_r j_r}\rangle \hat{h}_{i_{r+1}j_{r+1}}^{\alpha} = \widehat{T_{(r+1)}}_{kl}^{\alpha}.$$

- 当$p \geqslant 2$，$t = 0, s = 0$时，

$$T_{(r,0)} = \frac{1}{r!}\delta_{j_1\cdots j_r}^{i_1\cdots i_r}\langle B_{i_1 j_1}, B_{i_2 j_2}\rangle\cdots\langle B_{i_{r-1}j_{r-1}}, B_{i_r j_r}\rangle = S_r,$$

$$\widehat{T_{(r,0)}} = \frac{1}{r!}\delta_{j_1\cdots j_r}^{i_1\cdots i_r}\langle \hat{B}_{i_1 j_1}, \hat{B}_{i_2 j_2}\rangle\cdots\langle \hat{B}_{i_{r-1}j_{r-1}}, \hat{B}_{i_r j_r}\rangle = \hat{S}_r.$$

- 当$p \geqslant 2$，$t = 0, s = 1$时，

$$T_{(r,0)k;l} = \frac{1}{r!}\delta_{j_1\cdots j_r l}^{i_1\cdots i_r k}\langle B_{i_1 j_1}, B_{i_2 j_2}\rangle\cdots$$

$$\times \langle B_{i_{r-1}j_{r-1}}, B_{i_r j_r}\rangle = T_{(r)l}^{k},$$

$$\widehat{T_{(r,0)}}_{k;l} = \frac{1}{r!}\delta_{j_1\cdots j_r l}^{i_1\cdots i_r k}\langle \hat{B}_{i_1 j_1}, \hat{B}_{i_2 j_2}\rangle\cdots$$

$$\times \langle \hat{B}_{i_{r-1}j_{r-1}}, \hat{B}_{i_r j_r}\rangle = \widehat{T_{(r)}}_{l}^{k} = \widehat{T_{(r)}}_{kl}.$$

- 当$p \geqslant 2$，$r + t + s > n$时，

$$T_{(r,t)k_1\cdots k_s;l_1\cdots l_s}^{\alpha_1\cdots\alpha_t} = \frac{1}{(r+t)!}\delta_{j_1\cdots j_r q_1\cdots q_t l_1\cdots l_s}^{i_1\cdots i_r p_1\cdots p_t k_1\cdots k_s}\cdots = 0,$$

$$\widehat{T_{(r,t)}}_{k_1\cdots k_s;l_1\cdots l_s}^{\alpha_1\cdots\alpha_t} = \frac{1}{(r+t)!}\delta_{j_1\cdots j_r q_1\cdots q_t l_1\cdots l_s}^{i_1\cdots i_r p_1\cdots p_t k_1\cdots k_s}\cdots = 0.$$

4.2 Newton变换的性质

本节主要研究Newton变换的性质。

对于广义的Kronecker符号，我们有下面的重要性质——行列式刻画。

$$\delta^{i_1\cdots i_r}_{j_1\cdots j_r} = \begin{pmatrix} \delta^{i_1}_{j_1} & \cdots & \delta^{i_r}_{j_1} \\ \vdots & \vdots & \vdots \\ \delta^{i_1}_{j_r} & \cdots & \delta^{i_r}_{j_r} \end{pmatrix}$$

引理 4.1 (δ性质) 有如下等式：

$$\delta^{\cdots\cdots}_{\cdots i j\cdots} = -\delta^{\cdots\cdots}_{\cdots j i\cdots},$$

$$\delta^{\cdots i j\cdots}_{\cdots\cdots} = -\delta^{\cdots j i\cdots}_{\cdots\cdots},$$

$$\delta^{i_1\cdots i_r}_{j_1\cdots j_r} = \delta^{j_1\cdots j_r}_{i_1\cdots i_r},$$

$$\sum_p \delta^{i_1\cdots i_r p}_{j_1\cdots j_r p} = (n-r)\delta^{i_1\cdots i_r}_{j_1\cdots j_r},$$

$$\delta^{\cdots i_a\cdots i_b\cdots}_{\cdots j_a\cdots j_b\cdots} = \delta^{\cdots i_b\cdots i_a\cdots}_{\cdots j_b\cdots j_a\cdots},$$

$$\delta^{i_1\cdots i_r i}_{j_1\cdots j_r j} = \delta^{i_1\cdots i_r}_{j_1\cdots j_r}\delta^i_j - \sum_{a=1}^{r}\delta^{i_1\cdots i_{a-1} i_{a+1}\cdots i_r i}_{j_1\cdots j_{a-1} j_{a+1}\cdots j_r j_a}\delta^{i_a}_j$$

$$= \delta^{i_1\cdots i_r}_{j_1\cdots j_r}\delta^i_j - \sum_{a=1}^{r}\delta^{i_1\cdots i_{a-1} i_{a+1}\cdots i_r i_a}_{j_1\cdots j_{a-1} j_{a+1}\cdots j_r j}\delta^i_{j_a}.$$

证明 由广义Kronecker符号的行列式刻画，有

$$\delta^{i_1\cdots i_r i}_{j_1\cdots j_r j} = \delta^{i i_1\cdots i_r}_{j j_1\cdots j_r} = \det\begin{pmatrix} \delta^i_j & \delta^i_{j_1} & \cdots & \delta^i_{j_r} \\ \delta^{i_1}_j & \delta^{i_1}_{j_1} & \cdots & \delta^{i_1}_{j_r} \\ \vdots & \vdots & \cdots & \vdots \\ \delta^{i_r}_j & \delta^{i_r}_{j_1} & \cdots & \delta^{i_r}_{j_r} \end{pmatrix}$$

$$= \delta^i_j\delta^{i_1\cdots i_r}_{j_1\cdots j_r} - \delta^{i_1}_j\delta^{i i_1\cdots i_r}_{j_1 j_2\cdots j_r} + \cdots + (-1)^r\delta^{i_r}_j\delta^{i i_1\cdots i_{r-1}}_{j_1 j_2\cdots j_r}$$

$$=\delta^{i_1\cdots i_r}_{j_1\cdots j_r}\delta^i_j - \sum_{a=1}^r \delta^{i_1\cdots i_{a-1}i_{a+1}\cdots i_r i}_{j_1\cdots j_{a-1}j_{a+1}\cdots j_r j_a}\delta^{i_a}_j$$

$$=\delta^{i_1\cdots i_r}_{j_1\cdots j_r}\delta^i_j - \sum_{a=1}^r \delta^{i_1\cdots i_{a-1}i_{a+1}\cdots i_r i_a}_{j_1\cdots j_{a-1}j_{a+1}\cdots j_r j}\delta^i_{j_a}.$$

□

命题 4.1 (对称性)　设 $x: M^n \to N^{n+p}$ 是子流形，则有

$$T^{\alpha_1\cdots\alpha_t}_{(r,t)k_1\cdots k_s;l_1\cdots l_s} = T^{\alpha_1\cdots\alpha_t}_{(r,t)l_1\cdots l_s;k_1\cdots k_s},$$

$$T^{\cdots\alpha_i\cdots\alpha_j\cdots}_{(r,t)k_1\cdots k_s;l_1\cdots l_s} = T^{\cdots\alpha_j\cdots\alpha_i\cdots}_{(r,t)k_1\cdots k_s;l_1\cdots l_s},$$

$$\widehat{T}^{\alpha_1\cdots\alpha_t}_{(r,t)k_1\cdots k_s;l_1\cdots l_s} = \widehat{T}^{\alpha_1\cdots\alpha_t}_{(r,t)l_1\cdots l_s;k_1\cdots k_s},$$

$$\widehat{T}^{\cdots\alpha_i\cdots\alpha_j\cdots}_{(r,t)k_1\cdots k_s;l_1\cdots l_s} = \widehat{T}^{\cdots\alpha_j\cdots\alpha_i\cdots}_{(r,t)k_1\cdots k_s;l_1\cdots l_s}.$$

证明　对于第一式，由引理4.1和第二基本型的对称性，

$$T^{\alpha_1\cdots\alpha_t}_{(r,t)k_1\cdots k_s;l_1\cdots l_s} = \frac{1}{(r+t)!}\delta^{i_1\cdots i_r p_1\cdots p_t k_1\cdots k_s}_{j_1\cdots j_r q_1\cdots q_t l_1\cdots l_s}\langle B_{i_1 j_1}, B_{i_2 j_2}\rangle\cdots$$

$$\times \langle B_{i_{r-1}j_{r-1}}, B_{i_r j_r}\rangle(h^{\alpha_1}_{p_1 q_1}\cdots h^{\alpha_t}_{p_t q_t})$$

$$= \frac{1}{(r+t)!}\delta^{j_1\cdots j_r q_1\cdots q_t l_1\cdots l_s}_{i_1\cdots i_r p_1\cdots p_t k_1\cdots k_s}\langle B_{i_1 j_1}, B_{i_2 j_2}\rangle\cdots$$

$$\times \langle B_{i_{r-1}j_{r-1}}, B_{i_r j_r}\rangle(h^{\alpha_1}_{p_1 q_1}\cdots h^{\alpha_t}_{p_t q_t})$$

$$= \frac{1}{(r+t)!}\delta^{j_1\cdots j_r q_1\cdots q_t l_1\cdots l_s}_{i_1\cdots i_r p_1\cdots p_t k_1\cdots k_s}\langle B_{j_1 i_1}, B_{j_2 i_2}\rangle\cdots$$

$$\times \langle B_{j_{r-1}i_{r-1}}, B_{j_r i_r}\rangle(h^{\alpha_1}_{q_1 p_1}\cdots h^{\alpha_t}_{q_t p_t})$$

$$= \frac{1}{(r+t)!}\delta^{i_1\cdots i_r p_1\cdots p_t l_1\cdots l_s}_{j_1\cdots j_r q_1\cdots q_t k_1\cdots k_s}\langle B_{i_1 j_1}, B_{i_2 j_2}\rangle\cdots$$

$$\times \langle B_{i_{r-1}j_{r-1}}, B_{i_r j_r}\rangle(h^{\alpha_1}_{p_1 q_1}\cdots h^{\alpha_t}_{p_t q_t})$$

$$= T^{\alpha_1\cdots\alpha_t}_{(r,t)l_1\cdots l_s;k_1\cdots k_s}.$$

对于第二式，同样地，

$$T^{\cdots\alpha_i\cdots\alpha_j\cdots}_{(r,t)k_1\cdots k_s;l_1\cdots l_s} = \frac{1}{(r+t)!}\delta^{i_1\cdots i_r p_i\cdots p_j k_1\cdots k_s}_{j_1\cdots j_r q_i\cdots q_j l_1\cdots l_s}\langle B_{i_1j_1}, B_{i_2j_2}\rangle\cdots$$

$$\times\langle B_{i_{r-1}j_{r-1}}, B_{i_rj_r}\rangle\cdots h^{\alpha_i}_{p_iq_i}\cdots h^{\alpha_j}_{p_jq_j}\cdots$$

$$= \frac{1}{(r+t)!}\delta^{i_1\cdots i_r p_j\cdots p_i k_1\cdots k_s}_{j_1\cdots j_r q_j\cdots q_i l_1\cdots l_s}\langle B_{i_1j_1}, B_{i_2j_2}\rangle\cdots$$

$$\times\langle B_{i_{r-1}j_{r-1}}, B_{i_rj_r}\rangle\cdots h^{\alpha_i}_{p_iq_i}\cdots h^{\alpha_j}_{p_jq_j}\cdots$$

$$= \frac{1}{(r+t)!}\delta^{i_1\cdots i_r p_i\cdots p_j k_1\cdots k_s}_{j_1\cdots j_r q_i\cdots q_j l_1\cdots l_s}\langle B_{i_1j_1}, B_{i_2j_2}\rangle\cdots$$

$$\times\langle B_{i_{r-1}j_{r-1}}, B_{i_rj_r}\rangle\cdots h^{\alpha_i}_{p_jq_j}\cdots h^{\alpha_j}_{p_iq_i}\cdots$$

$$= \frac{1}{(r+t)!}\delta^{i_1\cdots i_r p_i\cdots p_j k_1\cdots k_s}_{j_1\cdots j_r q_i\cdots q_j l_1\cdots l_s}\langle B_{i_1j_1}, B_{i_2j_2}\rangle\cdots$$

$$\times\langle B_{i_{r-1}j_{r-1}}, B_{i_rj_r}\rangle\cdots h^{\alpha_j}_{p_iq_i}\cdots h^{\alpha_i}_{p_jq_j}\cdots$$

$$= T^{\cdots\alpha_j\cdots\alpha_i\cdots}_{(r,t)k_1\cdots k_s;l_1\cdots l_s}.$$

□

命题 4.2(反对称性) 设 $x: M^n \to N^{n+p}$ 是子流形，则有

$$T^{\alpha_1\cdots\alpha_t}_{(r,t)k_1\cdots k_i\cdots k_j\cdots k_s;l_1\cdots l_s} = -T^{\alpha_1\cdots\alpha_t}_{(r,t)k_1\cdots k_j\cdots k_i\cdots k_s;l_1\cdots l_s},$$

$$T^{\alpha_1\cdots\alpha_t}_{(r,t)k_1\cdots k_s;l_1\cdots l_i\cdots l_j\cdots l_s} = -T^{\alpha_1\cdots\alpha_t}_{(r,t)k_1\cdots k_s;l_1\cdots l_j\cdots l_i\cdots l_s},$$

$$\widehat{T}^{\alpha_1\cdots\alpha_t}_{(r,t)k_1\cdots k_i\cdots k_j\cdots k_s;l_1\cdots l_s} = -\widehat{T}^{\alpha_1\cdots\alpha_t}_{(r,t)k_1\cdots k_j\cdots k_i\cdots k_s;l_1\cdots l_s},$$

$$\widehat{T}^{\alpha_1\cdots\alpha_t}_{(r,t)k_1\cdots k_s;l_1\cdots l_i\cdots l_j\cdots l_s} = -\widehat{T}^{\alpha_1\cdots\alpha_t}_{(r,t)k_1\cdots k_s;l_1\cdots l_j\cdots l_i\cdots l_s}.$$

证明 由引理4.1，

$$T^{\alpha_1\cdots\alpha_t}_{(r,t)k_1\cdots k_s;\cdots l_i\cdots l_j\cdots} = \frac{1}{(r+t)!}\delta^{i_1\cdots i_r p_1\cdots p_t k_1\cdots k_s}_{j_1\cdots j_r q_1\cdots q_t\cdots l_i\cdots l_j\cdots}\langle B_{i_1j_1}, B_{i_2j_2}\rangle\cdots$$

$$\times\langle B_{i_{r-1}j_{r-1}}, B_{i_rj_r}\rangle\cdots h^{\alpha_i}_{p_iq_i}\cdots h^{\alpha_j}_{p_jq_j}\cdots$$

$$= -\frac{1}{(r+t)!}\delta^{i_1\cdots i_r p_1\cdots p_t k_1\cdots k_s}_{j_1\cdots j_r q_1\cdots q_t\cdots l_j\cdots l_i\cdots}\langle B_{i_1 j_1}, B_{i_2 j_2}\rangle\cdots$$

$$\times\langle B_{i_{r-1} j_{r-1}}, B_{i_r j_r}\rangle\cdots h^{\alpha_i}_{p_i q_i}\cdots h^{\alpha_j}_{p_j q_j}\cdots$$

$$= -T^{\alpha_1\cdots\alpha_t}_{(r,t)k_1\cdots k_s;\cdots l_j\cdots l_i\cdots}.$$

□

命题 4.3 (迹性质) 设 $x : M^n \to N^{n+p}$ 是子流形，则有

$$\sum_{k_s} T^{\alpha_1\cdots\alpha_t}_{(r,t)k_1\cdots k_{s-1}k_s;l_1\cdots l_{s-1}k_s} = (n+1-r-t-s)T^{\alpha_1\cdots\alpha_t}_{(r,t)k_1\cdots k_{s-1};l_1\cdots l_{s-1}},$$

$$\sum_{\beta} T^{\alpha_1\cdots\alpha_{t-2}\beta\beta}_{(r,t)k_1\cdots k_s;l_1\cdots l_s} = T^{\alpha_1\cdots\alpha_{t-2}}_{(r+2,t-2)k_1\cdots k_s;l_1\cdots l_s},$$

$$\sum_{k_s} \widehat{T^{\alpha_1\cdots\alpha_t}_{(r,t)k_1\cdots k_{s-1}k_s;l_1\cdots l_{s-1}k_s}} = (n+1-r-t-s)\widehat{T^{\alpha_1\cdots\alpha_t}_{(r,t)k_1\cdots k_{s-1};l_1\cdots l_{s-1}}},$$

$$\sum_{\beta} \widehat{T^{\alpha_1\cdots\alpha_{t-2}\beta\beta}_{(r,t)k_1\cdots k_s;l_1\cdots l_s}} = \widehat{T^{\alpha_1\cdots\alpha_{t-2}}_{(r+2,t-2)k_1\cdots k_s;l_1\cdots l_s}}.$$

证明 对于第一式，由引理4.1，

$$\sum_{k_s} T^{\alpha_1\cdots\alpha_t}_{(r,t)k_1\cdots k_{s-1}k_s;l_1\cdots l_{s-1}k_s} = \sum_{k_s}\frac{1}{(r+t)!}\delta^{i_1\cdots i_r p_1\cdots p_t k_1\cdots k_{s-1}k_s}_{j_1\cdots j_r q_1\cdots q_t l_1\cdots l_{s_1}k_s}\langle B_{i_1 j_1}, B_{i_2 j_2}\rangle\cdots$$

$$\times\langle B_{i_{r-1} j_{r-1}}, B_{i_r j_r}\rangle(h^{\alpha_1}_{p_1 q_1}\cdots h^{\alpha_t}_{p_t q_t})$$

$$= \sum_{p}\frac{1}{(r+t)!}\delta^{i_1\cdots i_r p_1\cdots p_t k_1\cdots k_{s-1}p}_{j_1\cdots j_r q_1\cdots q_t l_1\cdots l_{s_1}p}\langle B_{i_1 j_1}, B_{i_2 j_2}\rangle\cdots$$

$$\times\langle B_{i_{r-1} j_{r-1}}, B_{i_r j_r}\rangle(h^{\alpha_1}_{p_1 q_1}\cdots h^{\alpha_t}_{p_t q_t})$$

$$= (n+1-r-t-s)T^{\alpha_1\cdots\alpha_t}_{(r,t)k_1\cdots k_{s-1};l_1\cdots l_{s-1}}.$$

对于第二式，由定义，

$$\sum_{\beta} T^{\alpha_1\cdots\alpha_{t-2}\beta\beta}_{(r,t)k_1\cdots k_{s-1}k_s;l_1\cdots l_{s-1}k_s} = \sum_{\beta}\frac{1}{(r+t)!}\delta^{i_1\cdots i_r p_1\cdots p_t k_1\cdots k_{s-1}k_s}_{j_1\cdots j_r q_1\cdots q_t l_1\cdots l_{s_1}k_s}\langle B_{i_1 j_1}, B_{i_2 j_2}\rangle\cdots$$

$$\times\langle B_{i_{r-1} j_{r-1}}, B_{i_r j_r}\rangle h^{\alpha_1}_{p_1 q_1}\cdots h^{\alpha_{t-2}}_{p_{t-2} q_{t-2}} h^{\beta}_{p_{t-1} q_{t-1}} h^{\beta}_{p_t q_t}$$

$$= \sum_{\beta}\frac{1}{(r+t)!}\delta^{i_1\cdots i_r p_{t-1} p_t p_1\cdots p_{t-2} k_1\cdots k_{s-1}k_s}_{j_1\cdots j_r q_{t-1} q_t q_1\cdots q_{t-2} l_1\cdots l_{s_1}k_s}\langle B_{i_1 j_1}, B_{i_2 j_2}\rangle\cdots$$

$$\times \langle B_{i_{r-1}j_{r-1}}, B_{i_rj_r}\rangle h_{p_1q_1}^{\alpha_1} \cdots h_{p_{t-2}q_{t-2}}^{\alpha_{t-2}} \langle B_{p_{t-1}q_{t-1}}, B_{p_tq_t}\rangle$$

$$= T_{(r+2,t-2)_{k_1\cdots k_s;l_1\cdots l_s}}^{\alpha_1\cdots\alpha_{t-2}}.$$

$\square$

命题 4.4 (协变导数)   设 $x: M^n \to N^{n+p}$ 是子流形，则对于 Newton 变换的协变导数有

$$T_{(r,t)_{k_1\cdots k_s;l_1\cdots l_s,p}}^{\alpha_1\cdots\alpha_t} = \sum_{ij}\sum_{\beta}\frac{r}{r+t}T_{(r-2,t+1)_{k_1\cdots k_s i;l_1\cdots l_s j}}^{\alpha_1\cdots\alpha_t\beta} h_{ij,p}^{\beta}$$

$$+ \sum_{b=1}^{t}\sum_{ij}\frac{1}{r+t}T_{(r,t-1)_{k_1\cdots k_s i;l_1\cdots l_s j}}^{\alpha_1\cdots\hat{\alpha}_b\cdots\alpha_t} h_{ij,p}^{\alpha_b},$$

$$\widehat{T_{(r,t)_{k_1\cdots k_s;l_1\cdots l_s,p}}^{\alpha_1\cdots\alpha_t}} = \sum_{ij}\sum_{\beta}\frac{r}{r+t}\widehat{T_{(r-2,t+1)_{k_1\cdots k_s i;l_1\cdots l_s j}}^{\alpha_1\cdots\alpha_t\beta}} \hat{h}_{ij,p}^{\beta}$$

$$+ \sum_{b=1}^{t}\sum_{ij}\frac{1}{r+t}\widehat{T_{(r,t-1)_{k_1\cdots k_s i;l_1\cdots l_s j}}^{\alpha_1\cdots\hat{\alpha}_b\cdots\alpha_t}} \hat{h}_{ij,p}^{\alpha_b}.$$

证明：由引理 4.1 和定义，

$$T_{(r,t)_{k_1\cdots k_s;l_1\cdots l_s,p}}^{\alpha_1\cdots\alpha_t} = \frac{1}{(r+t)!}\delta_{j_1\cdots j_rq_1\cdots q_tl_1\cdots l_s}^{i_1\cdots i_rp_1\cdots p_tk_1\cdots k_s}$$

$$\times [\langle B_{i_1j_1,p}, B_{i_2j_2}\rangle \cdots \langle B_{i_{r-1}j_{r-1}}, B_{i_rj_r}\rangle$$

$$+ \langle B_{i_1j_1}, B_{i_2j_2,p}\rangle \cdots \langle B_{i_{r-1}j_{r-1}}, B_{i_rj_r}\rangle$$

$$+ \cdots + \langle B_{i_1j_1}, B_{i_2j_2}\rangle \cdots \langle B_{i_{r-1}j_{r-1},p}, B_{i_rj_r}\rangle$$

$$+ \langle B_{i_1j_1}, B_{i_2j_2}\rangle \cdots \langle B_{i_{r-1}j_{r-1}}, B_{i_rj_r,p}\rangle]$$

$$\times (h_{p_1q_1}^{\alpha_1} \cdots h_{p_tq_t}^{\alpha_t})$$

$$+ \frac{1}{(r+t)!}\delta_{j_1\cdots j_rq_1\cdots q_tl_1\cdots l_s}^{i_1\cdots i_rp_1\cdots p_tk_1\cdots k_s}\langle B_{i_1j_1}, B_{i_2j_2}\rangle \cdots \langle B_{i_{r-1}j_{r-1}}, B_{i_rj_r}\rangle$$

$$\times (\sum_{b=1}^{t} h_{p_1q_1}^{\alpha_1} \cdots h_{p_bq_b,p}^{\alpha_b} \cdots h_{p_tq_t}^{\alpha_t})$$

$$= \frac{r}{(r+t)!}\delta_{j_1\cdots j_{r-2}q_1\cdots q_tj_{r-1}l_1\cdots l_sj_r}^{i_1\cdots i_{r-2}p_1\cdots p_ti_{r-1}k_1\cdots k_si_r}$$

$$\times \langle B_{i_1 j_1}, B_{i_2 j_2}\rangle \cdots \langle B_{i_{r-3} j_{r-3}}, B_{i_{r-2} j_{r-2}}\rangle$$

$$\times \Big(\sum_{\alpha_{t+1}} h^{\alpha_{t+1}}_{i_{r-1} j_{r-1}} h^{\alpha_{t+1}}_{i_r j_r, p}\Big)(h^{\alpha_1}_{p_1 q_1}\cdots h^{\alpha_t}_{p_t q_t})$$

$$+ \frac{1}{(r+t)!}\delta^{i_1\cdots i_r p_1\cdots \hat{p}_b\cdots p_t k_1\cdots k_s p_b}_{j_1\cdots j_r q_1\cdots \hat{q}_b\cdots q_t l_1\cdots l_s q_b}\langle B_{i_1 j_1}, B_{i_2 j_2}\rangle\cdots$$

$$\times \langle B_{i_{r-1} j_{r-1}}, B_{i_r j_r}\rangle\Big(\sum_{b=1}^{t} h^{\alpha_1}_{p_1 q_1}\cdots h^{\alpha_b}_{p_b q_b, p}\cdots h^{\alpha_t}_{p_t q_t}\Big)$$

$$= \sum_{ij}\sum_{\alpha_{t+1}} \frac{r}{r+t} T^{\alpha_1\cdots \alpha_t \alpha_{t+1}}_{(r-2,t+1)_{k_1\cdots k_s i; l_1\cdots l_s j}} h^{\alpha_{t+1}}_{ij,p}$$

$$+ \sum_{b=1}^{t}\sum_{ij} \frac{1}{r+t} T^{\alpha_1\cdots \hat{\alpha}_b\cdots \alpha_t}_{(r,t-1)_{k_1\cdots k_s i; l_1\cdots l_s j}} h^{\alpha_b}_{ij,p}.$$

$\square$

特别地，在命题4.4中取r为偶数和$t = s = 0$，那么得到下面的推论。

推论 4.1 设$x : M^n \to N^{n+p}$是子流形，则有

（1）当r为偶数时，

$$S_{r,p} = \sum_{ij\alpha} T^{\alpha}_{(r-2,1)_{i;j}} h^{\alpha}_{ij,p} = \sum_{ij\alpha} T^{\alpha}_{(r-1)_{ij}} h^{\alpha}_{ij,p},$$

$$\hat{S}_{r,p} = \sum_{ij\alpha} \widehat{T_{(r-2,1)}}^{\alpha}_{i;j} \hat{h}^{\alpha}_{ij,p} = \sum_{ij\alpha} \widehat{T_{(r-1)}}^{\alpha}_{ij} \hat{h}^{\alpha}_{ij,p},$$

$$T^{k_1\cdots k_s}_{(r)_{l_1\cdots l_s,p}} = \sum_{ij}\sum_{\alpha} T^{\alpha}_{(r-2,1)_{k_1\cdots k_s i; l_1\cdots l_s j}} h^{\alpha}_{ij,p},$$

$$\widehat{T}^{k_1\cdots k_s}_{(r)_{l_1\cdots l_s,p}} = \sum_{ij}\sum_{\alpha} \widehat{T_{(r-2,1)}}^{\alpha}_{k_1\cdots k_s i; l_1\cdots l_s j} h^{\alpha}_{ij,p}.$$

（2）当r为奇数时，

$$S^{\alpha}_{r,p} = \sum_{ij}\sum_{\beta} \frac{r-1}{r} T^{\alpha\beta}_{(r-3,2)_{i;j}} h^{\beta}_{ij,p} + \sum_{ij} \frac{1}{r} T_{(r-1)_{ij}} h^{\alpha}_{ij,p},$$

$$\hat{S}^{\alpha}_{r,p} = \sum_{ij}\sum_{\beta} \frac{r-1}{r} \widehat{T_{(r-3,2)}}^{\alpha\beta}_{i;j} \hat{h}^{\beta}_{ij,p} + \sum_{ij} \frac{1}{r} \widehat{T_{(r-1)}}_{ij} \hat{h}^{\alpha}_{ij,p}.$$

推论 4.2   设 $x: M^n \to N^{n+1}$ 是超曲面, 则有

$$S_{r,p} = \sum_{ij} T^{n+1}_{(r-2,1)_{i;j}} h^{n+1}_{ij,p} = \sum_{ij} T^{i}_{(r-1)_j} h_{ij,p},$$

$$T^{k_1 \cdots k_s}_{(r)_{l_1 \cdots l_s,p}} = \sum_{ij} \sum_{\alpha} T^{k_1 \cdots k_s i}_{(r-1)_{l_1 \cdots l_s j}} h_{ij,p},$$

$$\hat{S}_{r,p} = \sum_{ij} \widehat{T_{(r-2,1)}}^{\,n+1}_{i;j} \hat{h}^{n+1}_{ij,p} = \sum_{ij} \widehat{T_{(r-1)}}^{\,i}_{j} \hat{h}_{ij,p}$$

$$\widehat{T_{(r)}}^{\,k_1 \cdots k_s}_{l_1 \cdots l_s,p} = \sum_{ij} \widehat{T_{(r-1)}}^{\,k_1 \cdots k_s i}_{l_1 \cdots l_s j} \hat{h}_{ij,p}.$$

命题 4.5 (散度性质)   设 $x: M^n \to N^{n+p}$ 是子流形, 则有

$$\sum_{k_s} T^{\alpha_1 \cdots \alpha_t}_{(r,t)_{k_1 \cdots k_s; l_1 \cdots l_s, k_s}} = \frac{1}{2} \Big(\sum_{k_s} \sum_{ij} \sum_{\alpha_{t+1}} \frac{r}{r+t} T^{\alpha_1 \cdots \alpha_t \alpha_{t+1}}_{(r-2,t+1)_{k_1 \cdots k_s i; l_1 \cdots l_s j}} \bar{R}^{\alpha_{t+1}}_{jk_s i}$$

$$+ \sum_{k_s} \sum_{b=1}^{t} \sum_{ij} \frac{1}{r+t} T^{\alpha_1 \cdots \hat{\alpha}_b \cdots \alpha_t}_{(r,t-1)_{k_1 \cdots k_s i; l_1 \cdots l_s j}} \bar{R}^{\alpha_b}_{jk_s i} \Big),$$

$$\sum_{l_s} T^{\alpha_1 \cdots \alpha_t}_{(r,t)_{k_1 \cdots k_s; l_1 \cdots l_s, l_s}} = \frac{1}{2} \Big(\sum_{l_s} \sum_{ij} \sum_{\alpha_{t+1}} \frac{r}{r+t} T^{\alpha_1 \cdots \alpha_t \alpha_{t+1}}_{(r-2,t+1)_{k_1 \cdots k_s i; l_1 \cdots l_s j}} \bar{R}^{\alpha_{t+1}}_{il_s j}$$

$$+ \sum_{l_s} \sum_{b=1}^{t} \sum_{ij} \frac{1}{r+t} T^{\alpha_1 \cdots \hat{\alpha}_b \cdots \alpha_t}_{(r,t-1)_{k_1 \cdots k_s i; l_1 \cdots l_s j}} \bar{R}^{\alpha_b}_{il_s j} \Big),$$

$$\sum_{k_s} \widehat{T_{(r,t)}}^{\,\alpha_1 \cdots \alpha_t}_{k_1 \cdots k_s; l_1 \cdots l_s, k_s} = \frac{1}{2} \Big(\sum_{k_s} \sum_{ij} \sum_{\alpha_{t+1}} \frac{r}{r+t} \widehat{T_{(r-2,t+1)}}^{\,\alpha_1 \cdots \alpha_t \alpha_{t+1}}_{k_1 \cdots k_s i; l_1 \cdots l_s j} \bar{R}^{\alpha_{t+1}}_{jk_s i}$$

$$+ \sum_{k_s} \sum_{b=1}^{t} \sum_{ij} \frac{1}{r+t} \widehat{T_{(r,t-1)}}^{\,\alpha_1 \cdots \hat{\alpha}_b \cdots \alpha_t}_{k_1 \cdots k_s i; l_1 \cdots l_s j} \bar{R}^{\alpha_b}_{jk_s i} \Big)$$

$$- \sum_{k_s \alpha_{t+1}} \frac{r(n+1-r-t-s)}{r+t} \widehat{T_{(r-2,t+1)}}^{\,\alpha_1 \cdots \alpha_t \alpha_{t+1}}_{k_1 \cdots k_s; l_1 \cdots l_s} H^{\alpha_{t+1}}_{,k_s}$$

$$- \sum_{k_s} \sum_{b=1}^{t} \frac{(n+1-r-t-s)}{r+t} \widehat{T_{(r,t-1)}}^{\,\alpha_1 \cdots \hat{\alpha}_b \cdots \alpha_t}_{k_1 \cdots k_s; l_1 \cdots l_s} H^{\alpha_b}_{,k_s},$$

$$\sum_{l_s} \widehat{T_{(r,t)}}^{\,\alpha_1 \cdots \alpha_t}_{k_1 \cdots k_s; l_1 \cdots l_s, l_s} = \frac{1}{2} \Big(\sum_{l_s} \sum_{ij} \sum_{\alpha_{t+1}} \frac{r}{r+t} \widehat{T_{(r-2,t+1)}}^{\,\alpha_1 \cdots \alpha_t \alpha_{t+1}}_{k_1 \cdots k_s i; l_1 \cdots l_s j} \bar{R}^{\alpha_{t+1}}_{il_s j}$$

$$+ \sum_{l_s} \sum_{b=1}^{t} \sum_{ij} \frac{1}{r+t} \widehat{T_{(r,t-1)}}^{\,\alpha_1 \cdots \hat{\alpha}_b \cdots \alpha_t}_{k_1 \cdots k_s i; l_1 \cdots l_s j} \bar{R}^{\alpha_b}_{il_s j} \Big)$$

$$- \sum_{l_s \alpha_{t+1}} \frac{r(n+1-r-t-s)}{r+t} \widehat{T_{(r-2,t+1)k_1 \cdots k_s; l_1 \cdots l_s}}^{\alpha_1 \cdots \alpha_t \alpha_{t+1}} H_{,l_s}^{\alpha_{t+1}}$$

$$- \sum_{l_s} \sum_{b=1}^{t} \frac{(n+1-r-t-s)}{r+t} \widehat{T_{(r,t-1)k_1 \cdots k_s; l_1 \cdots l_s}}^{\alpha_1 \cdots \hat{\alpha}_b \cdots \alpha_t} H_{,l_s}^{\alpha_b}.$$

证明 对于一般Newton变换，由定理3.1和命题4.4，

$$\sum_{k_s} T_{(r,t)k_1 \cdots k_s; l_1 \cdots l_s, k_s}^{\alpha_1 \cdots \alpha_t}$$

$$= \sum_{k_s} \sum_{ij} \sum_{\alpha_{t+1}} \frac{r}{r+t} T_{(r-2,t+1)k_1 \cdots k_s i; l_1 \cdots l_s j}^{\alpha_1 \cdots \alpha_t \alpha_{t+1}} h_{ij,k_s}^{\alpha_{t+1}}$$

$$+ \sum_{k_s} \sum_{b=1}^{t} \sum_{ij} \frac{1}{r+t} T_{(r,t-1)k_1 \cdots k_s i; l_1 \cdots l_s j}^{\alpha_1 \cdots \hat{\alpha}_b \cdots \alpha_t} h_{ij,k_s}^{\alpha_b}$$

$$= - \sum_{k_s} \sum_{ij} \sum_{\alpha_{t+1}} \frac{r}{r+t} T_{(r-2,t+1)k_1 \cdots ik_s; l_1 \cdots l_s j}^{\alpha_1 \cdots \alpha_t \alpha_{t+1}} h_{ij,k_s}^{\alpha_{t+1}}$$

$$- \sum_{k_s} \sum_{b=1}^{t} \sum_{ij} \frac{1}{r+t} T_{(r,t-1)k_1 \cdots ik_s; l_1 \cdots l_s j}^{\alpha_1 \cdots \hat{\alpha}_b \cdots \alpha_t} h_{ij,k_s}^{\alpha_b}$$

$$= - \sum_{k_s} \sum_{ij} \sum_{\alpha_{t+1}} \frac{r}{r+t} T_{(r-2,t+1)k_1 \cdots ik_s; l_1 \cdots l_s j}^{\alpha_1 \cdots \alpha_t \alpha_{t+1}} (h_{k_s j,i}^{\alpha_{t+1}} + h_{ij,k_s}^{\alpha_{t+1}} - h_{k_s j,i}^{\alpha_{t+1}})$$

$$- \sum_{k_s} \sum_{b=1}^{t} \sum_{ij} \frac{1}{r+t} T_{(r,t-1)k_1 \cdots ik_s; l_1 \cdots l_s j}^{\alpha_1 \cdots \hat{\alpha}_b \cdots \alpha_t} (h_{k_s j,i}^{\alpha_b} + h_{ij,k_s}^{\alpha_b} - h_{k_s j,i}^{\alpha_b})$$

$$= - \sum_{k_s} \sum_{ij} \sum_{\alpha_{t+1}} \frac{r}{r+t} T_{(r-2,t+1)k_1 \cdots ik_s; l_1 \cdots l_s j}^{\alpha_1 \cdots \alpha_t \alpha_{t+1}} (h_{k_s j,i}^{\alpha_{t+1}} + \bar{R}_{jk_s i}^{\alpha_{t+1}})$$

$$- \sum_{k_s} \sum_{b=1}^{t} \sum_{ij} \frac{1}{r+t} T_{(r,t-1)k_1 \cdots ik_s; l_1 \cdots l_s j}^{\alpha_1 \cdots \hat{\alpha}_b \cdots \alpha_t} (h_{k_s j,i}^{\alpha_b} + \bar{R}_{jk_s i}^{\alpha_b})$$

$$= - \Big(\sum_{k_s} \sum_{ij} \sum_{\alpha_{t+1}} \frac{r}{r+t} T_{(r-2,t+1)k_1 \cdots k_s i; l_1 \cdots l_s j}^{\alpha_1 \cdots \alpha_t \alpha_{t+1}} h_{ij,k_s}^{\alpha_{t+1}}$$

$$+ \sum_{k_s} \sum_{b=1}^{t} \sum_{ij} \frac{1}{r+t} T_{(r,t-1)k_1 \cdots k_s i; l_1 \cdots l_s j}^{\alpha_1 \cdots \hat{\alpha}_b \cdots \alpha_t} h_{ij,k_s}^{\alpha_b} \Big)$$

$$+ \sum_{k_s} \sum_{ij} \sum_{\alpha_{t+1}} \frac{r}{r+t} T_{(r-2,t+1)k_1 \cdots k_s i; l_1 \cdots l_s j}^{\alpha_1 \cdots \alpha_t \alpha_{t+1}} \bar{R}_{jk_s i}^{\alpha_{t+1}}$$

$$+ \sum_{k_s} \sum_{b=1}^{t} \sum_{ij} \frac{1}{r+t} T_{(r,t-1)k_1 \cdots k_s i; l_1 \cdots l_s j}^{\alpha_1 \cdots \hat{\alpha}_b \cdots \alpha_t} \bar{R}_{jk_s i}^{\alpha_b}$$

$$= -\sum_{k_s} T^{\alpha_1\cdots\alpha_t}_{(r,t)k_1\cdots k_s;l_1\cdots l_s,k_s}$$

$$+\sum_{k_s}\sum_{ij}\sum_{\alpha_{t+1}}\frac{r}{r+t}T^{\alpha_1\cdots\alpha_t\alpha_{t+1}}_{(r-2,t+1)k_1\cdots k_s i;l_1\cdots l_s j}\bar{R}^{\alpha_{t+1}}_{jk_s i}$$

$$+\sum_{k_s}\sum_{b=1}^{t}\sum_{ij}\frac{1}{r+t}T^{\alpha_1\cdots\hat{\alpha}_b\cdots\alpha_t}_{(r,t-1)k_1\cdots k_s i;l_1\cdots l_s j}\bar{R}^{\alpha_b}_{jk_s i}$$

$$\sum_{k_s} T^{\alpha_1\cdots\alpha_t}_{(r,t)k_1\cdots k_s;l_1\cdots l_s,k_s} = \frac{1}{2}\Big(\sum_{k_s}\sum_{ij}\sum_{\alpha_{t+1}}\frac{r}{r+t}T^{\alpha_1\cdots\alpha_t\alpha_{t+1}}_{(r-2,t+1)k_1\cdots k_s i;l_1\cdots l_s j}\bar{R}^{\alpha_{t+1}}_{jk_s i}$$

$$+\sum_{k_s}\sum_{b=1}^{t}\sum_{ij}\frac{1}{r+t}T^{\alpha_1\cdots\hat{\alpha}_b\cdots\alpha_t}_{(r,t-1)k_1\cdots k_s i;l_1\cdots l_s j}\bar{R}^{\alpha_b}_{jk_s i}\Big).$$

对于迹零的Newton变换，由定理3.1和命题4.4，

$$\sum_{k_s} \widehat{T_{(r,t)}}^{\alpha_1\cdots\alpha_t}_{k_1\cdots k_s;l_1\cdots l_s,k_s}$$

$$=\sum_{k_s}\sum_{ij}\sum_{\alpha_{t+1}}\frac{r}{r+t}\widehat{T_{(r-2,t+1)}}^{\alpha_1\cdots\alpha_t\alpha_{t+1}}_{k_1\cdots k_s i;l_1\cdots l_s j}\hat{h}^{\alpha_{t+1}}_{ij,k_s}$$

$$+\sum_{k_s}\sum_{b=1}^{t}\sum_{ij}\frac{1}{r+t}\widehat{T_{(r,t-1)}}^{\alpha_1\cdots\hat{\alpha}_b\cdots\alpha_t}_{k_1\cdots k_s i;l_1\cdots l_s j}\hat{h}^{\alpha_b}_{ij,k_s}$$

$$=-\sum_{k_s}\sum_{ij}\sum_{\alpha_{t+1}}\frac{r}{r+t}\widehat{T_{(r-2,t+1)}}^{\alpha_1\cdots\alpha_t\alpha_{t+1}}_{k_1\cdots ik_s;l_1\cdots l_s j}\hat{h}^{\alpha_{t+1}}_{ij,k_s}$$

$$-\sum_{k_s}\sum_{b=1}^{t}\sum_{ij}\frac{1}{r+t}\widehat{T_{(r,t-1)}}^{\alpha_1\cdots\hat{\alpha}_b\cdots\alpha_t}_{k_1\cdots ik_s;l_1\cdots l_s j}\hat{h}^{\alpha_b}_{ij,k_s}$$

$$=-\sum_{k_s}\sum_{ij}\sum_{\alpha_{t+1}}\frac{r}{r+t}\widehat{T_{(r-2,t+1)}}^{\alpha_1\cdots\alpha_t\alpha_{t+1}}_{k_1\cdots ik_s;l_1\cdots l_s j}(\hat{h}^{\alpha_{t+1}}_{k_s j,i}+\hat{h}^{\alpha_{t+1}}_{ij,k_s}-\hat{h}^{\alpha_{t+1}}_{k_s j,i})$$

$$-\sum_{k_s}\sum_{b=1}^{t}\sum_{ij}\frac{1}{r+t}\widehat{T_{(r,t-1)}}^{\alpha_1\cdots\hat{\alpha}_b\cdots\alpha_t}_{k_1\cdots ik_s;l_1\cdots l_s j}(\hat{h}^{\alpha_b}_{k_s j,i}+\hat{h}^{\alpha_b}_{ij,k_s}-\hat{h}^{\alpha_b}_{k_s j,i})$$

$$=-\sum_{k_s}\sum_{ij}\sum_{\alpha_{t+1}}\frac{r}{r+t}\widehat{T_{(r-2,t+1)}}^{\alpha_1\cdots\alpha_t\alpha_{t+1}}_{k_1\cdots ik_s;l_1\cdots l_s j}$$

$$\times (\hat{h}^{\alpha_{t+1}}_{k_s j,i}+\bar{R}^{\alpha_{t+1}}_{jk_s i}-\delta_{ij}H^{\alpha_{t+1}}_{k_s}+\delta_{jk_s}H^{\alpha_{t+1}}_{i})$$

$$-\sum_{k_s}\sum_{b=1}^{t}\sum_{ij}\frac{1}{r+t}\widehat{T_{(r,t-1)}}^{\alpha_1\cdots\hat{\alpha}_b\cdots\alpha_t}_{k_1\cdots ik_s;l_1\cdots l_s j}$$

$$\times (\hat{h}^{\alpha_b}_{k_sj,i} + \bar{R}^{\alpha_b}_{jk_s i} - \delta_{ij}H^{\alpha_b}_{,k_s} + \delta_{jk_s}H^{\alpha_b}_{,i})$$

$$= -\Big(\sum_{k_s} \sum_{ij} \sum_{\alpha_{t+1}} \frac{r}{r+t} \widehat{T_{(r-2,t+1)}}^{\alpha_1\cdots\alpha_t\alpha_{t+1}}_{k_1\cdots k_s i; l_1\cdots l_s j} \hat{h}^{\alpha_{t+1}}_{ij,k_s}$$

$$+ \sum_{k_s} \sum_{b=1}^{t} \sum_{ij} \frac{1}{r+t} \widehat{T_{(r,t-1)}}^{\alpha_1\cdots\hat{\alpha}_b\cdots\alpha_t}_{k_1\cdots k_s i; l_1\cdots l_s j} \hat{h}^{\alpha_b}_{ij,k_s} \Big)$$

$$+ \sum_{k_s} \sum_{ij} \sum_{\alpha_{t+1}} \frac{r}{r+t} \widehat{T_{(r-2,t+1)}}^{\alpha_1\cdots\alpha_t\alpha_{t+1}}_{k_1\cdots k_s i; l_1\cdots l_s j} \bar{R}^{\alpha_{t+1}}_{jk_s i}$$

$$+ \sum_{k_s} \sum_{b=1}^{t} \sum_{ij} \frac{1}{r+t} \widehat{T_{(r,t-1)}}^{\alpha_1\cdots\hat{\alpha}_b\cdots\alpha_t}_{k_1\cdots k_s i; l_1\cdots l_s j} \bar{R}^{\alpha_b}_{jk_s i}$$

$$- \sum_{k_s\alpha_{t+1}} \frac{2r(n+1-r-t-s)}{r+t} \widehat{T_{(r-2,t+1)}}^{\alpha_1\cdots\alpha_t\alpha_{t+1}}_{k_1\cdots k_s; l_1\cdots l_s} H^{\alpha_{t+1}}_{,k_s}$$

$$- \sum_{k_s} \sum_{b=1}^{t} \frac{2(n+1-r-t-s)}{r+t} \widehat{T_{(r,t-1)}}^{\alpha_1\cdots\hat{\alpha}_b\cdots\alpha_t}_{k_1\cdots k_s; l_1\cdots l_s} H^{\alpha_b}_{,k_s}$$

$$= -\sum_{k_s} T^{\alpha_1\cdots\alpha_t}_{(r,t)k_1\cdots k_s; l_1\cdots l_s, k_s}$$

$$+ \sum_{k_s} \sum_{ij} \sum_{\alpha_{t+1}} \frac{r}{r+t} \widehat{T_{(r-2,t+1)}}^{\alpha_1\cdots\alpha_t\alpha_{t+1}}_{k_1\cdots k_s i; l_1\cdots l_s j} \bar{R}^{\alpha_{t+1}}_{jk_s i}$$

$$+ \sum_{k_s} \sum_{b=1}^{t} \sum_{ij} \frac{1}{r+t} \widehat{T_{(r,t-1)}}^{\alpha_1\cdots\hat{\alpha}_b\cdots\alpha_t}_{k_1\cdots k_s i; l_1\cdots l_s j} \bar{R}^{\alpha_b}_{jk_s i}$$

$$- \sum_{k_s\alpha_{t+1}} \frac{2r(n+1-r-t-s)}{r+t} \widehat{T_{(r-2,t+1)}}^{\alpha_1\cdots\alpha_t\alpha_{t+1}}_{k_1\cdots k_s; l_1\cdots l_s} H^{\alpha_{t+1}}_{,k_s}$$

$$- \sum_{k_s} \sum_{b=1}^{t} \frac{2(n+1-r-t-s)}{r+t} \widehat{T_{(r,t-1)}}^{\alpha_1\cdots\hat{\alpha}_b\cdots\alpha_t}_{k_1\cdots k_s; l_1\cdots l_s} H^{\alpha_b}_{,k_s}$$

$$\sum_{k_s} \widehat{T_{(r,t)}}^{\alpha_1\cdots\alpha_t}_{k_1\cdots k_s; l_1\cdots l_s, k_s}$$

$$= \frac{1}{2}\Big(\sum_{k_s} \sum_{ij} \sum_{\alpha_{t+1}} \frac{r}{r+t} \widehat{T_{(r-2,t+1)}}^{\alpha_1\cdots\alpha_t\alpha_{t+1}}_{k_1\cdots k_s i; l_1\cdots l_s j} \bar{R}^{\alpha_{t+1}}_{jk_s i}$$

$$+ \sum_{k_s} \sum_{b=1}^{t} \sum_{ij} \frac{1}{r+t} \widehat{T_{(r,t-1)}}^{\alpha_1\cdots\hat{\alpha}_b\cdots\alpha_t}_{k_1\cdots k_s i; l_1\cdots l_s j} \bar{R}^{\alpha_b}_{jk_s i} \Big)$$

$$- \sum_{k_s \alpha_{t+1}} \frac{r(n+1-r-t-s)}{r+t} \widehat{T_{(r-2,t+1)}}{}^{\alpha_1 \cdots \alpha_t \alpha_{t+1}}_{k_1 \cdots k_s; l_1 \cdots l_s} H^{\alpha_{t+1}}_{,k_s}$$

$$- \sum_{k_s} \sum_{b=1}^{t} \frac{(n+1-r-t-s)}{r+t} \widehat{T_{(r,t-1)}}{}^{\alpha_1 \cdots \hat{\alpha}_b \cdots \alpha_t}_{k_1 \cdots k_s; l_1 \cdots l_s} H^{\alpha_b}_{,k_s}.$$

□

特别地，对于 $N = R^{n+p}(c)$，有

$$\bar{R}_{ABCD} = -c(\delta_{AC}\delta_{BD} - \delta_{AD}\delta_{BC}), \quad \bar{R}^{\alpha}_{ijk} = 0.$$

推论 4.3 (散度为零性质)　设 $x : M^n \to R^{n+p}(c)$ 是空间形式中的子流形，则有

$$\sum_{k_s} T_{(r,t)}{}^{\alpha_1 \cdots \alpha_t}_{k_1 \cdots k_s; l_1 \cdots l_s, k_s} = 0,$$

$$\sum_{k_s} \widehat{T_{(r,t)}}{}^{\alpha_1 \cdots \alpha_t}_{k_1 \cdots k_s; l_1 \cdots l_s, k_s}$$

$$= - \sum_{k_s \alpha_{t+1}} \frac{r(n+1-r-t-s)}{r+t} \widehat{T_{(r-2,t+1)}}{}^{\alpha_1 \cdots \alpha_t \alpha_{t+1}}_{k_1 \cdots k_s; l_1 \cdots l_s} H^{\alpha_{t+1}}_{,k_s}$$

$$- \sum_{k_s} \sum_{b=1}^{t} \frac{(n+1-r-t-s)}{r+t} \widehat{T_{(r,t-1)}}{}^{\alpha_1 \cdots \hat{\alpha}_b \cdots \alpha_t}_{k_1 \cdots k_s; l_1 \cdots l_s} H^{\alpha_b}_{,k_s}.$$

推论 4.4 (散度为零性质)　设 $x : M^n \to R^{n+p}(c)$ 是空间形式中的具有平行平均曲率的子流形 $(D\vec{H} = 0)$，则有

$$\sum_{k_s} T_{(r,t)}{}^{\alpha_1 \cdots \alpha_t}_{k_1 \cdots k_s; l_1 \cdots l_s, k_s} = 0,$$

$$\sum_{k_s} \widehat{T_{(r,t)}}{}^{\alpha_1 \cdots \alpha_t}_{k_1 \cdots k_s; l_1 \cdots l_s, k_s} = 0.$$

命题 4.6 (展开性质)　设 $x : M^n \to N^{n+p}$ 是子流形，则有

$$T_{(r,t)}{}^{\alpha_1 \cdots \alpha_t}_{k_1 \cdots k_s i; l_1 \cdots l_s j} = \delta^i_j T_{(r,t)}{}^{\alpha_1 \cdots \alpha_t}_{k_1 \cdots k_s; l_1 \cdots l_s}$$

$$- \sum_{p, \alpha_{t+1}} \frac{r}{r+t} T_{(r-2,t+1)}{}^{\alpha_1 \cdots \alpha_t \alpha_{t+1}}_{k_1 \cdots k_s i; l_1 \cdots l_s p} h^{\alpha_{t+1}}_{pj}$$

$$-\sum_{b=1}^{t}\sum_{p}\frac{1}{r+t}T_{(r,t-1)_{k_1\cdots k_s i;l_1\cdots l_s p}}^{\alpha_1\cdots\hat{\alpha}_b\cdots\alpha_t}h_{pj}^{\alpha_b}$$

$$-\sum_{c=1}^{s}T_{(r,t)_{k_1\cdots\hat{k}_c\cdots k_s i;l_1\cdots\hat{l}_c l_c}}^{\alpha_1\cdots\alpha_t}\delta_j^{k_c}$$

$$=\delta_j^i T_{(r,t)_{k_1\cdots k_s;l_1\cdots l_s}}^{\alpha_1\cdots\alpha_t}-\sum_{p,\alpha_{t+1}}\frac{r}{r+t}T_{(r-2,t+1)_{k_1\cdots k_s p;l_1\cdots l_s j}}^{\alpha_1\cdots\alpha_t\alpha_{t+1}}h_{pi}^{\alpha_{t+1}}$$

$$-\sum_{b=1}^{t}\sum_{p}\frac{1}{r+t}T_{(r,t-1)_{k_1\cdots k_s p;l_1\cdots l_s j}}^{\alpha_1\cdots\hat{\alpha}_b\cdots\alpha_t}h_{pi}^{\alpha_b}$$

$$-\sum_{c=1}^{s}T_{(r,t)_{k_1\cdots\hat{k}_c k_c;l_1\cdots\hat{l}_c l_s j}}^{\alpha_1\cdots\alpha_t}\delta_{l_c}^i,$$

$$\widehat{T_{(r,t)_{k_1\cdots k_s i;l_1\cdots l_s j}}^{\alpha_1\cdots\alpha_t}}=\delta_j^i\widehat{T_{(r,t)_{k_1\cdots k_s;l_1\cdots l_s}}^{\alpha_1\cdots\alpha_t}}$$

$$-\sum_{p,\alpha_{t+1}}\frac{r}{r+t}\widehat{T_{(r-2,t+1)_{k_1\cdots k_s i;l_1\cdots l_s p}}^{\alpha_1\cdots\alpha_t\alpha_{t+1}}}\hat{h}_{pj}^{\alpha_{t+1}}$$

$$-\sum_{b=1}^{t}\sum_{p}\frac{1}{r+t}\widehat{T_{(r,t-1)_{k_1\cdots k_s i;l_1\cdots l_s p}}^{\alpha_1\cdots\hat{\alpha}_b\cdots\alpha_t}}\hat{h}_{pj}^{\alpha_b}$$

$$-\sum_{c=1}^{s}\widehat{T_{(r,t)_{k_1\cdots\hat{k}_c\cdots k_s i;l_1\cdots\hat{l}_c l_c}}^{\alpha_1\cdots\alpha_t}}\delta_j^{k_c}$$

$$=\delta_j^i\widehat{T_{(r,t)_{k_1\cdots k_s;l_1\cdots l_s}}^{\alpha_1\cdots\alpha_t}}-\sum_{p,\alpha_{t+1}}\frac{r}{r+t}\widehat{T_{(r-2,t+1)_{k_1\cdots k_s p;l_1\cdots l_s j}}^{\alpha_1\cdots\alpha_t\alpha_{t+1}}}\hat{h}_{pi}^{\alpha_{t+1}}$$

$$-\sum_{b=1}^{t}\sum_{p}\frac{1}{r+t}\widehat{T_{(r,t-1)_{k_1\cdots k_s p;l_1\cdots l_s j}}^{\alpha_1\cdots\hat{\alpha}_b\cdots\alpha_t}}\hat{h}_{pi}^{\alpha_b}$$

$$-\sum_{c=1}^{s}\widehat{T_{(r,t)_{k_1\cdots\hat{k}_c k_c;l_1\cdots\hat{l}_c l_s j}}^{\alpha_1\cdots\alpha_t}}\delta_{l_c}^i.$$

证明 我们只需要广义Kronecker符号的展开性质。由引理4.1有

$$\delta_{j_1\cdots j_r q_1\cdots q_t l_1\cdots l_s j}^{i_1\cdots i_r p_1\cdots p_t k_1\cdots k_s i}$$

$$=\delta_j^i\delta_{j_1\cdots j_r q_1\cdots q_t l_1\cdots l_s}^{i_1\cdots i_r p_1\cdots p_t k_1\cdots k_s}-\sum_{a=1}^{r}\delta_{\cdots\hat{j}_a\cdots q_1\cdots q_t l_1\cdots l_s j_a}^{\cdots\hat{i}_a\cdots p_1\cdots p_t k_1\cdots k_s i}\delta_j^{i_a}$$

$$-\sum_{b=1}^{t}\delta_{j_1\cdots j_r\cdots\hat{q}_b\cdots l_1\cdots l_s q_b}^{i_1\cdots i_r\cdots\hat{p}_b\cdots k_1\cdots k_s i}\delta_j^{p_b}-\sum_{c=1}^{s}\delta_{j_1\cdots j_r q_1\cdots q_t\cdots\hat{l}_c\cdots l_c}^{i_1\cdots i_r p_1\cdots p_t\cdots\hat{k}_c\cdots i}\delta_j^{k_c}$$

$$T^{\alpha_1\cdots\alpha_t}_{(r,t)_{k_1\cdots k_s;i;l_1\cdots l_s j}} = \frac{1}{(r+t)!}\delta^{i_1\cdots i_r p_1\cdots p_t k_1\cdots k_s}_{j_1\cdots j_r q_1\cdots q_t l_1\cdots l_s}$$

$$\times \langle B_{i_1 j_1}, B_{i_2 j_2}\rangle \cdots \langle B_{i_{r-1}j_{r-1}}, B_{i_r j_r}\rangle (h^{\alpha_1}_{p_1 q_1}\cdots h^{\alpha_t}_{p_t q_t})$$

$$= \frac{1}{(r+t)!}\Big(\delta^i_j \delta^{i_1\cdots i_r p_1\cdots p_t k_1\cdots k_s}_{j_1\cdots j_r q_1\cdots q_t l_1\cdots l_s} - \sum_{a=1}^{r}\delta^{\cdots\hat{i}_a\cdots p_1\cdots p_t k_1\cdots k_s i}_{\cdots\hat{j}_a\cdots q_1\cdots q_t l_1\cdots l_s j_a}\delta^{i_a}_j$$

$$- \sum_{b=1}^{t}\delta^{i_1\cdots i_r\cdots \hat{p}_b\cdots k_1\cdots k_s i}_{j_1\cdots j_r\cdots \hat{q}_b\cdots l_1\cdots l_s q_b}\delta^{p_b}_j - \sum_{c=1}^{s}\delta^{i_1\cdots i_r p_1\cdots p_t\cdots \hat{k}_c\cdots i}_{j_1\cdots j_r q_1\cdots q_t\cdots \hat{l}_c\cdots l_c}\delta^{k_c}_j\Big)$$

$$\times \langle B_{i_1 j_1}, B_{i_2 j_2}\rangle \cdots \langle B_{i_{r-1}j_{r-1}}, B_{i_r j_r}\rangle (h^{\alpha_1}_{p_1 q_1}\cdots h^{\alpha_t}_{p_t q_t})$$

$$= \delta^i_j T^{\alpha_1\cdots\alpha_t}_{(r,t)_{k_1\cdots k_s;l_1\cdots l_s}}$$

$$- \frac{r}{r+t}\frac{1}{(r-t-1)!}\delta^{i_1\cdots i_{r-2}i_{r-1}p_1\cdots p_t k_1\cdots k_s i}_{j_1\cdots j_{r-2}j_{r-1}q_1\cdots q_t l_1\cdots l_s j_r}\delta^{i_r}_j \langle B_{i_1 j_1}, B_{i_2 j_2}\rangle \cdots$$

$$\times \langle B_{i_{r-3}j_{r-3}}, B_{i_{r-2}j_{r-2}}\rangle \sum_{\alpha_{t+1}} h^{\alpha_{t+1}}_{i_{r-1}j_{r-1}} h^{\alpha_{t+1}}_{i_r j_r}(h^{\alpha_1}_{p_1 q_1}\cdots h^{\alpha_t}_{p_t q_t})$$

$$- \frac{1}{r+t}\frac{1}{(r-t-1)!}\sum_{b=1}^{t}\delta^{i_1\cdots i_r\cdots \hat{p}_b\cdots k_1\cdots k_s i}_{j_1\cdots j_r\cdots \hat{q}_b\cdots l_1\cdots l_s q_b}\delta^{p_b}_j$$

$$\times \langle B_{i_1 j_1}, B_{i_2 j_2}\rangle \cdots \langle B_{i_{r-1}j_{r-1}}, B_{i_r j_r}\rangle (h^{\alpha_1}_{p_1 q_1}\cdots h^{\alpha_t}_{p_t q_t})$$

$$- \sum_{c=1}^{s} T^{\alpha_1\cdots\alpha_t}_{(r,t)_{k_1\cdots \hat{k}_c\cdots k_s;i;l_1\cdots \hat{l}_c\cdots l_s l_c}}\delta^{k_c}_j$$

$$= \delta^i_j T^{\alpha_1\cdots\alpha_t}_{(r,t)_{k_1\cdots k_s;l_1\cdots l_s}} - \sum_{p,\alpha_{t+1}}\frac{r}{r+t}T^{\alpha_1\cdots\alpha_t\alpha_{t+1}}_{(r-2,t+1)_{k_1\cdots k_s;l_1\cdots l_s p}}h^{\alpha_{t+1}}_{pj}$$

$$- \sum_{b=1}^{t}\sum_{p}\frac{1}{r+t}T^{\alpha_1\cdots \hat{\alpha}_b\cdots \alpha_t}_{(r,t-1)_{k_1\cdots k_s;i;l_1\cdots l_s p}}h^{\alpha_b}_{pj}$$

$$- \sum_{c=1}^{s} T^{\alpha_1\cdots\alpha_t}_{(r,t)_{k_1\cdots \hat{k}_c\cdots k_s;i;l_1\cdots \hat{l}_c\cdots l_s l_c}}\delta^{k_c}_j.$$

$\square$

特别地，当 r 是偶数和 $t = 0, s = 1$ 时有下面的推论。

推论 4.5　设 $x : M^n \to N^{n+p}$ 是子流形，r 是偶数时，则有

$$T^i_{(r)_j} = \delta^i_j S_r - \sum_{p,\alpha} T^{\alpha}_{(r-1)_{ip}}h^{\alpha}_{pj},$$

$$\widehat{T_{(r)ij}} = \delta_{ij}\hat{S}_r - \sum_{p,\alpha} \widehat{T_{(r-1)ip}}^{\alpha}\hat{h}^{\alpha}_{pj}.$$

推论 4.6 设 $x : M^n \to N^{n+p}$ 是子流形，r 是偶数时，则有

$$T^{\alpha}_{(r,1)_{ij}} = \delta_{ij}S^{\alpha}_{r+1} - \frac{r}{r+1}\sum_{p,\beta} T^{\alpha\beta}_{(r-2,2)_{i;p}}h^{\beta}_{pj} - \frac{1}{r+1}\sum_{p} T_{(r)ip}h^{\alpha}_{pj},$$

$$\widehat{T_{(r,1)_{ij}}}^{\alpha} = \delta_{ij}\hat{S}^{\alpha}_{r+1} - \frac{r}{r+1}\sum_{p,\beta} \widehat{T_{(r-2,2)}}^{\alpha\beta}_{i;p}\hat{h}^{\beta}_{pj} - \frac{1}{r+1}\sum_{p} \widehat{T_{(r)ip}}\hat{h}^{\alpha}_{pj}.$$

命题 4.7 (变分性质)　设 $x : M^n \to N^{n+p}$ 是子流形，$V = V^i e_i + V^{\alpha} e_{\alpha}$ 是变分向量场，则有

（1）一般Newton变换：

$$\frac{\mathrm{d}}{\mathrm{d}t}T^{\alpha_1\cdots\alpha_t}_{(r,t)_{k_1\cdots k_s;l_1\cdots l_s}} = \sum_{ij}\Big(\sum_{\beta}\frac{r}{r+t}T^{\alpha_1\cdots\alpha_t\beta}_{(r-2,t+1)_{k_1\cdots k_s i;l_1\cdots l_s j}}V^{\beta}$$

$$+ \sum_{b=1}^{t}\frac{1}{r+t}T^{\alpha_1\cdots\hat{\alpha}_b\cdots\alpha_t}_{(r,t-1)_{k_1\cdots k_s i;l_1\cdots l_s j}}V^{\alpha_b}\Big)_{,ij}$$

$$- \sum_{ij}\Big(\frac{r}{r+t}T^{\alpha_1\cdots\alpha_t\beta}_{(r-2,t+1)_{k_1\cdots k_s i;l_1\cdots l_s j,i}}V^{\beta}$$

$$+ \sum_{b=1}^{t}\frac{1}{r+t}T^{\alpha_1\cdots\hat{\alpha}_b\cdots\alpha_t}_{(r,t-1)_{k_1\cdots k_s i;l_1\cdots l_s j,i}}V^{\alpha_b}\Big)_{,j}$$

$$- \sum_{ij}\Big(\frac{r}{r+t}T^{\alpha_1\cdots\alpha_t\beta}_{(r-2,t+1)_{k_1\cdots k_s i;l_1\cdots l_s j,j}}V^{\beta}$$

$$+ \sum_{b=1}^{t}\frac{1}{r+t}T^{\alpha_1\cdots\hat{\alpha}_b\cdots\alpha_t}_{(r,t-1)_{k_1\cdots k_s i;l_1\cdots l_s j,j}}V^{\alpha_b}\Big)_{,i}$$

$$+ \sum_{ij}\Big(\frac{r}{r+t}T^{\alpha_1\cdots\alpha_t\beta}_{(r-2,t+1)_{k_1\cdots k_s i;l_1\cdots l_s j,ji}}V^{\beta}$$

$$+ \sum_{b=1}^{t}\frac{1}{r+t}T^{\alpha_1\cdots\hat{\alpha}_b\cdots\alpha_t}_{(r,t-1)_{k_1\cdots k_s i;l_1\cdots l_s j,ji}}V^{\alpha_b}\Big)$$

$$+ \sum_{p} T^{\alpha_1\cdots\alpha_t}_{(r,t)_{k_1\cdots k_s;l_1\cdots l_s,p}}V^{p}$$

$$- \sum_{c=1}^{s}\sum_{i} T^{\alpha_1\cdots\alpha_t}_{(r,t)_{k_1\cdots k_c i;l_1\cdots \hat{l}_c\cdots l_s l_c}}L^{k_c}_i$$

$$- \sum_{c=1}^{s} \sum_{j} T^{\alpha_1 \cdots \alpha_t}_{(r,t)k_1 \cdots \hat{k}_c \cdots k_s k_c; l_1 \cdots \hat{l}_c \cdots l_s j} L^{l_c}_j$$

$$- \sum_{b=1}^{t} \sum_{\beta} T^{\alpha_1 \cdots \hat{\alpha}_b \cdots \alpha_t \beta}_{(r,t)k_1 \cdots k_s; l_1 \cdots l_s} L^{\alpha_b}_\beta$$

$$+ T^{\alpha_1 \cdots \alpha_t}_{(r,t)k_1 \cdots k_s; l_1 \cdots l_s} \langle \vec{S}_1, V \rangle$$

$$- (r + t + 1) \sum_{\beta} T^{\alpha_1 \cdots \alpha_t \beta}_{(r,t+1)k_1 \cdots k_s; l_1 \cdots l_s} V^\beta$$

$$- \sum_{c=1}^{s} \sum_{j\beta} T^{\alpha_1 \cdots \alpha_t}_{(r,t)k_1 \cdots \hat{k}_c \cdots k_s k_c; l_1 \cdots \hat{l}_c \cdots l_s j} h^\beta_{jl_c} V^\beta$$

$$- \sum_{ij\beta\gamma} \left(\frac{r}{r+t} T^{\alpha_1 \cdots \alpha_t \beta}_{(r-2,t+1)k_1 \cdots k_s i; l_1 \cdots l_s j} \bar{R}^\beta_{ij\gamma} V^\gamma \right.$$

$$+ \sum_{b=1}^{t} \frac{1}{r+t} T^{\alpha_1 \cdots \hat{\alpha}_b \cdots \alpha_t}_{(r,t-1)k_1 \cdots k_s i; l_1 \cdots l_s j} \bar{R}^{\alpha_b}_{ij\gamma} V^\gamma \right).$$

（2）迹零Newton变换：

$$\frac{\mathrm{d}}{\mathrm{d}t} \widehat{T}^{\alpha_1 \cdots \alpha_t}_{(r,t)k_1 \cdots k_s; l_1 \cdots l_s} = \sum_{ij} \left(\sum_{\beta} \frac{r}{r+t} \widehat{T^{\alpha_1 \cdots \alpha_t \beta}}_{(r-2,t+1)k_1 \cdots k_s i; l_1 \cdots l_s j} V^\beta \right.$$

$$+ \sum_{b=1}^{t} \frac{1}{r+t} \widehat{T^{\alpha_1 \cdots \hat{\alpha}_b \cdots \alpha_t}}_{(r,t-1)k_1 \cdots k_s i; l_1 \cdots l_s j} V^{\alpha_b} \Big)_{,ij}$$

$$- \sum_{ij} \left(\frac{r}{r+t} \widehat{T^{\alpha_1 \cdots \alpha_t \beta}}_{(r-2,t+1)k_1 \cdots k_s i; l_1 \cdots l_s j, i} V^\beta \right.$$

$$+ \sum_{b=1}^{t} \frac{1}{r+t} \widehat{T^{\alpha_1 \cdots \hat{\alpha}_b \cdots \alpha_t}}_{(r,t-1)k_1 \cdots k_s i; l_1 \cdots l_s j, i} V^{\alpha_b} \Big)_{,j}$$

$$- \sum_{ij} \left(\frac{r}{r+t} \widehat{T^{\alpha_1 \cdots \alpha_t \beta}}_{(r-2,t+1)k_1 \cdots k_s i; l_1 \cdots l_s j, j} V^\beta \right.$$

$$+ \sum_{b=1}^{t} \frac{1}{r+t} \widehat{T^{\alpha_1 \cdots \hat{\alpha}_b \cdots \alpha_t}}_{(r,t-1)k_1 \cdots k_s i; l_1 \cdots l_s j, j} V^{\alpha_b} \Big)_{,i}$$

$$+ \sum_{ij} \left(\frac{r}{r+t} \widehat{T^{\alpha_1 \cdots \alpha_t \beta}}_{(r-2,t+1)k_1 \cdots k_s i; l_1 \cdots l_s j, ji} V^\beta \right.$$

$$+ \sum_{b=1}^{t} \frac{1}{r+t} \widehat{T^{\alpha_1 \cdots \hat{\alpha}_b \cdots \alpha_t}}_{(r,t-1)k_1 \cdots k_s i; l_1 \cdots l_s j, ji} V^{\alpha_b} \right)$$

$$-\sum_{i}\left(\frac{r(n+1-r-t-s)}{n(r+t)}\widehat{T_{(r-2,t+1)}}{}^{\alpha_1\cdots\alpha_t\beta}_{k_1\cdots k_s;l_1\cdots l_s}V^{\beta}\right.$$

$$+\sum_{b=1}^{t}\frac{n+1-r-t-s}{n(r+t)}\widehat{T_{(r,t-1)}}{}^{\alpha_1\cdots\hat{\alpha}_b\cdots\alpha_t}_{k_1\cdots k_s;l_1\cdots l_s}V^{\alpha_b}\Big)_{,ii}$$

$$+\sum_{i}\left(\frac{2r(n+1-r-t-s)}{n(r+t)}\widehat{T_{(r-2,t+1)}}{}^{\alpha_1\cdots\alpha_t\beta}_{k_1\cdots k_s;l_1\cdots l_s,i}V^{\beta}\right.$$

$$+\frac{2(n+1-r-t-s)}{n(r+t)}\widehat{T_{(r,t-1)}}{}^{\alpha_1\cdots\hat{\alpha}_b\cdots\alpha_t}_{k_1\cdots k_s;l_1\cdots l_s,i}V^{\alpha_b}\Big)_{,i}$$

$$-\sum_{i}\left(\frac{r(n+1-r-t-s)}{n(r+t)}\widehat{T_{(r-2,t+1)}}{}^{\alpha_1\cdots\alpha_t\beta}_{k_1\cdots k_s;l_1\cdots l_s,ii}V^{\beta}\right.$$

$$+\frac{n+1-r-t-s}{n(r+t)}\widehat{T_{(r,t-1)}}{}^{\alpha_1\cdots\hat{\alpha}_b\cdots\alpha_t}_{k_1\cdots k_s;l_1\cdots l_s,ii}V^{\alpha_b}\Big)$$

$$+\sum_{p}\widehat{T_{(r,t)}}{}^{\alpha_1\cdots\alpha_t}_{k_1\cdots k_s;l_1\cdots l_s,p}V^{p}$$

$$-\sum_{c=1}^{s}\sum_{i}\widehat{T_{(r,t)}}{}^{\alpha_1\cdots\alpha_t}_{k_1\cdots\hat{k}_c\cdots k_s i;l_1\cdots\hat{l}_c\cdots l_s l_c}L^{k_c}_i$$

$$-\sum_{c=1}^{s}\sum_{j}\widehat{T_{(r,t)}}{}^{\alpha_1\cdots\alpha_t}_{k_1\cdots\hat{k}_c\cdots k_s k_c;l_1\cdots\hat{l}_c\cdots l_s j}L^{l_c}_j$$

$$-\sum_{b=1}^{t}\sum_{\beta}\widehat{T_{(r,t)}}{}^{\alpha_1\cdots\hat{\alpha}_b\cdots\alpha_t\beta}_{k_1\cdots k_s;l_1\cdots l_s}L^{\alpha_b}_{\beta}$$

$$-\Big((r+t+1)\sum_{\beta}\widehat{T_{(r,t+1)}}{}^{\alpha_1\cdots\alpha_t\beta}_{k_1\cdots k_s;l_1\cdots l_s}V^{\beta}$$

$$+\sum_{c=1}^{s}\sum_{j\beta}\widehat{T_{(r,t)}}{}^{\alpha_1\cdots\alpha_t}_{k_1\cdots\hat{k}_c\cdots k_s k_c;l_1\cdots\hat{l}_c\cdots l_s j}\hat{h}^{\beta}_{jl_c}V^{\beta}\Big)$$

$$+(r+t)\widehat{T_{(r,t)}}{}^{\alpha_1\cdots\alpha_t}_{k_1\cdots k_s;l_1\cdots l_s}\langle\vec{H},V\rangle$$

$$+\Big(\frac{r}{r+t}\widehat{T_{(r-2,t+1)}}{}^{\alpha_1\cdots\alpha_t\beta}_{k_1\cdots k_s p;l_1\cdots l_s j}H^{\beta}\hat{h}^{\gamma}_{pj}V^{\gamma}$$

$$+\sum_{b=1}^{t}\sum_{b=1}^{t}\frac{1}{r+t}\widehat{T_{(r,t-1)}}{}^{\alpha_1\cdots\hat{\alpha}_b\cdots\alpha_t}_{k_1\cdots k_s p;l_1\cdots l_s j}H^{\alpha_b}\hat{h}^{\gamma}_{pj}V^{\gamma}\Big)$$

$$-\Big(\frac{r(n+1-r-t-s)}{n(r+t)}\widehat{T_{(r-2,t+1)}}{}^{\alpha_1\cdots\alpha_t\beta}_{k_1\cdots k_s;l_1\cdots l_s}\hat{\sigma}_{\beta\gamma}V^{\gamma}$$

$$+ \sum_{b=1}^{t} \frac{n+1-r-t-s}{n(r+t)} \widehat{T_{(r,t-1)}}{}^{\alpha_1\cdots\hat{\alpha}_b\cdots\alpha_t}_{k_1\cdots k_s;l_1\cdots l_s} \hat{\sigma}_{\alpha_b\gamma} V^\gamma \Big)$$

$$- \Big(\frac{r}{r+t} \widehat{T_{(r-2,t+1)}}{}^{\alpha_1\cdots\alpha_t\beta}_{k_1\cdots k_s i;l_1\cdots l_s j} \bar{R}^{\beta}_{ij\gamma}$$

$$+ \sum_{b=1}^{t} \frac{1}{r+t} \widehat{T_{(r,t-1)}}{}^{\alpha_1\cdots\hat{\alpha}_b\cdots\alpha_t}_{k_1\cdots k_s i;l_1\cdots l_s j} \bar{R}^{\alpha_b}_{ij\gamma} \Big) V^\gamma$$

$$- \Big(\frac{r(n+1-r-t-s)}{n(r+t)} \widehat{T_{(r-2,t+1)}}{}^{\alpha_1\cdots\alpha_t\beta}_{k_1\cdots k_s;l_1\cdots l_s} \bar{R}^{\top}_{\beta\gamma} \Big)$$

$$+ \sum_{b=1}^{t} \frac{n+1-r-t-s}{n(r+t)} \widehat{T_{(r,t-1)}}{}^{\alpha_1\cdots\hat{\alpha}_b\cdots\alpha_t}_{k_1\cdots k_s;l_1\cdots l_s} \bar{R}^{\top}_{\alpha_b\gamma} \Big) V^\gamma.$$

证明　对于一般的 Newton 变换，由定义和定理 3.3 以及引理 4.1，

$$\frac{\partial}{\partial t} T_{(r,t)}{}^{\alpha_1\cdots\alpha_t}_{k_1\cdots k_s;l_1\cdots l_s} = \frac{r}{r+t} \frac{1}{(r-t-1)!} \delta^{i_1\cdots i_{r-2} i_{r-1} p_1\cdots p_t k_1\cdots k_s i_r}_{j_1\cdots j_{r-2} j_{r-1} q_1\cdots q_t l_1\cdots l_s j_r}$$

$$\times \langle B_{i_1 j_1}, B_{i_2 j_2} \rangle \cdots \langle B_{i_{r-3} j_{r-3}}, B_{i_{r-2} j_{r-2}} \rangle$$

$$\times \sum_{\alpha_{t+1}} h^{\alpha_{t+1}}_{i_{r-1} j_{r-1}} \frac{\partial}{\partial t} (h^{\alpha_{t+1}}_{i_r j_r}) h^{\alpha_1}_{p_1 q_1} \cdots h^{\alpha_t}_{p_t q_t}$$

$$+ \frac{1}{r+t} \frac{1}{(r-t-1)!} \sum_{b=1}^{t} \delta^{i_1\cdots i_r\cdots \hat{p}_b\cdots k_1\cdots k_s p_b}_{j_1\cdots j_r\cdots \hat{q}_b\cdots l_1\cdots l_s q_b}$$

$$\times \langle B_{i_1 j_1}, B_{i_2 j_2} \rangle \cdots \langle B_{i_{r-1} j_{r-1}}, B_{i_r j_r} \rangle$$

$$\times h^{\alpha_1}_{p_1 q_1} \cdots \frac{\partial}{\partial t} (h^{\alpha_b}_{p_b q_b}) \cdots h^{\alpha_t}_{p_t q_t}$$

$$= \frac{r}{r+t} T_{(r-2,t+1)}{}^{\alpha_1\cdots\alpha_t\beta}_{k_1\cdots k_s i;l_1\cdots l_s j} \frac{\partial}{\partial t} h^{\beta}_{ij}$$

$$+ \sum_{b=1}^{t} \frac{1}{r+t} T_{(r,t-1)}{}^{\alpha_1\cdots\hat{\alpha}_b\cdots\alpha_t}_{k_1\cdots k_s i;l_1\cdots l_s j} \frac{\partial}{\partial t} h^{\alpha_b}_{ij}$$

$$= (T1) \Big(\frac{r}{r+t} T_{(r-2,t+1)}{}^{\alpha_1\cdots\alpha_t\beta}_{k_1\cdots k_s i;l_1\cdots l_s j} V^{\beta}_{,ij}$$

$$+ \sum_{b=1}^{t} \frac{1}{r+t} T_{(r,t-1)}{}^{\alpha_1\cdots\hat{\alpha}_b\cdots\alpha_t}_{k_1\cdots k_s i;l_1\cdots l_s j} V^{\alpha_b}_{,ij} \Big)$$

$$+ (T2) \Big(\frac{r}{r+t} T_{(r-2,t+1)}{}^{\alpha_1\cdots\alpha_t\beta}_{k_1\cdots k_s i;l_1\cdots l_s j} h^{\beta}_{ij,p} V^{p}$$

$$+ \sum_{b=1}^{t} \frac{1}{r+t} T^{\alpha_1 \cdots \hat{\alpha}_b \cdots \alpha_t}_{(r,t-1)_{k_1 \cdots k_s i; l_1 \cdots l_s j}} h^{\alpha_b}_{ij,p} V^p \Big)$$

$$+ (T3)\Big(\frac{r}{r+t} T^{\alpha_1 \cdots \alpha_t \beta}_{(r-2,t+1)_{k_1 \cdots k_s i; l_1 \cdots l_s p}} h^{\beta}_{pj} L^j_i$$

$$+ \sum_{b=1}^{t} \frac{1}{r+t} T^{\alpha_1 \cdots \hat{\alpha}_b \cdots \alpha_t}_{(r,t-1)_{k_1 \cdots k_s i; l_1 \cdots l_s p}} h^{\alpha_b}_{pj} L^j_i \Big)$$

$$+ (T4)\Big(\frac{r}{r+t} T^{\alpha_1 \cdots \alpha_t \beta}_{(r-2,t+1)_{k_1 \cdots k_s p; l_1 \cdots l_s j}} h^{\beta}_{pi} L^i_j$$

$$+ \sum_{b=1}^{t} \frac{1}{r+t} T^{\alpha_1 \cdots \hat{\alpha}_b \cdots \alpha_t}_{(r,t-1)_{k_1 \cdots k_s p; l_1 \cdots l_s j}} h^{\alpha_b}_{pi} L^i_j \Big)$$

$$- (T5)\Big(\frac{r}{r+t} T^{\alpha_1 \cdots \alpha_t \beta}_{(r-2,t+1)_{k_1 \cdots k_s i; l_1 \cdots l_s j}} h^{\gamma}_{ij} L^{\beta}_{\gamma}$$

$$+ \sum_{b=1}^{t} \frac{1}{r+t} T^{\alpha_1 \cdots \hat{\alpha}_b \cdots \alpha_t}_{(r,t-1)_{k_1 \cdots k_s i; l_1 \cdots l_s j}} h^{\gamma}_{ij} L^{\alpha_b}_{\gamma} \Big)$$

$$+ (T6)\Big(\frac{r}{r+t} T^{\alpha_1 \cdots \alpha_t \beta}_{(r-2,t+1)_{k_1 \cdots k_s p; l_1 \cdots l_s j}} h^{\beta}_{ip} h^{\gamma}_{ij} V^{\gamma}$$

$$+ \sum_{b=1}^{t} \frac{1}{r+t} T^{\alpha_1 \cdots \hat{\alpha}_b \cdots \alpha_t}_{(r,t-1)_{k_1 \cdots k_s p; l_1 \cdots l_s j}} h^{\alpha_b}_{ip} h^{\gamma}_{ij} V^{\gamma} \Big)$$

$$- (T7)\Big(\frac{r}{r+t} T^{\alpha_1 \cdots \alpha_t \beta}_{(r-2,t+1)_{k_1 \cdots k_s i; l_1 \cdots l_s j}} \bar{R}^{\beta}_{ij\gamma} V^{\gamma}$$

$$+ \sum_{b=1}^{t} \frac{1}{r+t} T^{\alpha_1 \cdots \hat{\alpha}_b \cdots \alpha_t}_{(r,t-1)_{k_1 \cdots k_s i; l_1 \cdots l_s j}} \bar{R}^{\alpha_b}_{ij\gamma} V^{\gamma} \Big).$$

下面逐项计算上式中的各项。

对于$(T1)$，由命题4.5（散度性质），

$$(T1) = \frac{r}{r+t} T^{\alpha_1 \cdots \alpha_t \beta}_{(r-2,t+1)_{k_1 \cdots k_s i; l_1 \cdots l_s j}} V^{\beta}_{,ij}$$

$$+ \sum_{b=1}^{t} \frac{1}{r+t} T^{\alpha_1 \cdots \hat{\alpha}_b \cdots \alpha_t}_{(r,t-1)_{k_1 \cdots k_s i; l_1 \cdots l_s j}} V^{\alpha_b}_{,ij}$$

$$= \sum_{ij} \Big(\sum_{\beta} \frac{r}{r+t} T^{\alpha_1 \cdots \alpha_t \beta}_{(r-2,t+1)_{k_1 \cdots k_s i; l_1 \cdots l_s j}} V^{\beta}$$

$$+ \sum_{b=1}^{t} \frac{1}{r+t} T^{\alpha_1 \cdots \hat{\alpha}_b \cdots \alpha_t}_{(r,t-1)_{k_1 \cdots k_s i; l_1 \cdots l_s j}} V^{\alpha_b} \Big)_{,ij}$$

$$- \sum_{ij} \Big(\frac{r}{r+t} T^{\alpha_1 \cdots \alpha_t \beta}_{(r-2,t+1)_{k_1 \cdots k_s i; l_1 \cdots l_s j, i}} V^{\beta}$$

$$+ \sum_{b=1}^{t} \frac{1}{r+t} T^{\alpha_1 \cdots \hat{\alpha}_b \cdots \alpha_t}_{(r,t-1)_{k_1 \cdots k_s i; l_1 \cdots l_s j, i}} V^{\alpha_b} \Big)_{,j}$$

$$- \sum_{ij} \Big(\frac{r}{r+t} T^{\alpha_1 \cdots \alpha_t \beta}_{(r-2,t+1)_{k_1 \cdots k_s i; l_1 \cdots l_s j, j}} V^{\beta}$$

$$+ \sum_{b=1}^{t} \frac{1}{r+t} T^{\alpha_1 \cdots \hat{\alpha}_b \cdots \alpha_t}_{(r,t-1)_{k_1 \cdots k_s i; l_1 \cdots l_s j, j}} V^{\alpha_b} \Big)_{,i}$$

$$+ \sum_{ij} \Big(\frac{r}{r+t} T^{\alpha_1 \cdots \alpha_t \beta}_{(r-2,t+1)_{k_1 \cdots k_s i; l_1 \cdots l_s j, ji}} V^{\beta}$$

$$+ \sum_{b=1}^{t} \frac{1}{r+t} T^{\alpha_1 \cdots \hat{\alpha}_b \cdots \alpha_t}_{(r,t-1)_{k_1 \cdots k_s i; l_1 \cdots l_s j, ji}} V^{\alpha_b} \Big).$$

对于$(T2)$，由命题4.4（协变导数性质），

$$(T2) = \frac{r}{r+t} T^{\alpha_1 \cdots \alpha_t \beta}_{(r-2,t+1)_{k_1 \cdots k_s i; l_1 \cdots l_s j}} h^{\beta}_{ij,p} V^p$$

$$\sum_{b=1}^{t} \frac{1}{r+t} T^{\alpha_1 \cdots \hat{\alpha}_b \cdots \alpha_t}_{(r,t-1)_{k_1 \cdots k_s i; l_1 \cdots l_s j}} h^{\alpha_b}_{ij,p} V^p$$

$$= \sum_{p} T^{\alpha_1 \cdots \alpha_t}_{(r,t)_{k_1 \cdots k_s; l_1 \cdots l_s, p}} V^p.$$

对于$(T3)$，由命题4.6（展开性质），

$$(T3) = \Big(\frac{r}{r+t} T^{\alpha_1 \cdots \alpha_t \beta}_{(r-2,t+1)_{k_1 \cdots k_s i; l_1 \cdots l_s p}} h^{\beta}_{pj}$$

$$+ \sum_{b=1}^{t} \frac{1}{r+t} T^{\alpha_1 \cdots \hat{\alpha}_b \cdots \alpha_t}_{(r,t-1)_{k_1 \cdots k_s i; l_1 \cdots l_s p}} h^{\alpha_b}_{pj} \Big) L^j_i$$

$$= \Big(\delta^i_j T^{\alpha_1 \cdots \alpha_t}_{(r,t)_{k_1 \cdots k_s; l_1 \cdots l_s}} - T^{\alpha_1 \cdots \alpha_t}_{(r,t)_{k_1 \cdots k_s i; l_1 \cdots l_s j}}$$

$$- \sum_{c=1}^{s} T^{\alpha_1 \cdots \alpha_t}_{(r,t)_{k_1 \cdots \hat{k}_c \cdots k_s i; l_1 \cdots \hat{l}_c \cdots l_s l_c}} \delta^{k_c}_j \Big) L^j_i$$

$$= - \sum_{ij} T^{\alpha_1 \cdots \alpha_t}_{(r,t)_{k_1 \cdots k_s i; l_1 \cdots l_s j}} L^j_i$$

$$- \sum_{c=1}^{s} \sum_{i} T^{\alpha_1 \cdots \alpha_t}_{(r,t)_{k_1 \cdots \hat{k}_c \cdots k_s i; l_1 \cdots \hat{l}_c \cdots l_s l_c}} L^{k_c}_i.$$

对于$(T4)$，由命题4.6（展开性质），

$$(T4) = \Big(\frac{r}{r+t}T^{\alpha_1\cdots\alpha_t\beta}_{(r-2,t+1)_{k_1\cdots k_s p;l_1\cdots l_s j}}h^\beta_{pi}$$

$$+ \sum_{b=1}^t\frac{1}{r+t}T^{\alpha_1\cdots\hat{\alpha}_b\cdots\alpha_t}_{(r,t-1)_{k_1\cdots k_s p;l_1\cdots l_s j}}h^{\alpha_b}_{pi}\Big)L^i_j$$

$$= \Big(\delta^i_j T^{\alpha_1\cdots\alpha_t}_{(r,t)_{k_1\cdots k_s;l_1\cdots l_s}} - T^{\alpha_1\cdots\alpha_t}_{(r,t)_{k_1\cdots k_s i;l_1\cdots l_s j}}$$

$$- \sum_{c=1}^s T^{\alpha_1\cdots\alpha_t}_{(r,t)_{k_1\cdots\hat{k}_c\cdots k_s k_c;l_1\cdots\hat{l}_c\cdots l_s j}}\Big)L^i_j$$

$$= -\sum_{ij}T^{\alpha_1\cdots\alpha_t}_{(r,t)_{k_1\cdots k_s i;l_1\cdots l_s j}}L^i_j$$

$$- \sum_{c=1}^s\sum_j T^{\alpha_1\cdots\alpha_t}_{(r,t)_{k_1\cdots\hat{k}_c\cdots k_s k_c;l_1\cdots\hat{l}_c\cdots l_s j}}L^{l_c}_j.$$

对于$(T3) + (T4)$，由L^i_j的反对称性，

$$(T3) + (T4)$$

$$= -\sum_{ij}T^{\alpha_1\cdots\alpha_t}_{(r,t)_{k_1\cdots k_s i;l_1\cdots l_s j}}L^j_i$$

$$- \sum_{c=1}^s\sum_i T^{\alpha_1\cdots\alpha_t}_{(r,t)_{k_1\cdots\hat{k}_c\cdots k_s i;l_1\cdots\hat{l}_c\cdots l_s l_c}}L^{k_c}_i$$

$$- \sum_{ij}T^{\alpha_1\cdots\alpha_t}_{(r,t)_{k_1\cdots k_s i;l_1\cdots l_s j}}L^i_j$$

$$- \sum_{c=1}^s\sum_j T^{\alpha_1\cdots\alpha_t}_{(r,t)_{k_1\cdots\hat{k}_c\cdots k_s k_c;l_1\cdots\hat{l}_c\cdots l_s j}}L^{l_c}_j$$

$$= -\sum_{c=1}^s\sum_i T^{\alpha_1\cdots\alpha_t}_{(r,t)_{k_1\cdots\hat{k}_c\cdots k_s i;l_1\cdots\hat{l}_c\cdots l_s l_c}}L^{k_c}_i$$

$$- \sum_{c=1}^s\sum_j T^{\alpha_1\cdots\alpha_t}_{(r,t)_{k_1\cdots\hat{k}_c\cdots k_s k_c;l_1\cdots\hat{l}_c\cdots l_s j}}L^{l_c}_j.$$

对于$(T5)$，由定义和对称性及反对称性，

$$(T5) = \frac{r}{r+t}T^{\alpha_1\cdots\alpha_t\beta}_{(r-2,t+1)_{k_1\cdots k_s i;l_1\cdots l_s j}}h^\gamma_{ij}L^\beta_\gamma$$

$$+ \sum_{b=1}^{t} \frac{1}{r+t} T^{\alpha_1 \cdots \hat{\alpha}_b \cdots \alpha_t}_{(r,t-1)_{k_1 \cdots k_s i ; l_1 \cdots l_s j}} h^{\gamma}_{ij} L^{\alpha_b}_{\gamma}$$

$$= r T^{\alpha_1 \cdots \alpha_t \beta \gamma}_{(r-2,t+2)_{k_1 \cdots k_s ; l_1 \cdots l_s}} L^{\beta}_{\gamma}$$

$$+ \sum_{b=1}^{t} T^{\alpha_1 \cdots \hat{\alpha}_b \cdots \alpha_t \beta}_{(r,t)_{k_1 \cdots k_s ; l_1 \cdots l_s}} L^{\alpha_b}_{\beta}$$

$$= \sum_{b=1}^{t} \sum_{\beta} T^{\alpha_1 \cdots \hat{\alpha}_b \cdots \alpha_t \beta}_{(r,t)_{k_1 \cdots k_s ; l_1 \cdots l_s}} L^{\alpha_b}_{\beta}.$$

对于$(T6)$，由命题4.6（展开性质），

$$(T6) = \Big(\frac{r}{r+t} T^{\alpha_1 \cdots \alpha_t \beta}_{(r-2,t+1)_{k_1 \cdots k_s p ; l_1 \cdots l_s j}} h^{\beta}_{pi}$$

$$+ \sum_{b=1}^{t} \frac{1}{r+t} T^{\alpha_1 \cdots \hat{\alpha}_b \cdots \alpha_t}_{(r,t-1)_{k_1 \cdots k_s p ; l_1 \cdots l_s j}} h^{\alpha_b}_{pi} \Big) h^{\gamma}_{ij} V^{\gamma}$$

$$= \Big(\delta^{i}_{j} T^{\alpha_1 \cdots \alpha_t}_{(r,t)_{k_1 \cdots k_s ; l_1 \cdots l_s}} - T^{\alpha_1 \cdots \alpha_t}_{(r,t)_{k_1 \cdots k_s i ; l_1 \cdots l_s j}}$$

$$- \sum_{c=1}^{s} T^{\alpha_1 \cdots \alpha_t}_{(r,t)_{k_1 \cdots \hat{k}_c \cdots k_s k_c ; l_1 \cdots \hat{l}_c \cdots l_s j}} \delta^{l_c}_{i} \Big) h^{\gamma}_{ij} V^{\gamma}$$

$$= T^{\alpha_1 \cdots \alpha_t}_{(r,t)_{k_1 \cdots k_s ; l_1 \cdots l_s}} \langle \vec{S}_1, V \rangle$$

$$- T^{\alpha_1 \cdots \alpha_t}_{(r,t)_{k_1 \cdots k_s i ; l_1 \cdots l_s j}} h^{\beta}_{ij} V^{\beta}$$

$$- \sum_{c=1}^{s} \sum_{j} T^{\alpha_1 \cdots \alpha_t}_{(r,t)_{k_1 \cdots \hat{k}_c \cdots k_s k_c ; l_1 \cdots \hat{l}_c \cdots l_s j}} h^{\gamma}_{jl_c} V^{\gamma}$$

$$= T^{\alpha_1 \cdots \alpha_t}_{(r,t)_{k_1 \cdots k_s ; l_1 \cdots l_s}} \langle \vec{S}_1, V \rangle$$

$$- (r+t+1) \sum_{\beta} T^{\alpha_1 \cdots \alpha_t \beta}_{(r,t+1)_{k_1 \cdots k_s ; l_1 \cdots l_s}} V^{\beta}$$

$$- \sum_{c=1}^{s} \sum_{j\beta} T^{\alpha_1 \cdots \alpha_t}_{(r,t)_{k_1 \cdots \hat{k}_c \cdots k_s k_c ; l_1 \cdots \hat{l}_c \cdots l_s j}} h^{\beta}_{jl_c} V^{\beta}.$$

对于$(T7)$，保持不动。综上所述，

$$\frac{\mathrm{d}}{\mathrm{d}t} T^{\alpha_1 \cdots \alpha_t}_{(r,t)_{k_1 \cdots k_s ; l_1 \cdots l_s}}$$

$$= \sum_{ij} \Big(\sum_{\beta} \frac{r}{r+t} T^{\alpha_1 \cdots \alpha_t \beta}_{(r-2,t+1)_{k_1 \cdots k_s i; l_1 \cdots l_s j}} V^{\beta}$$

$$+ \sum_{b=1}^{t} \frac{1}{r+t} T^{\alpha_1 \cdots \hat{\alpha}_b \cdots \alpha_t}_{(r,t-1)_{k_1 \cdots k_s i; l_1 \cdots l_s j}} V^{\alpha_b} \Big)_{,ij}$$

$$- \sum_{ij} \Big(\frac{r}{r+t} T^{\alpha_1 \cdots \alpha_t \beta}_{(r-2,t+1)_{k_1 \cdots k_s i; l_1 \cdots l_s j,i}} V^{\beta}$$

$$+ \sum_{b=1}^{t} \frac{1}{r+t} T^{\alpha_1 \cdots \hat{\alpha}_b \cdots \alpha_t}_{(r,t-1)_{k_1 \cdots k_s i; l_1 \cdots l_s j,i}} V^{\alpha_b} \Big)_{,j}$$

$$- \sum_{ij} \Big(\frac{r}{r+t} T^{\alpha_1 \cdots \alpha_t \beta}_{(r-2,t+1)_{k_1 \cdots k_s i; l_1 \cdots l_s j,j}} V^{\beta}$$

$$+ \sum_{b=1}^{t} \frac{1}{r+t} T^{\alpha_1 \cdots \hat{\alpha}_b \cdots \alpha_t}_{(r,t-1)_{k_1 \cdots k_s i; l_1 \cdots l_s j,j}} V^{\alpha_b} \Big)_{,i}$$

$$+ \sum_{ij} \Big(\frac{r}{r+t} T^{\alpha_1 \cdots \alpha_t \beta}_{(r-2,t+1)_{k_1 \cdots k_s i; l_1 \cdots l_s j,ji}} V^{\beta}$$

$$+ \sum_{b=1}^{t} \frac{1}{r+t} T^{\alpha_1 \cdots \hat{\alpha}_b \cdots \alpha_t}_{(r,t-1)_{k_1 \cdots k_s i; l_1 \cdots l_s j,ji}} V^{\alpha_b} \Big)$$

$$+ \sum_{p} T^{\alpha_1 \cdots \alpha_t}_{(r,t)_{k_1 \cdots k_s; l_1 \cdots l_s, p}} V^{p}$$

$$- \sum_{c=1}^{s} \sum_{i} T^{\alpha_1 \cdots \alpha_t}_{(r,t)_{k_1 \cdots \hat{k}_c \cdots k_s i; l_1 \cdots \hat{l}_c \cdots l_s l_c}} L^{k_c}_{i}$$

$$- \sum_{c=1}^{s} \sum_{j} T^{\alpha_1 \cdots \alpha_t}_{(r,t)_{k_1 \cdots \hat{k}_c \cdots k_s k_c; l_1 \cdots \hat{l}_c \cdots l_s j}} L^{l_c}_{j}$$

$$- \sum_{b=1}^{t} \sum_{\beta} T^{\alpha_1 \cdots \hat{\alpha}_b \cdots \alpha_t \beta}_{(r,t)_{k_1 \cdots k_s; l_1 \cdots l_s}} L^{\alpha_b}_{\beta}$$

$$+ T^{\alpha_1 \cdots \alpha_t}_{(r,t)_{k_1 \cdots k_s; l_1 \cdots l_s}} \langle \vec{S}_1, V \rangle$$

$$- (r+t+1) \sum_{\beta} T^{\alpha_1 \cdots \alpha_t \beta}_{(r,t+1)_{k_1 \cdots k_s; l_1 \cdots l_s}} V^{\beta}$$

$$- \sum_{c=1}^{s} \sum_{j\beta} T^{\alpha_1 \cdots \alpha_t}_{(r,t)_{k_1 \cdots \hat{k}_c \cdots k_s k_c; l_1 \cdots \hat{l}_c \cdots l_s j}} h^{\beta}_{j l_c} V^{\beta}$$

$$- \sum_{ij\beta\gamma} \Big(\frac{r}{r+t} T^{\alpha_1 \cdots \alpha_t \beta}_{(r-2,t+1)_{k_1 \cdots k_s i; l_1 \cdots l_s j}} \bar{R}^{\beta}_{ij\gamma} V^{\gamma}$$

$$+ \sum_{b=1}^{t} \frac{1}{r+t} T_{(r,t-1)_{k_1\cdots k_s i;l_1\cdots l_s j}}^{\alpha_1\cdots\hat{\alpha}_b\cdots\alpha_t} \bar{R}_{ij\gamma}^{\alpha_b} V^\gamma \Big).$$

对于迹零的Newton变换，由定义和定理3.3以及引理4.1，

$$\frac{\partial}{\partial t} \widehat{T_{(r,t)}}_{k_1\cdots k_s;l_1\cdots l_s}^{\alpha_1\cdots\alpha_t}$$

$$= \frac{r}{r+t} \frac{1}{(r-t-1)!} \delta_{j_1\cdots j_{r-2}j_{r-1}q_1\cdots q_t l_1\cdots l_s j_r}^{i_1\cdots i_{r-2}i_{r-1}p_1\cdots p_t k_1\cdots k_s i_r} \langle \hat{B}_{i_1 j_1}, \hat{B}_{i_2 j_2} \rangle \cdots$$

$$\times \langle \hat{B}_{i_{r-3}j_{r-3}}, \hat{B}_{i_{r-2}j_{r-2}} \rangle \sum_{\alpha_{t+1}} \hat{h}_{i_{r-1}j_{r-1}}^{\alpha_{t+1}} \frac{\partial}{\partial t}(\hat{h}_{i_r j_r}^{\alpha_t})(h_{p_1 q_1}^{\alpha_1} \cdots h_{p_t q_t}^{\alpha_t})$$

$$+ \frac{1}{r+t} \frac{1}{(r-t-1)!} \sum_{b=1}^{t} \delta_{j_1\cdots j_r \hat{q}_b\cdots l_1\cdots l_s q_b}^{i_1\cdots i_r \hat{p}_b\cdots k_1\cdots k_s p_b} \langle \hat{B}_{i_1 j_1}, \hat{B}_{i_2 j_2} \rangle \cdots$$

$$\times \langle \hat{B}_{i_{r-1}j_{r-1}}, \hat{B}_{i_r j_r} \rangle (\hat{h}_{p_1 q_1}^{\alpha_1} \cdots \frac{\partial}{\partial t}(\hat{h}_{p_b q_b}^{\alpha_b}) \cdots \hat{h}_{p_t q_t}^{\alpha_t})$$

$$= \frac{r}{r+t} \widehat{T_{(r-2,t+1)}}_{k_1\cdots k_s i;l_1\cdots l_s j}^{\alpha_1\cdots\alpha_t \beta} \frac{\partial}{\partial t}(\hat{h}_{ij}^\beta)$$

$$+ \sum_{b=1}^{t} \frac{1}{r+t} \widehat{T_{(r,t-1)}}_{k_1\cdots k_s i;l_1\cdots l_s j}^{\alpha_1\cdots\hat{\alpha}_b\cdots\alpha_t} \frac{\partial}{\partial t}(\hat{h}_{ij}^{\alpha_b})$$

$$= (T8) \Big(\frac{r}{r+t} \widehat{T_{(r-2,t+1)}}_{k_1\cdots k_s i;l_1\cdots l_s j}^{\alpha_1\cdots\alpha_t \beta} (V_{,ij}^\beta - \frac{1}{n}\delta_{ij}\Delta V^\beta)$$

$$+ \sum_{b=1}^{t} \frac{1}{r+t} \widehat{T_{(r,t-1)}}_{k_1\cdots k_s i;l_1\cdots l_s j}^{\alpha_1\cdots\hat{\alpha}_b\cdots\alpha_t} (V_{,ij}^{\alpha_b} - \frac{1}{n}\delta_{ij}\Delta V^{\alpha_b}) \Big)$$

$$+ (T9) \Big(\frac{r}{r+t} \widehat{T_{(r-2,t+1)}}_{k_1\cdots k_s i;l_1\cdots l_s j}^{\alpha_1\cdots\alpha_t \beta} \hat{h}_{ij,p}^\beta V^p$$

$$+ \sum_{b=1}^{t} \frac{1}{r+t} \widehat{T_{(r,t-1)}}_{k_1\cdots k_s i;l_1\cdots l_s j}^{\alpha_1\cdots\hat{\alpha}_b\cdots\alpha_t} \hat{h}_{ij,p}^{\alpha_b} V^p \Big)$$

$$+ (T10) \Big(\frac{r}{r+t} \widehat{T_{(r-2,t+1)}}_{k_1\cdots k_s i;l_1\cdots l_s p}^{\alpha_1\cdots\alpha_t \beta} \hat{h}_{pj}^\beta L_i^j$$

$$+ \sum_{b=1}^{t} \frac{1}{r+t} \widehat{T_{(r,t-1)}}_{k_1\cdots k_s i;l_1\cdots l_s p}^{\alpha_1\cdots\hat{\alpha}_b\cdots\alpha_t} \hat{h}_{pj}^{\alpha_b} L_i^j \Big)$$

$$+ (T11) \Big(\frac{r}{r+t} \widehat{T_{(r-2,t+1)}}_{k_1\cdots k_s p;l_1\cdots l_s j}^{\alpha_1\cdots\alpha_t \beta} \hat{h}_{pi}^\beta L_j^i$$

$$+ \sum_{b=1}^{t} \frac{1}{r+t} \widehat{T_{(r,t-1)}}_{k_1\cdots k_s p;l_1\cdots l_s j}^{\alpha_1\cdots\hat{\alpha}_b\cdots\alpha_t} \hat{h}_{pi}^{\alpha_b} L_j^i \Big)$$

$$- (T12)\Big(\frac{r}{r+t}\widehat{T_{(r-2,t+1)}}_{k_1\cdots k_s i;l_1\cdots l_s j}^{\alpha_1\cdots\alpha_t\beta}\hat{h}_{ij}^\gamma L_\gamma^\beta$$

$$+ \sum_{b=1}^t \frac{1}{r+t}\widehat{T_{(r,t-1)}}_{k_1\cdots k_s i;l_1\cdots l_s j}^{\alpha_1\cdots\hat{\alpha}_b\cdots\alpha_t}\hat{h}_{ij}^\gamma L_\gamma^{\alpha_b}\Big)$$

$$+ (T13)\Big(\frac{r}{r+t}\widehat{T_{(r-2,t+1)}}_{k_1\cdots k_s p;l_1\cdots l_s j}^{\alpha_1\cdots\alpha_t\beta}$$

$$\times (\hat{h}_{ip}^\beta\hat{h}_{ij}^\gamma + \hat{h}_{pj}^\beta H^\gamma + H^\beta\hat{h}_{pj}^\gamma - \frac{1}{n}\delta_{pj}\hat\sigma_{\beta\gamma})V^\gamma$$

$$+ \sum_{b=1}^t \frac{1}{r+t}\widehat{T_{(r,t-1)}}_{k_1\cdots k_s p;l_1\cdots l_s j}^{\alpha_1\cdots\hat{\alpha}_b\cdots\alpha_t}$$

$$\times (\hat{h}_{ip}^{\alpha_b}\hat{h}_{ij}^\gamma + \hat{h}_{pj}^{\alpha_b}H^\gamma + H^{\alpha_b}\hat{h}_{pj}^\gamma - \frac{1}{n}\delta_{pj}\hat\sigma_{\alpha_b\gamma})V^\gamma\Big)$$

$$- (T14)\Big(\frac{r}{r+t}\widehat{T_{(r-2,t+1)}}_{k_1\cdots k_s i;l_1\cdots l_s j}^{\alpha_1\cdots\alpha_t\beta}(\bar{R}_{ij\gamma}^\beta + \frac{1}{n}\delta_{ij}\bar{R}_{\beta\gamma}^\top)V^\gamma$$

$$+ \sum_{b=1}^t \frac{1}{r+t}\widehat{T_{(r,t-1)}}_{k_1\cdots k_s i;l_1\cdots l_s j}^{\alpha_1\cdots\hat{\alpha}_b\cdots\alpha_t}(\bar{R}_{ij\gamma}^{\alpha_b} + \frac{1}{n}\delta_{ij}\bar{R}_{\alpha_b\gamma}^\top)V^\gamma\Big).$$

下面逐项计算上式中的各项。

$$(T8) = \frac{r}{r+t}\widehat{T_{(r-2,t+1)}}_{k_1\cdots k_s i;l_1\cdots l_s j}^{\alpha_1\cdots\alpha_t\beta}(V_{,ij}^\beta - \frac{1}{n}\delta_{ij}\Delta V^\beta)$$

$$+ \sum_{b=1}^t \frac{1}{r+t}\widehat{T_{(r,t-1)}}_{k_1\cdots k_s i;l_1\cdots l_s j}^{\alpha_1\cdots\hat{\alpha}_b\cdots\alpha_t}(V_{,ij}^{\alpha_b} - \frac{1}{n}\delta_{ij}\Delta V^{\alpha_b})$$

$$= \sum_{ij}\Big(\sum_\beta \frac{r}{r+t}\widehat{T_{(r-2,t+1)}}_{k_1\cdots k_s i;l_1\cdots l_s j}^{\alpha_1\cdots\alpha_t\beta}V^\beta$$

$$+ \sum_{b=1}^t \frac{1}{r+t}\widehat{T_{(r,t-1)}}_{k_1\cdots k_s i;l_1\cdots l_s j}^{\alpha_1\cdots\hat{\alpha}_b\cdots\alpha_t}V^{\alpha_b}\Big)_{,ij}$$

$$- \sum_{ij}\Big(\frac{r}{r+t}\widehat{T_{(r-2,t+1)}}_{k_1\cdots k_s i;l_1\cdots l_s j,i}^{\alpha_1\cdots\alpha_t\beta}V^\beta$$

$$+ \sum_{b=1}^t \frac{1}{r+t}\widehat{T_{(r,t-1)}}_{k_1\cdots k_s i;l_1\cdots l_s j,i}^{\alpha_1\cdots\hat{\alpha}_b\cdots\alpha_t}V^{\alpha_b}\Big)_{,j}$$

$$- \sum_{ij}\Big(\frac{r}{r+t}\widehat{T_{(r-2,t+1)}}_{k_1\cdots k_s i;l_1\cdots l_s j,j}^{\alpha_1\cdots\alpha_t\beta}V^\beta$$

$$+ \sum_{b=1}^t \frac{1}{r+t}\widehat{T_{(r,t-1)}}_{k_1\cdots k_s i;l_1\cdots l_s j,j}^{\alpha_1\cdots\hat{\alpha}_b\cdots\alpha_t}V^{\alpha_b}\Big)_{,i}$$

$$+ \sum_{ij} \left(\frac{r}{r+t} \widehat{T_{(r-2,t+1)}}^{\alpha_1 \cdots \alpha_t \beta}_{k_1 \cdots k_s i; l_1 \cdots l_s j, ji} V^\beta \right.$$

$$+ \sum_{b=1}^{t} \frac{1}{r+t} \widehat{T_{(r,t-1)}}^{\alpha_1 \cdots \hat{\alpha}_b \cdots \alpha_t}_{k_1 \cdots k_s i; l_1 \cdots l_s j, ji} V^{\alpha_b} \right)$$

$$- \sum_{i} \left(\frac{r(n+1-r-t-s)}{n(r+t)} \widehat{T_{(r-2,t+1)}}^{\alpha_1 \cdots \alpha_t \beta}_{k_1 \cdots k_s; l_1 \cdots l_s} V^\beta \right.$$

$$+ \sum_{b=1}^{t} \frac{n+1-r-t-s}{n(r+t)} \widehat{T_{(r,t-1)}}^{\alpha_1 \cdots \hat{\alpha}_b \cdots \alpha_t}_{k_1 \cdots k_s; l_1 \cdots l_s} V^{\alpha_b} \right)_{,ii}$$

$$+ \sum_{i} \left(\frac{2r(n+1-r-t-s)}{n(r+t)} \widehat{T_{(r-2,t+1)}}^{\alpha_1 \cdots \alpha_t \beta}_{k_1 \cdots k_s; l_1 \cdots l_s, i} V^\beta \right.$$

$$+ \frac{2(n+1-r-t-s)}{n(r+t)} \widehat{T_{(r,t-1)}}^{\alpha_1 \cdots \hat{\alpha}_b \cdots \alpha_t}_{k_1 \cdots k_s; l_1 \cdots l_s, i} V^{\alpha_b} \right)_{,i}$$

$$- \sum_{i} \left(\frac{r(n+1-r-t-s)}{n(r+t)} \widehat{T_{(r-2,t+1)}}^{\alpha_1 \cdots \alpha_t \beta}_{k_1 \cdots k_s; l_1 \cdots l_s, ii} V^\beta \right.$$

$$+ \frac{n+1-r-t-s}{n(r+t)} \widehat{T_{(r,t-1)}}^{\alpha_1 \cdots \hat{\alpha}_b \cdots \alpha_t}_{k_1 \cdots k_s; l_1 \cdots l_s, ii} V^{\alpha_b} \right).$$

对于$(T9)$，由命题4.4（协变导数性质），

$$(T9) = \frac{r}{r+t} \widehat{T_{(r-2,t+1)}}^{\alpha_1 \cdots \alpha_t \beta}_{k_1 \cdots k_s i; l_1 \cdots l_s j} \hat{h}^\beta_{ij,p} V^p$$

$$+ \sum_{b=1}^{t} \frac{1}{r+t} \widehat{T_{(r,t-1)}}^{\alpha_1 \cdots \hat{\alpha}_b \cdots \alpha_t}_{k_1 \cdots k_s i; l_1 \cdots l_s j} \hat{h}^{\alpha_b}_{ij,p} V^p$$

$$= \sum_p \widehat{T_{(r,t)}}^{\alpha_1 \cdots \alpha_t}_{k_1 \cdots k_s; l_1 \cdots l_s, p} V^p.$$

对于$(T10)$，由命题4.6（展开性质），

$$(T10) = \left(\frac{r}{r+t} \widehat{T_{(r-2,t+1)}}^{\alpha_1 \cdots \alpha_t \beta}_{k_1 \cdots k_s i; l_1 \cdots l_s p} \hat{h}^\beta_{pj} \right.$$

$$+ \sum_{b=1}^{t} \frac{1}{r+t} \widehat{T_{(r,t-1)}}^{\alpha_1 \cdots \hat{\alpha}_b \cdots \alpha_t}_{k_1 \cdots k_s i; l_1 \cdots l_s p} \hat{h}^{\alpha_b}_{pj} \right) L^j_i$$

$$= \left(\delta^i_j \widehat{T_{(r,t)}}^{\alpha_1 \cdots \alpha_t}_{k_1 \cdots k_s; l_1 \cdots l_s} - \widehat{T_{(r,t)}}^{\alpha_1 \cdots \alpha_t}_{k_1 \cdots k_s i; l_1 \cdots l_s j} \right.$$

$$- \sum_{c=1}^{s} \widehat{T_{(r,t)}}^{\alpha_1 \cdots \alpha_t}_{k_1 \cdots \hat{k}_c \cdots k_s i; l_1 \cdots \hat{l}_c \cdots l_s l_c} \delta^{k_c}_j \right) L^j_i$$

$$= -\sum_{ij} \widehat{T_{(r,t)}}^{\alpha_1\cdots\alpha_t}_{k_1\cdots k_s i; l_1\cdots l_s j} L_i^j$$

$$-\sum_{c=1}^{s}\sum_i \widehat{T_{(r,t)}}^{\alpha_1\cdots\alpha_t}_{k_1\cdots\hat{k}_c\cdots k_s i; l_1\cdots\hat{l}_c\cdots l_s l_c} L_i^{k_c}.$$

对于$(T11)$，由命题4.6（展开性质），

$$(T11) = \left(\frac{r}{r+t} \widehat{T_{(r-2,t+1)}}^{\alpha_1\cdots\alpha_t\beta}_{k_1\cdots k_s p; l_1\cdots l_s j} \hat{h}^\beta_{pi}\right.$$

$$\left.+\sum_{b=1}^{t}\frac{1}{r+t} \widehat{T_{(r,t-1)}}^{\alpha_1\cdots\hat{\alpha}_b\cdots\alpha_t}_{k_1\cdots k_s p; l_1\cdots l_s j} \hat{h}^{\alpha_b}_{pi}\right) L_j^i$$

$$=\left(\delta^i_j \widehat{T_{(r,t)}}^{\alpha_1\cdots\alpha_t}_{k_1\cdots k_s; l_1\cdots l_s} - \widehat{T_{(r,t)}}^{\alpha_1\cdots\alpha_t}_{k_1\cdots k_s i; l_1\cdots l_s j}\right.$$

$$\left.-\sum_{c=1}^{s} \widehat{T_{(r,t)}}^{\alpha_1\cdots\alpha_t}_{k_1\cdots\hat{k}_c\cdots k_s k_c; l_1\cdots\hat{l}_c\cdots l_s j}\right) L_j^i$$

$$= -\sum_{ij} \widehat{T_{(r,t)}}^{\alpha_1\cdots\alpha_t}_{k_1\cdots k_s i; l_1\cdots l_s j} L_j^i$$

$$-\sum_{c=1}^{s}\sum_j \widehat{T_{(r,t)}}^{\alpha_1\cdots\alpha_t}_{k_1\cdots\hat{k}_c\cdots k_s k_c; l_1\cdots\hat{l}_c\cdots l_s j} L_j^{l_c}.$$

对于$(T10)+(T11)$，由L_j^i的反对称性，

$$(T10)+(T11) = -\sum_{ij} \widehat{T_{(r,t)}}^{\alpha_1\cdots\alpha_t}_{k_1\cdots k_s i; l_1\cdots l_s j} L_i^j$$

$$-\sum_{c=1}^{s}\sum_i \widehat{T_{(r,t)}}^{\alpha_1\cdots\alpha_t}_{k_1\cdots\hat{k}_c\cdots k_s i; l_1\cdots\hat{l}_c\cdots l_s l_c} L_i^{k_c}$$

$$-\sum_{ij} \widehat{T_{(r,t)}}^{\alpha_1\cdots\alpha_t}_{k_1\cdots k_s i; l_1\cdots l_s j} L_j^i$$

$$-\sum_{c=1}^{s}\sum_j \widehat{T_{(r,t)}}^{\alpha_1\cdots\alpha_t}_{k_1\cdots\hat{k}_c\cdots k_s k_c; l_1\cdots\hat{l}_c\cdots l_s j} L_j^{l_c}$$

$$= -\sum_{c=1}^{s}\sum_i \widehat{T_{(r,t)}}^{\alpha_1\cdots\alpha_t}_{k_1\cdots\hat{k}_c\cdots k_s i; l_1\cdots\hat{l}_c\cdots l_s l_c} L_i^{k_c}$$

$$-\sum_{c=1}^{s}\sum_j \widehat{T_{(r,t)}}^{\alpha_1\cdots\alpha_t}_{k_1\cdots\hat{k}_c\cdots k_s k_c; l_1\cdots\hat{l}_c\cdots l_s j} L_j^{l_c}.$$

对于$(T12)$，由定义和对称性及反对称性，

$$
(T12) = \frac{r}{r+t} \widehat{T_{(r-2,t+1)}}{}^{\alpha_1\cdots\alpha_t\beta}_{k_1\cdots k_s i; l_1\cdots l_s j} \hat{h}^\gamma_{ij} L^\beta_\gamma
$$

$$
+ \sum_{b=1}^{t} \frac{1}{r+t} \widehat{T_{(r,t-1)}}{}^{\alpha_1\cdots\hat{\alpha}_b\cdots\alpha_t}_{k_1\cdots k_s i; l_1\cdots l_s j} \hat{h}^\gamma_{ij} L^{\alpha_b}_\gamma
$$

$$
= r \widehat{T_{(r-2,t+2)}}{}^{\alpha_1\cdots\alpha_t\beta\gamma}_{k_1\cdots k_s; l_1\cdots l_s} L^\beta_\gamma
$$

$$
+ \sum_{b=1}^{t} \widehat{T_{(r,t)}}{}^{\alpha_1\cdots\hat{\alpha}_b\cdots\alpha_t\beta}_{k_1\cdots k_s; l_1\cdots l_s} L^{\alpha_b}_\beta
$$

$$
= \sum_{b=1}^{t} \sum_\beta \widehat{T_{(r,t)}}{}^{\alpha_1\cdots\hat{\alpha}_b\cdots\alpha_t\beta}_{k_1\cdots k_s; l_1\cdots l_s} L^{\alpha_b}_\beta.
$$

对于$(T13)$，由命题4.6（展开性质），

$$
(T13) = \frac{r}{r+t} \widehat{T_{(r-2,t+1)}}{}^{\alpha_1\cdots\alpha_t\beta}_{k_1\cdots k_s p; l_1\cdots l_s j}
$$

$$
\times (\hat{h}^\beta_{ip}\hat{h}^\gamma_{ij} + \hat{h}^\beta_{pj}H^\gamma + H^\beta\hat{h}^\gamma_{pj} - \frac{1}{n}\delta_{pj}\hat{\sigma}_{\beta\gamma})V^\gamma
$$

$$
+ \sum_{b=1}^{t} \frac{1}{r+t} \widehat{T_{(r,t-1)}}{}^{\alpha_1\cdots\hat{\alpha}_b\cdots\alpha_t}_{k_1\cdots k_s p; l_1\cdots l_s j}
$$

$$
\times (\hat{h}^{\alpha_b}_{ip}\hat{h}^\gamma_{ij} + \hat{h}^{\alpha_b}_{pj}H^\gamma + H^{\alpha_b}\hat{h}^\gamma_{pj} - \frac{1}{n}\delta_{pj}\hat{\sigma}_{\alpha_b\gamma})V^\gamma
$$

$$
= \Big(\frac{r}{r+t} \widehat{T_{(r-2,t+1)}}{}^{\alpha_1\cdots\alpha_t\beta}_{k_1\cdots k_s p; l_1\cdots l_s j} \hat{h}^\beta_{ip}
$$

$$
+ \sum_{b=1}^{t} \sum_{b=1}^{t} \frac{1}{r+t} \widehat{T_{(r,t-1)}}{}^{\alpha_1\cdots\hat{\alpha}_b\cdots\alpha_t}_{k_1\cdots k_s p; l_1\cdots l_s j} \hat{h}^{\alpha_b}_{pi} \Big) \hat{h}^\gamma_{ij} V^\gamma
$$

$$
+ \Big(\frac{r}{r+t} \widehat{T_{(r-2,t+1)}}{}^{\alpha_1\cdots\alpha_t\beta}_{k_1\cdots k_s p; l_1\cdots l_s j} \hat{h}^\beta_{pj}
$$

$$
+ \sum_{b=1}^{t} \sum_{b=1}^{t} \frac{1}{r+t} \widehat{T_{(r,t-1)}}{}^{\alpha_1\cdots\hat{\alpha}_b\cdots\alpha_t}_{k_1\cdots k_s p; l_1\cdots l_s j} \hat{h}^{\alpha_b}_{pj} \Big) H^\gamma V^\gamma
$$

$$
+ \frac{r}{r+t} \widehat{T_{(r-2,t+1)}}{}^{\alpha_1\cdots\alpha_t\beta}_{k_1\cdots k_s p; l_1\cdots l_s j} H^\beta \hat{h}^\gamma_{pj} V^\gamma
$$

$$
+ \sum_{b=1}^{t} \sum_{b=1}^{t} \frac{1}{r+t} \widehat{T_{(r,t-1)}}{}^{\alpha_1\cdots\hat{\alpha}_b\cdots\alpha_t}_{k_1\cdots k_s p; l_1\cdots l_s j} H^{\alpha_b} \hat{h}^\gamma_{pj} V^\gamma
$$

$$- \frac{r}{r+t} \widehat{T_{(r-2,t+1)}}{}_{k_1 \cdots k_s p; l_1 \cdots l_s j}^{\alpha_1 \cdots \alpha_t \beta} \frac{1}{n} \delta_{pj} \hat{\sigma}_{\beta\gamma} V^\gamma$$

$$+ \sum_{b=1}^{t} \frac{1}{r+t} \widehat{T_{(r-1)}}{}_{k_1 \cdots k_s p; l_1 \cdots l_s j}^{\alpha_1 \cdots \hat{\alpha}_b \cdots \alpha_t} \frac{1}{n} \delta_{pj} \hat{\sigma}_{\alpha_b \gamma} V^\gamma$$

$$= -(r+t+1) \sum_{\beta} \widehat{T_{(r,t+1)}}{}_{k_1 \cdots k_s; l_1 \cdots l_s}^{\alpha_1 \cdots \alpha_t \beta} V^\beta$$

$$+ \sum_{c=1}^{s} \sum_{j\beta} \widehat{T_{(r,t)}}{}_{k_1 \cdots \hat{k}_c \cdots k_s k_c; l_1 \cdots \hat{l}_c \cdots l_s j}^{\alpha_1 \cdots \alpha_t} \hat{H}_{jl_c}^{\beta} V^\beta$$

$$+ (r+t) \widehat{T_{(r,t)}}{}_{k_1 \cdots k_s; l_1 \cdots l_s}^{\alpha_1 \cdots \alpha_t} \langle \vec{H}, V \rangle$$

$$+ \frac{r}{r+t} \widehat{T_{(r-2,t+1)}}{}_{k_1 \cdots k_s p; l_1 \cdots l_s j}^{\alpha_1 \cdots \alpha_t \beta} H^\beta \hat{h}_{pj}^{\gamma} V^\gamma$$

$$+ \sum_{b=1}^{t} \sum_{b=1}^{t} \frac{1}{r+t} \widehat{T_{(r-1)}}{}_{k_1 \cdots k_s p; l_1 \cdots l_s j}^{\alpha_1 \cdots \hat{\alpha}_b \cdots \alpha_t} H^{\alpha_b} \hat{h}_{pj}^{\gamma} V^\gamma$$

$$- \frac{r(n+1-r-t-s)}{n(r+t)} \widehat{T_{(r-2,t+1)}}{}_{k_1 \cdots k_s; l_1 \cdots l_s}^{\alpha_1 \cdots \alpha_t \beta} \hat{\sigma}_{\beta\gamma} V^\gamma$$

$$+ \sum_{b=1}^{t} \frac{n+1-r-t-s}{n(r+t)} \widehat{T_{(r-1)}}{}_{k_1 \cdots k_s p; l_1 \cdots l_s j}^{\alpha_1 \cdots \hat{\alpha}_b \cdots \alpha_t} \hat{\sigma}_{\alpha_b \gamma} V^\gamma,$$

$$(T14) = \frac{r}{r+t} \widehat{T_{(r-2,t+1)}}{}_{k_1 \cdots k_s i; l_1 \cdots l_s j}^{\alpha_1 \cdots \alpha_t \beta} (\bar{R}_{ij\gamma}^{\beta} + \frac{1}{n} \delta_{ij} \bar{R}_{\beta\gamma}^{\top}) V^\gamma$$

$$+ \sum_{b=1}^{t} \frac{1}{r+t} \widehat{T_{(r-1)}}{}_{k_1 \cdots k_s i; l_1 \cdots l_s j}^{\alpha_1 \cdots \hat{\alpha}_b \cdots \alpha_t} (\bar{R}_{ij\gamma}^{\alpha_b} + \frac{1}{n} \delta_{ij} \bar{R}_{\alpha_b \gamma}^{\top}) V^\gamma$$

$$= \Big(\frac{r}{r+t} \widehat{T_{(r-2,t+1)}}{}_{k_1 \cdots k_s i; l_1 \cdots l_s j}^{\alpha_1 \cdots \alpha_t \beta} \bar{R}_{ij\gamma}^{\beta}$$

$$+ \sum_{b=1}^{t} \frac{1}{r+t} \widehat{T_{(r-1)}}{}_{k_1 \cdots k_s i; l_1 \cdots l_s j}^{\alpha_1 \cdots \hat{\alpha}_b \cdots \alpha_t} \bar{R}_{ij\gamma}^{\alpha_b} \Big) V^\gamma$$

$$+ \Big(\frac{r(n+1-r-t-s)}{n(r+t)} \widehat{T_{(r-2,t+1)}}{}_{k_1 \cdots k_s; l_1 \cdots l_s}^{\alpha_1 \cdots \alpha_t \beta} \bar{R}_{\beta\gamma}^{\top} \Big)$$

$$+ \sum_{b=1}^{t} \frac{n+1-r-t-s}{n(r+t)} \widehat{T_{(r-1)}}{}_{k_1 \cdots k_s; l_1 \cdots l_s}^{\alpha_1 \cdots \hat{\alpha}_b \cdots \alpha_t} \bar{R}_{\alpha_b \gamma}^{\top} \Big) V^\gamma.$$

综上所述,

$$\frac{\mathrm{d}}{\mathrm{d}t} \widehat{T_{(r,t)}}{}_{k_1 \cdots k_s; l_1 \cdots l_s}^{\alpha_1 \cdots \alpha_t} = \sum_{ij} \Big(\sum_{\beta} \frac{r}{r+t} \widehat{T_{(r-2,t+1)}}{}_{k_1 \cdots k_s i; l_1 \cdots l_s j}^{\alpha_1 \cdots \alpha_t \beta} V^\beta$$

$$+ \sum_{b=1}^{t} \frac{1}{r+t} \widehat{T_{(r,t-1)}}_{k_1 \cdots k_s i; l_1 \cdots l_s j}^{\alpha_1 \cdots \hat{\alpha}_b \cdots \alpha_t} V^{\alpha_b} \Big)_{,ij}$$

$$- \sum_{ij} \Big(\frac{r}{r+t} \widehat{T_{(r-2,t+1)}}_{k_1 \cdots k_s i; l_1 \cdots l_s j,i}^{\alpha_1 \cdots \alpha_t \beta} V^{\beta}$$

$$+ \sum_{b=1}^{t} \frac{1}{r+t} \widehat{T_{(r,t-1)}}_{k_1 \cdots k_s i; l_1 \cdots l_s j,i}^{\alpha_1 \cdots \hat{\alpha}_b \cdots \alpha_t} V^{\alpha_b} \Big)_{,j}$$

$$- \sum_{ij} \Big(\frac{r}{r+t} \widehat{T_{(r-2,t+1)}}_{k_1 \cdots k_s i; l_1 \cdots l_s j,j}^{\alpha_1 \cdots \alpha_t \beta} V^{\beta}$$

$$+ \sum_{b=1}^{t} \frac{1}{r+t} \widehat{T_{(r,t-1)}}_{k_1 \cdots k_s i; l_1 \cdots l_s j,j}^{\alpha_1 \cdots \hat{\alpha}_b \cdots \alpha_t} V^{\alpha_b} \Big)_{,i}$$

$$+ \sum_{ij} \Big(\frac{r}{r+t} \widehat{T_{(r-2,t+1)}}_{k_1 \cdots k_s i; l_1 \cdots l_s j,ji}^{\alpha_1 \cdots \alpha_t \beta} V^{\beta}$$

$$+ \sum_{b=1}^{t} \frac{1}{r+t} \widehat{T_{(r,t-1)}}_{k_1 \cdots k_s i; l_1 \cdots l_s j,ji}^{\alpha_1 \cdots \hat{\alpha}_b \cdots \alpha_t} V^{\alpha_b} \Big)$$

$$- \sum_{i} \Big(\frac{r(n+1-r-t-s)}{n(r+t)} \widehat{T_{(r-2,t+1)}}_{k_1 \cdots k_s; l_1 \cdots l_s}^{\alpha_1 \cdots \alpha_t \beta} V^{\beta}$$

$$+ \sum_{b=1}^{t} \frac{n+1-r-t-s}{n(r+t)} \widehat{T_{(r,t-1)}}_{k_1 \cdots k_s; l_1 \cdots l_s}^{\alpha_1 \cdots \hat{\alpha}_b \cdots \alpha_t} V^{\alpha_b} \Big)_{,ii}$$

$$+ \sum_{i} \Big(\frac{2r(n+1-r-t-s)}{n(r+t)} \widehat{T_{(r-2,t+1)}}_{k_1 \cdots k_s; l_1 \cdots l_s,i}^{\alpha_1 \cdots \alpha_t \beta} V^{\beta}$$

$$+ \frac{2(n+1-r-t-s)}{n(r+t)} \widehat{T_{(r,t-1)}}_{k_1 \cdots k_s; l_1 \cdots l_s,i}^{\alpha_1 \cdots \hat{\alpha}_b \cdots \alpha_t} V^{\alpha_b} \Big)_{,i}$$

$$- \sum_{i} \Big(\frac{r(n+1-r-t-s)}{n(r+t)} \widehat{T_{(r-2,t+1)}}_{k_1 \cdots k_s; l_1 \cdots l_s,ii}^{\alpha_1 \cdots \alpha_t \beta} V^{\beta}$$

$$+ \frac{n+1-r-t-s}{n(r+t)} \widehat{T_{(r,t-1)}}_{k_1 \cdots k_s; l_1 \cdots l_s,ii}^{\alpha_1 \cdots \hat{\alpha}_b \cdots \alpha_t} V^{\alpha_b} \Big)$$

$$+ \sum_{p} \widehat{T_{(r,t)}}_{k_1 \cdots k_s; l_1 \cdots l_s,p}^{\alpha_1 \cdots \alpha_t} V^{p}$$

$$- \sum_{c=1}^{s} \sum_{i} \widehat{T_{(r,t)}}_{k_1 \cdots \hat{k}_c \cdots k_s i; l_1 \cdots \hat{l}_c \cdots l_s l_c}^{\alpha_1 \cdots \alpha_t} L_i^{k_c}$$

$$- \sum_{c=1}^{s} \sum_{j} \widehat{T_{(r,t)}}_{k_1 \cdots \hat{k}_c \cdots k_s k_c; l_1 \cdots \hat{l}_c \cdots l_s j}^{\alpha_1 \cdots \alpha_t} L_j^{l_c}$$

$$- \sum_{b=1}^{t} \sum_{\beta} \widehat{T_{(r,t)}}_{k_1 \cdots k_s; l_1 \cdots l_s}^{\alpha_1 \cdots \hat{\alpha}_b \cdots \alpha_t \beta} L_\beta^{\alpha_b}$$

$$- (r + t + 1) \sum_{\beta} \widehat{T_{(r,t+1)}}_{k_1 \cdots k_s; l_1 \cdots l_s}^{\alpha_1 \cdots \alpha_t \beta} V^\beta$$

$$+ \sum_{c=1}^{s} \sum_{j\beta} \widehat{T_{(r,t)}}_{k_1 \cdots \hat{k}_c \cdots k_s k_c; l_1 \cdots \hat{l}_c \cdots l_s j}^{\alpha_1 \cdots \alpha_t} \hat{h}_{jl_c}^\beta V^\beta$$

$$+ (r + t) \widehat{T_{(r,t)}}_{k_1 \cdots k_s; l_1 \cdots l_s}^{\alpha_1 \cdots \alpha_t} \langle \vec{H}, V \rangle$$

$$+ \Big(\frac{r}{r+t} \widehat{T_{(r-2,t+1)}}_{k_1 \cdots k_s p; l_1 \cdots l_s j}^{\alpha_1 \cdots \alpha_t \beta} H^\beta \hat{h}_{pj}^\gamma V^\gamma$$

$$+ \sum_{b=1}^{t} \sum_{b=1}^{t} \frac{1}{r+t} \widehat{T_{(r,t-1)}}_{k_1 \cdots k_s p; l_1 \cdots l_s j}^{\alpha_1 \cdots \hat{\alpha}_b \cdots \alpha_t} H^{\alpha_b} \hat{h}_{pj}^\gamma V^\gamma \Big)$$

$$- \frac{r(n+1-r-t-s)}{n(r+t)} \widehat{T_{(r-2,t+1)}}_{k_1 \cdots k_s; l_1 \cdots l_s}^{\alpha_1 \cdots \alpha_t \beta} \hat{\sigma}_{\beta\gamma} V^\gamma$$

$$+ \sum_{b=1}^{t} \frac{n+1-r-t-s}{n(r+t)} \widehat{T_{(r,t-1)}}_{k_1 \cdots k_s; l_1 \cdots l_s}^{\alpha_1 \cdots \hat{\alpha}_b \cdots \alpha_t} \hat{\sigma}_{\alpha_b \gamma} V^\gamma$$

$$- \Big(\frac{r}{r+t} \widehat{T_{(r-2,t+1)}}_{k_1 \cdots k_s i; l_1 \cdots l_s j}^{\alpha_1 \cdots \alpha_t \beta} \bar{R}_{ij\gamma}^\beta$$

$$+ \sum_{b=1}^{t} \frac{1}{r+t} \widehat{T_{(r,t-1)}}_{k_1 \cdots k_s i; l_1 \cdots l_s j}^{\alpha_1 \cdots \hat{\alpha}_b \cdots \alpha_t} \bar{R}_{ij\gamma}^{\alpha_b} \Big) V^\gamma$$

$$- \Big(\frac{r(n+1-r-t-s)}{n(r+t)} \widehat{T_{(r-2,t+1)}}_{k_1 \cdots k_s; l_1 \cdots l_s}^{\alpha_1 \cdots \alpha_t \beta} \bar{R}_{\beta\gamma}^\top \Big)$$

$$+ \sum_{b=1}^{t} \frac{n+1-r-t-s}{n(r+t)} \widehat{T_{(r,t-1)}}_{k_1 \cdots k_s; l_1 \cdots l_s}^{\alpha_1 \cdots \hat{\alpha}_b \cdots \alpha_t} \bar{R}_{\alpha_b \gamma}^\top \Big) V^\gamma .$$

$$\square$$

如果N^{n+p}是$R^{n+p}(c)$，那么

$$(T7) = \frac{r}{r+t} T_{(r-2,t+1)_{k_1 \cdots k_s i; l_1 \cdots l_s j}}^{\alpha_1 \cdots \alpha_t \beta} c\delta_{ij} V^\beta$$

$$+ \sum_{b=1}^{t} \frac{1}{r+t} T_{(r,t-1)_{k_1 \cdots k_s i; l_1 \cdots l_s j}}^{\alpha_1 \cdots \hat{\alpha}_b \cdots \alpha_t} c\delta_{ij} V^{\alpha_b}$$

$$= c \Big(\sum_i \frac{r}{r+t} T_{(r-2,t+1)_{k_1 \cdots k_s i; l_1 \cdots l_s i}}^{\alpha_1 \cdots \alpha_t \beta} V^\beta$$

$$+ \sum_{b=1}^{t} \frac{1}{r+t} T^{\alpha_1 \cdots \hat{\alpha}_b \cdots \alpha_t}_{(r,t-1)_{k_1 \cdots k_s i; l_1 \cdots l_s i}} V^{\alpha_b})$$

$$= \frac{r(n+1-r-t)c}{r+t} T^{\alpha_1 \cdots \alpha_t \beta}_{(r-2,t+1)_{k_1 \cdots k_s; l_1 \cdots l_s}} V^{\beta}$$

$$+ \sum_{b=1}^{t} \frac{(n+1-r-t)c}{(r+t)} T^{\alpha_1 \cdots \hat{\alpha}_b \cdots \alpha_t}_{(r,t-1)_{k_1 \cdots k_s; l_1 \cdots l_s}} \cdot V^{\alpha_b}$$

$$(T14) = \frac{r}{r+t} \widehat{T}^{\alpha_1 \cdots \alpha_t \beta}_{(r-2,t+1)_{k_1 \cdots k_s i; l_1 \cdots l_s j}} (-c\delta_{ij}\delta_{\beta\gamma} + c\delta_{ij}\delta_{\beta\gamma}) V^{\gamma}$$

$$+ \sum_{b=1}^{t} \frac{1}{r+t} \widehat{T}^{\alpha_1 \cdots \hat{\alpha}_b \cdots \alpha_t}_{(r,t-1)_{k_1 \cdots k_s i; l_1 \cdots l_s j}} (-c\delta_{ij}\delta_{\gamma\alpha_b} + c\delta_{ij}\delta_{\alpha_b\gamma}) V^{\gamma} = 0.$$

推论 4.7 (变分性质)　设 $x : M^n \to R^{n+p}(c)$ 是子流形，$V = V^i e_i + V^{\alpha} e_{\alpha}$ 是变分向量场，则有

$$\frac{\mathrm{d}}{\mathrm{d}t} T^{\alpha_1 \cdots \alpha_t}_{(r,t)_{k_1 \cdots k_s; l_1 \cdots l_s}} = \sum_{ij} \Big(\sum_{\beta} \frac{r}{r+t} T^{\alpha_1 \cdots \alpha_t \beta}_{(r-2,t+1)_{k_1 \cdots k_s i; l_1 \cdots l_s j}} V^{\beta}$$

$$+ \sum_{b=1}^{t} \frac{1}{r+t} T^{\alpha_1 \cdots \hat{\alpha}_b \cdots \alpha_t}_{(r,t-1)_{k_1 \cdots k_s i; l_1 \cdots l_s j}} V^{\alpha_b} \Big)_{,ij} + \sum_{p} T^{\alpha_1 \cdots \alpha_t}_{(r,t)_{k_1 \cdots k_s; l_1 \cdots l_s, p}} V^p$$

$$+ (n+1-r-t)c \Big(\sum_{\beta} \frac{r}{r+t} T^{\alpha_1 \cdots \alpha_t \beta}_{(r-2,t+1)_{k_1 \cdots k_s; l_1 \cdots l_s}} V^{\beta}$$

$$+ \sum_{b=1}^{t} \frac{1}{r+t} T^{\alpha_1 \cdots \hat{\alpha}_b \cdots \alpha_t}_{(r,t-1)_{k_1 \cdots k_s; l_1 \cdots l_s}} V^{\alpha_b} \Big)$$

$$- (r+t+1) \sum_{\beta} T^{\alpha_1 \cdots \alpha_t \beta}_{(r,t+1)_{k_1 \cdots k_s; l_1 \cdots l_s}} V^{\beta}$$

$$+ T^{\alpha_1 \cdots \alpha_t}_{(r,t)_{k_1 \cdots k_s; l_1 \cdots l_s}} \langle \vec{S}_1, V \rangle - \sum_{c=1}^{s} \sum_{j\beta} T^{\alpha_1 \cdots \alpha_t}_{(r,t)_{k_1 \cdots \hat{k}_c \cdots k_s k c; l_1 \cdots \hat{l}_c \cdots l_s j}} h^{\beta}_{jl_c} V^{\beta}$$

$$- \sum_{c=1}^{s} \sum_{i} T^{\alpha_1 \cdots \alpha_t}_{(r,t)_{k_1 \cdots \hat{k}_c \cdots k_s i; l_1 \cdots \hat{l}_c \cdots l_s l c}} L^{k_c}_i$$

$$+ \sum_{c=1}^{s} \sum_{j} T^{\alpha_1 \cdots \alpha_t}_{(r,t)_{k_1 \cdots \hat{k}_c \cdots k_s k c; l_1 \cdots \hat{l}_c \cdots l_s j}} L^{l_c}_j$$

$$+ \sum_{b=1}^{t} \sum_{\beta} T^{\alpha_1 \cdots \hat{\alpha}_b \cdots \alpha_t \beta}_{(r,t)_{k_1 \cdots k_s; l_1 \cdots l_s}} L^{\alpha_b}_{\beta}$$

$$\frac{\mathrm{d}}{\mathrm{d}t}\widehat{T_{(r,t)}}_{k_1\cdots k_s;l_1\cdots l_s}^{\alpha_1\cdots\alpha_t} = \sum_{ij}\Big(\sum_\beta \frac{r}{r+t}\widehat{T_{(r-2,t+1)}}_{k_1\cdots k_s i;l_1\cdots l_s j}^{\alpha_1\cdots\alpha_t\beta}V^\beta$$

$$+\sum_{b=1}^t \frac{1}{r+t}\widehat{T_{(r,t-1)}}_{k_1\cdots k_s i;l_1\cdots l_s j}^{\alpha_1\cdots\hat\alpha_b\cdots\alpha_t}V^{\alpha_b}\Big)_{,ij}$$

$$-\sum_{ij}\Big(\frac{r}{r+t}\widehat{T_{(r-2,t+1)}}_{k_1\cdots k_s i;l_1\cdots l_s j,i}^{\alpha_1\cdots\alpha_t\beta}V^\beta$$

$$+\sum_{b=1}^t \frac{1}{r+t}\widehat{T_{(r,t-1)}}_{k_1\cdots k_s i;l_1\cdots l_s j,i}^{\alpha_1\cdots\hat\alpha_b\cdots\alpha_t}V^{\alpha_b}\Big)_{,j}$$

$$-\sum_{ij}\Big(\frac{r}{r+t}\widehat{T_{(r-2,t+1)}}_{k_1\cdots k_s i;l_1\cdots l_s j,j}^{\alpha_1\cdots\alpha_t\beta}V^\beta$$

$$+\sum_{b=1}^t \frac{1}{r+t}\widehat{T_{(r,t-1)}}_{k_1\cdots k_s i;l_1\cdots l_s j,j}^{\alpha_1\cdots\hat\alpha_b\cdots\alpha_t}V^{\alpha_b}\Big)_{,i}$$

$$+\sum_{ij}\Big(\frac{r}{r+t}\widehat{T_{(r-2,t+1)}}_{k_1\cdots k_s i;l_1\cdots l_s j,ji}^{\alpha_1\cdots\alpha_t\beta}V^\beta$$

$$+\sum_{b=1}^t \frac{1}{r+t}\widehat{T_{(r,t-1)}}_{k_1\cdots k_s i;l_1\cdots l_s j,ji}^{\alpha_1\cdots\hat\alpha_b\cdots\alpha_t}V^{\alpha_b}\Big)$$

$$-\sum_i\Big(\frac{r(n+1-r-t-s)}{n(r+t)}\widehat{T_{(r-2,t+1)}}_{k_1\cdots k_s;l_1\cdots l_s}^{\alpha_1\cdots\alpha_t\beta}V^\beta$$

$$+\sum_{b=1}^t \frac{n+1-r-t-s}{n(r+t)}\widehat{T_{(r-2,t+1)}}_{k_1\cdots k_s;l_1\cdots l_s}^{\alpha_1\cdots\hat\alpha_b\cdots\alpha_t}V^{\alpha_b}\Big)_{,ii}$$

$$+\sum_i\Big(\frac{2r(n+1-r-t-s)}{n(r+t)}\widehat{T_{(r-2,t+1)}}_{k_1\cdots k_s;l_1\cdots l_s,i}^{\alpha_1\cdots\alpha_t\beta}V^\beta$$

$$+\frac{2(n+1-r-t-s)}{n(r+t)}\widehat{T_{(r,t-1)}}_{k_1\cdots k_s;l_1\cdots l_s,i}^{\alpha_1\cdots\hat\alpha_b\cdots\alpha_t}V^{\alpha_b}\Big)_{,i}$$

$$-\sum_i\Big(\frac{r(n+1-r-t-s)}{n(r+t)}\widehat{T_{(r-2,t+1)}}_{k_1\cdots k_s;l_1\cdots l_s,ii}^{\alpha_1\cdots\alpha_t\beta}V^\beta$$

$$+\frac{n+1-r-t-s}{n(r+t)}\widehat{T_{(r,t-1)}}_{k_1\cdots k_s;l_1\cdots l_s,ii}^{\alpha_1\cdots\hat\alpha_b\cdots\alpha_t}V^{\alpha_b}\Big)$$

$$+\sum_p \widehat{T_{(r,t)}}_{k_1\cdots k_s;l_1\cdots l_s,p}^{\alpha_1\cdots\alpha_t}V^p$$

$$-\sum_{c=1}^s \sum_i \widehat{T_{(r,t)}}_{k_1\cdots\hat k_c\cdots k_s i;l_1\cdots\hat l_c\cdots l_s l_c}^{\alpha_1\cdots\alpha_t}L_i^{k_c}$$

$$- \sum_{c=1}^{s} \sum_{j} \widehat{T_{(r,t)}{}_{k_1 \cdots \hat{k}_c \cdots k_s k_c; l_1 \cdots \hat{l}_c \cdots l_s j}}^{\alpha_1 \cdots \alpha_t} L_j^{l_c}$$

$$- \sum_{b=1}^{t} \sum_{\beta} \widehat{T_{(r,t)}{}_{k_1 \cdots k_s; l_1 \cdots l_s}}^{\alpha_1 \cdots \hat{\alpha}_b \cdots \alpha_t \beta} L_\beta^{\alpha_b}$$

$$- \Big((r+t+1) \sum_{\beta} \widehat{T_{(r,t+1)}{}_{k_1 \cdots k_s; l_1 \cdots l_s}}^{\alpha_1 \cdots \alpha_t \beta} V^\beta$$

$$+ \sum_{c=1}^{s} \sum_{j\beta} \widehat{T_{(r,t)}{}_{k_1 \cdots \hat{k}_c \cdots k_s k_c; l_1 \cdots \hat{l}_c \cdots l_s j}}^{\alpha_1 \cdots \alpha_t} \hat{H}_{jl_c}^\beta V^\beta \Big)$$

$$+ (r+t) \widehat{T_{(r,t)}{}_{k_1 \cdots k_s; l_1 \cdots l_s}}^{\alpha_1 \cdots \alpha_t} \langle \vec{H}, V \rangle$$

$$+ \frac{r}{r+t} T_{(r-2,t+1)}{}_{k_1 \cdots k_s p; l_1 \cdots l_s j}^{\widehat{\alpha_1 \cdots \alpha_t \beta}} H^\beta \hat{h}_{pj}^\gamma V^\gamma$$

$$+ \sum_{b=1}^{t} \sum_{b=1}^{t} \frac{1}{r+t} \widehat{T_{(r,t-1)}{}_{k_1 \cdots k_s p; l_1 \cdots l_s j}}^{\alpha_1 \cdots \hat{\alpha}_b \cdots \alpha_t} H^{\alpha_b} \hat{h}_{pj}^\gamma V^\gamma$$

$$- \frac{r(n+1-r-t-s)}{n(r+t)} T_{(r-2,t+1)}{}_{k_1 \cdots k_s; l_1 \cdots l_s}^{\widehat{\alpha_1 \cdots \alpha_t \beta}} \hat{\sigma}_{\beta\gamma} V^\gamma$$

$$+ \sum_{b=1}^{t} \frac{n+1-r-t-s}{n(r+t)} \widehat{T_{(r,t-1)}{}_{k_1 \cdots k_s; l_1 \cdots l_s}}^{\alpha_1 \cdots \hat{\alpha}_b \cdots \alpha_t} \hat{\sigma}_{\alpha_b\gamma} V^\gamma.$$

4.3 Newton变换的应用

本节主要应用上一节推得的性质来计算一些关键几何量的变分公式。

推论 4.8 设 $x : M^n \to N^{n+p}$ 是子流形，$V = V^i e_i + V^\alpha e_\alpha$ 是变分向量场，则有

（1）当 r 是偶数时，

$$\frac{\mathrm{d}}{\mathrm{d}t} S_r = \sum_{ij} (T_{(r)_{ij}}^\alpha V^\alpha)_{,ij} - \sum_{ij} 2(T_{(r)_{ij,j}}^\alpha V^\alpha)_{,i}$$

$$+ \sum_{ij} T_{(r)_{ij,ji}}^\alpha V^\alpha + \sum_{p} S_{r,p} V^p + S_r \langle \vec{S}_1, V \rangle$$

$$- (r+1)\langle \vec{S}_{r+1}, V\rangle - \sum_{ij\alpha\beta} T^\alpha_{(r-1)ij}\bar{R}^\alpha_{ij\beta}V^\beta,$$

$$\frac{\mathrm{d}}{\mathrm{d}t}\hat{S}_r = (\widehat{T_{(r-1)ij}}^\alpha V^\alpha)_{,ij} - 2(\widehat{T_{(r-1)ij,i}}^\alpha V^\alpha)_{,j} + \widehat{T_{(r-1)ij,ji}}^\alpha V^\alpha$$

$$- \frac{n+1-r}{n}(\hat{S}^\alpha_{r-1}V^\alpha)_{,ii} + \frac{2(n+1-r)}{n}(\hat{S}^\alpha_{r-1,i}V^\alpha)_{,i}$$

$$- \frac{n+1-r}{n}\hat{S}^\alpha_{r-1,ii}V^\alpha + \hat{S}_{r,p}V^p - (r+1)\hat{S}^\alpha_{r+1}V^\alpha$$

$$+ r\hat{S}_r\langle \vec{H}, V\rangle + \widehat{T_{(r-1)ij}}^\alpha H^\alpha \hat{h}^\beta_{ij}V^\beta$$

$$- \frac{n+1-r}{n}\hat{S}^\alpha_{r-1}\hat{\sigma}_{\alpha\beta}V^\beta - \widehat{T_{(r-1)ij}}^\alpha\bar{R}^\alpha_{ij\beta}V^\beta$$

$$- \frac{n+1-r}{n}\hat{S}^\alpha_{r-1}\bar{R}^\top_{\alpha\beta}V^\beta.$$

（2）当r是奇数时，

$$\frac{\mathrm{d}}{\mathrm{d}t}S^\alpha_r = \frac{\mathrm{d}}{\mathrm{d}t}T^\alpha_{(r-1,1)_\varnothing}$$

$$= \sum_{ij}\Big(\sum_\beta \frac{r-1}{r}T^{\alpha\beta}_{(r-3,2)_{i;j}}V^\beta + \frac{1}{r}T_{(r-1)ij}V^\alpha\Big)_{,ij}$$

$$- \sum_{ij}2\Big(\frac{r-1}{r}T^{\alpha\beta}_{(r-3,2)_{i;j,i}}V^\beta + \frac{1}{r}T_{(r-1)ij,i}V^\alpha\Big)_{,j}$$

$$+ \sum_{ij}\Big(\frac{r-1}{r}T^{\alpha\beta}_{(r-3,2)_{i;j,ji}}V^\beta + \frac{1}{r}T_{(r-1)ij,ji}V^\alpha\Big)$$

$$+ \sum_p S^\alpha_{r,p}V^p - \sum_\beta S^\beta_r L^\alpha_\beta + S^\alpha_r\langle \vec{S}_1, V\rangle$$

$$- (r+1)\sum_\beta T^{\alpha\beta}_{(r-1,2)_\varnothing}V^\beta$$

$$- \sum_{ij\beta\gamma}\Big(\frac{r-1}{r}T^{\alpha\beta}_{(r-3,2)_{i;j}}\bar{R}^\beta_{ij\gamma}V^\gamma + \frac{1}{r}T_{(r-1)ij}\bar{R}^\alpha_{ij\gamma}V^\gamma\Big),$$

$$\frac{\mathrm{d}\hat{S}^\alpha_r}{\mathrm{d}t} = \Big(\frac{r-1}{r}\widehat{T_{r-3,2ij}}^{\alpha\beta}V^\beta + \frac{1}{r}\widehat{T_{r-1ij}}V^\alpha\Big)_{,ij}$$

$$- 2\Big(\frac{r-1}{r}\widehat{T_{r-3,2ij,i}}^{\alpha\beta}V^\beta + \frac{1}{r}\widehat{T_{r-1ij,i}}V^\alpha\Big)_{,j}$$

$$+ \frac{r-1}{r} \widehat{T_{r-3,2}}{}_{ij,ji}^{\alpha\beta} V^{\beta} + \frac{1}{r} \widehat{T_{r-1}}{}_{ij,ji} V^{\alpha}$$

$$- \Big(\frac{(r-1)(n+1-r)}{nr} \widehat{T_{(r-3,2)}}{}_{\varnothing}^{\alpha\beta} V^{\beta}$$

$$+ \frac{n+1-r}{nr} \hat{S}_{r-1} V^{\alpha} \Big)_{,ii}$$

$$+ 2\Big(\frac{(r-1)(n+1-r)}{nr} \widehat{T_{(r-3,2)}}{}_{\varnothing,i}^{\alpha\beta} V^{\beta}$$

$$+ \frac{n+1-r}{nr} \hat{S}_{r-1,i} V^{\alpha} \Big)_{,i}$$

$$- \Big(\frac{(r-1)(n+1-r)}{nr} \widehat{T_{(r-3,2)}}{}_{\varnothing,ii}^{\alpha\beta} V^{\beta}$$

$$+ \frac{n+1-r}{nr} \hat{S}_{r-1,ii} V^{\alpha} \Big)$$

$$+ \hat{S}_{r,p}^{\alpha} V^{p} - \hat{S}_{r}^{\beta} L_{\beta}^{\alpha} - (r+1) \widehat{T_{(r-1,2)}}{}_{\varnothing}^{\alpha\beta} V^{\beta} + r \hat{S}_{r}^{\alpha} \langle \vec{H}, V \rangle$$

$$+ \frac{r-1}{r} \widehat{T_{(r-3,2)}}{}_{i;j}^{\alpha\beta} H^{\beta} \hat{h}_{ij}^{\gamma} V^{\gamma} + \frac{1}{r} \widehat{T_{(r-1)}}{}_{ij} H^{\alpha} \hat{h}_{ij}^{\gamma} V^{\gamma}$$

$$- \Big(\frac{(r-1)(n+1-r)}{nr} \widehat{T_{(r-3,2)}}{}_{\varnothing}^{\alpha\beta} \hat{\sigma}_{\beta\gamma} V^{\gamma}$$

$$+ \frac{n+1-r}{nr} \hat{S}_{r-1} \hat{\sigma}_{\alpha\gamma} V^{\gamma} \Big)$$

$$- \Big(\frac{r-1}{r} \widehat{T_{(r-3,2)}}{}_{i;j}^{\alpha\beta} \bar{R}_{ij\gamma}^{\beta} V^{\gamma} + \frac{1}{r} \widehat{T_{(r-1)}}{}_{ij} \bar{R}_{ij\gamma}^{\alpha} V^{\gamma} \Big)$$

$$- \Big(\frac{(r-1)(n+1-r)}{nr} \widehat{T_{(r-3,2)}}{}_{\varnothing}^{\alpha\beta} \bar{R}_{\beta\gamma}^{\top} V^{\gamma}$$

$$+ \frac{n+1-r}{nr} \hat{S}_{(r-1)} \bar{R}_{\alpha\gamma}^{\top} V^{\gamma} \Big).$$

推论 4.9 设 $x: M^{n} \to N^{n+p}$ 是子流形，$V = V^{i} e_{i} + V^{\alpha} e_{\alpha}$ 是变分向量场，则有

（1）当 r 为偶数时，

$$\frac{\mathrm{d}}{\mathrm{d}t} \int_{M} S_{r} \mathrm{d}v = \int_{M} \sum_{ij} T_{(r)_{ij,ji}}^{\alpha} V^{\alpha} - (r+1) \langle \vec{S}_{r+1}, V \rangle$$

$$- \sum_{ij\alpha\beta} T^{\alpha}_{(r-1)_{ij}} \bar{R}^{\alpha}_{ij\beta} V^{\beta} \mathrm{d}v,$$

$$\frac{\mathrm{d}}{\mathrm{d}t} \int_M \hat{S}_r \mathrm{d}v = \int_M \widehat{T^{\alpha}_{(r-1)ij,ji}} V^{\alpha} - \frac{n+1-r}{n} \hat{S}^{\alpha}_{r-1,ii} V^{\alpha}$$

$$- (r+1) \hat{S}^{\alpha}_{r+1} V^{\alpha} - (n-r) \hat{S}_r \langle \vec{H}, V \rangle$$

$$+ \widehat{T^{\alpha}_{(r-1)ij}} H^{\alpha} \hat{h}^{\beta}_{ij} V^{\beta} - \frac{n+1-r}{n} \hat{S}^{\alpha}_{r-1} \hat{\sigma}_{\alpha\beta} V^{\beta}$$

$$- \widehat{T^{\alpha}_{(r-1)ij}} \bar{R}^{\alpha}_{ij\beta} V^{\beta} - \frac{n+1-r}{n} \hat{S}^{\alpha}_{r-1} \bar{R}^{\top}_{\alpha\beta} V^{\beta}.$$

（2）当r为奇数时，

$$\frac{\mathrm{d}}{\mathrm{d}t} \int_M |\vec{S}_r|^2 \mathrm{d}v = \int_M 2 S^{\alpha}_{r,ji} \Big(\sum_{\beta} \frac{r-1}{r} T^{\alpha\beta}_{(r-3,2)_{i;j}} V^{\beta} + \frac{1}{r} T_{(r-1)ij} V^{\alpha} \Big)$$

$$+ 4 S^{\alpha}_{r,j} \Big(\frac{r-1}{r} T^{\alpha\beta}_{(r-3,2)_{i;ii}} V^{\beta} + \frac{1}{r} T_{(r-1)ij,i} V^{\alpha} \Big) + |\vec{S}_r|^2 \langle \vec{S}_1, V \rangle$$

$$+ \sum_{ij} 2 S^{\alpha}_r \Big(\frac{r-1}{r} T^{\alpha\beta}_{(r-3,2)_{i;j,ji}} V^{\beta} + \frac{1}{r} T_{(r-1)ij,ji} V^{\alpha} \Big)$$

$$- 2(r+1) \sum_{\beta} S^{\alpha}_r T^{\alpha\beta}_{(r-1,2)_{\varnothing}} V^{\beta}$$

$$- \sum_{ij\beta\gamma} 2 S^{\alpha}_r \Big(\frac{r-1}{r} T^{\alpha\beta}_{(r-3,2)_{i;}} \bar{R}^{\beta}_{ij\gamma} V^{\gamma} + \frac{1}{r} T_{(r-1)ij} \bar{R}^{\alpha}_{ij\gamma} V^{\gamma} \Big) \mathrm{d}v,$$

$$\frac{\mathrm{d}}{\mathrm{d}t} \int_M |\hat{\vec{S}}_r|^2 \mathrm{d}v = \int_M 2 \hat{S}^{\alpha}_{r,ji} \Big(\frac{r-1}{r} \widehat{T^{\alpha\beta}_{r-3,2}}_{ij} V^{\beta} + \frac{1}{r} \widehat{T_{r-1}}_{ij} V^{\alpha} \Big)$$

$$+ 4 \hat{S}^{\alpha}_{r,j} \Big(\frac{r-1}{r} \widehat{T^{\alpha\beta}_{r-3,2}}_{j,i} V^{\beta} + \frac{1}{r} \widehat{T_{r-1}}_{ij,i} V^{\alpha} \Big)$$

$$+ 2 \hat{S}^{\alpha}_r \Big(\frac{r-1}{r} \widehat{T^{\alpha\beta}_{r-3,2}}_{ij,ji} V^{\beta} + \frac{1}{r} \widehat{T_{r-1}}_{ij,ji} V^{\alpha} \Big)$$

$$- 2 \hat{S}^{\alpha}_{r,ii} \Big(\frac{(r-1)(n+1-r)}{nr} \widehat{T^{\alpha\beta}_{(r-3,2)_{\varnothing}}} V^{\beta}$$

$$+ \frac{n+1-r}{nr} \hat{S}_{r-1} V^{\alpha} \Big)$$

$$- 4 \hat{S}^{\alpha}_{r,i} \Big(\frac{(r-1)(n+1-r)}{nr} \widehat{T^{\alpha\beta}_{(r-3,2)_{\varnothing},i}} V^{\beta}$$

$$+ \frac{n+1-r}{nr} \hat{S}_{r-1,i} V^\alpha \Big)$$

$$- 2\hat{S}_r^\alpha \Big(\frac{(r-1)(n+1-r)}{nr} \widehat{T_{(r-3,2)}}^{\alpha\beta}_{\varnothing,ii} V^\beta$$

$$+ \frac{n+1-r}{nr} \hat{S}_{r-1,ii} V^\alpha \Big)$$

$$- 2(r+1) \hat{S}_r^\alpha \widehat{T_{(r-1,2)}}^{\alpha\beta}_{\varnothing} V^\beta - (n-2r) |\hat{\vec{S}}_r|^2 \langle \vec{H}, V \rangle$$

$$+ \frac{r-1}{r} 2\hat{S}_r^\alpha \widehat{T_{(r-3,2)}}^{\alpha\beta}_{i;j} H^\beta \hat{h}^\gamma_{ij} V^\gamma + \frac{1}{r} 2\hat{S}_r^\alpha \widehat{T_{(r-1)}}^{}_{ij} H^\alpha \hat{h}^\gamma_{ij} V^\gamma$$

$$- 2\hat{S}_r^\alpha \Big(\frac{(r-1)(n+1-r)}{nr} \widehat{T_{(r-3,2)}}^{\alpha\beta}_{\varnothing} \hat{\sigma}_{\beta\gamma} V^\gamma$$

$$+ \frac{n+1-r}{nr} \hat{S}_{r-1} \hat{\sigma}_{\alpha\gamma} V^\gamma \Big)$$

$$- 2\hat{S}_r^\alpha \Big(\frac{r-1}{r} \widehat{T_{(r-3,2)}}^{\alpha\beta}_{i;j} \bar{R}^\beta_{ij\gamma} V^\gamma + \frac{1}{r} \widehat{T_{(r-1)}}^{}_{ij} \bar{R}^\alpha_{ij\gamma} V^\gamma \Big)$$

$$- 2\hat{S}_r^\alpha \Big(\frac{(r-1)(n+1-r)}{nr} \widehat{T_{(r-3,2)}}^{\alpha\beta}_{\varnothing} \bar{R}^\top_{\beta\gamma} V^\gamma$$

$$+ \frac{n+1-r}{nr} \hat{S}_{(r-1)} \bar{R}^\top_{\alpha\gamma} V^\gamma \Big) \mathrm{d}v.$$

如果 $N^{n+p} = R^{n+p}(c)$，那么

$$\sum_\beta \bar{R}^\alpha_{ij\beta} V^\beta = -c\delta_{ij} V^\alpha.$$

推论 4.10　设 $x : M^n \to R^{n+p}(c)$ 是子流形，$V = V^i e_i + V^\alpha e_\alpha$ 是变分向量场，则有

（1）当 r 是偶数时，

$$\frac{\mathrm{d}}{\mathrm{d}t} S_r = \sum_{ij} (T^\alpha_{(r)_{ij}} V^\alpha)_{,ij} + \sum_p S_{r,p} V^p + S_r \langle \vec{S}_1, V \rangle$$

$$- (r+1) \langle \vec{S}_{r+1}, V \rangle + c(n-r+1) \langle \vec{S}_{r-1}, V \rangle,$$

$$\frac{\mathrm{d}}{\mathrm{d}t} \hat{S}_r = (\widehat{T_{(r-1)}}^{\alpha}_{ij} V^\alpha)_{,ij} - 2(\widehat{T_{(r-1)}}^{\alpha}_{ij,i} V^\alpha)_{,j} + \widehat{T_{(r-1)}}^{\alpha}_{ij,ji} V^\alpha$$

$$- \frac{n+1-r}{n}(\hat{S}_{r-1}^{\alpha}V^{\alpha})_{,ii} + \frac{2(n+1-r)}{n}(\hat{S}_{r-1,i}^{\alpha}V^{\alpha})_{,i}$$

$$- \frac{n+1-r}{n}\hat{S}_{r-1,ii}^{\alpha}V^{\alpha} + \hat{S}_{r,p}V^{p} - (r+1)\hat{S}_{r+1}^{\alpha}V^{\alpha}$$

$$+ r\hat{S}_r\langle\vec{H}, V\rangle + \widehat{T_{(r-1)ij}}^{\alpha}H^{\alpha}\hat{h}_{ij}^{\beta}V^{\beta}$$

$$- \frac{n+1-r}{n}\hat{S}_{r-1}^{\alpha}\hat{\sigma}_{\alpha\beta}V^{\beta}.$$

（2）当 r 是奇数时，

$$\frac{\mathrm{d}}{\mathrm{d}t}S_r^{\alpha} = \frac{\mathrm{d}}{\mathrm{d}t}T_{(r-1,1)_{\varnothing}}^{\alpha}$$

$$= \sum_{ij}\left(\sum_{\beta}\frac{r-1}{r}T_{(r-3,2)_{i;j}}^{\alpha\beta}V^{\beta} + \frac{1}{r}T_{(r-1)ij}V^{\alpha}\right)_{,ij} + \sum_p S_{r,p}^{\alpha}V^p$$

$$- \sum_{\beta}S_r^{\beta}L_{\beta}^{\alpha} + S_r^{\alpha}\langle\vec{S}_1, V\rangle - (r+1)\sum_{\beta}T_{(r-1,2)_{\varnothing}}^{\alpha\beta}V^{\beta}$$

$$+ \frac{c(r-1)(n-r+1)}{r}T_{(r-3,2)_{\varnothing}}^{\alpha\beta}V^{\beta}$$

$$+ \frac{c(n-r+1)}{r}S_{r-1}V^{\alpha},$$

$$\frac{\mathrm{d}}{\mathrm{d}t}\hat{S}_r^{\alpha} = \left(\frac{r-1}{r}\widehat{T_{r-3,2ij}}^{\alpha\beta}V^{\beta} + \frac{1}{r}\widehat{T_{r-1ij}}V^{\alpha}\right)_{,ij}$$

$$- 2\left(\frac{r-1}{r}\widehat{T_{r-3,2ij,i}}^{\alpha\beta}V^{\beta} + \frac{1}{r}\widehat{T_{r-1ij,i}}V^{\alpha}\right)_{,j}$$

$$+ \frac{r-1}{r}\widehat{T_{r-3,2ij,ji}}^{\alpha\beta}V^{\beta} + \frac{1}{r}\widehat{T_{r-1ij,ji}}V^{\alpha}$$

$$- \left(\frac{(r-1)(n+1-r)}{nr}\widehat{T_{(r-3,2)_{\varnothing}}}^{\alpha\beta}V^{\beta}\right.$$

$$+ \left.\frac{n+1-r}{nr}\hat{S}_{r-1}V^{\alpha}\right)_{,ii}$$

$$+ 2\left(\frac{(r-1)(n+1-r)}{nr}\widehat{T_{(r-3,2)_{\varnothing,i}}}^{\alpha\beta}V^{\beta}\right.$$

$$+ \left.\frac{n+1-r}{nr}\hat{S}_{r-1,i}V^{\alpha}\right)_{,i}$$

$$- \left(\frac{(r-1)(n+1-r)}{nr}\widehat{T_{(r-3,2)_{\varnothing,ii}}}^{\alpha\beta}V^{\beta}\right.$$

$$+ \frac{n+1-r}{nr}\hat{S}_{r-1,ii}V^\alpha\Big)$$

$$+ \hat{S}_{r,p}^\alpha V^p - \hat{S}_r^\beta L_\beta^\alpha - (r+1)\widehat{T_{(r-1,2)}}_{\varnothing}^{\alpha\beta}V^\beta + r\hat{S}_r^\alpha\langle\vec{H},V\rangle$$

$$+ \frac{r-1}{r}\widehat{T_{(r-3,2)}}_{i;j}^{\alpha\beta}H^\beta\hat{h}_{ij}^\gamma V^\gamma + \frac{1}{r}\widehat{T_{(r-1)}}_{ij}H^\alpha\hat{h}_{ij}^\gamma V^\gamma$$

$$- \Big(\frac{(r-1)(n+1-r)}{nr}\widehat{T_{(r-3,2)}}_{\varnothing}^{\alpha\beta}\hat{\sigma}_{\beta\gamma}V^\gamma$$

$$+ \frac{n+1-r}{nr}\hat{S}_{r-1}\hat{\sigma}_{\alpha\gamma}V^\gamma\Big).$$

推论 4.11　设 $x: M^n \to R^{n+p}(c)$ 具有平行平均曲率的子流形($D\vec{H}=0$)，$V = V^i e_i + V^\alpha e_\alpha$ 是变分向量场，则有

（1）当 r 是偶数时，

$$\frac{\mathrm{d}}{\mathrm{d}t}S_r = \sum_{ij}(T_{(r)_{ij}}^\alpha V^\alpha)_{,ij} + \sum_p S_{r,p}V^p + S_r\langle\vec{S}_1,V\rangle$$

$$- (r+1)\langle\vec{S}_{r+1},V\rangle + c(n-r+1)\langle\vec{S}_{r-1},V\rangle,$$

$$\frac{\mathrm{d}}{\mathrm{d}t}\hat{S}_r = (\widehat{T_{(r-1)}}_{ij}^\alpha V^\alpha)_{,ij} - \frac{n+1-r}{n}(\hat{S}_{r-1}^\alpha V^\alpha)_{,ii}$$

$$+ \frac{2(n+1-r)}{n}(\hat{S}_{r-1,i}^\alpha V^\alpha)_{,i} - \frac{n+1-r}{n}\hat{S}_{r-1,ii}^\alpha V^\alpha$$

$$+ \hat{S}_{r,p}V^p - (r+1)\hat{S}_{r+1}^\alpha V^\alpha + r\hat{S}_r\langle\vec{H},V\rangle$$

$$+ \widehat{T_{(r-1)}}_{ij}^\alpha H^\alpha\hat{h}_{ij}^\beta V^\beta - \frac{n+1-r}{n}\hat{S}_{r-1}^\alpha\hat{\sigma}_{\alpha\beta}V^\beta.$$

（2）当 r 是奇数时，

$$\frac{\mathrm{d}}{\mathrm{d}t}S_r^\alpha = \frac{\mathrm{d}}{\mathrm{d}t}T_{(r-1,1)_\varnothing}^\alpha$$

$$= \sum_{ij}\Big(\sum_\beta \frac{r-1}{r}T_{(r-3,2)_{i;j}}^{\alpha\beta}V^\beta + \frac{1}{r}T_{(r-1)_{ij}}V^\alpha\Big)_{,ij}$$

$$+ \sum_p S_{r,p}^\alpha V^p - \sum_\beta S_r^\beta L_\beta^\alpha + S_r^\alpha\langle\vec{S}_1,V\rangle$$

$$- (r+1)\sum_\beta T_{(r-1,2)_\varnothing}^{\alpha\beta}V^\beta$$

$$+ \frac{c(r-1)(n-r+1)}{r} T_{(r-3,2)_\varnothing}^{\alpha\beta} V^\beta$$

$$+ \frac{c(n-r+1)}{r} S_{r-1} V^\alpha,$$

$$\frac{\mathrm{d}\hat{S}_r^\alpha}{\mathrm{d}t} = \Big(\frac{r-1}{r} \widehat{T_{r-3,2}}_{ij}^{\alpha\beta} V^\beta + \frac{1}{r} \widehat{T_{r-1}}_{ij} V^\alpha \Big)_{,ij}$$

$$- \Big(\frac{(r-1)(n+1-r)}{nr} \widehat{T_{(r-3,2)_\varnothing}}^{\alpha\beta} V^\beta$$

$$+ \frac{n+1-r}{nr} \hat{S}_{r-1} V^\alpha \Big)_{,ii}$$

$$+ 2\Big(\frac{(r-1)(n+1-r)}{nr} \widehat{T_{(r-3,2)}}_{\varnothing,i}^{\alpha\beta} V^\beta$$

$$+ \frac{n+1-r}{nr} \hat{S}_{r-1,i} V^\alpha \Big)_{,i}$$

$$- \frac{(r-1)(n+1-r)}{nr} \widehat{T_{(r-3,2)}}_{\varnothing,ii}^{\alpha\beta} V^\beta$$

$$+ \frac{n+1-r}{nr} \hat{S}_{r-1,ii} V^\alpha$$

$$+ \hat{S}_{r,p}^\alpha V^p - \hat{S}_r^\beta L_\beta^\alpha - (r+1) \widehat{T_{(r-1,2)_\varnothing}}^{\alpha\beta} V^\beta$$

$$+ r\hat{S}_r^\alpha \langle \vec{H}, V \rangle + \frac{r-1}{r} \widehat{T_{(r-3,2)}}_{i;j}^{\alpha\beta} H^\beta \hat{h}_{ij}^\gamma V^\gamma$$

$$+ \frac{1}{r} \widehat{T_{(r-1)}}_{ij} H^\alpha \hat{h}_{ij}^\gamma V^\gamma$$

$$- \frac{(r-1)(n+1-r)}{nr} \widehat{T_{(r-3,2)_\varnothing}}^{\alpha\beta} \hat{\sigma}_{\beta\gamma} V^\gamma$$

$$+ \frac{n+1-r}{nr} \hat{S}_{r-1} \hat{\sigma}_{\alpha\gamma} V^\gamma.$$

推论 4.12 设 $x: M^n \to R^{n+p}(c)$ 是紧致无边子流形，$V = V^i e_i + V^\alpha e_\alpha$ 是变分向量场，则有

（1）当 r 是偶数时，

$$\frac{\mathrm{d}}{\mathrm{d}t} \int_M S_r \mathrm{d}v_t = \int_M -(r+1)\langle \vec{S}_{r+1}, V \rangle$$

$$+ c(n - r + 1)\langle \vec{S}_{r-1}, V \rangle \mathrm{d}v_t,$$

$$\frac{\mathrm{d}}{\mathrm{d}t} \int_M \hat{S}_r \mathrm{d}v_t = \int_M \widehat{T_{(r-1)ij,ji}}^\alpha V^\alpha - \frac{n+1-r}{n} \hat{S}_{r-1,ii}^\alpha V^\alpha$$

$$- (r+1)\hat{S}_{r+1}^\alpha V^\alpha - (n-r)\hat{S}_r \langle \vec{H}, V \rangle$$

$$+ \widehat{T_{(r-1)ij}}^\alpha H^\alpha \hat{h}_{ij}^\beta V^\beta - \frac{n+1-r}{n} \hat{S}_{r-1}^\alpha \hat{\sigma}_{\alpha\beta} V^\beta \mathrm{d}v_t.$$

（2）当 r 是奇数时，

$$\frac{\mathrm{d}}{\mathrm{d}t} \int_M |\vec{S}_r|^2 \mathrm{d}v = \int_M 2S_{r,ji}^\alpha \Big(\sum_\beta \frac{r-1}{r} T_{(r-3,2)_{i;j}}^{\alpha\beta} V^\beta + \frac{1}{r} T_{(r-1)ij} V^\alpha \Big)$$

$$+ |\vec{S}_r|^2 \langle \vec{S}_1, V \rangle - 2(r+1) \sum_\beta S_r^\alpha T_{(r-1,2)_\varnothing}^{\alpha\beta} V^\beta$$

$$+ 2cS_r^\alpha \Big(\frac{(r-1)(n-r+1)}{r} T_{(r-3,2)_\varnothing} \alpha\beta V^\beta$$

$$+ \frac{n+1-r}{r} S_{(r-1)} V^\alpha \Big) \mathrm{d}v,$$

$$\frac{\mathrm{d}}{\mathrm{d}t} \int_M |\hat{S}_r|^2 \mathrm{d}v = \int_M 2\hat{S}_{r,ji}^\alpha \Big(\frac{r-1}{r} \widehat{T_{r-3,2\,ij}}^{\alpha\beta} V^\beta + \frac{1}{r} \widehat{T_{r-1\,ij}} V^\alpha \Big)$$

$$+ 4\hat{S}_{r,j}^\alpha \Big(\frac{r-1}{r} \widehat{T_{r-3,2\,ij,i}}^{\alpha\beta} V^\beta + \frac{1}{r} \widehat{T_{r-1\,ij,i}} V^\alpha \Big)$$

$$+ 2\hat{S}_r^\alpha \Big(\frac{r-1}{r} \widehat{T_{r-3,2\,ij,ji}}^{\alpha\beta} V^\beta + \frac{1}{r} \widehat{T_{r-1\,ij,ji}} V^\alpha \Big)$$

$$- 2\hat{S}_{r,ii}^\alpha \Big(\frac{(r-1)(n+1-r)}{nr} \widehat{T_{(r-3,2)_\varnothing}}^{\alpha\beta} V^\beta$$

$$+ \frac{n+1-r}{nr} \hat{S}_{r-1} V^\alpha \Big)$$

$$- 4\hat{S}_{r,i}^\alpha \Big(\frac{(r-1)(n+1-r)}{nr} \widehat{T_{(r-3,2)_{\varnothing,i}}}^{\alpha\beta} V^\beta$$

$$+ \frac{n+1-r}{nr} \hat{S}_{r-1,i} V^\alpha \Big)$$

$$- 2\hat{S}_r^\alpha \Big(\frac{(r-1)(n+1-r)}{nr} \widehat{T_{(r-3,2)_{\varnothing,ii}}}^{\alpha\beta} V^\beta$$

$$+ \frac{n+1-r}{nr} \hat{S}_{r-1,ii} V^\alpha \Big)$$

$$- 2(r+1) \hat{S}_r^\alpha \widehat{T_{(r-1,2)}}_\varnothing^{\alpha\beta} V^\beta - (n-2r) |\hat{\vec{S}}_r|^2 \langle \vec{H}, V \rangle$$

$$+ \frac{r-1}{r} 2 \hat{S}_r^\alpha \widehat{T_{(r-3,2)}}_{i;j}^{\alpha\beta} H^\beta \hat{h}_{ij}^\gamma V^\gamma$$

$$+ \frac{1}{r} 2 \hat{S}_r^\alpha \widehat{T_{(r-1)}}_{ij} H^\alpha \hat{h}_{ij}^\gamma V^\gamma$$

$$- 2 \hat{S}_r^\alpha \Big(\frac{(r-1)(n+1-r)}{nr} \widehat{T_{(r-3,2)}}_\varnothing^{\alpha\beta} \hat{\sigma}_{\beta\gamma} V^\gamma$$

$$+ \frac{n+1-r}{nr} \hat{S}_{r-1} \hat{\sigma}_{\alpha\gamma} V^\gamma \Big) \mathrm{d}v.$$

对于超曲面的情形，有下面的推论。

推论 4.13 (变分性质)   设 $x : M^n \to N^{n+1}$ 是超曲面，$V = V^i e_i + f N$ 是变分向量场，则有

$$\frac{\mathrm{d}}{\mathrm{d}t} T_{(r)_{l_1 \cdots l_s}}^{k_1 \cdots k_s} = \sum_{ij} [T_{(r-1)_{l_1 \cdots l_s j}}^{k_1 \cdots k_s i} f]_{,ij} - \sum_{ij} [T_{(r-1)_{l_1 \cdots l_s j,i}}^{k_1 \cdots k_s i} f]_{,j}$$

$$- \sum_{ij} [T_{(r-1)_{l_1 \cdots l_s j,j}}^{k_1 \cdots k_s i} f]_{,i} + \sum_{ij} T_{(r-1)_{l_1 \cdots l_s j,ji}}^{k_1 \cdots k_s i} f + \sum_p T_{(r)_{l_1 \cdots l_s,p}}^{k_1 \cdots k_s} V^p$$

$$- \sum_{c=1}^s \sum_i T_{(r)_{l_1 \cdots \hat{l}_c \cdots l_s l_c}}^{k_1 \cdots \hat{k}_c \cdots k_s i} L_i^{k_c} + \sum_{c=1}^s \sum_i T_{(r)_{l_1 \cdots \hat{l}_c \cdots l_s i}}^{k_1 \cdots \hat{k}_c \cdots k_s k_c} L_{l_c}^i$$

$$+ T_{(r)_{l_1 \cdots l_s}}^{k_1 \cdots k_s} S_1 f + (s-r-1) T_{(r+1)_{l_1 \cdots l_s}}^{k_1 \cdots k_s} f - \Big(\sum_{b=1}^s \delta_{l_b}^{k_b} T_{(r+1)_{l_1 \cdots \hat{l}_b \cdots l_s}}^{k_1 \cdots \hat{k}_b \cdots k_s} \Big) f$$

$$+ \Big(\sum_{b \neq c} T_{(r+1)_{l_1 \cdots \hat{l}_c \cdots \hat{l}_b \cdots l_s l_c}}^{k_1 \cdots \hat{k}_c \cdots \hat{k}_b \cdots k_s k_b} \delta_{l_b}^{k_c} \Big) f + \sum_{ij} T_{(r-1)_{l_1 \cdots l_s j}}^{k_1 \cdots k_s i} \bar{R}_{(n+1)ij(n+1)} f,$$

$$\frac{\mathrm{d}}{\mathrm{d}t} \widehat{T}_{r_{l_1 \cdots l_s}}^{k_1 \cdots k_s} = \sum_{ij} [\widehat{T_{(r-1)}}_{l_1 \cdots l_s j}^{k_1 \cdots k_s i} f]_{,ij} - \sum_{ij} [\widehat{T_{(r-1)}}_{l_1 \cdots l_s j,i}^{k_1 \cdots k_s i} f]_{,j}$$

$$- \sum_{ij} [\widehat{T_{(r-1)}}_{l_1 \cdots l_s j,j}^{k_1 \cdots k_s i} f]_{,i} + \sum_{ij} \widehat{T_{(r-1)}}_{l_1 \cdots l_s j,ji}^{k_1 \cdots k_s i} f$$

$$- \sum_i [\frac{n+1-r}{n} \widehat{T_{(r-1)}}_{l_1 \cdots l_s}^{k_1 \cdots k_s} f]_{,ii}$$

$$+ \sum_i [\frac{2(n+1-r)}{n} \widehat{T_{(r-1)}}{}^{k_1 \cdots k_s}_{l_1 \cdots l_s, i} f]_{,i}$$

$$- \sum_i [\frac{n+1-r}{n} \widehat{T_{(r-1)}}{}^{k_1 \cdots k_s}_{l_1 \cdots l_s, ii} f] + \sum_p \widehat{T_{(r)}}{}^{k_1 \cdots k_s}_{l_1 \cdots l_s, p} V^p$$

$$- \sum_{c=1}^s \sum_i \widehat{T_{(r)}}{}^{k_1 \cdots \hat{k}_c \cdots k_s i}_{l_1 \cdots \hat{l}_c \cdots l_s l_c} L_i^{k_c} - \sum_{c=1}^s \sum_j \widehat{T_{(r)}}{}^{k_1 \cdots \hat{k}_c \cdots k_s k_c}_{l_1 \cdots \hat{l}_c \cdots l_s j} L_j^{l_c}$$

$$- [(r+1)\widehat{T_{(r+1)}}{}^{k_1 \cdots k_s}_{l_1 \cdots l_s} f] - \sum_{c=1}^s \sum_j [\widehat{T_{(r)}}{}^{k_1 \cdots \hat{k}_c \cdots k_s k_c}_{l_1 \cdots \hat{l}_c \cdots l_s j} \hat{h}_{jl_c} f]$$

$$+ r\widehat{T_{(r)}}{}^{k_1 \cdots k_s}_{l_1 \cdots l_s} Hf + \widehat{T_{(r-1)}}{}^{k_1 \cdots k_s i}_{l_1 \cdots l_s j} H\hat{h}_{ij} f$$

$$- \frac{n+1-r}{n} \widehat{T_{(r-1)}}{}^{k_1 \cdots k_s}_{l_1 \cdots l_s} \hat{\sigma} f$$

$$+ \widehat{T_{(r-1)}}{}^{k_1 \cdots k_s i}_{l_1 \cdots l_s j} \bar{R}_{(n+1)ij(n+1)} f$$

$$- \frac{n+1-r}{n} \widehat{T_{(r-1)}}{}^{k_1 \cdots k_s}_{l_1 \cdots l_s} \bar{R}_{(n+1)(n+1)} f.$$

推论 4.14 (变分性质)　设 $x: M^n \to R^{n+1}(c)$ 是超曲面，$V = V^i e_i + fN$ 是变分向量场，则有

$$\frac{\mathrm{d}}{\mathrm{d}t} T_{(r)}{}^{k_1 \cdots k_s}_{l_1 \cdots l_s} = \sum_{ij} (T_{(r-1)}{}^{k_1 \cdots k_s i}_{l_1 \cdots l_s j} f)_{,ij} + \sum_p T_{(r)}{}^{k_1 \cdots k_s}_{l_1 \cdots l_s, p} V^p$$

$$- \sum_{c=1}^s \sum_i T_{(r)}{}^{k_1 \cdots \hat{k}_c \cdots k_s i}_{l_1 \cdots \hat{l}_c \cdots l_s l_c} L_i^{k_c} + \sum_{c=1}^s \sum_i T_{(r)}{}^{k_1 \cdots \hat{k}_c \cdots k_s k_c}_{l_1 \cdots \hat{l}_c \cdots l_s i} L_{l_c}^i$$

$$+ T_{(r)}{}^{k_1 \cdots k_s}_{l_1 \cdots l_s} S_1 f + (s-r-1) T_{(r+1)}{}^{k_1 \cdots k_s}_{l_1 \cdots l_s} f$$

$$- \Big(\sum_{b=1}^s \delta_{l_b}^{k_b} T_{(r+1)}{}^{k_1 \cdots \hat{k}_b \cdots k_s}_{l_1 \cdots \hat{l}_b \cdots l_s} \Big) f + \Big(\sum_{b \neq c} T_{(r+1)}{}^{k_1 \cdots \hat{k}_c \cdots \hat{k}_b \cdots k_s k_b}_{l_1 \cdots \hat{l}_c \cdots \hat{l}_b \cdots l_s l_c} \delta_{l_b}^{k_c} \Big) f$$

$$+ c(n+1-r-s) T_{(r-1)}{}^{k_1 \cdots k_s}_{l_1 \cdots l_s} f,$$

$$\frac{\mathrm{d}}{\mathrm{d}t} \widehat{T}_{r}{}^{k_1 \cdots k_s}_{l_1 \cdots l_s} = \sum_{ij} (\widehat{T_{(r-1)}}{}^{k_1 \cdots k_s i}_{l_1 \cdots l_s j} f)_{,ij} - \sum_{ij} (\widehat{T_{(r-1)}}{}^{k_1 \cdots k_s i}_{l_1 \cdots l_s j, i} f)_{,j}$$

$$- \sum_{ij} [\widehat{T_{(r-1)}}{}^{k_1 \cdots k_s i}_{l_1 \cdots l_s j, j} f]_{,i} + \sum_{ij} \widehat{T_{(r-1)}}{}^{k_1 \cdots k_s i}_{l_1 \cdots l_s j, ji} f$$

$$- \sum_i \big[\frac{n+1-r}{n}\widehat{T_{(r-1)l_1\cdots l_s}^{k_1\cdots k_s}}f\big]_{,ii}$$

$$+ \sum_i \big[\frac{2(n+1-r)}{n}\widehat{T_{(r-1)l_1\cdots l_s,i}^{k_1\cdots k_s}}f\big]_{,i}$$

$$- \sum_i \big[\frac{n+1-r}{n}\widehat{T_{(r-1)l_1\cdots l_s,ii}^{k_1\cdots k_s}}f\big] + \sum_p \widehat{T_{(r)l_1\cdots l_s,p}^{k_1\cdots k_s}}V^p$$

$$- \sum_{c=1}^s \sum_i \widehat{T_{(r)l_1\cdots \hat{l}_c\cdots l_s l_c}^{k_1\cdots \hat{k}_c\cdots k_s i}}L_i^{k_c} - \sum_{c=1}^s \sum_j \widehat{T_{(r)l_1\cdots \hat{l}_c\cdots l_s j}^{k_1\cdots \hat{k}_c\cdots k_s k_c}}L_j^{l_c}$$

$$- \big[(r+1)\widehat{T_{(r+1)l_1\cdots l_s}^{k_1\cdots k_s}}f\big] - \sum_{c=1}^s \sum_j \widehat{T_{(r)l_1\cdots \hat{l}_c\cdots l_s j}^{k_1\cdots \hat{k}_c\cdots k_s k_c}}\hat{h}_{jl_c}f$$

$$+ r\widehat{T_{(r)l_1\cdots l_s}^{k_1\cdots k_s}}Hf + \widehat{T_{(r-1)l_1\cdots l_s j}^{k_1\cdots k_s i}}H\hat{h}_{ij}f$$

$$- \frac{n+1-r}{n}\widehat{T_{(r-1)l_1\cdots l_s}^{k_1\cdots k_s}}\hat{\sigma}f.$$

推论 4.15　设 $x : M^n \to N^{n+1}$ 是超曲面，$V = V^i e_i + fN$ 是变分向量场，r 任意，则有

$$\frac{\mathrm{d}}{\mathrm{d}t}S_r = \sum_{ij}(T_{(r)ij}f)_{,ij} - \sum_{ij}2(T_{(r)ij,j}f)_{,i}$$

$$+ \sum_{ij}T_{(r)ij,ji}f + \sum_p S_{r,p}V^p + S_r S_1 f$$

$$- (r+1)S_{r+1}f + \sum_{ij}T_{(r-1)ij}\bar{R}_{(n+1)ij(n+1)}f,$$

$$\frac{\mathrm{d}}{\mathrm{d}t}\hat{S}_r = (\widehat{T_{(r-1)ij}}f)_{,ij} - 2(\widehat{T_{(r-1)ij,i}}f)_{,j} + \widehat{T_{(r-1)ij,ji}}f$$

$$- \frac{n+1-r}{n}(\hat{S}_{r-1}f)_{,ii} + \frac{2(n+1-r)}{n}(\hat{S}_{r-1,i}f)_{,i}$$

$$- \frac{n+1-r}{n}\hat{S}_{r-1,ii}f + \hat{S}_{r,p}V^p - (r+1)\hat{S}_{r+1}f + r\hat{S}_r Hf$$

$$+ \widehat{T_{(r-1)ij}}H\hat{h}_{ij}f - \frac{n+1-r}{n}\hat{S}_{r-1}\hat{\sigma}f$$

$$+ \widehat{T_{(r-1)ij}}\bar{R}_{(n+1)ij(n+1)}f - \frac{n+1-r}{n}\hat{S}_{r-1}\bar{R}_{(n+1)(n+1)}f.$$

推论 4.16 设 $x : M^n \to N^{n+1}$ 是超曲面，$V = V^i e_i + fN$ 是变分向量场，r 任意，则有

$$\frac{\mathrm{d}}{\mathrm{d}t} \int_M S_r \mathrm{d}v = \int_M \sum_{ij} T_{(r)ij,ji} f - (r+1) S_{r+1} f$$

$$+ \sum_{ij} T_{(r-1)ij} \bar{R}_{(n+1)ij(n+1)} f \mathrm{d}v,$$

$$\frac{\mathrm{d}}{\mathrm{d}t} \int_M \hat{S}_r \mathrm{d}v = \int_M \widehat{T_{(r-1)ij,ji}} f - \frac{n+1-r}{n} \hat{S}_{r-1,ii} f$$

$$- (r+1) \hat{S}_{r+1} f - (n-r) \hat{S}_r H f$$

$$+ \widehat{T_{(r-1)ij}} H \hat{h}_{ij} f - \frac{n+1-r}{n} \hat{S}_{r-1} \hat{\sigma} f$$

$$+ \widehat{T_{(r-1)ij}} \bar{R}_{(n+1)ij(n+1)} f$$

$$- \frac{n+1-r}{n} \hat{S}_{r-1} \bar{R}_{(n+1)(n+1)} f \mathrm{d}v.$$

推论 4.17 设 $x : M^n \to R^{n+1}(c)$ 是超曲面，$V = V^i e_i + fN$ 是变分向量场，r 任意，则有

$$\frac{\mathrm{d}}{\mathrm{d}t} S_r = \sum_{ij} (T_{(r)ij} f)_{,ij} + \sum_p S_{r,p} V^p + S_r S_1 f$$

$$- (r+1) S_{r+1} f + c(n-r+1) S_{r-1} f,$$

$$\frac{\mathrm{d}}{\mathrm{d}t} \hat{S}_r = (\widehat{T_{(r-1)ij}} f)_{,ij} - 2(\widehat{T_{(r-1)ij,i}} f)_{,j} + \widehat{T_{(r-1)ij,ji}} f$$

$$- \frac{n+1-r}{n} (\hat{S}_{r-1} f)_{,ii} + \frac{2(n+1-r)}{n} (\hat{S}_{r-1,i} f)_{,i}$$

$$- \frac{n+1-r}{n} \hat{S}_{r-1,ii} f + \hat{S}_{r,p} V^p - (r+1) \hat{S}_{r+1} f$$

$$+ r \hat{S}_r H f + \widehat{T_{(r-1)ij}} H \hat{h}_{ij} f - \frac{n+1-r}{n} \hat{S}_{r-1} \hat{\sigma} f.$$

推论 4.18 设 $x : M^n \to R^{n+1}(c)$ 是紧致无边子流形，$V = V^i e_i + fN$ 是变分

向量场，r是任意数，则有

$$\frac{\mathrm{d}}{\mathrm{d}t} \int_M S_r \mathrm{d}v_t = \int_M -(r+1)S_{r+1}f + c(n-r+1)S_{r-1}f \mathrm{d}v_t,$$

$$\frac{\mathrm{d}}{\mathrm{d}t} \int_M \hat{S}_r \mathrm{d}v = \int_M \widehat{T_{(r-1)ij,ji}}f - \frac{n+1-r}{n}\hat{S}_{r-1,ii}f$$

$$-(r+1)\hat{S}_{r+1}f - (n-r)\hat{S}_r Hf$$

$$+\widehat{T_{(r-1)ij}}H\hat{h}_{ij}f - \frac{n+1-r}{n}\hat{S}_{r-1}\hat{\sigma}f\mathrm{d}v.$$

第 5 章　自伴算子的组合构造

从第二基本型出发，按照一定的规则，可以构造新的张量，这些张量在刻画某些特殊子流形和简化某些泛函的计算中有巨大的应用。除此之外，这些特殊张量可以构造一些二阶微分算子，特别是一些自伴的二阶微分算子，在子流形刚性定理和间隙定理的研究中有重大价值。本章主要研究由一种特殊的张量构造的特殊算子，其内容参见文献[24,25]。

5.1　自伴算子的定义

设 $\varphi = \sum_{ij} \varphi_{ij} \theta^i \otimes \theta^j$ 是流形 $(M, \mathrm{d}s^2)$ 上的对称张量，定义Cheng-Yau微分算子：

$$\square f = \sum_{ij} \varphi_{ij} f_{,ij}.$$

对于这个算子，容易得到下面的定理。

定理 5.1 [24]　设 $(M, \mathrm{d}s^2)$ 是紧致无边的，那么算子 $\square$ 是自伴随的（在 L^2 中），当且仅当对任意 i，

$$\sum_j \varphi_{ij,j} = 0.$$

证明　设函数 f, g 是光滑的，利用Stokes定理和分部积分公式，直接计算，有

$$\int_M \square f \, g \mathrm{d}v = \int_M \varphi_{ij} f_{,ij} g \mathrm{d}v$$

$$= \int_M (\varphi_{ij} f_{,i})_{,j} g - \varphi_{ij,j} f_{,i} g \mathrm{d}v$$

$$= \int_M -\varphi_{ij} f_{,i} g_{,j} - \varphi_{ij,j} f_{,i} g \mathrm{d}v$$

$$= \int_M -(\varphi_{ij} f)_{,i} g_{,j} + \varphi_{ij,i} f g_{,j} - \varphi_{ij,j} f_{,i} g \mathrm{d}v$$

$$= \int_M \varphi_{ij} f g_{,ji} + \varphi_{ij,i} f g_{,j} - \varphi_{ij,j} f_{,i} g \mathrm{d}v$$

$$= \int_M \Box g \, f + \varphi_{ji,i} f g_{,j} - \varphi_{ij,j} f_{,i} g \mathrm{d}v.$$

因此，根据函数和张量 $f, f_{,i}, g, g_{,j}$ 的任意性，算子 $\Box$ 为自伴算子当且仅当

$$\sum_j \varphi_{ij,j} = 0, \quad \forall i.$$

$\Box$

下面列出一些自伴随算子的例子。

例 5.1 最著名的例子自然是 Δ 算子，即 $\varphi_{ij} = \delta_{ij}$.

例 5.2 由第二 Bianchi 恒等式，有 $\sum_j R_{ij,j} = \frac{1}{2} R_{,i}$，因此可以定义 $\varphi_{ij} = \frac{1}{2} R \delta_{ij} - R_{ij}$. 实际上，我们可以给出一个简洁的证明。 我们知道 Bianchi 等式和对称等式：

$$R_{ijkl,h} + R_{ijlh,k} + R_{ijhk,l} = 0, \quad R_{ijkl} = R_{klij}.$$

所以根据定义和上面的等式，有

$$I = \sum_j R_{ij,j} = \sum_{jk} R_{ikkj,j} = \sum_{jk} R_{kjik,j}$$

$$= \sum_{jk} -(R_{kjkj,i} + R_{kjji,k}) = -R_{,i} - \sum_k R_{ik,k}$$

$$= R_{,i} - I,$$

$$I = \sum_j R_{ij,j} = \frac{1}{2} R_{,i}.$$

例 5.3 设对称张量 $a = \sum_{ij} a_{ij} \theta^i \otimes \theta^j$ 满足 Codazzi 方程 $a_{ij,k} = a_{ik,j}$，则算子 $\varphi_{ij} = (\sum_k a_{kk}) \delta_{ij} - a_{ij}$ 是自伴算子。事实上有如下的推导：

$$\sum_j \varphi_{ij,j} = \sum_j \left(\sum_k a_{kk} \right)_{,j} \delta_{ij} - \sum_j a_{ij,j}$$

$$= [\mathrm{tr}(a)]_{,i} - \sum_j a_{ji,j} = [\mathrm{tr}(a)]_{,i} - \sum_j a_{jj,i}$$

$$= [\mathrm{tr}(a)]_{,i} - [\mathrm{tr}(a)]_{,i} = 0.$$

例 5.4   设 $x : M \to R^{n+1}(c)$ 是子流形，h_{ij} 显然满足 Codazzi 方程，算子 $\varphi_{ij} = nH\delta_{ij} - h_{ij}$ 是自伴算子．定义如下：

$$\square : C^\infty(M) \to C^\infty(M),$$

$$f \to (nH\delta_{ij} - h_{ij})f_{ij} = nH\Delta f - \sum_{ij} h_{ij}f_{ij}.$$

例 5.5   设 $x : M \to R^{n+p}(c)$ 是子流形，h_{ij}^α 显然满足 Codazzi 方程，算子 $\varphi_{ij}^\alpha = nH^\alpha\delta_{ij} - h_{ij}^\alpha$ 对于固定的 α 是自伴随的．定义如下：

$$\square^\alpha : C^\infty(M) \to C^\infty(TM),$$

$$f \to (nH^\alpha\delta_{ij} - h_{ij}^\alpha)f_{ij} = nH^\alpha\Delta f - \sum_{ij} h_{ij}^\alpha f_{ij},$$

$$\square : C^\infty(M) \to C^\infty(T^\perp M),$$

$$f \to (nH^\alpha\delta_{ij} - h_{ij}^\alpha)f_{ij}e_\alpha = n\Delta f\vec{H} - \sum_{ij} f_{ij}B_{ij},$$

$$\square^* : C^\infty(T^\perp M) \to C^\infty(TM),$$

$$\xi^\alpha e_\alpha \to \Delta(nH^\alpha\xi^\alpha) - (h_{ij}^\alpha\xi^\alpha)_{,ij} = nH^\alpha\Delta\xi^\alpha - h_{ij}^\alpha\xi_{,ij}^\alpha.$$

例 5.6   设 $x : M \to R^{n+1}(c)$ 是子流形，Newton 变换 $T_{(r)_j}^i$ 显然散度为零，算子 $\varphi_{ij} = T_{(r)_j}^i$ 自伴随的．当 $p = 1$ 时，定义如下：

$$L_r : C^\infty(M) \to C^\infty(M),$$

$$f \to T_{(r)_j}^i f_{ij}.$$

$$Q_r : C^\infty(M) \to C^\infty(M),$$

$$f \to T_{(r)_j}^i f_{ij} + c(n-r)S_r f,$$

即

$$Q_r = L_r + c(n-r)S_r.$$

则有

$$L_r^* = L_r, \quad \int_M L_r^*(f) = \int_M L_r(f) = 0,$$

$$\int_M fL_r(g) = -\int_M \langle T_{(r)}Df, Dg\rangle.$$

例 5.7　设$x : M \to R^{n+p}(c)$是子流形，r为偶数，Newton变换$T^i_{(r)_j}$显然散度为零，算子$\varphi_{ij} = T_{(r)_j}$是自伴随的。当$p \geqslant 2$时，定义如下：

$$L_r : C^\infty(M) \to C^\infty(M),$$

$$f \to T^i_{(r)_j}f_{ij}.$$

$$Q_r : C^\infty(M) \to C^\infty(M),$$

$$f \to T^i_{(r)_j}f_{ij} + c(n-r)S_r f,$$

即

$$Q_r = L_r + c(n-r)S_r.$$

则有

$$L_r^* = L_r, \quad \int_M L_r^*(f) = \int_M L_r(f) = 0,$$

$$\int_M fL_r(g) = -\int_M \langle T_{(r)}Df, Dg\rangle.$$

例 5.8　设$x : M \to R^{n+p}(c)$是子流形，r为奇数，Newton变换$T^\alpha_{(r)_{ij}}$显然散度为零，算子$\varphi^\alpha_{ij} = T^\alpha_{(r)_{ij}}$对于固定的$\alpha$是自伴随的。当$p \geqslant 2$时，定义如下：

$$L_r^\alpha : C^\infty(M) \to C^\infty(M),$$

$$f \to T^\alpha_{(r)_{ij}}f_{ij},$$

$$L_r : C^\infty(M) \to C^\infty(T^\perp M),$$

$$f \to T^\alpha_{(r)_{ij}}f_{ij}e_\alpha,$$

$$\int_M L_r^\alpha f = \int_M \langle L_r f, e_\alpha\rangle = 0.$$

$$L_r^* : C^\infty(T^\perp M) \to C^\infty(M),$$

$$\xi^\alpha e_\alpha \to T^\alpha_{(r)_{ij}}\xi^\alpha_{,ij},$$

$$\int_M L_r^*(\xi^\alpha e_\alpha) = 0.$$

$$Q_r^\alpha : C^\infty(M) \to C^\infty(M),$$

$$f \to T^\alpha_{(r)_{ij}} f_{ij} + c(n-r)\langle \vec{S}_r, e_\alpha \rangle f,$$

即

$$Q_r^\alpha = L_r^\alpha + c(n-r)\langle \vec{S}_r, e_\alpha \rangle,$$

$$Q_r : C^\infty(M) \to C^\infty(T^\perp M),$$

$$f \to T^\alpha_{(r)_{ij}} f_{ij} e_\alpha + c(n-r)f \cdot \vec{S}_r,$$

即

$$Q_r = L_r + c(n-r)\vec{S}_r.$$

5.2　特殊函数的计算

我们已知，子流形第二基本型长度函数和Willmore不变量分别定义为

$$S = \sum_{ij\alpha}(h_{ij}^\alpha)^2 \quad \rho = S - nH^2,$$

它们的二阶协变导数的计算是非常有用的。下面分别计算之。

（1）在一般流形中且$p \geqslant 2$时，

$$S_{,kl} = \sum_{ijkl\alpha} 2(h_{ij}^\alpha h_{ij,k}^\alpha)_{,l}$$

$$= \sum_{ij\alpha} 2h_{ij}^\alpha h_{ij,kl}^\alpha + \sum_{ij\alpha} 2h_{ij,k}^\alpha h_{ij,l}^\alpha$$

$$= \sum_{ij\alpha} 2h_{ij}^\alpha[(h_{ij,k}^\alpha - h_{ik,j}^\alpha)_{,l} + (h_{ik,jl}^\alpha - h_{ik,lj}^\alpha)$$

$$+ (h_{ki,l}^\alpha - h_{kl,i}^\alpha)_{,j} + h_{kl,ij}^\alpha] + 2\sum_{ij\alpha} h_{ij,k}^\alpha h_{ij,l}^\alpha$$

$$= \sum_{ij\alpha} -2h_{ij}^\alpha \bar{R}_{ijk,l}^\alpha + \sum_{ij\alpha} 2h_{ij}^\alpha \bar{R}_{kli,j}^\alpha + \sum_{ij\alpha} 2h_{ij}^\alpha h_{kl,ij}^\alpha$$

$$+ \sum_{ij\alpha} 2h_{ij,k}^{\alpha} h_{ij,l}^{\alpha} + 2\Big(\sum_{ijp\alpha} h_{ij}^{\alpha} h_{pk}^{\alpha} \bar{R}_{ipjl}$$

$$+ \sum_{ijp\alpha} h_{ij}^{\alpha} h_{ip}^{\alpha} \bar{R}_{kpjl} + \sum_{ij\alpha\beta} h_{ij}^{\alpha} h_{ik}^{\beta} \bar{R}_{\alpha\beta jl}$$

$$+ \sum_{ijp\alpha\beta} (h_{ij}^{\alpha} h_{il}^{\beta} h_{kp}^{\alpha} h_{pj}^{\beta} - h_{ij}^{\alpha} h_{ij}^{\beta} h_{kp}^{\alpha} h_{pl}^{\beta})$$

$$+ \sum_{ijp\alpha\beta} (h_{ij}^{\alpha} h_{ip}^{\alpha} h_{pj}^{\beta} h_{kl}^{\beta} - h_{ij}^{\alpha} h_{ip}^{\alpha} h_{pl}^{\beta} h_{jk}^{\beta})$$

$$+ \sum_{ijp\alpha\beta} (h_{ij}^{\alpha} h_{ik}^{\beta} h_{jp}^{\beta} h_{pl}^{\alpha} - h_{ij}^{\alpha} h_{ik}^{\beta} h_{jp}^{\alpha} h_{pl}^{\beta})\Big),$$

$$\rho_{,kl} = S_{,kl} - \sum_{\alpha} 2nH_{,k}^{\alpha} H_{,l}^{\alpha} - \sum_{\alpha} 2nH^{\alpha} H_{,kl}^{\alpha}$$

$$= \sum_{ij\alpha} -2h_{ij}^{\alpha} \bar{R}_{ijk,l}^{\alpha} + \sum_{ij\alpha} 2h_{ij}^{\alpha} \bar{R}_{kli,j}^{\alpha}$$

$$+ \sum_{ij\alpha} 2h_{ij}^{\alpha} h_{kl,ij}^{\alpha} + \sum_{ij\alpha} 2h_{ij,k}^{\alpha} h_{ij,l}^{\alpha}$$

$$+ 2\Big(\sum_{ijp\alpha} h_{ij}^{\alpha} h_{pk}^{\alpha} \bar{R}_{ipjl} + \sum_{ijp\alpha} h_{ij}^{\alpha} h_{ip}^{\alpha} \bar{R}_{kpjl} + \sum_{ij\alpha\beta} h_{ij}^{\alpha} h_{ik}^{\beta} \bar{R}_{\alpha\beta jl}$$

$$+ \sum_{ijp\alpha\beta} (h_{ij}^{\alpha} h_{il}^{\beta} h_{kp}^{\alpha} h_{pj}^{\beta} - h_{ij}^{\alpha} h_{ij}^{\beta} h_{kp}^{\alpha} h_{pl}^{\beta})$$

$$+ \sum_{ijp\alpha\beta} (h_{ij}^{\alpha} h_{ip}^{\alpha} h_{pj}^{\beta} h_{kl}^{\beta} - h_{ij}^{\alpha} h_{ip}^{\alpha} h_{pl}^{\beta} h_{jk}^{\beta})$$

$$+ \sum_{ijp\alpha\beta} (h_{ij}^{\alpha} h_{ik}^{\beta} h_{jp}^{\beta} h_{pl}^{\alpha} - h_{ij}^{\alpha} h_{ik}^{\beta} h_{jp}^{\alpha} h_{pl}^{\beta})\Big)$$

$$- \sum_{\alpha} 2nH_{,k}^{\alpha} H_{,l}^{\alpha} - \sum_{\alpha} 2nH^{\alpha} H_{,kl}^{\alpha},$$

$$\Delta S = \sum_{k} S_{,kk}$$

$$= \sum_{ijk\alpha} -2h_{ij}^{\alpha} \bar{R}_{ijk,k}^{\alpha} + \sum_{ijk\alpha} 2h_{ij}^{\alpha} \bar{R}_{kki,j}^{\alpha} + \sum_{ij\alpha} 2nh_{ij}^{\alpha} H_{,ij}^{\alpha} + 2|Dh|^2$$

$$+ 2\Big(\sum_{ijpk\alpha} h_{ij}^{\alpha} h_{pk}^{\alpha} \bar{R}_{ipjk} + \sum_{ijpk\alpha} h_{ij}^{\alpha} h_{ip}^{\alpha} \bar{R}_{kpjk} + \sum_{ijk\alpha\beta} h_{ij}^{\alpha} h_{ik}^{\beta} \bar{R}_{\alpha\beta jk}\Big)$$

$$- \sum_{\alpha\neq\beta} 2N(A_{\alpha}A_{\beta} - A_{\beta}A_{\alpha}) + \sum_{\alpha\beta} 2nS_{\alpha\alpha\beta}H^{\beta} - 2S_{\alpha\beta}^{2},$$

$$\Delta\rho = \sum_{ijk\alpha} -2h_{ij}^{\alpha}\bar{R}_{ijk,k}^{\alpha} + \sum_{ijk\alpha} 2h_{ij}^{\alpha}\bar{R}_{kki,j}^{\alpha}$$

$$+ \sum_{ij\alpha} 2nh_{ij}^{\alpha}H_{,ij}^{\alpha} + 2|Dh|^2$$

$$+ 2\Big(\sum_{ijpk\alpha} h_{ij}^{\alpha}h_{pk}^{\alpha}\bar{R}_{ipjk} + \sum_{ijpk\alpha} h_{ij}^{\alpha}h_{ip}^{\alpha}\bar{R}_{kpjk} + \sum_{ijk\alpha\beta} h_{ij}^{\alpha}h_{ik}^{\beta}\bar{R}_{\alpha\beta jk} \Big)$$

$$- \sum_{\alpha\neq\beta} 2N(A_\alpha A_\beta - A_\beta A_\alpha) + \sum_{\alpha\beta} 2nS_{\alpha\beta}H^\beta - 2S_{\alpha\beta}^2$$

$$- 2n|\nabla\vec{H}|^2 - \sum_{\alpha} 2nH^\alpha\Delta H^\alpha.$$

（2）在一般流形中且 $p = 1$ 时，

$$S_{,kl} = \sum_{ij} 2h_{ij}\bar{R}_{(n+1)ijk,l} - \sum_{ij} 2h_{ij}\bar{R}_{(n+1)kli,j}$$

$$+ \sum_{ij} 2h_{ij}h_{kl,ij} + \sum_{ij} 2h_{ij,k}h_{ij,l}$$

$$+ 2\Big(\sum_{ijp} h_{ij}h_{pk}\bar{R}_{ipjl} + \sum_{ijp} h_{ij}h_{ip}\bar{R}_{kpjl} - S\sum_{p} h_{kp}h_{pl}$$

$$+ \sum_{ijp}(h_{ij}h_{il}h_{kp}h_{pj} + h_{ij}h_{ip}h_{pj}h_{kl} - h_{ij}h_{ip}h_{pl}h_{jk}) \Big),$$

$$\rho_{,kl} = S_{,kl} - 2nH_{,k}H_{,l} - 2nHH_{,kl}$$

$$= \sum_{ij} 2h_{ij}\bar{R}_{(n+1)ijk,l} - \sum_{ij} 2h_{ij}\bar{R}_{(n+1)kli,j}$$

$$+ \sum_{ij} 2h_{ij}h_{kl,ij} + \sum_{ij} 2h_{ij,k}h_{ij,l}$$

$$+ 2\Big(\sum_{ijp} h_{ij}h_{pk}\bar{R}_{ipjl} + \sum_{ijp} h_{ij}h_{ip}\bar{R}_{kpjl} - S\sum_{p} h_{kp}h_{pl}$$

$$+ \sum_{ijp}(h_{ij}h_{il}h_{kp}h_{pj} + h_{ij}h_{ip}h_{pj}h_{kl} - h_{ij}h_{ip}h_{pl}h_{jk}) \Big)$$

$$- 2nH_{,k}H_{,l} - 2nHH_{,kl},$$

$$\Delta S = \sum_{k} S_{,kk}$$

$$= \sum_{ijk} 2h_{ij}\bar{R}_{(n+1)ijk,k} - \sum_{ijk} 2h_{ij}\bar{R}_{(n+1)kki,j}$$

$$+ \sum_{ij} 2nh_{ij}H_{,ij} + 2|Dh|^2 + \sum_{ijkl} 2h_{ij}h_{kl}\bar{R}_{iljk}$$

$$+ \sum_{ijkl} 2h_{ij}h_{il}\bar{R}_{jkkl} - 2S^2 + 2nP_3H,$$

$$\Delta\rho = \Delta S - 2n|\nabla H|^2 - 2nH\Delta H$$

$$= \sum_{ijk} 2h_{ij}\bar{R}_{(n+1)ijk,k} - \sum_{ijk} 2h_{ij}\bar{R}_{(n+1)kki,j}$$

$$+ \sum_{ij} 2nh_{ij}H_{,ij} + 2|Dh|^2 + \sum_{ijkl} 2h_{ij}h_{kl}\bar{R}_{iljk}$$

$$+ \sum_{ijkl} 2h_{ij}h_{il}\bar{R}_{jkkl} - 2S^2 + 2nP_3H$$

$$- 2n|\nabla H|^2 - 2nH\Delta H.$$

（3）在空间形式中且 $p \geqslant 2$ 时，

$$S_{,kl} = \sum_{ij\alpha} 2h_{ij}^{\alpha}h_{kl,ij}^{\alpha} + \sum_{ij\alpha} 2h_{ij,k}^{\alpha}h_{ij,l}^{\alpha}$$

$$+ 2\Big(\sum_{\alpha} -cnH^{\alpha}h_{kl}^{\alpha} + c\delta_{kl}S$$

$$+ \sum_{ijp\alpha\beta} (h_{ij}^{\alpha}h_{il}^{\beta}h_{kp}^{\alpha}h_{pj}^{\beta} - h_{ij}^{\alpha}h_{ij}^{\beta}h_{kp}^{\alpha}h_{pl}^{\beta})$$

$$+ \sum_{ijp\alpha\beta} (h_{ij}^{\alpha}h_{ip}^{\alpha}h_{pj}^{\beta}h_{kl}^{\beta} - h_{ij}^{\alpha}h_{ip}^{\alpha}h_{pl}^{\beta}h_{jk}^{\beta})$$

$$+ \sum_{ijp\alpha\beta} (h_{ij}^{\alpha}h_{ik}^{\beta}h_{jp}^{\beta}h_{pl}^{\alpha} - h_{ij}^{\alpha}h_{ik}^{\beta}h_{jp}^{\alpha}h_{pl}^{\beta})\Big),$$

$$\rho_{,kl} = S_{,kl} - \sum_{\alpha} 2nH_{,k}^{\alpha}H_{,l}^{\alpha} - \sum_{\alpha} 2nH^{\alpha}H_{,kl}^{\alpha}$$

$$= \sum_{ij\alpha} 2h_{ij}^{\alpha}h_{kl,ij}^{\alpha} + \sum_{ij\alpha} 2h_{ij,k}^{\alpha}h_{ij,l}^{\alpha}$$

$$+ 2\Big(\sum_{\alpha} -cnH^{\alpha}h_{kl}^{\alpha} + c\delta_{kl}S$$

$$+ \sum_{ijp\alpha\beta} (h_{ij}^{\alpha}h_{il}^{\beta}h_{kp}^{\alpha}h_{pj}^{\beta} - h_{ij}^{\alpha}h_{ij}^{\beta}h_{kp}^{\alpha}h_{pl}^{\beta})$$

$$+ \sum_{ijp\alpha\beta} (h_{ij}^{\alpha}h_{ip}^{\alpha}h_{pj}^{\beta}h_{kl}^{\beta} - h_{ij}^{\alpha}h_{ip}^{\alpha}h_{pl}^{\beta}h_{jk}^{\beta})$$

$$+ \sum_{ijp\alpha\beta} (h_{ij}^\alpha h_{ik}^\beta h_{jp}^\beta h_{pl}^\alpha - h_{ij}^\alpha h_{ik}^\beta h_{jp}^\alpha H_{pl}^\beta))$$

$$- \sum_\alpha 2nH_{,k}^\alpha H_{,l}^\alpha - \sum_\alpha 2nH^\alpha H_{,kl}^\alpha,$$

$$\Delta S = \sum_k S_{,kk}$$

$$= \sum_{ij\alpha} 2nh_{ij}^\alpha H_{,ij}^\alpha + 2|Dh|^2 + 2ncS$$

$$- 2n^2cH^2 - \sum_{\alpha\neq\beta} 2N(A_\alpha A_\beta - A_\beta A_\alpha)$$

$$+ \sum_{\alpha\beta} 2nS_{\alpha\beta}H^\beta - 2S_{\alpha\beta}^2,$$

$$\Delta\rho = \Delta S - 2n|\nabla\vec{H}|^2 - \sum_\alpha 2nH^\alpha \Delta H^\alpha$$

$$= \sum_{ij\alpha} 2nh_{ij}^\alpha H_{,ij}^\alpha + 2|Dh|^2 + 2ncS - 2n^2cH^2$$

$$- \sum_{\alpha\neq\beta} 2N(A_\alpha A_\beta - A_\beta A_\alpha) + \sum_{\alpha\beta} 2nS_{\alpha\beta}H^\beta - 2S_{\alpha\beta}^2$$

$$- 2n|\nabla\vec{H}|^2 - \sum_\alpha 2nH^\alpha \Delta H^\alpha.$$

（4）在空间形式中且 $p = 1$ 时，

$$S_{,kl} = \sum_{ij} 2h_{ij}h_{kl,ij} + \sum_{ij} 2h_{ij,k}h_{ij,l}$$

$$- 2cnHh_{kl} + 2c\delta_{kl}S - 2S\sum_p h_{kp}h_{pl}$$

$$+ \sum_{ijp} 2(h_{ij}h_{il}h_{kp}h_{pj} + h_{ij}h_{ip}h_{pj}h_{kl} - h_{ij}h_{ip}h_{pl}h_{jk}),$$

$$\rho_{,kl} = S_{,kl} - 2nH_{,k}H_{,l} - 2nHH_{,kl}$$

$$= \sum_{ij} 2h_{ij}h_{kl,ij} + \sum_{ij} 2h_{ij,k}h_{ij,l}$$

$$- 2cnHh_{kl} + 2c\delta_{kl}S - 2S\sum_p h_{kp}h_{pl}$$

$$+ \sum_{ijp} 2(h_{ij}h_{il}h_{kp}h_{pj} + h_{ij}h_{ip}h_{pj}h_{kl} - h_{ij}h_{ip}h_{pl}h_{jk})$$

$$- 2nH_{,k}H_{,l} - 2nHH_{,kl},$$

$$\Delta S = \sum_k S_{,kk} = \sum_{ij} 2nh_{ij}H_{,ij} + 2|Dh|^2$$

$$- 2n^2cH^2 + 2ncS - 2S^2 + 2nHP_3,$$

$$\Delta \rho = \Delta S - 2n|\nabla H|^2 - 2nH\Delta H$$

$$= \sum_{ij} 2nh_{ij}H_{,ij} + 2|Dh|^2 - 2n^2cH^2$$

$$+ 2ncS - 2S^2 + 2nHP_3 - 2n|\nabla H|^2 - 2nH\Delta H.$$

5.3 特殊向量场的计算

空间形式中的子流形位置向量、切向量和法向量的二阶协变微分的计算，往往可以给出很多特殊子流形的微分刻画，这类计算归结为一类刻画——Takahashi类型引理。

位置向量x的协变导数。固定一个向量a，定义函数$f = \langle x, a \rangle$，根据函数协变导数的定义，有

$$\mathrm{d}f = f_{,i}\theta^i = \langle \mathrm{d}x, a \rangle = \langle e_i, a \rangle\theta^i,$$

$$f_{,ij}\theta^j = \mathrm{d}f_i - f_p\phi_i^p = \mathrm{d}\langle e_i, a \rangle - \langle e_p, a \rangle\phi_i^p$$

$$= \langle \phi_i^p e_p + \phi_i^\alpha e_\alpha - c\theta^i x, a \rangle - \langle e_p, a \rangle\phi_i^p$$

$$= \langle h_{ij}^\alpha e_\alpha \theta^j - c\delta_{ij}x\theta^j, a \rangle.$$

综上所述，利用特殊算子作用可以得到

$$x_{,i} = e_i,$$

$$x_{,ij} = h_{ij}^\alpha e_\alpha - c\delta_{ij}x,$$

$$\Delta x = n\vec{H} - ncx,$$

$$L_r x = (r + 1)\vec{S}_{r+1} - c(n - r)S_r x.$$

切向量e_i的协变导数。固定一个向量a，定义向量场$\eta = \langle e_i, a \rangle e_i = \eta^i e_i$，根据向量场的定义，有

$$
\begin{aligned}
\eta^i_{,j}\theta^j &= \mathrm{d}\eta^i + \eta^p \phi^i_p \\
&= \mathrm{d}\langle e_i, a \rangle + \langle e_p, a \rangle \phi^i_p \\
&= \langle \phi^p_i e_p + \phi^\alpha_i e_\alpha - c\theta^i x, a \rangle + \langle e_p, a \rangle \phi^i_p \\
&= (h^\alpha_{ij}\langle e_\alpha, a \rangle - c\delta_{ij}\langle x, a \rangle)\theta^j.
\end{aligned}
$$

综上所述，利用特殊算子作用可以得到

$$
\begin{aligned}
e_{i,j} &= h^\alpha_{ij}e_\alpha - c\delta_{ij}x, \\
e_{i,jk} &= h^\alpha_{ij,k}e_\alpha - h^\alpha_{ij}h^\alpha_{kp}e_p - c\delta_{ij}e_k, \\
\Delta e_i &= \sum_\alpha nH^\alpha_{,i}e_\alpha - \sum_{jk\alpha} h^\alpha_{ij}h^\alpha_{jk}e_k - ce_i.
\end{aligned}
$$

法向量e_α的协变导数。固定一个向量a，定义向量场$\xi = \langle e_\alpha, a \rangle e_\alpha = \xi^\alpha e_\alpha$，根据向量场协变导数的定义，有

$$
\begin{aligned}
\xi^\alpha_{,i}\theta^i &= \mathrm{d}\xi^\alpha + \xi^\beta \phi^\alpha_\beta \\
&= \mathrm{d}\langle e_\alpha, a \rangle + \langle e_\beta, a \rangle \phi^\alpha_\beta \\
&= \langle \phi^p_\alpha e_p + \phi^\beta_\alpha e_\beta, a \rangle - \langle e_\beta, a \rangle \phi^\beta_\alpha \\
&= -h^\alpha_{ij}e_j.
\end{aligned}
$$

综上所述，利用特殊算子作用可以得到

$$
\begin{aligned}
e_{\alpha,i} &= -h^\alpha_{ip}e_p, \\
e_{\alpha,ij} &= -h^\alpha_{ij,p}e_p - h^\alpha_{ip}h^\beta_{pj}e_\beta + ch^\alpha_{ij}x, \\
\Delta e_\alpha &= -n\sum_i H^\alpha_{,i}e_i - \sum_\beta \sigma_{\alpha\beta}e_\beta + ncH^\alpha x, \\
L^*_r(\langle a, e_\alpha \rangle e_\alpha) &= -\langle DS_{r+1}, a \rangle - S_{r+1}\langle \vec{S}_1, a \rangle \\
&\quad + (r+2)\langle \vec{S}_{r+2}, a \rangle + c(r+1)S_{r+1}\langle x, a \rangle.
\end{aligned}
$$

第 6 章　一些重要的不等式

　　本节介绍一些重要的不等式，它们在极小子流形的间隙现象研究中具有重要作用。这些不等式包括Chern do Carmo Kobayashi不等式、李安民–李济民不等式、沈一兵方法和Huisken不等式。

6.1　Chern do Carmo Kobayashi不等式

　　Chern do Carmo Kobayashi不等式是关于矩阵的不等式，这个结论并给出了等号成立的条件。记所有的$n \times n$矩阵集合为$M(n \times n)$. 我们在其上定义一个函数

$$N : M(n \times n) \to R_+, \quad N(A) = \sum_{ij} (a_{ij})^2.$$

显然赋值函数N满足下面的性质，这些性质是显然的，在此不一一证明。

命题 6.1　矩阵$M(n \times n)$上的赋值函数N可用迹表达为

$$N(A) = \mathrm{tr}(AA^{\mathrm{T}}).$$

命题 6.2　矩阵$M(n \times n)$上的赋值函数N非负，$N(A) = 0$当且仅当矩阵$A = 0$.

命题 6.3　设矩阵O是正交矩阵（$OO^{\mathrm{T}} = O^{\mathrm{T}}O = I$），矩阵$M(n \times n)$上的赋值函数$N$具有左正交作用、右正交作用、双边正交作用不变的性质：

$$N(A) = N(OA) = N(AO) = N(OAO^{\mathrm{T}}).$$

进一步设O_1, O_2是两个正交矩阵，则有

$$N(A) = N(O_1 A O_2).$$

命题 6.4　　N 作用在矩阵 A, B 的交换子 $AB - BA$ 上有

$$N(AB - BA) = \text{tr}(A^{\text{T}}ABB^{\text{T}} + B^{\text{T}}BAA^{\text{T}} - ABA^{\text{T}}B^{\text{T}} - A^{\text{T}}BAB^{\text{T}}).$$

进一步如果矩阵 A, B 都是对称矩阵，则有

$$N(AB - BA) = 2\text{tr}(AABB - ABAB).$$

因此赋值函数 N 可以刻画两个矩阵的交换程度。

命题 6.5　　设矩阵 O 是正交矩阵，A, B 是对称矩阵，赋值函数 N 对矩阵 A, B 的交换子具有同时左正交作用、同时右正交作用、同时双边正交作用不变的性质：

$$N(OAOB - OBOA) = N(AB - BA);$$

$$N(AOBO - BOAO) = N(AB - BA);$$

$$N(OABO - BOOA) = N(AB - BA);$$

$$N(AOOB - OBAO) = N(AB - BA);$$

$$N(OAO^{\text{T}}OBO^{\text{T}} - OBO^{\text{T}}OAO^{\text{T}}) = N(AB - BA).$$

命题 6.6　　设 $C(B)$ 是可与 B 交换的矩阵集合（显然 $\beta I \in C(B), \forall \beta \in \mathbb{R}$），$C(A)$ 是可与 A 交换的矩阵集合（显然 $\alpha I \in C(A), \forall \alpha \in \mathbb{R}$），赋值函数 N 对矩阵 A, B 的交换子具有消去性质：

$$N(AB - BA) = N[(A - P)B - B(A - P)], \quad \forall P \in C(B);$$

$$N(AB - BA) = N(A(B - Q) - (B - Q)A), \quad \forall Q \in C(A);$$

$$N(AB - BA) = N[(A - P)(B - Q) - (B - Q)(A - P)],$$

$$\forall P \in C(B), Q \in C(A), PQ = QP;$$

$$N(AB - BA) = N[(A - \alpha I)(B - \beta I) - (B - \beta I)(A - \alpha I)], \quad \forall \alpha, \beta \in R;$$

$$N(AB - BA) = N[(A - \text{tr}(A)I)(B - \text{tr}(B)I) - (B - \text{tr}(B)I)(A - \text{tr}(A)I)].$$

命题 6.7 设矩阵O是$p \times p$正交矩阵，$A_\alpha, 1 \leqslant \alpha \leqslant p$是$p$个$n \times n$对称矩阵，赋值函数$N$对矩阵$A_\alpha, A_\beta$的交换子具有正交系数组合不变性。即，定义新的对称矩阵

$$A_\alpha^* = \sum_\gamma o_{\alpha\gamma} A_\gamma.$$

有

$$\sum_{\alpha\beta} N(A_\alpha A_\beta - A_\beta A_\alpha) = \sum_{\alpha\beta} N(A_\alpha^* A_\beta^* - A_\beta^* A_\alpha^*).$$

有了上面这些命题，我们可以证明本节的主要定理，为了凸显作者的贡献，称这个不等式为Chern do Carmo Kobayashi不等式。

定理 6.1 [3] 设A, B是对称方阵，那么

$$N(AB - BA) \leqslant 2N(A)N(B)$$

等式成立当且仅当两种情形：（1）A, B至少有一个为零；（2）如果$A \neq 0, B \neq 0$，那么A, B可以同时正交化为下面的矩阵：

$$A = \lambda \begin{pmatrix} 1 & 0 & 0 & \cdots & 0 \\ 0 & -1 & 0 & \cdots & 0 \\ 0 & 0 & 0 & \cdots & 0 \\ \vdots & \vdots & \vdots & \cdots & \vdots \\ 0 & 0 & 0 & \cdots & 0 \end{pmatrix},$$

$$B = \mu \begin{pmatrix} 0 & 1 & 0 & \cdots & 0 \\ 1 & 0 & 0 & \cdots & 0 \\ 0 & 0 & 0 & \cdots & 0 \\ \vdots & \vdots & \vdots & \cdots & \vdots \\ 0 & 0 & 0 & \cdots & 0 \end{pmatrix}.$$

另外，如果B_1, B_2, B_3为对称矩阵且满足

$$N(B_i B_j - B_j B_i) = 2N(B_i)N(B_j), \quad 1 \leqslant i, j \leqslant 3$$

那么至少有一个为零。

证明　根据对称矩阵交换子的正交变换不变形，我们可以设矩阵 A, B 通过正交变换为对角阵

$$A = \begin{pmatrix} a_1 & 0 & \cdots & 0 \\ 0 & a_2 & \cdots & 0 \\ \vdots & 0 & \ddots & 0 \\ 0 & 0 & \cdots & a_n \end{pmatrix},$$

$$B = \begin{pmatrix} b_{11} & b_{12} & \cdots & b_{1n} \\ b_{21} & b_{22} & \cdots & b_{2n} \\ \vdots & \vdots & \cdots & \vdots \\ b_{n1} & b_{n2} & \cdots & b_{nn} \end{pmatrix}.$$

根据定义可知

$$N(A) = \sum_{i=1}^{n} a_i^2, \quad N(B) = \sum_{ij} b_{ij}^2,$$

$$N(AB - BA) = \sum_{i \neq j} (a_i - a_j)^2 b_{ij}^2.$$

根据简单的代数不等式

$$\sum_{i \neq j} (a_i - a_j)^2 \leqslant \sum_{i \neq j} 2a_i^2 + 2a_j^2.$$

上面的不等式等号成立当且仅当

$$a_i + a_j = 0, \quad \forall i \neq j.$$

将不等式代入赋值等式，可得到

$$N(AB - BA) = \sum_{i \neq j} (a_i - a_j)^2 b_{ij}^2$$

$$\leqslant 2 \sum_{i \neq j} (a_i^2 + a_j^2) b_{ij}^2$$

$$= 2 \sum_{ij} (a_i^2 + a_j^2) b_{ij}^2 - 4 \sum_i a_i^2 b_{ii}^2$$

$$\leqslant 2 \sum_{ij} (a_1^2 + \cdots + a_i^2 + \cdots + a_j^2 + \cdots + a_n^2) b_{ij}^2 - 4 \sum_i a_i^2 b_{ii}^2$$

$$\leqslant 2N(A)N(B) - 4\sum_i a_i^2 b_{ii}^2$$

$$\leqslant 2N(A)N(B).$$

如果上面的不等式变为等式

$$N(AB - BA) = 2N(A)N(B).$$

那么A, B至少有一个为零时等式显然成立。下面设$A \neq 0, B \neq 0$，则有

$$\sum_i a_i^2 b_{ii}^2 = 0;$$

$$\sum_{ij}(N(A) - a_i^2 - a_j^2)b_{ij}^2 = 0;$$

$$(a_i + a_j)b_{ij} = 0, \quad \forall i \neq j.$$

我们的第一个断言是$b_{ii} = 0, \forall i$. 否则，设存在某个i_0使得$b_{i_0 i_0} \neq 0$，由上面的第一个等式，可知$a_{i_0} = 0$，由第二个等式可知$N(A) = 0$，推出$A = 0$，这和$A \neq 0$矛盾。

再由第二个等式可以得到第二个断言是，如果$\exists i_0 \neq j_0, b_{i_0 j_0} \neq 0$, 则$a_k = 0, \forall k \neq i_0, j_0$. 再由第三个等式，可得$a_{i_0} + a_{j_0} = 0$. 因此$a_{i_0} = -a_{j_0} \neq 0, a_k = 0, k \neq i_0, j_0$. 代入第二式可得当$i \neq i_0$或者$j \neq j_0, b_{ij} = 0$,因此只有$b_{i_0 j_0} = b_{j_0 i_0} \neq 0$.

因为矩阵A, B地位对等，因此定理的第一部分得证。

对于定理的第二部分采用反证法，设三个矩阵B_1, B_2, B_3都不为零，则根据定理的第一部分得到，必定有两个矩阵是同一类型，这和第一部分的结论矛盾。　　　　　　　　　　　　　　　　　　　　　　□

Chern do Carmo Kobayshi估计的一个直接应用是关于余维数大于1的子流形的第二基本型和迹零第二基本型的估计，我们知道与子流形相关的矩阵为

$$A_\alpha = (h_{ij}^\alpha)_{n \times n}, \quad n + 1 \leqslant \alpha \leqslant n + p;$$

$$\hat{A}_\alpha = A_\alpha - H^\alpha I = (\hat{h}_{ij}^\alpha)_{n \times n}.$$

利用上面的赋值函数可以得到

$$N(A_\alpha) = S_{\alpha\alpha}, \quad \sum_\alpha N(A_\alpha) = S,$$

$$N(\hat{A}_\alpha) = \hat{S}_{\alpha\alpha}, \quad \sum_\alpha N(\hat{A}_\alpha) = \rho.$$

因此直接利用定理6.1可以得到下面的结论。

定理 6.2 设 $x : M^n \to N^{n+p}$ 是子流形，那么在某点 $q \in M$，

$$N(A_\alpha A_\beta - A_\beta A_\alpha) \leqslant 2S_{\alpha\alpha} S_{\beta\beta}$$

等式成立当且仅当两种情形：（1）A_α, A_β 至少有一个为零；（2）如果 $A_\alpha \neq 0, A_\beta \neq 0$，那么 A_α, A_β 在点 $q \in M$ 可以同时正交化为下面的矩阵或者相换：

$$A_\alpha = \sqrt{\frac{S_{\alpha\alpha}}{2}} \begin{pmatrix} 1 & 0 & 0 & \cdots & 0 \\ 0 & -1 & 0 & \cdots & 0 \\ 0 & 0 & 0 & \cdots & 0 \\ \vdots & \vdots & \vdots & \cdots & \vdots \\ 0 & 0 & 0 & \cdots & 0 \end{pmatrix},$$

$$A_\beta = \sqrt{\frac{S_{\beta\beta}}{2}} \begin{pmatrix} 0 & 1 & 0 & \cdots & 0 \\ 1 & 0 & 0 & \cdots & 0 \\ 0 & 0 & 0 & \cdots & 0 \\ \vdots & \vdots & \vdots & \cdots & \vdots \\ 0 & 0 & 0 & \cdots & 0 \end{pmatrix}.$$

定理 6.3 设 $x : M^n \to N^{n+p}$ 是子流形，那么在某点 $q \in M$，

$$N(\hat{A}_\alpha \hat{A}_\beta - \hat{A}_\beta \hat{A}_\alpha) \leqslant 2\hat{S}_{\alpha\alpha} \hat{S}_{\beta\beta}$$

等式成立当且仅当两种情形：（1）$\hat{A}_\alpha, \hat{A}_\beta$ 至少有一个为零；（2）如果 $\hat{A}_\alpha \neq 0, \hat{A}_\beta \neq 0$，那么 $\hat{A}_\alpha, \hat{A}_\beta$ 在点 $q \in M$ 可以同时正交化为下面的矩阵或者

者相换：

$$\hat{A}_\alpha = \sqrt{\frac{\hat{S}_{\alpha\alpha}}{2}} \begin{pmatrix} 1 & 0 & 0 & \cdots & 0 \\ 0 & -1 & 0 & \cdots & 0 \\ 0 & 0 & 0 & \cdots & 0 \\ \vdots & \vdots & \vdots & \cdots & \vdots \\ 0 & 0 & 0 & \cdots & 0 \end{pmatrix},$$

$$\hat{A}_\beta = \sqrt{\frac{\hat{S}_{\beta\beta}}{2}} \begin{pmatrix} 0 & 1 & 0 & \cdots & 0 \\ 1 & 0 & 0 & \cdots & 0 \\ 0 & 0 & 0 & \cdots & 0 \\ \vdots & \vdots & \vdots & \cdots & \vdots \\ 0 & 0 & 0 & \cdots & 0 \end{pmatrix}.$$

注释 6.1 以后我们把涉及以上不等式的估计称为陈省身类型估计。

6.2 沈一兵类型方法

所谓沈一兵类型方法，指的是以下几种类型的估计，可以参见文献[95–97]。设 $x : M^n \to N^{n+p}$ 是子流形，考虑两个向量丛，其一为子流形上的单位切丛，其二为子流形上的单位法丛。首先在子流形上的点定义单位切空间和单位法空间分别为

$$UM_x = \{u : u \in TM_x, |u| = 1\},$$

$$U^\perp M_x = \{u : u \in T^\perp M_x, |u| = 1\}.$$

将单位切空间与单位法空间拼接起来构成单位切丛与单位法丛，分别为

$$UM = \bigcup_{x \in M} UM_x, \quad U^\perp M = \bigcup_{x \in M} U^\perp M_x.$$

在单位切丛 UM 上面，我们对第二基本型和迹零第二基本型分别定义二

次型函数为

$$f_{(\top,2)}(u) = \sum_\alpha (\sum_{ij} h_{ij}^\alpha u^i u^j)^2, \quad \forall u = u^i e_i \in UM;$$

$$\hat{f}_{(\top,2)}(u) = \sum_\alpha (\sum_{ij} \hat{h}_{ij}^\alpha u^i u^j)^2, \quad \forall u = u^i e_i \in UM.$$

在单位法从上面，同样地，对第二基本型和迹零第二基本型分别定义二次型函数为

$$f_{(\perp,2)}(u) = \sum_{ij} (\sum_\alpha h_{ij}^\alpha u^\alpha)^2, \quad \forall u = u^\alpha e_\alpha \in U^\perp M;$$

$$\hat{f}_{(\perp,2)}(u) = \sum_{ij} (\sum_\alpha \hat{h}_{ij}^\alpha u^\alpha)^2, \quad \forall u = u^\alpha e_\alpha \in U^\perp M.$$

对上面四类二次型函数的估计可以和 ΔS 与 $\Delta\rho$ 的估计联系起来。从而在极小子流形和Willmore子流形的间隙现象估计中发挥重要作用。

我们以 $f_{(\top,2)}$ 为例，说明建立所述联系的方法。因为子流形 M 是紧致无边子流形，所以 UM 也是紧致流形。函数 $f_{(\top,2)}$ 定义在单位切丛上面：

$$f_{(\top,2)} : UM \to R.$$

显然函数 $f_{(\top,2)}$ 是连续的，因此在某点 $v = v^i e_i$ 取得最大值，不妨设 $v \in UM_{x_0}$，对于任何一个单位向量 $u \in UM_{x_0}$，我们在子流形 M 上面按照下述条件建立测地线方程 $\gamma_u(t)$：

$$\gamma_u(0) = x_0, \quad \gamma_u'(0) = u.$$

沿着这条测地线方程平行移动向量 v 得到向量场 $V_u(t) = V(t)^i e_i$，它显然满足

$$V_u(0) = v, \quad \frac{dV^i(t)}{dt} + V^j(t)\Gamma_{jk}^i \frac{d\gamma_u^k(t)}{dt} = 0.$$

令

$$f_{(\top,2,u)}(t) = f_{(\top,2)}(V_u(t)).$$

我们知道函数 $f_{(\top,2,u)}$ 在 0 点取得最大值，因此根据最大值条件有

$$\frac{df_{(\top,2,u)}(t)}{dt}\Big|_{t=0} = 2\sum_\alpha (\sum_{ij} h_{ij}^\alpha v^i v^j)(\sum_{ijk} h_{ij,k}^\alpha v^i v^j u^k) = 0.$$

$$\frac{\mathrm{d}^2 f_{(\top,2,u)}(t)}{\mathrm{d}t^2}\Big|_{t=0} = 2\sum_\alpha (h^\alpha_{ij,k} v^i v^j u^k)^2$$

$$+ 2\sum_\alpha \Big(\sum_{ij} h^\alpha_{ij} v^i v^j\Big)\Big(\sum_{ijkl} h^\alpha_{ij,kl} v^i v^j u^k u^l\Big) \leqslant 0.$$

上面的u是任意选取的，实际上因为UM_{x_0}是一个球面，所以u可以选取得特殊一些。设$\langle u, v \rangle = 0$，并且设$\alpha(s)$是单位球面UM_{x_0}上的一条曲线满足

$$\alpha(0) = v, \quad \alpha'(0) = u.$$

因为v是函数$f_{(\top,2,u)}(t)$的临界点，因此再次利用最大值条件，我们可以得到

$$\frac{\mathrm{d}}{\mathrm{d}s}(f\circ\alpha)(0) = 4\sum_\alpha(\sum_{ij} h^\alpha_{ij} v^i v^j)(\sum_{ij} h^\alpha_{ij} v^i u^j) = 0,$$

$$\frac{\mathrm{d}^2}{\mathrm{d}s^2}(f\circ\alpha)(0) = 8\sum_\alpha(\sum_{ij} h^\alpha_{ij} v^i u^j)^2 + 4\sum_\alpha(\sum_{ij} h^\alpha_{ij} v^i v^j)$$

$$\times (\sum_{ij} h^\alpha_{ij} u^i u^j + \sum_{ij} h^\alpha_{ij} v^i)\alpha^{j''}(0) \leqslant 0.$$

因为

$$\langle \alpha(0), \alpha(0) \rangle = 1, \quad \langle \alpha'(0), \alpha'(0) \rangle = 1,$$

所以经过简单的计算得到

$$\langle \alpha(0), \alpha''(0) \rangle = -1.$$

因此可以设

$$\alpha''(0) = -v + X, \quad \langle v, X \rangle = 0.$$

我们知道等式

$$\frac{\mathrm{d}}{\mathrm{d}s}(f\circ\alpha)(0) = 4\sum_\alpha\Big(\sum_{ij} h^\alpha_{ij} v^i v^j\Big)\Big(\sum_{ij} h^\alpha_{ij} v^i u^j\Big) = 0.$$

对于任意的$\langle u, v \rangle = 0$，$|u| = 1$成立，由于表达式对u是线性的，因此等式对于任意的$X \in TM_{x_0}$，$\langle X, v \rangle = 0$成立。所以二阶条件可以改写为

$$2\sum_\alpha(\sum_{ij} h^\alpha_{ij} v^i u^j)^2 + \sum_\alpha(\sum_{ij} h^\alpha_{ij} v^i v^j)(\sum_{ij} h^\alpha_{ij} u^i u^j) - f_{(\top,2)}(v) \leqslant 0.$$

记 $b_{ij} = \sum_{\alpha} h_{11}^{\alpha} h_{ij}^{\alpha}$. 不失一般性, 可以假设 $v = e_1$, 因此 $v^1 = 1$, $v^2 = v^3 = \cdots = 0$, 令 $u = e_2, e_3, \cdots, e_n$ 代入最大值条件可以得到

$$b_{1k} = \sum_{\alpha} h_{11}^{\alpha} h_{1k}^{\alpha} = 0, \quad k = 2, 3, \cdots, n.$$

因为矩阵 b_{ij} 的对称性, 所以 $v = e_1$ 是矩阵 b_{ij} 的特征向量, 固定 e_1 补充完整 $e_2, \cdots, e_n$ 使得 b_{ij} 可以对角化, 因此

$$b_{ij} = \sum_{\alpha} h_{11}^{\alpha} h_{ij}^{\alpha} = 0, \quad \forall i \neq j.$$

总结以上的最大值条件和选择的特殊标架, 可以得到下面的定理。

定理 6.4　在选择的特殊标架和点 x_0 处, 有

$$f(v) = \sum_{\alpha} (h_{11}^{\alpha})^2 = \max_{u \in UM} |h(u, u)|^2,$$

$$\sum_{\alpha} (h_{11i}^{\alpha})^2 + \sum_{\alpha} h_{11}^{\alpha} h_{11ii}^{\alpha} \leqslant 0,$$

$$\sum_{\alpha} h_{11}^{\alpha} h_{ij}^{\alpha} = 0, \quad \forall i \neq j,$$

$$2 \sum_{\alpha} (h_{1k}^{\alpha})^2 + \sum_{\alpha} h_{11}^{\alpha} h_{kk}^{\alpha} - f(v) \leqslant 0, \quad k \neq 1.$$

注释 6.2　以后我们把涉及以上方法的估计称为沈一兵类型估计。

6.3　李安民–李济民不等式

李安民等人细致研究上面的陈省身不等式, 给出了更加精细的不等式和等式成立的条件, 为了方便起见, 我们可以称之为李安民类型不等式。

定理 6.5 [94]　设 $A_1, \cdots, A_p, p \geqslant 2$ 是对称的 $(n \times n)$ 矩阵, 令

$$S_{\alpha\beta} = \mathrm{tr}(A_\alpha A_\beta), \quad S_{\alpha\alpha} = N(A_\alpha), \quad S = \sum_{\alpha} S_{\alpha\alpha}.$$

则有不等式

$$\sum_{\alpha \neq \beta} N(A_\alpha A_\beta - A_\beta A_\alpha) + \sum_{\alpha\beta} S_{\alpha\beta}^2 \leqslant \frac{3}{2} S^2.$$

等式成立当且仅当下面的条件之一成立:

（1）$A_1 = A_2 = \cdots = A_p = 0$;

（2）$A_1 \neq 0$, $A_2 \neq 0$, $A_3 = A_4 = \cdots A_p = 0$, $S_{11} = S_{22}$

并且在条件（2）之下，A_1, A_2可以同时正交化为如下矩阵:

$$A_1 = \sqrt{\frac{S_{11}}{2}} \begin{pmatrix} 1 & 0 & 0 & \cdots & 0 \\ 0 & -1 & 0 & \cdots & 0 \\ 0 & 0 & 0 & \cdots & 0 \\ \vdots & \vdots & \vdots & & \vdots \\ 0 & 0 & 0 & \cdots & 0 \end{pmatrix},$$

$$A_2 = \sqrt{\frac{S_{22}}{2}} \begin{pmatrix} 0 & 1 & 0 & \cdots & 0 \\ 1 & 0 & 0 & \cdots & 0 \\ 0 & 0 & 0 & \cdots & 0 \\ \vdots & \vdots & \vdots & & \vdots \\ 0 & 0 & 0 & \cdots & 0 \end{pmatrix}.$$

李安民类型不等式同样可以应用于余维数大于1的第二基本型和迹零第二基本型。

6.4 Huisken不等式

下面的张量不等式首先是由Huisken在超曲面的情形发现的，在积分估计中有重大应用，参见文献[93]。

定理 6.6 对于子流形的第二基本型，可以分解为

（1）当余维数为1时，

$$|\nabla h|^2 \geqslant \frac{3n^2}{n+2} |\nabla H|^2 \geqslant n|\nabla H|^2,$$

并且$|\nabla h|^2 = n|\nabla H|^2$当且仅当$\nabla h = 0$。

（2）当余维数大于等于2时，

$$|\nabla h|^2 \geqslant \frac{3n^2}{n+2}|\nabla \vec{H}|^2 \geqslant n|\nabla \vec{H}|^2,$$

并且$|\nabla h|^2 = n|\nabla \vec{H}|^2$当且仅当$\nabla h = 0$.

证明 分解张量h_{ij}^{α}为

$$h_{ij,k}^{\alpha} = E_{ijk}^{\alpha} + F_{ijk}^{\alpha}$$

其中

$$E_{ijk}^{\alpha} = \frac{n}{n+2}(H_{,i}^{\alpha}\delta_{jk} + H_{,j}^{\alpha}\delta_{ik} + H_{,k}^{\alpha}\delta_{ij}), \quad F_{ij}^{\alpha} = h_{ij}^{\alpha} - E_{ij}^{\alpha}.$$

直接计算

$$|E|^2 = \frac{3n^2}{n+2}|\nabla \vec{H}|^2, \quad E \cdot F = 0,$$

那么利用三角不等式可得

$$|\nabla h|^2 \geqslant |E|^2 = \frac{3n^2}{n+2}|\nabla \vec{H}|^2 \geqslant n|\nabla \vec{H}|^2.$$

当

$$\nabla h = 0$$

时，上面不等式中的各项全部变成0，显然

$$|\nabla h|^2 = n|\nabla \vec{H}|^2.$$

反过来，当

$$|\nabla h|^2 = n|\nabla \vec{H}|^2$$

时，上面不等式中的不等号全部变成等号，于是

$$F_{ijk}^{\alpha} = 0, \quad E_{ijk}^{\alpha} = 0, \quad h_{ij,k}^{\alpha} = 0.$$

综上所述，

$$|\nabla h|^2 = n|\nabla \vec{H}|^2$$

当且仅当

$$\nabla h = 0.$$

□

第7章 体积泛函与极小子流形

第1章到第6章给出了本书所需要的预备知识，本章研究体积泛函和极小子流形，其内容可参见文献[1-3,94]。

7.1 体积泛函与极小子流形

在子流形几何中，体积微元定义如下：

$$\mathrm{d}v = \theta^1 \wedge \theta^2 \cdots \theta^n.$$

体积泛函是最简单的泛函：

$$V(x) = \int_M \mathrm{d}v = \int_M \theta^1 \wedge \theta^2 \cdots \theta^n.$$

在计算体积泛函的第一、第二变分之前，我们需要几个引理。

引理 7.1 设 $x : M \to N^{n+p}$ 是子流形，$V = V^i e_i + V^\alpha e_\alpha$ 是变分向量场，则

$$\frac{\partial \mathrm{d}v}{\partial t} = (\mathrm{div} V^\top - n \sum_\alpha H^\alpha V^\alpha) \mathrm{d}v.$$

引理 7.2 设 $x : M \to N^{n+p}$ 是子流形，$V = V^i e_i + V^\alpha e_\alpha$ 是变分向量场，则

$$\frac{\partial}{\partial t} H^\alpha = \frac{1}{n} \Delta V^\alpha + \sum_i H^\alpha_{,i} V^i - H^\beta L^\alpha_\beta + \frac{1}{n} S_{\alpha\beta} V^\beta + \frac{1}{n} \bar{R}^\top_{\alpha\beta} V^\beta.$$

以上两个引理的证明已经在第三章给出。在此不再赘述。下面开始计算变分公式。

$$\frac{\mathrm{d}}{\mathrm{d}t} V(x) = \int_M \frac{\partial}{\partial t} \mathrm{d}v$$

$$= \int_M \left(\mathrm{div} V^\top - n \sum_\alpha H^\alpha V^\alpha \right) \mathrm{d}v$$

$$= -n \int_M \sum_\alpha H^\alpha V^\alpha \mathrm{d}v.$$

因此，我们得到体积泛函的临界点的Euler-Lagrange方程为

$$H^\alpha = 0, \quad \forall \alpha.$$

称满足上面方程的子流形为极小子流形。下面给出极小子流形的两个著名的例子。

例 7.1　具有两个不同主曲率的极小等参超曲面，即是Clifford Torus.

$$C_{m,n-m} = S^m\left(\sqrt{\frac{m}{n}}\right) \times S^{n-m}\left(\sqrt{\frac{n-m}{n}}\right), \quad 1 \leqslant m \leqslant n-1.$$

对于上面的子流形，主曲率分别为

$$k_1 = \cdots = k_m = \sqrt{\frac{n-m}{m}}, \quad k_{m+1} = \cdots = k_n = -\sqrt{\frac{m}{n-m}}$$

因此可以计算平均曲率为

$$H = \frac{1}{n}\left(m\sqrt{\frac{n-m}{m}} - (n-m)\sqrt{\frac{m}{n-m}} \right) = 0.$$

即Clifford Torus是极小子流形。

例 7.2　设(x, y, z)是三维欧氏空间R^3的自然标架，　设$(u_1, u_2, u_3, u_4, u_5)$是五维欧氏空间$R^5$的自然标架，我们定义如下映射：

$$u_1 = \frac{1}{\sqrt{3}}yz, \quad u_2 = \frac{1}{\sqrt{3}}xz, \quad u_3 = \frac{1}{\sqrt{3}}xy$$

$$u_4 = \frac{1}{2\sqrt{3}}(x^2 - y^2), \quad u_5 = \frac{1}{6}(x^2 + y^2 - 2z^2)$$

$$x^2 + y^2 + z^2 = 3$$

这个映射决定了一个等距嵌入 $x: RP^2 = S^2(\sqrt{3})/Z_2 \to S^4(1)$，称其为Veronese曲面，通过简单的计算，我们知道第二基本型为

$$A_3 = \begin{pmatrix} 0 & \frac{1}{\sqrt{3}} \\ \frac{1}{\sqrt{3}} & 0 \end{pmatrix}, \quad A_4 = \begin{pmatrix} -\frac{1}{\sqrt{3}} & 0 \\ 0 & \frac{1}{\sqrt{3}} \end{pmatrix}.$$

通过上面的第二基本型和定义，可以计算得到

$$H^3 = H^4 = 0, \ S_{33} = S_{44} = \frac{2}{3}, \ S = \rho = \frac{4}{3},$$

$$S_{34} = S_{43} = 0, \ S_{333} = S_{344} = S_{433} = S_{444} = 0.$$

显然，Veronese 曲面是极小子流形。

进一步，在第一变分的基础上可以计算第二变分。现设子流形为极小子流形，

$$\frac{\mathrm{d}^2}{\mathrm{d}t^2} V(x) = -n \int_M \frac{\partial}{\partial t}(H^\alpha) V^\alpha \mathrm{d}v$$

$$= -n \int_M \Big(\frac{1}{n}\Delta V^\alpha + \sum_i H^\alpha_{,i} V^i - H^\beta L^\alpha_\beta$$

$$+ \frac{1}{n} S'_{\alpha\beta} V^\beta + \frac{1}{n} \bar{R}^\top_{\alpha\beta} V^\beta\Big) V^\alpha \mathrm{d}v$$

$$= \int_M -V^\alpha \Delta V^\alpha - S_{\alpha\beta} V^\alpha V^\beta - \bar{R}^\top_{\alpha\beta} V^\alpha V^\beta \mathrm{d}v$$

$$= \int_M |DV^\alpha|^2 - S_{\alpha\beta} V^\alpha V^\beta - \bar{R}^\top_{\alpha\beta} V^\alpha V^\beta \mathrm{d}v.$$

因此，我们得到第二变分公式。

定理 7.1 设 $x : M^n \to N^{n+p}$ 是一般原流形中的极小子流形，$V = V^i e_i + V^\alpha e_\alpha$ 是变分向量场，那么其第二变分为

$$\frac{\mathrm{d}^2}{\mathrm{d}t^2} V(x) = \int_M |DV^\alpha|^2 - S_{\alpha\beta} V^\alpha V^\beta - \bar{R}^\top_{\alpha\beta} V^\alpha V^\beta \mathrm{d}v.$$

定理 7.2 设 $x : M^n \to N^{n+1}$ 是一般原流形中的极小超曲面，$V = V^i e_i + f e_{n+1}$ 是变分向量场，那么其第二变分为

$$\frac{\mathrm{d}^2}{\mathrm{d}t^2} V(x) = \int_M |Df|^2 - S f^2 - \bar{R}^\top_{(n+1)(n+1)} f^2 \mathrm{d}v.$$

当流形 N^{n+p} 是空间形式 $R^{n+p}(c)$ 时，其黎曼曲率张量可以表达为

$$\bar{R}_{ABCD} = -c(\delta_{AC}\delta_{BD} - \delta_{AD}\delta_{BC}),$$

$$\bar{R}^{\beta}_{ij\alpha} = -c\delta_{ij}\delta_{\alpha\beta},$$

$$\bar{R}^{\top}_{AB} = \sum_i \bar{R}_{AiiB} = \sum_i -c(\delta_{Ai}\delta_{iB} - \delta_{AB}\delta_{ii})$$

$$= nc\delta_{AB} - c\sum_i \delta_{Ai}\delta_{iB},$$

$$\bar{R}^{\perp}_{AB} = \sum_{\alpha} \bar{R}_{A\alpha\alpha B} = \sum_{\alpha} -c(\delta_{A\alpha}\delta_{\alpha B} - \delta_{AB}\delta_{\alpha\alpha})$$

$$= pc\delta_{AB} - c\sum_{\alpha} \delta_{A\alpha}\delta_{B\alpha},$$

$$\bar{R}^{\top}_{\alpha\beta} = nc\delta_{\alpha\beta},$$

$$\bar{R}^{\perp}_{ij} = pc\delta_{ij}.$$

定理 7.3　设 $x : M^n \to R^{n+p}(c)$ 是空间形式中的极小子流形，$V = V^i e_i + V^{\alpha} e_{\alpha}$ 是变分向量场，那么其第二变分为

$$\frac{\mathrm{d}^2}{\mathrm{d}t^2} V(x) = \int_M |DV^{\alpha}|^2 - S_{\alpha\beta}V^{\alpha}V^{\beta} - nc|V|^2 \mathrm{d}v.$$

定理 7.4　设 $x : M^n \to R^{n+1}(c)$ 是空间形式中的极小超曲面，$V = V^i e_i + f e_{n+1}$ 是变分向量场，那么其第二变分为

$$\frac{\mathrm{d}^2}{\mathrm{d}t^2} V(x) = \int_M |Df|^2 - S f^2 - nc f^2 \mathrm{d}v.$$

7.2　极小子流形的间隙现象

单位球面中的 Simons 型积分不等式是子流形几何中的一类重要的积分不等式，在子流形间隙现象的研究和刚性定理的发展中具有重要作用。实际上，最原始的 Simons 型积分不等式是针对极小子流形推导出来

的。为此，我们需要几个引理。

引理 7.3

$$N(A_\alpha) = \sum_{ij}(h_{ij}^\alpha)^2,$$

$$N(A_\alpha A_\beta - A_\beta A_\alpha) = 2\text{tr}(A_\alpha A_\alpha A_\beta A_\beta - A_\alpha A_\beta A_\alpha A_\beta).$$

陈省身等人证明了下面的重要不等式，为方便起见可以称为陈省身类型不等式。

引理 7.4 [3] 设 A, B 是对称方阵，那么

$$N(AB - BA) \leqslant 2N(A)N(B)$$

等式成立当且仅当两种情形：（1）A, B 至少有一个为零；（2）如果 $A \neq 0, B \neq 0$，那么 A, B 可以同时正交化为下面的矩阵

$$A = \lambda \begin{pmatrix} 1 & 0 & 0 & \cdots & 0 \\ 0 & -1 & 0 & \cdots & 0 \\ 0 & 0 & 0 & \cdots & 0 \\ \vdots & \vdots & \vdots & & \vdots \\ 0 & 0 & 0 & \cdots & 0 \end{pmatrix},$$

$$B = \mu \begin{pmatrix} 0 & 1 & 0 & \cdots & 0 \\ 1 & 0 & 0 & \cdots & 0 \\ 0 & 0 & 0 & \cdots & 0 \\ \vdots & \vdots & \vdots & & \vdots \\ 0 & 0 & 0 & \cdots & 0 \end{pmatrix}.$$

如果 B_1, B_2, B_3 为对称阵且满足

$$N(B_i B_j - B_j B_i) = 2N(B_i).N(B_j), \quad 1 \leqslant i, j \leqslant 3$$

那么至少有一个为零。

李安民等人细致研究上面的陈省身不等式，给出了更加精细的不等式和等式成立的条件，为了方便起见，我们可以称之为李安民类型不等

式。

引理 7.5 [94]   设 $A_1, \cdots, A_p, p \geqslant 2$ 是对称的 $(n \times n)$ 矩阵，令

$$S_{\alpha\beta} = \mathrm{tr}(A_\alpha A_\beta), \quad S_{\alpha\alpha} = N(A_\alpha), \quad S = \sum_\alpha S_{\alpha\alpha}.$$

则有不等式

$$\sum_{\alpha \neq \beta} N(A_\alpha A_\beta - A_\beta A_\alpha) + \sum_{\alpha\beta} S_{\alpha\beta}^2 \leqslant \frac{3}{2} S^2.$$

等式成立当且仅当下面的条件之一成立：

（1）$A_1 = A_2 = \cdots = A_p = 0$;

（2）$A_1 \neq 0, \ A_2 \neq 0, \ A_3 = A_4 = \cdots A_p = 0, \ S_{11} = S_{22}$

并且在条件（2）下，A_1, A_2 可以同时正交化为下面的矩阵：

$$A_1 = \sqrt{\frac{S_{11}}{2}} \begin{pmatrix} 1 & 0 & 0 & \cdots & 0 \\ 0 & -1 & 0 & \cdots & 0 \\ 0 & 0 & 0 & \cdots & 0 \\ \vdots & \vdots & \vdots & & \vdots \\ 0 & 0 & 0 & \cdots & 0 \end{pmatrix},$$

$$A_2 = \sqrt{\frac{S_{22}}{2}} \begin{pmatrix} 0 & 1 & 0 & \cdots & 0 \\ 1 & 0 & 0 & \cdots & 0 \\ 0 & 0 & 0 & \cdots & 0 \\ \vdots & \vdots & \vdots & \cdots & \vdots \\ 0 & 0 & 0 & \cdots & 0 \end{pmatrix}.$$

我们引用陈省身类型和李安民类型不等式的原因在于下面的计算。

引理 7.6   设 $x : M^n \to S^{n+p}(1)$ 是单位球面中的极小子流形，则有

$$\Delta S = 2|Dh|^2 + 2nS - 2\Big(\sum_{\alpha \neq \beta} N(A_\alpha A_\beta - A_\beta A_\alpha) + \sum_{\alpha\beta} S_{\alpha\beta}^2 \Big).$$

引理 7.7   设 $x : M^n \to S^{n+1}(1)$ 是单位球面中的极小子流形，则有

$$\Delta S = 2|Dh|^2 + 2nS - 2S^2.$$

引理 7.8 设符号同引理7.5所述，对于上面的引理中出现的某些项，我们有如下两个估计。

- 陈省身类型估计（余维数大于等于2）

$$\sum_{\alpha \neq \beta} N(A_\alpha A_\beta - A_\beta A_\alpha) + \sum_{\alpha\beta} S_{\alpha\beta}^2 \leqslant \left(2 - \frac{1}{p}\right)S^2.$$

等号成立当且仅当下面一种情形成立：

（1）所有的矩阵 $A_\alpha = 0$, $\forall \alpha$.

（2）余维数为2，矩阵 $A_{n+1} \neq 0$, $A_{n+2} \neq 0$, $S_{(n+1)(n+1)} = S_{(n+2)(n+2)} = \frac{S}{2}$, $\vec{H} = 0$，并且

$$A_{n+1} = \frac{\sqrt{S}}{2}\begin{pmatrix} 0 & 1 & 0 & \cdots & 0 \\ 1 & 0 & 0 & \cdots & 0 \\ 0 & 0 & 0 & \cdots & 0 \\ \vdots & \vdots & \vdots & \cdots & \vdots \\ 0 & 0 & 0 & \cdots & 0 \end{pmatrix},$$

$$A_{n+2} = \frac{\sqrt{S}}{2}\begin{pmatrix} 1 & 0 & 0 & \cdots & 0 \\ 0 & -1 & 0 & \cdots & 0 \\ 0 & 0 & 0 & \cdots & 0 \\ \vdots & \vdots & \vdots & \cdots & \vdots \\ 0 & 0 & 0 & \cdots & 0 \end{pmatrix}.$$

- 李安民类型估计（余维数大于等于2）

$$\sum_{\alpha \neq \beta} N(A_\alpha A_\beta - A_\beta A_\alpha) + \sum_{\alpha\beta} S_{\alpha\beta}^2 \leqslant \frac{3}{2}S^2.$$

等号成立当且仅当下面一种情形成立：

（1）所有的矩阵 $A_\alpha = 0$, $\forall \alpha$.

（2）矩阵 $A_{n+1} \neq 0$, $A_{n+2} \neq 0$, $S_{(n+1)(n+1)} = S_{(n+2)(n+2)} = \frac{S}{2}$, $A_{n+3} = \cdots =$

$A_{n+p} = 0$, $\vec{H} = 0$, 并且

$$A_{n+1} = \frac{\sqrt{S}}{2} \begin{pmatrix} 0 & 1 & 0 & \cdots & 0 \\ 1 & 0 & 0 & \cdots & 0 \\ 0 & 0 & 0 & \cdots & 0 \\ \vdots & \vdots & \vdots & \cdots & \vdots \\ 0 & 0 & 0 & \cdots & 0 \end{pmatrix},$$

$$A_{n+2} = \frac{\sqrt{S}}{2} \begin{pmatrix} 1 & 0 & 0 & \cdots & 0 \\ 0 & -1 & 0 & \cdots & 0 \\ 0 & 0 & 0 & \cdots & 0 \\ \vdots & \vdots & \vdots & \cdots & \vdots \\ 0 & 0 & 0 & \cdots & 0 \end{pmatrix}.$$

利用上面的估计，我们可得下面的引理。

引理 7.9   设 $x : M^n \to S^{n+p}(1)$ 是单位球面中的极小子流形，则有估计

$$\Delta S \geqslant 2|Dh|^2 + 2nS - 2\left(2 - \frac{1}{p}\right)S^2.$$

引理 7.10   设 $x : M^n \to S^{n+p}(1)$ 是单位球面中的极小子流形，则有估计

$$\Delta S \geqslant 2|Dh|^2 + 2nS - 3S^2.$$

通过积分，我们有下面的结论。

定理 7.5   设 $x : M^n \to S^{n+p}(1)$ 是单位球面中的极小子流形，则有估计

$$\int_M S\left(\frac{n}{2 - p^{-1}} - S\right)\mathrm{d}v \leqslant 0.$$

定理 7.6   设 $x : M^n \to S^{n+p}(1)$ 是单位球面中的极小子流形，则有估计

$$\int_M S\left(\frac{2n}{3} - S\right)\mathrm{d}v \leqslant 0.$$

Chern do和Carmo Kobayashi通过细致的讨论，得到了下面著名的定理。

定理 7.7 [3]　设 $x : M^n \to S^{n+p}(1)$ 是单位球面 $S^{n+p}(1)$ 中的极小子流形，如果第二基本型的模长满足

$$0 \leqslant S \leqslant \frac{n}{2 - p^{-1}}.$$

则 $S = 0$ 或者 $S = \dfrac{n}{2 - p^{-1}}$．并且前者是全测地子流形，后者或者是 Veronese 曲面，或者是 Clifford torus $C_{m,n-m}$．

沈一兵发展了一种估计方法改进了上面了结果，得到下面的结论。

定理 7.8 [96]　设 $x : M^n \to S^{n+p}(1)$ 是单位球面 $S^{n+p}(1)$ 中的极小子流形，如果第二基本型的模长满足

$$0 \leqslant S \leqslant \frac{n}{1 + \sqrt{\dfrac{n-1}{2n}}}.$$

则 $S = 0$ 或者 $S = \dfrac{n}{1 + \sqrt{\frac{n-1}{2n}}}$．并且前者是全测地子流形，后者是 Veronese 曲面。

李安民等利用改进了的矩阵不等式推广了上面的结果。

定理 7.9 [94]　设 $x : M^n \to S^{n+p}(1)$ 是单位球面 $S^{n+p}(1)$ 中的极小子流形，如果第二基本型的模长满足

$$0 \leqslant S \leqslant \frac{2n}{3}.$$

则 $S = 0$ 或者 $S = \frac{2n}{3}$．并且前者是全测地子流形，后者是 Veronese 曲面。

第8章 低阶曲率与泛函构造

本章通过第二基本型构造三类最重要的低阶几何量——平均曲率模长、全曲率模长、Willmore不变量，并构造出以它们为变量的抽象泛函和具体泛函。

8.1 三类低阶几何量

在子流形几何中，通过第二基本型

$$B = h_{ij}^{\alpha} e_{\alpha} \otimes \theta^i \otimes \theta^j.$$

我们可以定义三个最重要的几何量。

第一个基本的几何量是平均曲率模长

$$H^2 = \sum_{\alpha} (H^{\alpha})^2.$$

其中 H^{α} 是平均曲率分量，定义为

$$H^{\alpha} = \frac{1}{n} \sum_i h_{ii}^{\alpha}.$$

如前面所述，极小子流形可以通过平均曲率来刻画，一个子流形被称为极小子流形当且仅当

$$H^{\alpha} = 0, \quad \forall \alpha.$$

等价为

$$H^2 = 0.$$

显然，平均曲率模长 H^2 满足如下性质：

（1）非负性。平均曲率模长 H^2 非负，即 $H^2(Q) \geqslant 0, \ \forall Q \in M$.

（2）零点即极小点。平均曲率模长 H^2 的零点即为极小点，即 $H^2(Q) = 0$ 当且仅当 Q 是 M 的极小点。

（3）有界性。因为M是紧致无边流形，所以平均曲率模长H^2可被一个与流形M有关的正常数C_1控制，即$0 \leqslant H^2 \leqslant C_1$.

第二个基本的几何量为第二基本型曲率模长

$$S = \sum_{\alpha ij}(h_{ij}^{\alpha})^2,$$

简称之为基本型全模长。显然，基本型全模长S满足如下性质：

（1）非负性。基本型全模长S非负，即$S(Q) \geqslant 0, \forall Q \in M$.

（2）零点即测地点。基本型全模长S的零点即为测地点，即是$S(Q) = 0$当且仅当Q是M的测地点。

（3）有界性。因为M是紧致无边流形，所以基本型全模长S可被一个与流形M有关的正常数C_2控制，即是$0 \leqslant S \leqslant C_2$.

第三个基本的几何量为Willmore不变量

$$\rho = S - nH^2,$$

其中S表示基本型全模长，H^2表示平均曲率模长。Willmore不变量的另一种计算方法为

$$\rho = \sum_{ij\alpha}(\hat{h}_{ij}^{\alpha})^2,$$

其中$\hat{h}_{ij}^{\alpha} = h_{ij}^{\alpha} - H^{\alpha}\delta_{ij}$. 此种计算方法表明了Willmore不变量具有较好的共形性质，实际上我们可以构造出一个共形不变量

$$\rho^{\frac{n}{2}}\mathrm{d}v.$$

由其构造的泛函即为微分几何中著名的Willmore泛函。显然，Willmore不变量ρ满足如下性质：

（1）非负性。Willmore不变量ρ非负，即$\rho(Q) \geqslant 0, \forall Q \in M$.

（2）零点即全脐点。Willmore不变量ρ的零点即为全脐点，即$\rho(Q) = 0$当且仅当Q是M的全脐点。

（3）有界性。因为M是紧致无边流形，所以Willmore不变量ρ可被一个与流形M有关的正常数C_3控制，即$0 \leqslant \rho \leqslant C_3$.

以上的三个几何量是子流形几何中最重要的低阶几何量，刻画了子流形最重要的特征。例如平均曲率$H^{\alpha} = 0$刻画了极小子流形，全曲率

模长 $S = 0$ 刻画了全测地子流形,Willmore 不变量 $\rho = 0$ 刻画了全脐子流形。

8.2   Willmore 类型泛函

Willmore 泛函是一类重要的几何泛函,具有共形不变形:

$$W_{(n,\frac{n}{2})} = \int_M \rho^{\frac{n}{2}} dv.$$

"Willmore 猜想" 是对其下界的估计。

关于 Willmore 泛函有各种推广,如所谓的 extremal Willmore 泛函为

$$W_{(n,1)} = \int_M \rho \, dv.$$

我们可以考虑所谓的 $W_{(n,F)}$-Willmore 泛函,其临界点称为 $W_{(n,F)}$-Willmore 子流形。为了叙述精确,需要设定两个集合:

$$T_1 = \{x : M^n \to N^{n+p}, \ M \text{是无脐点子流形}\},$$

$$T_2 = \{x : M^n \to N^{n+p}, \ M \text{是一般子流形}\}.$$

根据集合 T_1, T_2 的定义,定义函数

$$F : (0, \infty) \text{ 或者 } [0, \infty) \to \mathbb{R}, \ u \to F(u).$$

并且满足

$$F \in C^3(0, \infty) \text{ 或者 } C^3[0, \infty).$$

当 M 是无脐点子流形时,对函数 F 的要求为

$$F \in C^3(0, \infty), \ F : (0, \infty) \to \mathbb{R}, \ u \to F(u).$$

当 M 为一般子流形时,对函数 F 的要求为

$$F \in C^3[0, \infty), \ F : [0, \infty) \to \mathbb{R}, \ u \to F(u).$$

由集合T_1, T_2的定义和函数F的选择，可以定义两个新的集合：

$$T_{1,1} = \{(M,F): \ M\text{是无脐点子流形}, F \in C^3(0,\infty)\},$$

$$T_{2,2} = \{(M,F): \ M\text{是一般子流形}, F \in C^3[0,\infty)\}.$$

对于集合T_1或者集合T_2中的子流形，分别选取$T_{1,1}$和$T_{2,2}$中的函数F来定义$W_{(n,F)}$-Willmore泛函为

$$W_{(n,F)}(x) = \int\limits_M F(\rho)\mathrm{d}v.$$

显然，当$F(u) = u^{\frac{n}{2}}$时，$W_{(n,F)}(x) = W_{(n,\frac{n}{2})}(x)$；当$F(u) = u^p, n = 2$时，$W_{(n,F)}(x) = W_{(2,p)}(x)$；当$F(u) = u$时，$W_{(n,F)}(x) = W_{(n,1)}(x)$. 对于各种不同的函数可以定义很多泛函，这些泛函大大丰富了Willmore子流形的研究内容。

抽象函数F的形式多种多样，我们不可能一一考虑清楚。在此，只需要考虑几种典型的函数，包括：幂函数、指数函数、对数函数。下面逐一介绍。

幂函数是一种典型函数，是 classic - Willmore 泛函和 extremal - Willmore 泛函的自然推广。我们知道：

classic-Willmore泛函定义为

$$\int\limits_M \rho^{\frac{n}{2}}\mathrm{d}v \,.$$

extremal-Willmore泛函定义为

$$\int\limits_M \rho\mathrm{d}v \,.$$

因此，当$F(u) = u^r$时，可以定义幂Willmore泛函为

$$W_{(n,r)} = \int\limits_M \rho^r\mathrm{d}v.$$

显然，幂Willmore泛函是对经典的Willmore泛函的推广，其临界点称为$W_{(n,r)}$-Willmore子流形. 对于是否具有脐点的子流形，取决指数r的取值. 显然，对于上面不同的集合T_1, T_2，指数r的取值如下：

当 $M \in T_1$ 时，指数 r 的取值为 $r \in \mathbb{R}$；当 $M \in T_2$ 时，指数 r 的取值为 $r = 1, 2$，或者 $r \in [3, \infty)$。

记集合

$$T_{1,1} = \{(M, r): \quad M\text{是无脐点子流形}, r \in \mathbb{R}\},$$

$$T_{2,2} = \{(M, r): \quad M\text{是一般子流形}, r = 1, 2, \text{或者}, r \in [3, \infty)\}.$$

这样取值的目的是为了使得计算泛函 $W_{(n,r)}$ 的第一变分公式有意义。自然当 $r > 0$ 时，对于 T_2 中的子流形，泛函 $W_{(n,r)}$ 在积分上是有意义的，但是通过变分公式的的计算，我们知道对于某些取值不一定有意义。

指数函数是一种重要的基本函数，其具有如下典型性质：

$$e^{\rho} = 1 + \rho + \frac{1}{2!}\rho^2 + \cdots + \frac{1}{m!}\rho^m + \cdots.$$

所以，指数函数是对幂函数的某种意义上的线性组合，体现了平均效应。在研究如下泛函

$$W_{(n,E)} = \int_M e^{\rho} dv$$

时，泛函的临界点称为 $W_{(n,E)}$-Willmore 子流形。

对数函数是一种基本函数，其具有如下性质：

$$\ln(\rho) = \ln(1 + \rho - 1)$$
$$= (\rho - 1) - \frac{1}{2}(\rho - 1)^2 + \cdots$$
$$+ \frac{(-1)^{n-1}}{n}(\rho - 1)^n + \cdots.$$

因此，对数函数是对幂函数某种意义上的交错组合。在研究如下泛函

$$W_{(n,\ln)} = \int_M \ln(\rho) dv, \quad M \in T_1$$

时，泛函的临界点称为 $W_{(n,\ln)}$-Willmore 子流形。

综上所述，本书研究如下五类广义 Willmore 泛函：

（1） $W_{(n,F)}$-Willmore 泛函

$$W_{(n,F)} = \int_M F(\rho) dv.$$

研究此泛函的目的在于对各种零散的Willmore类型的泛函进行统一处理，得到较为抽象的结论。

（2） $W_{(n,r)}$-Willmore泛函

$$W_{(n,r)} = \int_M \rho^r dv.$$

（3） $W_{(n,E)}$-Willmore泛函

$$W_{(n,E)} = \int_M e^\rho dv.$$

（4） $W_{(n,\ln)}$-Willmore泛函

$$W_{(n,\ln)} = \int_M \ln(\rho) dv.$$

构造后面几类Willmore类泛函的目的在于基于F的具体表达式，对几种典型函数的泛函进行样本性研究。

我们在专著《Willmore泛函的变分法研究》中对各种类型的Willmore泛函进行了系统研究，特别是对具有抽象形式的F-Willmore泛函

$$W_{(n,F)}(x) = \int_M F(\rho) dv$$

进行了精密研究，得到了丰富的系列的间隙现象的定理。

8.3 全曲率模长泛函

Willmore不变量刻画了子流形与全脐子流形的差异，利用Willmore不变量构造的泛函具有良好的性质。可以猜想刻画子流形与全测地子流形差异的全曲率模长S，应该与Willmore不变量一样，具有类似的性质。受Willmore泛函的启发，我们可以考虑所谓的$GD_{(n,F)}$泛函，其临界点称为$GD_{(n,F)}$子流形。为了叙述精确，需要设定两个集合：

$$T_1 = \{ x : M^n \to N^{n+p}, \ M\text{是无测地点子流形} \},$$

$$T_2 = \{ x : M^n \to N^{n+p}, \ M\text{是一般子流形} \}.$$

根据集合 T_1, T_2 的定义，我们精确定义函数 F 满足

$$F : (0, \infty) \text{ 或 } [0, \infty) \to \mathbb{R},\ u \to F(u),$$

并且满足

$$F \in C^3(0, \infty) \text{ 或 } C^3[0, \infty).$$

当 M 是无测地点子流形时，对函数 F 的要求为

$$F \in C^3(0, \infty),\ F : (0, \infty) \to \mathbb{R},\ u \to F(u).$$

当 M 为一般子流形时，对函数 F 的要求为

$$F \in C^3[0, \infty),\ F : [0, \infty) \to \mathbb{R},\ u \to F(u).$$

由集合 T_1, T_2 的定义和函数 F 的选择，我们可以定义新的两个集合：

$$T_{1,1} = \{\ (M, F) : \quad M \text{是无测地点子流形},\ F \in C^3(0, \infty)\ \},$$

$$T_{2,2} = \{\ (M, F) : \quad M \text{是一般子流形},\ F \in C^3[0, \infty)\ \}.$$

对于集合 T_1 或集合 T_2 中的子流形，分别选取 $T_{1,1}$ 和 $T_{2,2}$ 中的函数 F 来定义 $GD_{(n,F)}$ 泛函为

$$GD_{(n,F)}(x) = \int_M F(S)\mathrm{d}v.$$

特别地，对于各种不同的函数，我们可以定义很多具体的泛函，这些泛函可以丰富子流形的研究。抽象函数 F 的形式多种多样，我们不可能一一考虑清楚，只需要考虑几种典型的函数，包括：幂函数，指数函数，对数函数。下面逐一介绍。

幂函数是一种典型函数。因此，当 $F(u) = u^r$ 时，我们可以定义幂函数曲率模长泛函为

$$GD_{(n,r)} = \int_M S^r \mathrm{d}v.$$

其临界点称为 $GD_{(n,r)}$ 子流形。对于是否具有测地点的子流形，指数 r 的取值很不相同。显然，对于上面不同的集合 T_1, T_2，指数 r 的取值如下：当 $M \in T_1$ 时，指数 r 的取值为 $r \in \mathbb{R}$；当 $M \in T_2$ 时，指数 r 的取值为 $r = 1, 2$，或者 $r \in [3, \infty)$。

记

$$T_{1,1} = \{ (M,r) : \quad M是无测地点子流形, r \in \mathbb{R} \},$$

$$T_{2,2} = \{ (M,r) : \quad M是一般子流形, r = 1, 2 \text{ 或 } r \in [3,\infty) \}.$$

这样取值的目的是为了使计算泛函$GD_{(n,r)}$的第一变分公式有意义。自然，当$r > 0$时，对于T_2中的子流形，泛函$GD_{(n,r)}$在积分上是有意义的，但是通过变分公式的计算，我们知道对于某些取值不一定有意义。

指数函数是一种重要的基本函数，它有如下典型性质：

$$e^S = 1 + S + \frac{1}{2!}S^2 + \cdots + \frac{1}{m!}S^m + \cdots.$$

因此，指数函数是对幂函数的某种意义上的线性组合，体现了平均效应。因此我们研究如下的泛函：

$$GD_{(n,E)} = \int_M e^S \, dv.$$

此类泛函的临界点称为$GD_{(n,E)}$子流形。

对数函数是一种基本函数，它有如下性质：

$$\ln S = \ln(1 + S - 1)$$

$$= (S - 1) - \frac{1}{2}(S - 1)^2 + \cdots + \frac{(-1)^{n-1}}{n}(S - 1)^n + \cdots.$$

因此，对数函数是对幂函数某种意义上的交错组合。我们研究如下泛函：

$$GD_{(n,\ln)} = \int_M \ln S \, dv, \quad M \in T_1.$$

综上所述，在本书中研究如下四类曲率模长泛函：

（1）抽象函数型$GD_{(n,F)}$：

$$GD_{(n,F)} = \int_M F(S) \, dv.$$

研究此泛函的目的在于对各种零散的曲率模长泛函进行统一处理，得到较为抽象的结论。

（2）幂函数型$GD_{(n,r)}$：

$$GD_{(n,r)} = \int_M S^r \mathrm{d}v.$$

（3）指数函数型$GD_{(n,E)}$：

$$GD_{(n,E)} = \int_M \mathrm{e}^S \mathrm{d}v.$$

（4）对数函数型$GD_{(n,\ln)}$：

$$GD_{(n,\ln)} = \int_M \ln S \mathrm{d}v.$$

构造后面四类Willmore类泛函的目的在于基于F的具体表达式，对四种典型函数的泛函进行样本性研究。

受Willmore泛函的启发，我们在专著《子流形第二基本型模长泛函的变分法研究》中计算了以上泛函的第一变分，构造了泛函临界点的例子，计算了第二变分，讨论了临界点的稳定性和间隙现象。

8.4　平均曲率泛函

我们知道，在变分法上，极小子流形由体积泛函来刻画：

$$Vol(x) = \int_M \mathrm{d}v.$$

我们已经研究了Willmore不变量和全曲率模长的各种泛函，自然可以研究关于平均曲率模长H^2的泛函，这是在泛函层面对体积泛函的推广。

为了叙述精确，首先需要设定两个集合：

$$T_1 = \{x : M^n \to N^{n+p}, \ M\text{是无极小点子流形}\},$$

$$T_2 = \{x : M^n \to N^{n+p}, \ M\text{是一般子流形}\}.$$

根据集合T_1, T_2的定义，可以精确定义函数：

$$F : (0,\infty) \ \text{或者} \ [0,\infty) \to \mathbb{R}, \ u \to F(u),$$

并且满足

$$F \in C^3(0, \infty) \ \text{或者} \ C^3[0, \infty).$$

当M是无极小点子流形时，对函数F的要求为

$$F \in C^3(0, \infty), \ F : (0, \infty) \to \mathbb{R}, \ u \to F(u).$$

当M为一般子流形时，对函数F的要求为

$$F \in C^3[0, \infty), \ F : [0, \infty) \to \mathbb{R}, \ u \to F(u).$$

由集合T_1, T_2的定义和函数F的选择，可以定义新的两个集合：

$$T_{1,1} = \{(M, F) : \ M\text{是无极小点子流形}, F \in C^3(0, \infty)\},$$

$$T_{2,2} = \{(M, F) : \ M\text{是一般子流形}, F \in C^3[0, \infty)\}.$$

对于集合T_1或者集合T_2中的子流形，我们分别选取$T_{1,1}$和$T_{2,2}$中的函数F来定义$MC_{(n,F)}$泛函为

$$MC_{(n,F)}(x) = \int_M F(H^2) \mathrm{d}v.$$

特别地，对于各种不同的函数，可以定义很多具体的泛函，这些泛函可以丰富子流形的研究。抽象函数F的形式多种多样，我们不可能一一考虑清楚，只需要考虑几种典型的函数，包括：幂函数，指数函数，对数函数。

幂函数是一种典型函数。因此，当$F(u) = u^r$时，可以定义幂函数平均曲率模长泛函为

$$MC_{(n,r)} = \int_M (H^2)^r \mathrm{d}v.$$

其临界点称为$MC_{(n,r)}$子流形。对于是否具有极小点的子流形，指数r的取值很不相同。显然，对于上面不同的集合T_1, T_2，指数r的取值有如下变化：

当$M \in T_1$时，指数r的取值为

$$r \in \mathbb{R}.$$

当 $M \in T_2$ 时，指数 r 的取值为

$$r = 1, 2, \text{或者}, r \in [3, \infty).$$

记集合

$$T_{1,1} = \{(M, r): \quad M \text{是无极小点子流形}, r \in \mathbb{R}\},$$

$$T_{2,2} = \{(M, r): \quad M \text{是一般子流形}, r = 1, 2, \text{或者} r \in [3, \infty)\}.$$

这样取值的目的是为了使得计算泛函 $MC_{(n,r)}$ 的第一变分公式有意义。自然当 $r > 0$ 时，对于 T_2 中的子流形，泛函 $MC_{(n,r)}$ 在积分上是有意义的，但是通过变分公式的计算，我们知道对于某些取值不一定有意义。

指数函数是一种重要的基本函数，其具有如下性质：

$$e^{H^2} = 1 + H^2 + \frac{1}{2!}(H^2)^2 + \cdots + \frac{1}{m!}(H^2)^m + \cdots.$$

因此，指数函数是幂函数某种意义上的线性组合，体现了平均效应。因此我们研究如下的泛函：

$$MC_{(n,E)} = \int_M e^{H^2} dv.$$

泛函的临界点称为 $MC_{(n,E)}$ 子流形。

对数函数是一种基本函数，其具有如下性质：

$$\ln(H^2) = \ln(1 + H^2 - 1)$$

$$= (H^2 - 1) - \frac{1}{2}(H^2 - 1)^2 + \cdots$$

$$+ \frac{(-1)^{n-1}}{n}(H^2 - 1)^n + \cdots.$$

因此，对数函数是幂函数某种意义上的交错组合。我们研究如下泛函：

$$MC_{(n,\ln)} = \int_M \ln(H^2) dv, \quad M \in T_1.$$

泛函的临界点称为 $MC_{(n,\ln)}$ 子流形。

综上所述，本书研究如下四类平均曲率模长泛函：

（1）抽象函数型 $MC_{(n,F)}$：

$$MC_{(n,F)} = \int_M F(H^2)\mathrm{d}v.$$

研究此泛函的目的在于对各种零散的平均曲率模长泛函进行统一处理，得到较为抽象的结论。

（2）幂函数型 $MC_{(n,r)}$：

$$MC_{(n,r)} = \int_M (H^2)^r\mathrm{d}v.$$

（3）指数函数型 $MC_{(n,E)}$：

$$MC_{(n,E)} = \int_M \mathrm{e}^{H^2}\mathrm{d}v.$$

（4）对数函数型 $MC_{(n,\ln)}$：

$$MC_{(n,\ln)} = \int_M \ln(H^2)\mathrm{d}v.$$

构造后面三类泛函的目的在于基于 F 的具体表达式，对典型函数的泛函进行样本性研究。

受 Willmore 泛函和全曲率泛函研究的启发，我们在专著《极小子流形及其推广》中研究了平均曲率模长的各种泛函，计算了它们的第一变分，构造了泛函临界点的例子，计算了第二变分，讨论了临界点的稳定性。

8.5 最一般的低阶曲率泛函

低阶几何量对子 (ρ, H^2) 和 (S, H^2) 是可以互相表示的，因此可选择 (S, H^2) 作为最重要的低阶曲率。

为了叙述精确和方便，定义如下几个集合：

$T_1 = \{x : M^n \to N^{n+p},\ M$是无测地点且无极小点子流形$\}$,

$T_2 = \{x : M^n \to N^{n+p},\ M$是有测地点（自然有极小点）的子流形$\}$,

$T_3 = \{x : M^n \to N^{n+p},\ M$是无测地点但有极小点的子流形$\}$,

$T_4 = \{x : M^n \to N^{n+p},\ M$是一般子流形$\}$.

根据集合T_1, T_2, T_3, T_4的定义，我们可以定义如下函数集合：

（1）对于子流形集合T_1，函数集合$\mathcal{F}_1$定义为

$$\mathcal{F}_1 = \{F | F \in C^3, F : (0, \infty) \times (0, \infty) \to \mathbb{R},\ F(u, v) \in \mathbb{R}\}.$$

（2）对于子流形集合T_2，函数集合$\mathcal{F}_2$定义为

$$\mathcal{F}_2 = \{F | F \in C^3, F : [0, \infty) \times [0, \infty) \to \mathbb{R},\ F(u, v) \in \mathbb{R}\}.$$

（3）对于子流形集合T_3，函数集合$\mathcal{F}_3$定义为

$$\mathcal{F}_3 = \{F | F \in C^3, F : (0, \infty) \times [0, \infty) \to \mathbb{R},\ F(u, v) \in \mathbb{R}\}.$$

（4）对于子流形集合T_4，函数集合$\mathcal{F}_4$定义为

$$\mathcal{F}_4 = \{F | F \in C^3, F : [0, \infty) \times [0, \infty) \to \mathbb{R},\ F(u, v) \in \mathbb{R}\}.$$

结合子流形集合与函数空间集合，分别定义如下新的集合：

$$T_{1,1} = \{(M, F) : M \in T_1, F \in \mathcal{F}_1\},$$

$$T_{2,2} = \{(M, F) : M \in T_2, F \in \mathcal{F}_2\},$$

$$T_{3,3} = \{(M, F) : M \in T_3, F \in \mathcal{F}_3\},$$

$$T_{4,4} = \{(M, F) : M \in T_4, F \in \mathcal{F}_4\}.$$

前面已经分别定义了抽象Willmore泛函、抽象全曲率泛函、抽象平

——

均曲率泛函：

$$W_{(n,F)} = \int_M F(\rho)\mathrm{d}v,$$

$$GD_{(n,F)} = \int_M F(S)\mathrm{d}v,$$

$$MC_{(n,F)} = \int_M F(H^2)\mathrm{d}v.$$

又Willmore不变量满足

$$\rho = S - nH^2.$$

因此上面的三大类泛函可以归结于下面的抽象泛函：

$$LRC_{(n,F)} = \int_M F(S, H^2)\mathrm{d}v.$$

从上面的抽象泛函出发，可以构造不同于Willmore泛函，全曲率模长泛函，平均曲率泛函的新型泛函。

- 抽象线性组合型泛函

$$LRC_{(n,F(au+bv))} = \int_M F(aS + bH^2)\mathrm{d}v, \forall a, b \in \mathbb{R}.$$

- 抽象幂函数组合型泛函

$$LRC_{(n,F(u^a v^b))} = \int_M F S^a (H^2)^b \mathrm{d}v, \forall a, b \in \mathbb{R}.$$

因此关于泛函$LRC_{(n,F)}$的研究是有新意的。本书的主要目的在于研究抽象形式和具体形式的$LRC_{(n,F)}$泛函。

第9章 第一变分公式

本章主要计算泛函$LRC_{(n,F)}$的第一变分公式。

9.1 泛函的第一变分公式

为了使得计算结果适用于较大的范围，本节计算$LRC_{(n,F)}$泛函的变分方程。为此，我们需要如下引理，这些引理的证明都可以在第三章找到。

引理 9.1 设$x : M^n \to N^{n+p}$是子流形，$V = \sum_i V^i e_i + \sum_\alpha V^\alpha e_\alpha$是浸入映射的变分向量场，对于子流形$M$的体积微元，则有

$$\frac{\partial \mathrm{d}v}{\partial t} = \Big(\sum_i V^i_{,i} - n \sum_\alpha H^\alpha V^\alpha \Big) \mathrm{d}v.$$

引理 9.2 设$x : M^n \to N^{n+p}$是子流形，$V = \sum_i V^i e_i + \sum_\alpha V^\alpha e_\alpha$是浸入映射的变分向量场，对于子流形的全曲率模长$S$，则有

$$\frac{\partial S}{\partial t} = \sum 2h^\alpha_{ij} V^\alpha_{,ij} + \sum_i S_{,i} V^i + \sum_{\alpha\beta} 2S_{\alpha\beta} V^\beta - \sum 2h^\alpha_{ij} \bar{R}^\alpha_{ij\beta} V^\beta.$$

引理 9.3 设$x : M^n \to N^{n+p}$是子流形，$V = \sum_i V^i e_i + \sum_\alpha V^\alpha e_\alpha$是浸入映射的变分向量场，对于子流形$M$的平均曲率分量$H^\alpha$，则有

$$\frac{\partial H^\alpha}{\partial t} = \frac{1}{n}\Delta V^\alpha + \sum_i H^\alpha_{,i} V^i + \frac{1}{n} S_{\alpha\beta} V^\beta + \frac{1}{n}\bar{R}^\top_{\alpha\beta} V^\beta.$$

引理 9.4 设$x : M^n \to N^{n+p}$是子流形，$V = \sum_i V^i e_i + \sum_\alpha V^\alpha e_\alpha$是浸入映射的变分向量场，对于子流形$M$的平均曲率模长$H^2$，则有

$$\frac{\partial H^2}{\partial t} = \frac{2}{n}H^\alpha \Delta V^\alpha + (H^2)_{,i} V^i + \frac{2}{n} S_{\alpha\beta} H^\alpha V^\beta + \frac{2}{n}\bar{R}^\top_{\alpha\beta} H^\alpha V^\beta.$$

利用上面的几个引理可以计算泛函$LRC_{(n,F)}$的第一变分:

$$
\begin{aligned}
\frac{\partial}{\partial t} LRC_{(n,F)}(x_t) &= \int_M F_1 \frac{\partial S}{\partial t} + F_2 \frac{\partial H^2}{\partial t} \, dv + \int_M F \frac{\partial dv}{\partial t} \\
&= \int_M F_1(2h_{ij}^{\alpha} V_{,ij}^{\alpha} + S_{,i} V^i + 2S_{\alpha\beta\beta} V^{\alpha} - 2h_{ij}^{\beta} \bar{R}_{ij\alpha}^{\beta} V^{\alpha}) \\
&\quad + F_2(\frac{2}{n} H^{\alpha} \Delta V^{\alpha} + (H^2)_{,i} V^i + \frac{2}{n} S_{\alpha\beta} H^{\beta} V^{\alpha} \\
&\quad + \frac{2}{n} \bar{R}_{\alpha\beta}^{\top} H^{\beta} V^{\alpha}) + F[V_{,i}^i - nH^{\alpha} V^{\alpha}] dv \\
&= \int_M \{ 2[(h_{ij}^{\alpha} F_1)_{,ij} + (S_{\alpha\beta\beta} - h_{ij}^{\beta} \bar{R}_{ij\alpha}^{\beta}) F_1] \\
&\quad + \frac{2}{n} [\Delta(H^{\alpha} F_2) + (S_{\alpha\beta} + \bar{R}_{\alpha\beta}^{\top}) H^{\beta} F_2] - nH^{\alpha} F \} V^{\alpha} dv \\
&= 2 \int_M \Big((h_{ij}^{\alpha} F_1)_{,ij} + \frac{1}{n} \Delta(H^{\alpha} F_2) + (S_{\alpha\beta\beta} - h_{ij}^{\beta} \bar{R}_{ij\alpha}^{\beta}) F_1 \\
&\quad + \frac{1}{n} (S_{\alpha\beta} + \bar{R}_{\alpha\beta}^{\top}) H^{\beta} F_2 - \frac{n}{2} H^{\alpha} F \Big) V^{\alpha} dv.
\end{aligned}
$$

因此我们证明了下面的结论。

定理 9.1 设$x: M^n \to N^{n+p}$是子流形，那么M是一个$LRC_{(n,F)}$子流形当且仅当对任意的α, $(n+1) \leqslant \alpha \leqslant (n+p)$, 有

$$
(h_{ij}{}^{\alpha} F_1)_{,ij} + \frac{1}{n} \Delta(H^{\alpha} F_2) + (S_{\alpha\beta\beta} - h_{ij}^{\beta} \bar{R}_{ij\alpha}^{\beta}) F_1
$$

$$
+ \frac{1}{n} (S_{\alpha\beta} + \bar{R}_{\alpha\beta}^{\top}) H^{\beta} F_2 - \frac{n}{2} H^{\alpha} F = 0.
$$

定理 9.2 设$x: M^n \to N^{n+1}$是超曲面，那么M是一个$LRC_{(n,F)}$超曲面当且仅当

$$
(h_{ij} F_1)_{,ij} + \frac{1}{n} \Delta(HF_2) + (P_3 + h_{ij} \bar{R}_{i(n+1)(n+1)j}) F_1
$$

$$
+ \frac{1}{n} (S + \bar{R}_{(n+1)(n+1)}^{\top}) HF_2 - \frac{n}{2} HF = 0.
$$

定理 9.3 设 $x : M^n \to N^{n+p}$ 是子流形并且 $h_{ij}^\alpha = $ constant, $\forall i, j, \alpha$, 那么 M 是一个 $LRC_{(n,F)}$ 子流形当且仅当对任意的 α, $(n+1) \leqslant \alpha \leqslant (n+p)$, 有

$$(S_{\alpha\beta\beta} - h_{ij}^\beta \bar{R}_{ij\alpha}^\beta)F_1 + \frac{1}{n}(S_{\alpha\beta} + \bar{R}_{\alpha\beta}^\top)H^\beta F_2 - \frac{n}{2}H^\alpha F = 0.$$

定理 9.4 设 $x : M^n \to N^{n+1}$ 是超曲面并且 $h_{ij} = $ constant, $\forall i, j$, 那么 M 是一个 $LRC_{(n,F)}$ 超曲面当且仅当

$$(P_3 + h_{ij}\bar{R}_{i(n+1)(n+1)j})F_1$$
$$+ \frac{1}{n}(S + \bar{R}_{(n+1)(n+1)}^\top)HF_2 - \frac{n}{2}HF = 0.$$

当流形 N^{n+p} 是空间形式 $R^{n+p}(c)$ 时，我们知道其黎曼曲率张量可以表达为

$$\left.\begin{aligned}
&\bar{R}_{ABCD} = -c(\delta_{AC}\delta_{BD} - \delta_{AD}\delta_{BC}), \quad \bar{R}_{ij\alpha}^\beta = -c\delta_{ij}\delta_{\alpha\beta}, \\
&\bar{R}_{AB}^\top = \sum_i \bar{R}_{AiiB} = \sum_i -c(\delta_{Ai}\delta_{iB} - \delta_{AB}\delta_{ii}) \\
&\qquad = nc\delta_{AB} - c\sum_i \delta_{Ai}\delta_{iB}, \\
&\bar{R}_{AB}^\perp = \sum_\alpha \bar{R}_{A\alpha\alpha B} = \sum_\alpha -c(\delta_{A\alpha}\delta_{\alpha B} - \delta_{AB}\delta_{\alpha\alpha}) \\
&\qquad = pc\delta_{AB} - c\sum_\alpha \delta_{A\alpha}\delta_{B\alpha}, \\
&\bar{R}_{\alpha\beta}^\top = nc\delta_{\alpha\beta}, \quad \bar{R}_{ij}^\perp = pc\delta_{ij}.
\end{aligned}\right\} \tag{9.1}$$

于是上面的定理在空间形式中可以归结如下。

定理 9.5 设 $x : M \to R^{n+p}(c)$ 是空间形式中的子流形，那么 M 是一个 $LRC_{(n,F)}$ 子流形当且仅当对任意的 α, $(n+1) \leqslant \alpha \leqslant (n+p)$, 有

$$(h_{ij}{}^\alpha F_1)_{,ij} + \frac{1}{n}\Delta(H^\alpha F_2) + (S_{\alpha\beta\beta} + cnH^\alpha)F_1$$
$$+ \frac{1}{n}(S_{\alpha\beta} + nc\delta_{\alpha\beta})H^\beta F_2 - \frac{n}{2}H^\alpha F = 0.$$

定理 9.6   设$x : M \rightarrow R^{n+1}(c)$是空间形式中的超曲面，那么$M$是一个$LRC_{(n,F)}$超曲面当且仅当

$$(h_{ij}F_1)_{,ij} + \frac{1}{n}\Delta(HF_2) + (P_3 + ncH)F_1$$

$$+ \frac{1}{n}(S + nc)HF_2 - \frac{n}{2}HF = 0.$$

定理 9.7   设$x : M \rightarrow R^{n+p}(c)$是空间形式中的子流形并且$h_{ij}^\alpha = $ constant, $\forall i, j, \alpha$，那么M是一个$LRC_{(n,F)}$子流形当且仅当对任意的α, $(n + 1) \leqslant \alpha \leqslant (n + p)$，有

$$(S_{\alpha\beta\beta} + cnH^\alpha)F_1 + \frac{1}{n}(S_{\alpha\beta} + nc\delta_{\alpha\beta})H^\beta F_2 - \frac{n}{2}H^\alpha F = 0.$$

定理 9.8   设$x : M \rightarrow R^{n+1}(c)$是空间形式中的超曲面并且$h_{ij} = $ constant, $\forall i, j$，那么M是一个$LRC_{(n,F)}$超曲面当且仅当

$$(P_3 + ncH)F_1 + \frac{1}{n}(S + nc)HF_2 - \frac{n}{2}HF = 0.$$

9.2   Willmore泛函的第一变分公式

当$F(S, H^2) = F(\rho)$时，有

$$F_1 = F'(\rho), \quad F_2 = -nF'(\rho).$$

将它们代入泛函$LRC_{(n,F)}$的变分公式，得到下面的结论。

定理 9.9   设$x : M^n \rightarrow N^{n+p}$是子流形，那么$M$是一个$W_{(n,F)}$子流形当且仅当对任意的$\alpha$, $(n + 1) \leqslant \alpha \leqslant (n + p)$，有

$$(h_{ij}{}^\alpha F'(\rho))_{,ij} - \Delta(H^\alpha F'(\rho) + (S_{\alpha\beta\beta} - h_{ij}^\beta \bar{R}_{ij\alpha}^\beta)F'(\rho)$$

$$- (S_{\alpha\beta} + \bar{R}_{\alpha\beta}^\top)H^\beta F'(\rho) - \frac{n}{2}H^\alpha F = 0.$$

定理 9.10   设 $x : M^n \to N^{n+1}$ 是超曲面，那么 M 是一个 $W_{(n,F)}$ 超曲面当且仅当

$$(h_{ij}F'(\rho))_{,ij} - \Delta(HF'(\rho)) + (P_3 + h_{ij}\bar{R}_{i(n+1)(n+1)j})F'(\rho)$$

$$- (S + \bar{R}^{\top}_{(n+1)(n+1)})HF'(\rho) - \frac{n}{2}HF = 0.$$

定理 9.11   设 $x : M^n \to N^{n+p}$ 是子流形并且 $h_{ij}^{\alpha} = \text{constant}$，$\forall i, j, \alpha$，那么 M 是一个 $W_{(n,F)}$ 子流形当且仅当对任意的 α，$(n+1) \leqslant \alpha \leqslant (n+p)$，有

$$(S_{\alpha\beta\beta} - h_{ij}^{\beta}\bar{R}_{ij\alpha}^{\beta})F'(\rho) - (S_{\alpha\beta} + \bar{R}^{\top}_{\alpha\beta})H^{\beta}F'(\rho) - \frac{n}{2}H^{\alpha}F = 0.$$

定理 9.12   设 $x : M^n \to N^{n+1}$ 是超曲面并且 $h_{ij} = \text{constant}$，$\forall i, j$，那么 M 是一个 $W_{(n,F)}$ 超曲面当且仅当

$$(P_3 + h_{ij}\bar{R}_{i(n+1)(n+1)j})F'(\rho)$$

$$- (S + \bar{R}^{\top}_{(n+1)(n+1)})HF'(\rho) - \frac{n}{2}HF = 0.$$

当流形 N^{n+p} 是空间形式 $R^{n+p}(c)$ 时，我们知道其黎曼曲率张量可以表示为式(9.1)，于是上面的定理在空间形式中可以归结如下。

定理 9.13   设 $x : M \to R^{n+p}(c)$ 是空间形式中的子流形，那么 M 是一个 $W_{(n,F)}$ 子流形当且仅当对任意的 α，$(n+1) \leqslant \alpha \leqslant (n+p)$，有

$$(h_{ij}{}^{\alpha}F'(\rho))_{,ij} - \Delta(H^{\alpha}F'(\rho))$$

$$+ (S_{\alpha\beta\beta} - S_{\alpha\beta}H^{\beta})F'(\rho) - \frac{n}{2}H^{\alpha}F = 0.$$

定理 9.14   设 $x : M \to R^{n+1}(c)$ 是空间形式中的超曲面，那么 M 是一个 $W_{(n,F)}$ 超曲面当且仅当

$$(h_{ij}F'(\rho))_{,ij} - \Delta(HF'(\rho)) + (P_3 - SH)F'(\rho) - \frac{n}{2}HF = 0.$$

定理 9.15 设 $x : M \to R^{n+p}(c)$ 是空间形式中的子流形并且 $h_{ij}^{\alpha} = \text{constant}$，$\forall i, j, \alpha$，那么 M 是一个 $W_{(n,F)}$ 子流形当且仅当对任意的 α，$(n+1) \leqslant \alpha \leqslant (n+p)$，有

$$(S_{\alpha\beta\beta} - S_{\alpha\beta}H^{\beta})F'(\rho) - \frac{n}{2}H^{\alpha}F = 0.$$

定理 9.16 设 $x : M \to R^{n+1}(c)$ 是空间形式中的超曲面并且 $h_{ij} = \text{constant}$，$\forall i, j$，那么 M 是一个 $W_{(n,F)}$ 超曲面当且仅当

$$(P_3 - SH)F'(\rho) - \frac{n}{2}HF = 0.$$

9.3 全曲率模长泛函的第一变分公式

当 $F(S, H^2) = F(S)$ 时，有

$$F_1 = F'(S), \quad F_2 = 0.$$

将它们代入泛函 $LRC_{(n,F)}$ 的变分公式，得到下面的结论。

定理 9.17 设 $x : M^n \to N^{n+p}$ 是子流形，那么 M 是一个 $GD_{(n,F)}$ 子流形当且仅当对任意的 α，$(n+1) \leqslant \alpha \leqslant (n+p)$，有

$$(h_{ij}^{\alpha}F'(S))_{,ij} + (S_{\alpha\beta\beta} - h_{ij}^{\beta}\bar{R}_{ij\alpha}^{\beta})F'(S) - \frac{n}{2}H^{\alpha}F = 0.$$

定理 9.18 设 $x : M^n \to N^{n+1}$ 是超曲面，那么 M 是一个 $GD_{(n,F)}$ 超曲面当且仅当

$$(F'(S)h_{ij})_{,ij} + F'(S)P_3$$
$$+ F'(S)h_{ij}\bar{R}_{i(n+1)(n+1)j} - \frac{n}{2}F(S)H = 0.$$

定理 9.19 设 $x : M^n \to N^{n+p}$ 是子流形并且 $h_{ij}^{\alpha} = \text{constant}$，$\forall i, j, \alpha$，那

么M是一个$GD_{(n,F)}$子流形当且仅当对任意的α, $(n+1) \leqslant \alpha \leqslant (n+p)$, 有

$$F'(S)S_{\alpha\beta\beta} - F'(S)h_{ij}^{\beta}\bar{R}_{ij\alpha}^{\beta} - \frac{n}{2}F(S)H^{\alpha} = 0.$$

定理 9.20 设$x : M^n \to N^{n+1}$是超曲面并且$h_{ij} = \mathrm{constant}$, $\forall i, j$, 那么M是一个$GD_{(n,F)}$超曲面当且仅当

$$F'(S)P_3 + F'(S)h_{ij}\bar{R}_{i(n+1)(n+1)j} - \frac{n}{2}F(S)H = 0.$$

当流形N^{n+p}是空间形式$R^{n+p}(c)$时, 我们知道其黎曼曲率张量可以表示为式(9.1), 于是上面的定理在空间形式中可以归结如下。

定理 9.21 设$x : M \to R^{n+p}(c)$是空间形式中的子流形, 那么M是一个$GD_{(n,F)}$子流形当且仅当对任意的α, $(n+1) \leqslant \alpha \leqslant (n+p)$, 有

$$(F'(S)h_{ij}^{\alpha})_{,ij} + F'(S)S_{\alpha\beta\beta}$$
$$+ ncF'(S)H^{\alpha} - \frac{n}{2}F(S)H^{\alpha} = 0.$$

定理 9.22 设$x : M \to R^{n+1}(c)$是空间形式中的超曲面, 那么M是一个$GD_{(n,F)}$超曲面当且仅当

$$(F'(S)h_{ij})_{,ij} + F'(S)P_3$$
$$+ ncF'(S)H - \frac{n}{2}F(S)H = 0.$$

定理 9.23 设$x : M \to R^{n+p}(c)$是空间形式中的子流形并且$h_{ij}^{\alpha} = \mathrm{constant}$, $\forall i, j, \alpha$, 那么M是一个$GD_{(n,F)}$子流形当且仅当对任意的α, $(n+1) \leqslant \alpha \leqslant (n+p)$, 有

$$F'(S)S_{\alpha\beta\beta} + ncF'(S)H^{\alpha} - \frac{n}{2}F(S)H^{\alpha} = 0.$$

定理 9.24 设$x : M \to R^{n+1}(c)$是空间形式中的超曲面并且$h_{ij} = \mathrm{constant}$,

$\forall i, j$，那么M是一个$GD_{(n,F)}$超曲面当且仅当

$$F'(S)P_3 + ncF'(S)H - \frac{n}{2}F(S)H = 0.$$

9.4 平均曲率模长泛函的第一变分公式

当$F(S, H^2) = F(H^2)$时，有

$$F_1 = 0, \quad F_2 = F'(H^2).$$

将它们代入泛函$LRC_{(n,F)}$的变分公式，得到下面的结论。

定理 9.25 设$x: M^n \to N^{n+p}$是子流形，那么M是一个$MC_{(n,F)}$子流形当且仅当对任意的$\alpha, (n+1) \leqslant \alpha \leqslant (n+p)$，有

$$\Delta(F'(H^2)H^\alpha) + F'(H^2)(S_{\alpha\beta} + \bar{R}^\top_{\alpha\beta})H^\beta - \frac{n^2}{2}H^\alpha F(H^2) = 0.$$

定理 9.26 设$x: M^n \to N^{n+1}$是超曲面，那么M是一个$MC_{(n,F)}$超曲面当且仅当

$$\Delta(F'(H^2)H) + F'(H^2)(S + \bar{R}^\top_{(n+1)(n+1)})H - \frac{n^2}{2}HF(H^2) = 0.$$

定理 9.27 设$x: M^n \to N^{n+p}$是子流形并且$h_{ij}^\alpha = $ constant, $\forall i, j, \alpha$，那么M是一个$MC_{(n,F)}$子流形当且仅当对任意的$\alpha, (n+1) \leqslant \alpha \leqslant (n+p)$，有

$$F'(H^2)(S_{\alpha\beta} + \bar{R}^\top_{\alpha\beta})H^\beta - \frac{n^2}{2}H^\alpha F(H^2) = 0.$$

定理 9.28 设$x: M^n \to N^{n+1}$是超曲面并且$h_{ij} = $ constant, $\forall i, j$，那么M是一个$MC_{(n,F)}$超曲面当且仅当

$$F'(H^2)(S + \bar{R}^\top_{(n+1)(n+1)})H - \frac{n^2}{2}HF(H^2) = 0.$$

当流形N^{n+p}是空间形式$R^{n+p}(c)$时，有式(9.1)成立，上面的定理可以归结如下。

定理 9.29   设$x : M \to R^{n+p}(c)$是空间形式中的子流形，那么M是一个$MC_{(n,F)}$子流形当且仅当对任意的α, $(n+1) \leqslant \alpha \leqslant (n+p)$，有

$$\Delta(F'(H^2)H^\alpha) + F'(H^2)(S_{\alpha\beta} + nc\delta_{\alpha\beta})H^\beta - \frac{n^2}{2}H^\alpha F(H^2) = 0.$$

定理 9.30   设$x : M \to R^{n+1}(c)$是空间形式中的超曲面，那么M是一个$MC_{(n,F)}$超曲面当且仅当

$$\Delta(F'(H^2)H) + F'(H^2)(S + nc)H - \frac{n^2}{2}HF(H^2) = 0.$$

定理 9.31   设$x : M \to R^{n+p}(c)$是空间形式中的子流形并且$h_{ij}^\alpha = $ constant, $\forall i, j, \alpha$，那么M是一个$MC_{(n,F)}$子流形当且仅当对任意的α, $(n+1) \leqslant \alpha \leqslant (n+p)$，有

$$F'(H^2)(S_{\alpha\beta} + nc\delta_{\alpha\beta})H^\beta - \frac{n^2}{2}H^\alpha F(H^2) = 0.$$

定理 9.32   设$x : M \to R^{n+1}(c)$是空间形式中的超曲面并且$h_{ij} = $ constant, $\forall i, j$，那么M是一个$MC_{(n,F)}$超曲面当且仅当

$$F'(H^2)(S + nc)H - \frac{n^2}{2}HF(H^2) = 0.$$

9.5 $LCR_{(n,F(au+bv))}$泛函的第一变分公式

当$F(S, H^2) = F(aS + bH^2)$时，有

$$F_1 = aF', \quad F_2 = bF'.$$

将它们代入泛函$LRC_{(n,F)}$的变分公式，得到下面的结论。

定理 9.33 设 $x : M^n \to N^{n+p}$ 是子流形，那么 M 是一个 $LCR_{(n,F(au+bv))}$ 子流形当且仅当对任意的 α，$(n+1) \leqslant \alpha \leqslant (n+p)$，有

$$a(h_{ij}{}^\alpha F')_{,ij} + \frac{b}{n}\Delta(H^\alpha F') + a(S_{\alpha\beta\beta} - h_{ij}^\beta \bar{R}_{ij\alpha}^\beta)F'$$
$$+ \frac{b}{n}(S_{\alpha\beta} + \bar{R}_{\alpha\beta}^\top)H^\beta F' - \frac{n}{2}H^\alpha F = 0.$$

定理 9.34 设 $x : M^n \to N^{n+1}$ 是超曲面，那么 M 是一个 $LCR_{(n,F(au+bv))}$ 超曲面当且仅当

$$a(h_{ij}F')_{,ij} + \frac{b}{n}\Delta(HF') + a(P_3 + h_{ij}\bar{R}_{i(n+1)(n+1)j})F'$$
$$+ \frac{b}{n}(S + \bar{R}_{(n+1)(n+1)}^\top)HF' - \frac{n}{2}HF = 0.$$

定理 9.35 设 $x : M^n \to N^{n+p}$ 是子流形并且 $h_{ij}^\alpha = $ constant，$\forall i, j, \alpha$，那么 M 是一个 $LCR_{(n,F(au+bv))}$ 子流形当且仅当对任意的 α，$(n+1) \leqslant \alpha \leqslant (n+p)$，有

$$a(S_{\alpha\beta\beta} - h_{ij}^\beta \bar{R}_{ij\alpha}^\beta)F' + \frac{b}{n}(S_{\alpha\beta} + \bar{R}_{\alpha\beta}^\top)H^\beta F' - \frac{n}{2}H^\alpha F = 0.$$

定理 9.36 设 $x : M^n \to N^{n+1}$ 是超曲面并且 $h_{ij} = $ constant，$\forall i, j$，那么 M 是一个 $LCR_{(n,F(au+bv))}$ 超曲面当且仅当

$$a(P_3 + h_{ij}\bar{R}_{i(n+1)(n+1)j})F'$$
$$+ \frac{b}{n}(S + \bar{R}_{(n+1)(n+1)}^\top)HF' - \frac{n}{2}HF = 0.$$

当流形 N^{n+p} 是空间形式 $R^{n+p}(c)$ 时，有式 (9.1) 成立，上面的定理可以归结如下。

定理 9.37 设 $x : M \to R^{n+p}(c)$ 是空间形式中的子流形，那么 M 是一

个$LCR_{(n,F(au+bv))}$ 子流形当且仅当对任意的 α, $(n+1) \leqslant \alpha \leqslant (n+p)$, 有

$$a(h_{ij}{}^{\alpha}F')_{,ij} + \frac{b}{n}\Delta(H^{\alpha}F') + a(S_{\alpha\beta\beta} + cnH^{\alpha})F'$$

$$+ \frac{b}{n}(S_{\alpha\beta} + nc\delta_{\alpha\beta})H^{\beta}F' - \frac{n}{2}H^{\alpha}F = 0.$$

定理 9.38　设 $x : M \to R^{n+1}(c)$ 是空间形式中的超曲面，那么 M 是一个 $LCR_{(n,F(au+bv))}$ 超曲面当且仅当

$$a(h_{ij}F')_{,ij} + \frac{b}{n}\Delta(HF') + a(P_3 + ncH)F'$$

$$+ \frac{b}{n}(S + nc)HF' - \frac{n}{2}HF = 0.$$

定理 9.39　设 $x : M \to R^{n+p}(c)$ 是空间形式中的子流形并且 $h_{ij}^{\alpha} = $ constant, $\forall i, j, \alpha$, 那么 M 是一个 $LCR_{(n,F(au+bv))}$ 子流形当且仅当对任意的 α, $(n+1) \leqslant \alpha \leqslant (n+p)$, 有

$$a(S_{\alpha\beta\beta} + cnH^{\alpha})F' + \frac{b}{n}(S_{\alpha\beta} + nc\delta_{\alpha\beta})H^{\beta}F' - \frac{n}{2}H^{\alpha}F = 0.$$

定理 9.40　设 $x : M \to R^{n+1}(c)$ 是空间形式中的超曲面并且 $h_{ij} = $ constant, $\forall i, j$, 那么 M 是一个 $LCR_{(n,F(au+bv))}$ 超曲面当且仅当

$$a(P_3 + ncH)F' + \frac{b}{n}(S + nc)HF' - \frac{n}{2}HF = 0.$$

9.6　$LCR_{(n,F(u^a v^b))}$ 泛函的第一变分公式

当 $F(S, H^2) = FS^a(H^2)^b$ 时，有

$$F_1 = aS^{a-1}(H^2)^b F', \quad F_2 = bS^a(H^2)^{b-1}F'.$$

将它们代入泛函 $LRC_{(n,F)}$ 的变分公式，得到下面的结论。

定理 9.41　设 $x : M^n \to N^{n+p}$ 是子流形，那么 M 是一个 $LCR_{(n,F(u^a v^b))}$ 子流形当且仅当对任意的 α, $(n+1) \leqslant \alpha \leqslant (n+p)$, 有

$$a(h_{ij}^{\alpha} S^{a-1}(H^2)^b F')_{,ij} + \frac{b}{n}\Delta(H^{\alpha} S^a (H^2)^{b-1} F')$$

$$+ a(S_{\alpha\beta\beta} - h_{ij}^{\beta}\bar{R}_{ij\alpha}^{\beta})S^{a-1}(H^2)^b F'$$

$$+ \frac{b}{n}(S_{\alpha\beta} + \bar{R}_{\alpha\beta}^{\top})H^{\beta} S^a (H^2)^{b-1} F' - \frac{n}{2}H^{\alpha} F = 0.$$

定理 9.42　设 $x : M^n \to N^{n+1}$ 是超曲面，那么 M 是一个 $LCR_{(n,F(u^a v^b))}$ 超曲面当且仅当

$$a(h_{ij} S^{a-1}(H^2)^b F')_{,ij} + \frac{b}{n}\Delta(H S^a (H^2)^{b-1} F')$$

$$+ a(P_3 + h_{ij}\bar{R}_{i(n+1)(n+1)j})S^{a-1}(H^2)^b F'$$

$$+ \frac{b}{n}(S + \bar{R}_{(n+1)(n+1)}^{\top})H S^a (H^2)^{b-1} F' - \frac{n}{2}H F = 0.$$

定理 9.43　设 $x : M^n \to N^{n+p}$ 是子流形并且 $h_{ij}^{\alpha} = $ constant, $\forall i, j, \alpha$, 那么 M 是一个 $LCR_{(n,F(u^a v^b))}$ 子流形当且仅当对任意的 α, $(n+1) \leqslant \alpha \leqslant (n+p)$, 有

$$a(S_{\alpha\beta\beta} - h_{ij}^{\beta}\bar{R}_{ij\alpha}^{\beta})S^{a-1}(H^2)^b F'$$

$$+ \frac{b}{n}(S_{\alpha\beta} + \bar{R}_{\alpha\beta}^{\top})H^{\beta} S^a (H^2)^{b-1} F' - \frac{n}{2}H^{\alpha} F = 0.$$

定理 9.44　设 $x : M^n \to N^{n+1}$ 是超曲面并且 $h_{ij} = $ constant, $\forall i, j$, 那么 M 是一个 $LCR_{(n,F(u^a v^b))}$ 超曲面当且仅当

$$a(P_3 + h_{ij}\bar{R}_{i(n+1)(n+1)j})S^{a-1}(H^2)^b F'$$

$$+ \frac{b}{n}(S + \bar{R}_{(n+1)(n+1)}^{\top})H S^a (H^2)^{b-1} F' - \frac{n}{2}H F = 0.$$

当流形N^{n+p}是空间形式$R^{n+p}(c)$时，有式(9.1)成立，上面的定理可以归结如下。

定理 9.45　设$x : M \to R^{n+p}(c)$是空间形式中的子流形，那么M是一个$LCR_{(n,F(u^a v^b))}$子流形当且仅当对任意的α, $(n+1) \leqslant \alpha \leqslant (n+p)$，有

$$a(h_{ij}^\alpha S^{a-1}(H^2)^b F')_{,ij} + \frac{b}{n}\Delta(H^\alpha S^a (H^2)^{b-1} F')$$

$$+ a(S_{\alpha\beta\beta} + cnH^\alpha)S^{a-1}(H^2)^b F'$$

$$+ \frac{b}{n}(S_{\alpha\beta} + nc\delta_{\alpha\beta})H^\beta S^a (H^2)^{b-1} F' - \frac{n}{2}H^\alpha F = 0.$$

定理 9.46　设$x : M \to R^{n+1}(c)$是空间形式中的超曲面，那么M是一个$LCR_{(n,F(u^a v^b))}$超曲面当且仅当

$$a(h_{ij}S^{a-1}(H^2)^b F')_{,ij} + \frac{b}{n}\Delta(HS^a (H^2)^{b-1} F') + a(P_3 + ncH)S^{a-1}(H^2)^b F'$$

$$+ \frac{b}{n}(S + nc)HS^a (H^2)^{b-1} F' - \frac{n}{2}HF = 0.$$

定理 9.47　设$x : M \to R^{n+p}(c)$是空间形式中的子流形并且$h_{ij}^\alpha = \text{constant}$, $\forall i, j, \alpha$，那么M是一个$LCR_{(n,F(u^a v^b))}$子流形当且仅当对任意的α, $(n+1) \leqslant \alpha \leqslant (n+p)$，有

$$a(S_{\alpha\beta\beta} + cnH^\alpha)S^{a-1}(H^2)^b F'$$

$$+ \frac{b}{n}(S_{\alpha\beta} + nc\delta_{\alpha\beta})H^\beta S^a (H^2)^{b-1} F' - \frac{n}{2}H^\alpha F = 0.$$

定理 9.48　设$x : M \to R^{n+1}(c)$是空间形式中的超曲面并且$h_{ij} = \text{constant}$, $\forall i, j$，那么M是一个$LCR_{(n,F(u^a v^b))}$超曲面当且仅当

$$a(P_3 + ncH)S^{a-1}(H^2)^b F'$$

$$+ \frac{b}{n}(S + nc)HS^a (H^2)^{b-1} F' - \frac{n}{2}HF = 0.$$

9.7　$LCR_{(n, \frac{u}{nv})}$泛函的第一变分公式

当$F(S, H^2) = \dfrac{S}{nH^2}$时，有

$$F_1 = \frac{1}{nH^2}, \quad F_2 = -\frac{S}{nH^4}.$$

将它们代入泛函$LRC_{(n,F)}$的变分公式，得到下面的结论。

定理 9.49　设$x: M^n \to N^{n+p}$是子流形，那么M是一个$LCR_{(n, F(u^a v^b))}$子流形当且仅当对任意的α, $(n+1) \leqslant \alpha \leqslant (n+p)$，有

$$\left(\frac{h_{ij}^{\alpha}}{nH^2}\right)_{,ij} - \frac{1}{n}\Delta\left(H^{\alpha}\frac{S}{nH^4}\right) + (S_{\alpha\beta\beta} - h_{ij}^{\beta}\bar{R}_{ij\alpha}^{\beta})\frac{1}{nH^2}$$
$$- \frac{1}{n}(S_{\alpha\beta} + \bar{R}_{\alpha\beta}^{\top})H^{\beta}\frac{S}{nH^4} - \frac{n}{2}H^{\alpha}F = 0.$$

定理 9.50　设$x: M^n \to N^{n+1}$是超曲面，那么M是一个$LCR_{(n, F(u^a v^b))}$超曲面当且仅当

$$\left(\frac{h_{ij}}{nH^2}\right)_{,ij} - \frac{1}{n}\Delta\left(H\frac{S}{nH^4}\right) + (P_3 + h_{ij}\bar{R}_{i(n+1)(n+1)j})\frac{1}{nH^2}$$
$$- \frac{1}{n}(S + \bar{R}_{(n+1)(n+1)}^{\top})\frac{S}{nH^3} - \frac{n}{2}HF = 0.$$

定理 9.51　设$x: M^n \to N^{n+p}$是子流形并且$h_{ij}^{\alpha} = \text{constant}$, $\forall i, j, \alpha$，那么M是一个$LCR_{(n, F(u^a v^b))}$子流形当且仅当对任意的α, $(n+1) \leqslant \alpha \leqslant (n+p)$，有

$$(S_{\alpha\beta\beta} - h_{ij}^{\beta}\bar{R}_{ij\alpha}^{\beta})\frac{1}{nH^2} - \frac{1}{n}(S_{\alpha\beta} + \bar{R}_{\alpha\beta}^{\top})H^{\beta}\frac{S}{nH^4} - \frac{n}{2}H^{\alpha}F = 0.$$

定理 9.52　设$x: M^n \to N^{n+1}$是超曲面并且$h_{ij} = \text{constant}$, $\forall i, j$，那么M是

一个 $LCR_{(n,F(u^a v^b))}$ 超曲面当且仅当

$$(P_3 + h_{ij}\bar{R}_{i(n+1)(n+1)j}) \frac{1}{nH^2}$$

$$- \frac{1}{n}(S + \bar{R}^\top_{(n+1)(n+1)}) \frac{S}{nH^3} - \frac{n}{2}HF = 0.$$

当流形 N^{n+p} 是空间形式 $R^{n+p}(c)$ 时，上面的定理在空间形式中可以归结如下。

定理 9.53　设 $x : M \to R^{n+p}(c)$ 是空间形式中的子流形，那么 M 是一个 $LCR_{(n,F(u^a v^b))}$ 子流形当且仅当对任意的 α, $(n + 1) \leqslant \alpha \leqslant (n + p)$，有

$$\left(\frac{h^\alpha_{ij}}{nH^2}\right)_{,ij} + \frac{1}{n}\Delta(H^\alpha F_2) + (S_{\alpha\beta\beta} + cnH^\alpha)\frac{1}{nH^2}$$

$$- \frac{1}{n}(S_{\alpha\beta} + nc\delta_{\alpha\beta})H^\beta \frac{S}{nH^4} - \frac{n}{2}H^\alpha F = 0.$$

定理 9.54　设 $x : M \to R^{n+1}(c)$ 是空间形式中的超曲面，那么 M 是一个 $LCR_{(n,F(u^a v^b))}$ 超曲面当且仅当

$$\left(\frac{h_{ij}}{nH^2}\right)_{,ij} + \frac{1}{n}\Delta(HF_2) + (P_3 + ncH)\frac{1}{nH^2}$$

$$- \frac{1}{n}(S + nc)\frac{S}{nH^3} - \frac{n}{2}HF = 0.$$

定理 9.55　设 $x : M \to R^{n+p}(c)$ 是空间形式中的子流形并且 $h^\alpha_{ij} = \text{constant}$, $\forall i, j, \alpha$，那么 M 是一个 $LCR_{(n,F(u^a v^b))}$ 子流形当且仅当对任意的 α, $(n + 1) \leqslant \alpha \leqslant (n + p)$，有

$$(S_{\alpha\beta\beta} + cnH^\alpha)\frac{1}{nH^2}$$

$$- \frac{1}{n}(S_{\alpha\beta} + nc\delta_{\alpha\beta})H^\beta \frac{S}{nH^4} - \frac{n}{2}H^\alpha F = 0.$$

定理 9.56　设 $x : M \to R^{n+1}(c)$ 是空间形式中的超曲面并且 $h_{ij} = \text{constant}$,

$\forall i, j$，那么M是一个$LCR_{(n, F(u^a v^b))}$超曲面当且仅当

$$(P_3 + ncH)\frac{1}{nH^2} - \frac{1}{n}(S + nc)\frac{S}{nH^3} - \frac{n}{2}HF = 0.$$

9.8　$LCR_{(n, \frac{nv}{u})}$泛函的第一变分公式

当$F(S, H^2) = \frac{nH^2}{S}$时，有

$$F_1 = -\frac{nH^2}{S^2}, \quad F_2 = n\frac{1}{S}.$$

将它们代入泛函$LRC_{(n, F)}$的变分公式，得到下面的结论。

定理 9.57　设$x : M^n \to N^{n+p}$是子流形，那么M是一个$LCR_{(n, F(u^a v^b))}$子流形当且仅当对任意的α，$(n+1) \leqslant \alpha \leqslant (n+p)$，有

$$-\left(h_{ij}{}^\alpha \frac{nH^2}{S^2}\right)_{,ij} + \Delta\left(\frac{H^\alpha}{S}\right) - (S_{\alpha\beta\beta} - h_{ij}^\beta \bar{R}_{ij\alpha}^\beta)\frac{nH^2}{S^2}$$
$$+ (S_{\alpha\beta} + \bar{R}_{\alpha\beta}^\top)\frac{H^\beta}{S} - \frac{n}{2}H^\alpha F = 0.$$

定理 9.58　设$x : M^n \to N^{n+1}$是超曲面，那么M是一个$LCR_{(n, F(u^a v^b))}$超曲面当且仅当

$$-\left(h_{ij}\frac{nH^2}{S^2}\right)_{,ij} + \Delta\left(\frac{H}{S}\right) - (P_3 + h_{ij}\bar{R}_{i(n+1)(n+1)j})\frac{nH^2}{S^2}$$
$$+ (S + \bar{R}_{(n+1)(n+1)}^\top)\frac{H}{S} - \frac{n}{2}HF = 0.$$

定理 9.59　设$x : M^n \to N^{n+p}$是子流形并且$h_{ij}^\alpha = $ constant，$\forall i, j, \alpha$，那么M是一个$LCR_{(n, F(u^a v^b))}$子流形当且仅当对任意的α，$(n+1) \leqslant \alpha \leqslant (n+p)$，有

$$-(S_{\alpha\beta\beta} - h_{ij}^\beta \bar{R}_{ij\alpha}^\beta)\frac{nH^2}{S^2} + (S_{\alpha\beta} + \bar{R}_{\alpha\beta}^\top)\frac{H^\beta}{S} - \frac{n}{2}H^\alpha F = 0.$$

定理 9.60　设 $x : M^n \to N^{n+1}$ 是超曲面并且 $h_{ij} = \text{constant}$, $\forall i, j$, 那么 M 是一个 $LCR_{(n,F(u^a v^b))}$ 超曲面当且仅当

$$-(P_3 + h_{ij}\bar{R}_{i(n+1)(n+1)j})\frac{nH^2}{S^2}$$

$$+ (S + \bar{R}^\top_{(n+1)(n+1)})\frac{H}{S} - \frac{n}{2}HF = 0.$$

当流形 N^{n+p} 是空间形式 $R^{n+p}(c)$ 时，上面的定理可以归结如下。

定理 9.61　设 $x : M \to R^{n+p}(c)$ 是空间形式中的子流形，那么 M 是一个 $LCR_{(n,F(u^a v^b))}$ 子流形当且仅当对任意的 α, $(n+1) \leqslant \alpha \leqslant (n+p)$, 有

$$-\Big(h_{ij}{}^\alpha \frac{nH^2}{S^2}\Big)_{,ij} + \Delta\Big(\frac{H^\alpha}{S}\Big) - (S_{\alpha\beta\beta} + cnH^\alpha)\frac{nH^2}{S^2}$$

$$+ (S_{\alpha\beta} + nc\delta_{\alpha\beta})\frac{H^\beta}{S} - \frac{n}{2}H^\alpha F = 0.$$

定理 9.62　设 $x : M \to R^{n+1}(c)$ 是空间形式中的超曲面，那么 M 是一个 $LCR_{(n,F(u^a v^b))}$ 超曲面当且仅当

$$-\Big(h_{ij}\frac{nH^2}{S^2}\Big)_{,ij} + \Delta\Big(\frac{H}{S}\Big) - (P_3 + ncH)\frac{nH^2}{S^2}$$

$$+ \frac{(S+nc)H}{S} - \frac{n}{2}HF = 0.$$

定理 9.63　设 $x : M \to R^{n+p}(c)$ 是空间形式中的子流形并且 $h_{ij}^\alpha = \text{constant}$, $\forall i, j, \alpha$, 那么 M 是一个 $LCR_{(n,F(u^a v^b))}$ 子流形当且仅当对任意的 α, $(n+1) \leqslant \alpha \leqslant (n+p)$, 有

$$-(S_{\alpha\beta\beta} + cnH^\alpha)\frac{nH^2}{S^2} + (S_{\alpha\beta} + nc\delta_{\alpha\beta})\frac{H^\beta}{S} - \frac{n}{2}H^\alpha F = 0.$$

定理 9.64　设 $x : M \to R^{n+1}(c)$ 是空间形式中的超曲面并且 $h_{ij} = \text{constant}$,

$\forall i,j$，那么 M 是一个 $LCR_{(n,F(u^a v^b))}$ 超曲面当且仅当

$$-(P_3 + ncH)\frac{nH^2}{S^2} + \frac{(S+nc)H}{S} - \frac{n}{2}HF = 0.$$

第 10 章　临界子流形例子的构造

本章主要构造前面推导的$LCR_{(n,F)}$子流形的例子，从中可以看出特殊的Clifford超曲面$C_{\frac{n}{2},\frac{n}{2}}$和Veronese曲面是相当广泛的泛函的临界点。

10.1　$LCR_{(n,F)}$子流形的例子

我们关注单位球面$S^{n+1}(1)$中的等参的$LCR_{(n,F)}$超曲面。已知单位球面中的等参超曲面的所有主曲率为

$$\{k_1, \cdots, k_i, \cdots, k_n\} = \text{constant}.$$

那么ρ，H，S都为常数。因此单位球面中的等参$LCR_{(n,F)}$超曲面的临界点方程为

$$(P_3 + P_1)F_1 + \frac{1}{n^2}(S + n)P_1F_2 - \frac{1}{2}P_1F = 0. \tag{10.1}$$

例 10.1　按照全测地超曲面定义，我们知道所有的主曲率为

$$k_1 = k_2 = \cdots = 0.$$

于是，经计算得到

$$H = 0, \quad S = 0, \quad P_3 = 0.$$

将它们代入上面的方程(10.1)，可以得到结论，对于任意的函数F，全测地超曲面M为$LCR_{(n,F)}$超曲面。

例 10.2　全脐非全测地的超曲面。按照其定义，可知所有的主曲率为

$$k_1 = k_2 = \cdots = k_n = \lambda \neq 0.$$

经计算，曲率函数H，P_2，P_3为

$$H = \lambda, \quad P_2 = n\lambda^2, \quad P_3 = n\lambda^3.$$

将它们代入方程(10.1)，可得全脐非全测地超曲面若为某个$LCR_{(n,F)}$超曲

面必须满足

$$n(\lambda^2 + 1)F_1(n\lambda^2, \lambda^2) + (\lambda^2 + 1)F_2(n\lambda^2, \lambda^2) - \frac{n}{2}F(n\lambda^2, \lambda^2) = 0.$$

例 10.3 对于维数为偶数 $n \equiv 0 \pmod 2$ 的特殊超曲面

$$C_{\frac{n}{2}, \frac{n}{2}} = S^{\frac{n}{2}}\Big(\frac{1}{\sqrt{2}}\Big) \times S^{\frac{n}{2}}\Big(\frac{1}{\sqrt{2}}\Big) \to S^{n+1}(1).$$

我们知道所有的主曲率为

$$k_1 = \cdots = k_{\frac{n}{2}} = 1, \ \ k_{\frac{n}{2}+1} = \cdots = k_n = -1.$$

经计算，低阶曲率函数为

$$H = 0, \ \ S = n, \ \ P_3 = 0.$$

于是得到 $C_{\frac{n}{2}, \frac{n}{2}}$ 对于任何函数 F 都是 $LCR_{(n,F)}$ 超曲面。

例 10.4 对于单位球面中的具有两个不同主曲率的超曲面，有

$$\lambda, \mu: \ 0 < \lambda, \mu < 1, \lambda^2 + \mu^2 = 1,$$

$$S^m(\lambda) \times S^{n-m}(\mu) \to S^{n+1}(1), \ 1 \leqslant m \leqslant n - 1.$$

我们需要在上面的超曲面中确定所有的 $LCR_{(n,F)}$ 超曲面。显然，通过计算有

$$k_1 = \cdots = k_m = \frac{\mu}{\lambda}, \ \ k_{m+1} = \cdots = k_n = -\frac{\lambda}{\mu}.$$

于是，曲率函数 P_1, P_2, P_3 分别为

$$P_1 = m\frac{\mu}{\lambda} - (n-m)\frac{\lambda}{\mu},$$

$$P_2 = m\frac{\mu^2}{\lambda^2} + (n-m)\frac{\lambda^2}{\mu^2},$$

$$P_3 = m\frac{\mu^3}{\lambda^3} - (n-m)\frac{\lambda^3}{\mu^3}.$$

设 $\dfrac{\mu}{\lambda} = x > 0$，则低阶曲率可表示为

$$P_1 = mx - (n-m)\frac{1}{x},$$

$$P_2 = mx^2 + (n-m)\frac{1}{x^2},$$

$$P_3 = mx^3 - (n-m)\frac{1}{x^3}.$$

将它们代入 $LCR_{(n,F)}$ 超曲面方程 (10.1) 变为

$$\left(mx^3 - (n-m)\frac{1}{x^3} + mx - (n-m)\frac{1}{x} \right)F_1$$

$$+ \frac{1}{n^2}\left(mx^2 + (n-m)\frac{1}{x^2} + n \right)\left(mx - (n-m)\frac{1}{x} \right)F_2$$

$$- \frac{1}{2}\left(mx - (n-m)\frac{1}{x} \right)F = 0.$$

这是一个复杂的偏微分方程，在一定条件下可以实现求解，从而构造出例子。显然，当 $n \equiv 0 \ (\mathrm{mod}\ 2)$, $m = \dfrac{n}{2}$, $x = 1$ 时，$C_{\frac{n}{2}, \frac{n}{2}}$ 必定是方程的一个特解。

上面的例子都是超曲面情形，对于余维数大于 1 的子流形，Veronese 曲面是子流形几何中最常用到的例子。首先我们知道高余维数的临界子流形方程为

$$(S_{\alpha\beta\beta} + nH^{\alpha})F_1 + \frac{1}{n}(S_{\alpha\beta} + n\delta_{\alpha\beta})H^{\beta}F_2 - \frac{n}{2}H^{\alpha}F = 0.$$

例 10.5 设 (x, y, z) 是三维欧氏空间 R^3 的自然标架，设 $(u_1, u_2, u_3, u_4, u_5)$ 是五维欧氏空间 R^5 的自然标架，定义如下的映射：

$$u_1 = \frac{1}{\sqrt{3}}yz, \quad u_2 = \frac{1}{\sqrt{3}}xz, \quad u_3 = \frac{1}{\sqrt{3}}xy,$$

$$u_4 = \frac{1}{2\sqrt{3}}(x^2 - y^2), \quad u_5 = \frac{1}{6}(x^2 + y^2 - 2z^2),$$

$$x^2 + y^2 + z^2 = 3.$$

这个映射决定了一个等距嵌入：

$$x: RP^2 = S^2(\sqrt{3})/Z_2 \to S^4(1).$$

我们称其为Veronese曲面。通过简单的计算，第二基本型为

$$A_3 = \begin{pmatrix} 0 & \frac{1}{\sqrt{3}} \\ \frac{1}{\sqrt{3}} & 0 \end{pmatrix}, \quad A_4 = \begin{pmatrix} -\frac{1}{\sqrt{3}} & 0 \\ 0 & \frac{1}{\sqrt{3}} \end{pmatrix}.$$

通过上面的第二基本型和定义，可以计算得到

$$H^3 = H^4 = 0, \quad S_{33} = S_{44} = \frac{2}{3}, \quad S = \rho = \frac{4}{3},$$

$$S_{34} = S_{43} = 0, \quad S_{333} = S_{344} = S_{433} = S_{444} = 0.$$

将它们代入上面的方程(10.1)，显然，Veronese曲面对于任意的函数 F 都是 $LCR_{(2,F)}$ 曲面。

10.2 Willmore子流形的例子

例 10.6 按照全测地超曲面定义，可知所有的主曲率为

$$k_1 = k_2 = \cdots = 0.$$

于是，计算得到

$$p_1 = 0, \quad p_2 = 0, \quad p_3 = 0, \quad \rho = 0.$$

将它们代入上面的方程(10.1)，我们可以得到结论，对于任意的参数函数 $F \in C^3[0, \infty)$，全测地超曲面 M 为 $W_{(n,F)}$-Willmore超曲面。

例 10.7 全脐非全测地的超曲面。按照其定义，可知所有的主曲率为

$$k_1 = k_2 = \cdots = k_n = \lambda \neq 0.$$

经计算，各种曲率函数为

$$P_1 = n\lambda, \quad P_2 = n\lambda^2, \quad P_3 = n\lambda^3, \quad \rho = 0.$$

将它们代入方程(10.1)，可得到结论：全脐非全测地超曲面对于任何满足条件 $F(0) = 0$，$F \in C^3[0, \infty)$ 的函数都是 $W_{(n,F)}$-Willmore超曲面；对于 $F(0) \neq 0$，$F \in C^3[0, \infty)$ 的函数都不是 $W_{(n,F)}$-Willmore超曲面。

例 10.8 对于维数为偶数 $n \equiv 0 \pmod 2$ 的特殊超曲面

$$C_{\frac{n}{2},\frac{n}{2}} = S^{\frac{n}{2}}\left(\frac{1}{\sqrt{2}}\right) \times S^{\frac{n}{2}}\left(\frac{1}{\sqrt{2}}\right) \to S^{n+1}(1).$$

我们知道所有的主曲率为

$$k_1 = \cdots = k_{\frac{n}{2}} = 1, \ k_{\frac{n}{2}+1} = \cdots = k_n = -1.$$

由此，可以计算所有的曲率函数 p_1, p_2, p_3, ρ 为

$$p_1 = 0, \ p_2 = n, \ p_3 = 0, \ \rho = n.$$

于是我们得到 $C_{\frac{n}{2},\frac{n}{2}}$ 对于任何 $F \in C^3(0,\infty)$ 的函数都是 $W_{(n,F)}$-Willmore 超曲面。

例 10.9 对于单位球面中的具有两个不同主曲率的超曲面，有

$$\lambda, \mu: \ 0 < \lambda, \mu < 1, \ \lambda^2 + \mu^2 = 1,$$

$$S^m(\lambda) \times S^{n-m}(\mu) \to S^{n+1}(1), \ 1 \leqslant m \leqslant n-1.$$

我们需要在满足上面条件下的超曲面中确定所有的 $W_{(n,F)}$-Willmore 超曲面。显然，通过计算有

$$k_1 = \cdots = k_m = \frac{\mu}{\lambda}, \ k_{m+1} = \cdots = k_n = -\frac{\lambda}{\mu}.$$

由此，曲率函数 P_1, P_2, P_3, ρ 分别为

$$P_1 = m\frac{\mu}{\lambda} - (n-m)\frac{\lambda}{\mu},$$

$$P_2 = m\frac{\mu^2}{\lambda^2} + (n-m)\frac{\lambda^2}{\mu^2},$$

$$P_3 = m\frac{\mu^3}{\lambda^3} - (n-m)\frac{\lambda^3}{\mu^3},$$

$$\rho = \frac{m(n-m)}{n}\left(\frac{\mu^2}{\lambda^2} + \frac{\lambda^2}{\mu^2} + 2\right).$$

假设 $\dfrac{\mu}{\lambda} = x > 0$，于是$W_{(n,F)}$-Willmore超曲面方程变为

$$2m(n-m)F'(\rho)x^6 - m[\,nF(\rho) - 2(n-m)F'(\rho)\,]x^4$$

$$+ (n-m)[\,nF(\rho) - 2mF'(\rho)\,]x^2 - 2m(n-m)F'(\rho) = 0,$$

此处

$$\rho = \frac{m(n-m)}{n}(x^2 + \frac{1}{x^2} + 2).$$

例 10.10 当$F(\rho) = 1$时，具有两个不同主曲率的$W_{(n,F)}$-Willmore等参超曲面为极小等参超曲面，即Clifford Torus:

$$C_{m,n-m} = S^m\left(\sqrt{\frac{m}{n}}\right) \times S^{n-m}\left(\sqrt{\frac{n-m}{n}}\right), \quad 1 \leqslant m \leqslant n-1.$$

是极小超曲面，其曲率函数

$$H \equiv 0, \ S \equiv n, \ \rho \equiv n.$$

假设F_1是另外一个满足$F_1 \in C^3(0, +\infty)$的函数。如果某个$C_{m,n-m}$同时也是$W_{(n,F_1)}$-Willmore超曲面，那么必须满足

$$F_1'(n)\left(\sqrt{\frac{(n-m)^3}{m}} - \sqrt{\frac{m^3}{n-m}}\right) = 0.$$

因此可以得到结论：如果$F_1'(n) = 0$，那么所有的$C_{m,n-m}$都是$W_{(n,F_1)}$-Willmore超曲面；如果$F_1'(n) \neq 0$，那么某个$C_{m,n-m}$是$W_{(n,F_1)}$-Willmore超曲面当且仅当

$$n \equiv 0 \ (\mathrm{mod}\ 2), \ m = \frac{n}{2}, \ C_{m,n-m} = C_{\frac{n}{2},\frac{n}{2}}.$$

例 10.11 当$F(\rho) = \rho^{\frac{n}{2}}$时，具有两个不同主曲率的$W_{(n,F)}$-Willmore等参超曲面是最经典的$W_{(n,\frac{n}{2})}$-Willmore等参超曲面，为区别起见可以称为$W_{(n,\frac{n}{2})}$-Willmore Torus. 其表达式为

$$W_{m,n-m}: S^m\left(\sqrt{\frac{n-m}{n}}\right) \times S^{n-m}\left(\sqrt{\frac{m}{n}}\right) \to S^{n+1}(1), \quad 1 \leqslant m \leqslant n-1.$$

它是所有满足$\rho = n$的$W_{(n,\frac{n}{2})}$-Willmore Torus. 当某个$W_{m,n-m}$为极小时，我

们有

$$n \equiv 0 \ (\mathrm{mod} \ 2), \quad m = \frac{n}{2}, \quad W_{m,n-m} = C_{\frac{n}{2}, \frac{n}{2}}.$$

对于 $F_1 \in C^3(0, +\infty)$ 的函数，如果某个 $W_{m,n-m}$ 是 $W_{(n,F_1)}$-Willmore 超曲面，那么函数 F_1 必须满足

$$F_1'(n)(2m-n)\left(\sqrt{\frac{m}{n-m}} + \sqrt{\frac{n-m}{m}} \right)$$

$$- \frac{1}{2}F_1(n)\left(m\sqrt{\frac{m}{n-m}} - (n-m)\sqrt{\frac{n-m}{m}} \right) = 0.$$

特别地，如果函数满足

$$F_1'(n) \neq 0, \quad F_1'(n) - \frac{1}{2}F_1(n) = 0$$

时，则所有的 $W_{m,n-m}$ 都是 $W_{(n,F_1)}$-Willmore 超曲面。

例 10.12   对于单位球面中的具有两个不同的主曲率的超曲面，欲寻求满足 $\rho = n$ 的所有 Torus.

我们知道

$$\lambda, \mu : \ 0 < \lambda, \mu < 1, \ \lambda^2 + \mu^2 = 1,$$

$$S^m(\lambda) \times S^{n-m}(\mu) \to S^{n+1}(1), \ 1 \leqslant m \leqslant n-1.$$

显然，所有的主曲率为

$$k_1 = \cdots = k_m = \frac{\mu}{\lambda}, \ k_{m+1} = \cdots = k_n = -\frac{\lambda}{\mu}.$$

由此，曲率函数 ρ 为

$$\rho = \frac{m(n-m)}{n}\left(\frac{\mu^2}{\lambda^2} + \frac{\lambda^2}{\mu^2} + 2 \right).$$

假设 $\frac{\mu}{\lambda} = x > 0$，于是

$$\rho = \frac{m(n-m)}{n}\left(x^2 + \frac{1}{x^2} + 2 \right).$$

如果 $\rho = n$，则有方程

$$n = \frac{m(n-m)}{n}\left(x^2 + \frac{1}{x^2} + 2 \right).$$

解这个方程得到

$$x_1 = \sqrt{\frac{n-m}{m}}, \quad x_2 = \sqrt{\frac{m}{n-m}}, \quad \forall m \in N, \ 1 \leqslant m \leqslant n-1.$$

所以

$$C_{m,n-m}: S^m\left(\sqrt{\frac{m}{n}}\right) \times S^{n-m}\left(\sqrt{\frac{n-m}{n}}\right) \to S^{n+1}(1), \quad 1 \leqslant m \leqslant n-1$$

和

$$W_{m,n-m}: S^m\left(\sqrt{\frac{n-m}{n}}\right) \times S^{n-m}\left(\sqrt{\frac{m}{n}}\right) \to S^{n+1}(1), \quad 1 \leqslant m \leqslant n-1$$

是满足 $\rho = n$ 的所有Torus。

例 10.13 Veronese曲面对于任何 $F \in C^3(0, \infty)$ 的函数都是 $W_{(2,F)}$-Willmore曲面。

10.3 全曲率模长临界点的例子

例 10.14 按照全测地超曲面定义，所有的主曲率为

$$k_1 = k_2 = \cdots = 0.$$

由此，可以计算得到

$$P_1 = 0, \quad P_2 = 0, \quad P_3 = 0.$$

将它们代入上面的方程(10.1)，我们可以得到结论，对于任何 $F \in C^3[0, \infty)$ 的函数，全测地超曲面 M 为 $GD_{(n,F)}$ 超曲面。

例 10.15 全脐非全测地的超曲面。按照其定义，所有的主曲率为

$$k_1 = k_2 = \cdots = k_n = \lambda \neq 0.$$

经计算，曲率函数 P_1, P_2, P_3 为

$$P_1 = n\lambda, \quad P_2 = n\lambda^2, \quad P_3 = n\lambda^3.$$

将它们代入方程(10.1)，可得全脐非全测地超曲面对于满足条件

$$2F'(n\lambda^2)\lambda^2 + 2F'(n\lambda^2) - F(n\lambda^2) = 0.$$

$F \in C^3(0, \infty)$的函数都是$GD_{(n,F)}$超曲面。显然下面的函数是满足以上条件的：

$$F(u) = F(u_0)\left(\frac{u+n}{u_0+n}\right)^{\frac{n}{2}}.$$

例 10.16　对于维数为偶数$n \equiv 0 \pmod 2$的特殊Clifford超曲面

$$C_{\frac{n}{2}, \frac{n}{2}} = S^{\frac{n}{2}}\left(\frac{1}{\sqrt 2}\right) \times S^{\frac{n}{2}}\left(\frac{1}{\sqrt 2}\right) \to S^{n+1}(1).$$

所有的主曲率为

$$k_1 = \cdots = k_{\frac{n}{2}} = 1, k_{\frac{n}{2}+1} = \cdots = k_n = -1.$$

由此可以计算曲率函数P_1, P_2, P_3为

$$P_1 = 0, \quad P_2 = n, \quad P_3 = 0.$$

于是我们得到$C_{\frac{n}{2}, \frac{n}{2}}$对于任何函数$F \in C^3(0, \infty)$都是$GD_{(n,F)}$-超曲面。

例 10.17　对于单位球面中的具有两个不同主曲率的超曲面，有

$$\lambda, \mu: \ 0 < \lambda, \mu < 1, \ \lambda^2 + \mu^2 = 1,$$

$$S^m(\lambda) \times S^{n-m}(\mu) \to S^{n+1}(1), 1 \leqslant m \leqslant n-1.$$

需要在上面的超曲面中确定所有的$GD_{(n,F)}$超曲面。显然，通过计算有

$$k_1 = \cdots = k_m = \frac{\mu}{\lambda}, \ k_{m+1} = \cdots = k_n = -\frac{\lambda}{\mu}.$$

由此，曲率函数$P_1 = nH$, $P_2 = S$, P_3分别为

$$P_1 = m\frac{\mu}{\lambda} - (n-m)\frac{\lambda}{\mu},$$

$$P_2 = m\frac{\mu^2}{\lambda^2} + (n-m)\frac{\lambda^2}{\mu^2},$$

$$P_3 = m\frac{\mu^3}{\lambda^3} - (n-m)\frac{\lambda^3}{\mu^3}.$$

假设 $\dfrac{\mu}{\lambda} = x > 0$，于是 $GD_{(n,F)}$ 超曲面方程变为

$$2F'\Big(mx^2 + (n-m)\frac{1}{x^2}\Big)\big(mx^6 - (n-m)\big)$$

$$+ \Big(2F'\big(mx^2 + (n-m)\frac{1}{x^2}\big) - F\big(mx^2 + (n-m)\frac{1}{x^2}\big)\Big)\big(mx^4 - (n-m)x^2\big) = 0.$$

对于具体的函数，通过求解具体的代数方程，可以构造出临界超曲面。

例 10.18　当 $F(S) = 1$ 时，具有两个不同主曲率的 $GD_{(n,F)}$ 等参超曲面为极小等参超曲面，即 Clifford Torus：

$$C_{m,n-m} = S^m\Big(\sqrt{\frac{m}{n}}\Big) \times S^{n-m}\Big(\sqrt{\frac{n-m}{n}}\Big), \quad 1 \leqslant m \leqslant n-1.$$

而且满足

$$P_1 \equiv 0, \quad P_2 \equiv n, \quad P_3 = (n-m)\sqrt{\frac{n-m}{m}} - m\sqrt{\frac{m}{n-m}}.$$

假设 $F_1 \in C^3(0, +\infty)$ 是另外一个函数。如果某个 $C_{m,n-m}$ 同时也是 $GD_{(n,F_1)}$ 超曲面，那么必须满足

$$F_1'(n)\Big(\sqrt{\frac{(n-m)^3}{m}} - \sqrt{\frac{m^3}{n-m}}\Big) = 0.$$

因此可以得到结论：如果 $F_1'(n) = 0$，那么所有的 $C_{m,n-m}$ 都是 $GD_{(n,F_1)}$ 超曲面；如果 $F_1'(n) \neq 0$，那么某个 $C_{m,n-m}$ 是 $GD_{(n,F_1)}$ 超曲面当且仅当

$$n \equiv 0 \pmod{2}, \quad m = \frac{n}{2}, \quad C_{m,n-m} = C_{\frac{n}{2},\frac{n}{2}}.$$

例 10.19　对于单位球面中的具有两个不同的主曲率的超曲面，欲寻求满足 $S = n$ 的所有 Torus.

我们知道

$$\lambda, \mu: \ 0 < \lambda, \mu < 1, \ \lambda^2 + \mu^2 = 1,$$

$$S^m(\lambda) \times S^{n-m}(\mu) \to S^{n+1}(1), \quad 1 \leqslant m \leqslant n-1.$$

显然，所有的主曲率为

$$k_1 = \cdots = k_m = \frac{\mu}{\lambda}, \ k_{m+1} = \cdots = k_n = -\frac{\lambda}{\mu}.$$

由此，曲率函数 S 为

$$S = m\frac{\mu^2}{\lambda^2} + (n-m)\frac{\lambda^2}{\mu^2}.$$

假设 $\frac{\mu}{\lambda} = x > 0$，于是

$$S = mx^2 + (n-m)\frac{1}{x^2}.$$

如果 $S = n$，则有方程

$$n = mx^2 + (n-m)\frac{1}{x^2}.$$

解这个方程得到

$$x_1 = \sqrt{\frac{n-m}{m}}, \ \ x_2 = 1, \ \ \forall m \in N, \ 1 \leqslant m \leqslant n-1.$$

所以

$$C_{m,n-m} : S^m\left(\sqrt{\frac{m}{n}}\right) \times S^{n-m}\left(\sqrt{\frac{n-m}{n}}\right) \to S^{n+1}(1), \ \ 1 \leqslant m \leqslant n-1$$

和

$$S^m\left(\sqrt{\frac{1}{2}}\right) \times S^{n-m}\left(\sqrt{\frac{1}{2}}\right) \to S^{n+1}(1), \ \ 1 \leqslant m \leqslant n-1$$

是满足 $S = n$ 的所有 Torus.

例 10.20   Veronese 曲面对于任意的函数 $F \in C^3(0, \infty)$ 都是 $GD_{(2,F)}$ 曲面。

10.4   平均曲率临界子流形的例子

为了在空间形式中构造寻求 $MC_{(n,F)}$ 超曲面和子流形的例子，我们需要下面的引理。

引理 10.1   设 $x : M \to S^{n+p}(1)$ 是单位球面中的子流形并且 $h_{ij}^\alpha =$ constant, $\forall i, j, \alpha$，那么 M 是一个 $MC_{(n,F)}$ 子流形当且仅当对任意的 α, $(n+1) \leqslant \alpha \leqslant (n+p)$，有

$$F'(H^2)(S_{\alpha\beta} + n\delta_{\alpha\beta})H^\beta - \frac{n^2}{2}H^\alpha F(H^2) = 0.$$

引理 10.2 设 $x : M \to S^{n+1}(1)$ 是单位球面中的超曲面并且 $h_{ij} = \text{constant}$, $\forall i, j$, 那么 M 是一个 $MC_{(n,F)}$ 超曲面当且仅当

$$H[F'(H^2)(S + n) - \frac{n^2}{2}F(H^2)] = 0.$$

例 10.21 单位球面中的极小子流形对于任何 $F \in C^3[0, \infty)$ 的函数都是 $MC_{(n,F)}$ 子流形,因此 $MC_{(n,F)}$ 子流形相较于极小子流形是一类范围更广的概念。

例 10.22 单位球面中全脐非全测地的超曲面。按照其定义可知,所有的主曲率为

$$k_1 = k_2 = \cdots = k_n = \lambda \neq 0.$$

经计算,曲率函数 H, S 为

$$H = \lambda, \quad S = n\lambda^2.$$

将它们代入方程 (10.1),可得全脐非全测地超曲面如果是 $MC_{(n,F)}$ 曲面,则满足条件

$$F'(\lambda^2)(\lambda^2 + 1) - \frac{n}{2}F(\lambda^2) = 0.$$

解得函数 $F(u)$ 有如下形式:

$$F(u) = F(u_0)\left(\frac{u + 1}{u_0 + 1}\right)^{\frac{n}{2}}, \quad u_0 \geqslant 0.$$

因此全脐非全测地超曲面对于上面的函数 $F(u)$ 是 $MC_{(n,F)}$ 超曲面。

例 10.23 单位球面中的全脐非全测地的高余维数子流形。按照其定义,我们知道第二基本型满足

$$h_{ij}^{\alpha} = H^{\alpha}\delta_{ij}.$$

经计算,曲率 $S_{\alpha\beta}$ 为

$$S_{\alpha\beta} = nH^{\alpha}H^{\beta}.$$

将其代入方程,可得全脐非全测地子流形如果是 $MC_{(n,F)}$ 曲面,则满足条

件

$$H^\alpha\big(\,F'(H^2)(H^2+1)-\frac{n}{2}F(H^2)\,\big)=0.$$

解得函数$F(u)$为如下形式:

$$F(u)=F(u_0)\Big(\frac{u+1}{u_0+1}\Big)^{\frac{n}{2}},\ u_0\geqslant 0.$$

因此全脐非全测地子流形对于上面的函数$F(u)$是$MC_{(n,F)}$超曲面。

例 10.24 对于单位球面中的具有两个不同主曲率的超曲面,有

$$\lambda,\ \mu:\ 0<\lambda,\ \mu<1,\ \lambda^2+\mu^2=1,$$

$$S^m(\lambda)\times S^{n-m}(\mu)\to S^{n+1}(1),\ 1\leqslant m\leqslant n-1.$$

需要在上面的超曲面中确定所有的$MC_{(n,F)}$-Willmore超曲面。显然,经计算有

$$k_1=\cdots=k_m=\frac{\mu}{\lambda},\ k_{m+1}=\cdots=k_n=-\frac{\lambda}{\mu}.$$

由此,曲率函数H,S分别为

$$H=\frac{m}{n}\frac{\mu}{\lambda}-\frac{n-m}{n}\frac{\lambda}{\mu},\ \ S=m\frac{\mu^2}{\lambda^2}+(n-m)\frac{\lambda^2}{\mu^2}.$$

假设$\dfrac{\mu}{\lambda}=x>0$,于是曲率函数可以表达为

$$H=\frac{m}{n}x-\frac{n-m}{n}\frac{1}{x},$$

$$H^2=\frac{m^2}{n^2}x^2+\frac{(n-m)^2}{n^2}\frac{1}{x^2}-2\frac{m(n-m)}{n^2},$$

$$S=mx^2+(n-m)\frac{1}{x^2}.$$

这样,$MC_{(n,F)}$超曲面方程变为

$$\frac{m}{n}x-\frac{n-m}{n}\frac{1}{x}=0$$

或者

$$F'(H^2)\Big(mx^2 + (n-m)\frac{1}{x^2} + n\Big) - \frac{n^2}{2}F(H^2)$$

$$= F'\Big(\frac{m^2}{n^2}x^2 + \frac{(n-m)^2}{n^2}\frac{1}{x^2} - 2\frac{m(n-m)}{n^2}\Big)\Big(mx^2 + (n-m)\frac{1}{x^2} + n\Big)$$

$$- \frac{n^2}{2}F\Big(\frac{m^2}{n^2}x^2 + \frac{(n-m)^2}{n^2}\frac{1}{x^2} - 2\frac{m(n-m)}{n^2}\Big) = 0.$$

前一个方程对应着极小的具有两个不同主曲率的等参超曲面，即Clifford环面

$$C_{m,n-m} = S^m\Big(\sqrt{\frac{m}{n}}\Big) \times S^{n-m}\Big(\sqrt{\frac{n-m}{n}}\Big).$$

后一个方程对应着可能与极小子流形不同的$MC_{(n,F)}$子流形。

例 10.25   Veronese曲面对于任意的函数$F \in C^3[0,\infty)$都是$MC_{(2,F)}$曲面。

第 11 章　第二变分公式

本章计算泛函$LCR_{(n,F)}$的第二变分公式，这是讨论临界点子流形稳定性的基础。

11.1　低阶曲率泛函$LCR_{(n,F)}$的第二变分

为了计算泛函$LCR_{(n,F)}$的第二变分，我们需要一些引理，它们在第三章中已经得到证明。

引理 11.1　设$x : M \to N$是子流形，协变导数的差异如下：

$$\bar{R}_{i\alpha j\beta;p} = \bar{R}_{i\alpha j\beta,p} - \sum_\gamma \bar{R}_{\gamma\alpha j\beta}h_{ip}^\gamma + \sum_q \bar{R}_{iqj\beta}h_{qp}^\alpha$$

$$- \sum_\gamma \bar{R}_{i\alpha\gamma\beta}h_{jp}^\gamma + \sum_q \bar{R}_{i\alpha jq}h_{qp}^\beta.$$

引理 11.2　设$x : M \to N^{n+p}$是子流形，$V = V^i e_i + V^\alpha e_\alpha$是变分向量场，则

$$\frac{\partial h_{ij}^\alpha}{\partial t} = V_{,ij}^\alpha + \sum_p h_{ij,p}^\alpha V^p + \sum_{p\beta} h_{ip}^\alpha h_{pj}^\beta V^\beta - \sum_\beta \bar{R}_{ij\beta}^\alpha V^\beta,$$

$$\frac{\partial}{\partial t}H^\alpha = \frac{1}{n}\Delta V^\alpha + \sum_i H_{,i}^\alpha V^i + \frac{1}{n}S_{\alpha\beta}V^\beta + \frac{1}{n}\bar{R}_{\alpha\beta}^\top V^\beta,$$

$$\frac{\partial H^2}{\partial t} = \frac{2}{n}H^\gamma \Delta V^\gamma + (H^2)_{,i}V^i + \frac{2}{n}(S_{\gamma\delta} + \bar{R}_{\gamma\delta}^\top)H^\gamma V^\delta,$$

$$\frac{\partial S}{\partial t} = \sum 2h_{kl}^\beta V_{,kl}^\beta + \sum_i S_{,i}V^i + \sum 2S_{\gamma\gamma\beta}V^\beta - \sum 2h_{kl}^\gamma \bar{R}_{kl\beta}^\gamma V^\beta,$$

$$\frac{\partial S_{\alpha\beta}}{\partial t} = V_{,ij}^\alpha h_{ij}^\beta + h_{ij}^\alpha V_{,ij}^\beta + S_{\alpha\beta,i}V^i$$

$$+ 2S_{\alpha\beta\gamma}V^\gamma - (\bar{R}_{ij\gamma}^\alpha h_{ij}^\beta + h_{ij}^\alpha \bar{R}_{ij\gamma}^\beta)V^\gamma,$$

$$\frac{\partial \bar{R}_{\alpha\beta}^{\top}}{\partial t} = \bar{R}_{\alpha i i \beta;\gamma} V^{\gamma} + \bar{R}_{\alpha i i \beta,p} V^p - \bar{R}_{q i i \beta} V_{,q}^{\alpha}$$
$$+ (\bar{R}_{\alpha\gamma i\beta} + \bar{R}_{\alpha i\gamma\beta}) V_{,i}^{\gamma} - \bar{R}_{\alpha i i q} V_{,q}^{\beta},$$

$$\frac{\partial}{\partial t}(S_{\alpha\beta} + \bar{R}_{\alpha\beta}^{\top}) = V_{,ij}^{\alpha} h_{ij}^{\beta} + h_{ij}^{\alpha} V_{,ij}^{\beta} + S_{\alpha\beta,i} V^i$$
$$+ 2S_{\alpha\beta\gamma} V^{\gamma} - (\bar{R}_{ij\gamma}^{\alpha} h_{ij}^{\beta} + h_{ij}^{\alpha} \bar{R}_{ij\gamma}^{\beta}) V^{\gamma}$$
$$+ \bar{R}_{\alpha i i \beta;\gamma} V^{\gamma} + \bar{R}_{\alpha i i \beta,p} V^p - \bar{R}_{q i i \beta} V_{,q}^{\alpha}$$
$$+ (\bar{R}_{\alpha\gamma i\beta} + \bar{R}_{\alpha i\gamma\beta}) V_{,i}^{\gamma} - \bar{R}_{\alpha i i q} V_{,q}^{\beta},$$

$$\frac{\partial S_{\alpha\beta\beta}}{\partial t} = V_{,ij}^{\alpha} h_{jk}^{\beta} h_{ki}^{\beta} + h_{ij}^{\alpha} V_{,jk}^{\beta} h_{ki}^{\beta} + h_{ij}^{\alpha} h_{jk}^{\beta} V_{,ki}^{\beta} + S_{\alpha\beta\beta,i} V^i$$
$$+ S_{\alpha\gamma\beta\beta} V^{\gamma} + S_{\alpha\beta\gamma\beta} V^{\gamma} + S_{\alpha\beta\beta\gamma} V^{\gamma}$$
$$- (\bar{R}_{ij\gamma}^{\alpha} h_{jk}^{\beta} h_{ki}^{\beta} + h_{ij}^{\alpha} \bar{R}_{jk\gamma}^{\beta} h_{ki}^{\beta} + h_{ij}^{\alpha} h_{jk}^{\beta} \bar{R}_{ki\gamma}^{\beta}) V^{\gamma},$$

$$\frac{\partial \bar{R}_{i\beta j\alpha}}{\partial t} = \sum_{\gamma} \bar{R}_{i\beta j\alpha;\gamma} V^{\gamma} + \sum_{p} \bar{R}_{i\beta j\alpha,p} V^p + \sum_{\gamma} \bar{R}_{\gamma\beta j\alpha} V_{,i}^{\gamma}$$
$$- \sum_{q} \bar{R}_{iqj\alpha} V_{,q}^{\beta} + \sum_{\gamma} \bar{R}_{i\beta\gamma\alpha} V_{,j}^{\gamma} - \sum_{q} \bar{R}_{i\beta jq} V_{,q}^{\alpha}.$$

特别地，如果变分向量场是法向变分，即 $V = V^{\alpha} e_{\alpha}$，则上面的变分公式可以简化。

引理 11.3 设 $x: M \to N^{n+p}$ 是子流形，$V = V^{\alpha} e_{\alpha}$ 是法向变分向量场，则

$$\frac{\partial h_{ij}^{\alpha}}{\partial t} = V_{,ij}^{\alpha} + h_{ip}^{\alpha} h_{pj}^{\beta} V^{\beta} - \bar{R}_{ij\beta}^{\alpha} V^{\beta},$$

$$\frac{\partial}{\partial t} H^{\alpha} = \frac{1}{n} \Delta V^{\alpha} + \frac{1}{n} S_{\alpha\beta} V^{\beta} + \frac{1}{n} \bar{R}_{\alpha\beta}^{\top} V^{\beta},$$

$$\frac{\partial H^2}{\partial t} = \frac{2}{n} H^{\gamma} \Delta V^{\gamma} + \frac{2}{n} (S_{\gamma\delta} + \bar{R}_{\gamma\delta}^{\top}) H^{\gamma} V^{\delta},$$

$$\frac{\partial S}{\partial t} = 2h_{kl}^{\beta} V_{,kl}^{\beta} + 2S_{\gamma\gamma\beta} V^{\beta} - 2h_{kl}^{\gamma} \bar{R}_{kl\beta}^{\gamma} V^{\beta},$$

$$\frac{\partial S_{\alpha\beta}}{\partial t} = V^{\alpha}_{,ij}h^{\beta}_{ij} + h^{\alpha}_{ij}V^{\beta}_{,ij} + 2S_{\alpha\beta\gamma}V^{\gamma} - (\bar{R}^{\alpha}_{ij\gamma}h^{\beta}_{ij} + h^{\alpha}_{ij}\bar{R}^{\beta}_{ij\gamma})V^{\gamma},$$

$$\frac{\partial \bar{R}^{\top}_{\alpha\beta}}{\partial t} = \bar{R}_{\alpha ii\beta;\gamma}V^{\gamma} - \bar{R}_{qii\beta}V^{\alpha}_{,q} + (\bar{R}_{\alpha\gamma i\beta} + \bar{R}_{\alpha i\gamma\beta})V^{\gamma}_{,i} - \bar{R}_{\alpha iiq}V^{\beta}_{,q},$$

$$\frac{\partial}{\partial t}(S_{\alpha\beta} + \bar{R}^{\top}_{\alpha\beta}) = V^{\alpha}_{,ij}h^{\beta}_{ij} + h^{\alpha}_{ij}V^{\beta}_{,ij} + 2S_{\alpha\beta\gamma}V^{\gamma}$$

$$- (\bar{R}^{\alpha}_{ij\gamma}h^{\beta}_{ij} + h^{\alpha}_{ij}\bar{R}^{\beta}_{ij\gamma})V^{\gamma} + \bar{R}_{\alpha ii\beta;\gamma}V^{\gamma}$$

$$- \bar{R}_{qii\beta}V^{\alpha}_{,q} + (\bar{R}_{\alpha\gamma i\beta} + \bar{R}_{\alpha i\gamma\beta})V^{\gamma}_{,i} - \bar{R}_{\alpha iiq}V^{\beta}_{,q},$$

$$\frac{\partial S_{\alpha\beta\beta}}{\partial t} = V^{\alpha}_{,ij}h^{\beta}_{jk}h^{\beta}_{ki} + h^{\alpha}_{ij}V^{\beta}_{,jk}h^{\beta}_{ki} + h^{\alpha}_{ij}h^{\beta}_{jk}V^{\beta}_{,ki}$$

$$+ S_{\alpha\gamma\beta\beta}V^{\gamma} + S_{\alpha\beta\gamma\beta}V^{\gamma} + S_{\alpha\beta\beta\gamma}V^{\gamma}$$

$$- (\bar{R}^{\alpha}_{ij\gamma}h^{\beta}_{jk}h^{\beta}_{ki} + h^{\alpha}_{ij}\bar{R}^{\beta}_{jk\gamma}h^{\beta}_{ki} + h^{\alpha}_{ij}h^{\beta}_{jk}\bar{R}^{\beta}_{ki\gamma})V^{\gamma},$$

$$\frac{\partial \bar{R}_{i\beta j\alpha}}{\partial t} = \bar{R}_{i\beta j\alpha;\gamma}V^{\gamma}$$

$$+ \bar{R}_{\gamma\beta j\alpha}V^{\gamma}_{,i} - \bar{R}_{iqj\alpha}V^{\beta}_{,q} + \bar{R}_{i\beta\gamma\alpha}V^{\gamma}_{,j} - \bar{R}_{i\beta jq}V^{\alpha}_{,q}.$$

我们已经知道泛函 $LCR_{(n,F)}$ 的一阶变分公式:

$$\frac{\partial}{\partial t}LRC_{(n,F)}(x_t) = 2\int_M \Big((h^{\alpha}_{ij}F_1)_{,ij} + \frac{1}{n}\Delta(H^{\alpha}F_2) + (S_{\alpha\beta\beta} - h^{\beta}_{ij}\bar{R}^{\beta}_{ij\alpha})F_1 $$

$$+ \frac{1}{n}(S_{\alpha\beta} + \bar{R}^{\top}_{\alpha\beta})H^{\beta}F_2 - \frac{n}{2}H^{\alpha}F \Big)V^{\alpha}\mathrm{d}v.$$

利用上面的引理可以计算二阶变分。

$$\frac{\partial^2}{\partial t^2}|_{t=0}LRC_{(n,F)}(x_t)$$

$$= \int_M 2\Big(\frac{\partial h^{\alpha}_{ij}}{\partial t}F_1 + h^{\alpha}_{ij}F_{11}\frac{\partial S}{\partial t} + h^{\alpha}_{ij}F_{12}\frac{\partial H^2}{\partial t} \Big)V^{\alpha}_{,ij}$$

$$+ \frac{2}{n}\Big(\frac{\partial H^{\alpha}}{\partial t}F_2 + H^{\alpha}F_{21}\frac{\partial S}{\partial t} + H^{\alpha}F_{22}\frac{\partial H^2}{\partial t} \Big)\Delta V^{\alpha}$$

$$+ 2\Big(\frac{\partial(S_{\alpha\beta\beta} - h_{ij}^{\beta}\bar{R}_{ij\alpha}^{\beta})}{\partial t} F_1 + (S_{\alpha\beta\beta} - h_{ij}^{\beta}\bar{R}_{ij\alpha}^{\beta})F_{11}\frac{\partial S}{\partial t}$$

$$+ (S_{\alpha\beta\beta} - h_{ij}^{\beta}\bar{R}_{ij\alpha}^{\beta})F_{12}\frac{\partial H^2}{\partial t} \Big)V^{\alpha}$$

$$+ \frac{2}{n}\Big(\frac{\partial(S_{\alpha\beta} + \bar{R}_{\alpha\beta}^{\top})H^{\beta}}{\partial t} F_2 + (S_{\alpha\beta} + \bar{R}_{\alpha\beta}^{\top})H^{\beta}F_{21}\frac{\partial S}{\partial t}$$

$$+ (S_{\alpha\beta} + \bar{R}_{\alpha\beta}^{\top})H^{\beta}F_{22}\frac{\partial H^2}{\partial t} \Big)V^{\alpha}$$

$$- n\Big(\frac{\partial H^{\alpha}}{\partial t}F + H^{\alpha}F_1\frac{\partial S}{\partial t} + H^{\alpha}F_2\frac{\partial H^2}{\partial t} \Big)V^{\alpha}\mathrm{d}v$$

$$= \int_M 2V_{,ij}^{\alpha}F_1\frac{\partial h_{ij}^{\alpha}}{\partial t} + 2V_{,ij}^{\alpha}h_{ij}^{\alpha}F_{11}\frac{\partial S}{\partial t} + 2V_{,ij}^{\alpha}h_{ij}^{\alpha}F_{12}\frac{\partial H^2}{\partial t}$$

$$+ \frac{2}{n}(\Delta V^{\alpha})F_2\frac{\partial H^{\alpha}}{\partial t} + \frac{2}{n}(\Delta V^{\alpha})H^{\alpha}F_{21}\frac{\partial S}{\partial t} + \frac{2}{n}(\Delta V^{\alpha})H^{\alpha}F_{22}\frac{\partial H^2}{\partial t}$$

$$+ 2V^{\alpha}F_1\frac{\partial(S_{\alpha\beta\beta} - h_{ij}^{\beta}\bar{R}_{ij\alpha}^{\beta})}{\partial t}$$

$$+ 2V^{\alpha}(S_{\alpha\beta\beta} - h_{ij}^{\beta}\bar{R}_{ij\alpha}^{\beta})F_{11}\frac{\partial S}{\partial t} + 2V^{\alpha}(S_{\alpha\beta\beta} - h_{ij}^{\beta}\bar{R}_{ij\alpha}^{\beta})F_{12}\frac{\partial H^2}{\partial t}$$

$$+ \frac{2}{n}V^{\alpha}F_2\frac{\partial(S_{\alpha\beta} + \bar{R}_{\alpha\beta}^{\top})H^{\beta}}{\partial t}$$

$$+ \frac{2}{n}V^{\alpha}(S_{\alpha\beta} + \bar{R}_{\alpha\beta}^{\top})H^{\beta}F_{21}\frac{\partial S}{\partial t} + \frac{2}{n}V^{\alpha}(S_{\alpha\beta} + \bar{R}_{\alpha\beta}^{\top})H^{\beta}F_{22}\frac{\partial H^2}{\partial t}$$

$$- nFV^{\alpha}\frac{\partial H^{\alpha}}{\partial t} + nH^{\alpha}V^{\alpha}F_1\frac{\partial S}{\partial t} + nV^{\alpha}H^{\alpha}F_2\frac{\partial H^2}{\partial t}\mathrm{d}v$$

$$= \int_M 2V_{,ij}^{\alpha}F_1\frac{\partial h_{ij}^{\alpha}}{\partial t} + \frac{2}{n}(\Delta V^{\alpha})F_2\frac{\partial H^{\alpha}}{\partial t} + 2V^{\alpha}F_1\frac{\partial(S_{\alpha\beta\beta} - h_{ij}^{\beta}\bar{R}_{ij\alpha}^{\beta})}{\partial t}$$

$$+ \frac{2}{n}V^{\alpha}F_2\frac{\partial(S_{\alpha\beta} + \bar{R}_{\alpha\beta}^{\top})H^{\beta}}{\partial t} - nFV^{\alpha}\frac{\partial H^{\alpha}}{\partial t}$$

$$+ \Big[2V_{,ij}^{\alpha}h_{ij}^{\alpha}F_{11} + \frac{2}{n}(\Delta V^{\alpha})H^{\alpha}F_{21} + 2V^{\alpha}(S_{\alpha\beta\beta} - h_{ij}^{\beta}\bar{R}_{ij\alpha}^{\beta})F_{11}$$

$$+ \frac{2}{n} V^{\alpha}(S_{\alpha\beta} + \bar{R}^{\top}_{\alpha\beta})H^{\beta}F_{21} - nH^{\alpha}V^{\alpha}F_1 \Big]\frac{\partial S}{\partial t}$$

$$+ \Big[2V^{\alpha}_{,ij}h^{\alpha}_{ij}F_{12} + \frac{2}{n}(\Delta V^{\alpha})H^{\alpha}F_{22} + 2V^{\alpha}(S_{\alpha\beta\beta} - h^{\beta}_{ij}\bar{R}^{\beta}_{ij\alpha})F_{12}$$

$$+ \frac{2}{n} V^{\alpha}(S_{\alpha\beta} + \bar{R}^{\top}_{\alpha\beta})H^{\beta}F_{22} - nV^{\alpha}H^{\alpha}F_2 \Big]\frac{\partial H^2}{\partial t}\mathrm{d}v$$

$$= \int_M 2F_1 V^{\alpha}_{,ij}(V^{\alpha}_{,ij} + h^{\alpha}_{ip}h^{\beta}_{pj}V^{\beta} - \bar{R}^{\alpha}_{ij\beta}V^{\beta})$$

$$+ \frac{2}{n^2}F_2(\Delta V^{\alpha})(\Delta V^{\alpha} + S_{\alpha\beta}V^{\beta} + \bar{R}^{\top}_{\alpha\beta}V^{\beta})$$

$$+ 2F_1 V^{\alpha}\Big[V^{\alpha}_{,ij}h^{\beta}_{jk}h^{\beta}_{ki} + h^{\alpha}_{ij}V^{\beta}_{,jk}h^{\beta}_{ki} + h^{\alpha}_{ij}h^{\beta}_{jk}V^{\beta}_{,ki}$$

$$+ S_{\alpha\gamma\beta\beta}V^{\gamma} + S_{\alpha\beta\gamma\beta}V^{\gamma} + S_{\alpha\beta\beta\gamma}V^{\gamma}$$

$$- (\bar{R}^{\alpha}_{ij\gamma}h^{\beta}_{jk}h^{\beta}_{ki} + h^{\alpha}_{ij}\bar{R}^{\beta}_{jk\gamma}h^{\beta}_{ki} + h^{\alpha}_{ij}h^{\beta}_{jk}\bar{R}^{\beta}_{ki\gamma})V^{\gamma} \Big]$$

$$- 2F_1 V^{\alpha}\bar{R}^{\beta}_{ij\alpha}(V^{\beta}_{,ij} + h^{\beta}_{ip}h^{\gamma}_{pj}V^{\gamma} - \bar{R}^{\beta}_{ij\gamma}V^{\gamma})$$

$$- 2F_1 V^{\alpha}h^{\beta}_{ij}(\bar{R}_{i\beta j\alpha;\gamma}V^{\gamma} + \bar{R}_{\gamma\beta j\alpha}V^{\gamma}_{,i}$$

$$- \bar{R}_{iqj\alpha}V^{\beta}_{,q} + \bar{R}_{i\beta\gamma\alpha}V^{\gamma}_{,j} - \bar{R}_{i\beta jq}V^{\alpha}_{,q})$$

$$+ \frac{2}{n}F_2 V^{\alpha}H^{\beta}\Big[V^{\alpha}_{,ij}h^{\beta}_{ij} + h^{\alpha}_{ij}V^{\beta}_{,ij} + 2S_{\alpha\beta\gamma}V^{\gamma}$$

$$- (\bar{R}^{\alpha}_{ij\gamma}h^{\beta}_{ij} + h^{\alpha}_{ij}\bar{R}^{\beta}_{ij\gamma})V^{\gamma} + \bar{R}_{\alpha ii\beta;\gamma}V^{\gamma}$$

$$- \bar{R}_{qii\beta}V^{\alpha}_{,q} + (\bar{R}_{\alpha\gamma i\beta} + \bar{R}_{\alpha i\gamma\beta})V^{\gamma}_{,i} - \bar{R}_{\alpha iiq}V^{\beta}_{,q} \Big]$$

$$+ \frac{2}{n^2}F_2 V^{\alpha}(S_{\alpha\beta} + \bar{R}^{\top}_{\alpha\beta})(\Delta V^{\beta} + S_{\beta\gamma}V^{\gamma} + \bar{R}^{\top}_{\beta\gamma}V^{\gamma})$$

$$- FV^{\alpha}(\Delta V^{\alpha} + S_{\alpha\beta}V^{\beta} + \bar{R}^{\top}_{\alpha\beta}V^{\beta})$$

$$+ \Big[2V^{\alpha}_{,ij}h^{\alpha}_{ij}F_{11} + \frac{2}{n}(\Delta V^{\alpha})H^{\alpha}F_{21} + 2V^{\alpha}(S_{\alpha\beta\beta} - h^{\beta}_{ij}\bar{R}^{\beta}_{ij\alpha})F_{11}$$

$$+ \frac{2}{n} V^{\alpha}(S_{\alpha\beta} + \bar{R}^{\top}_{\alpha\beta})H^{\beta}F_{21} - nH^{\alpha}V^{\alpha}F_1 \Big]$$

$$\times (2h^{\delta}_{kl}V^{\delta}_{,kl} + 2S_{\gamma\gamma\delta}V^{\delta} - 2h^{\gamma}_{kl}\bar{R}^{\gamma}_{kl\delta}V^{\delta})$$

$$+ \left[2V^{\alpha}_{,ij}h^{\alpha}_{ij}F_{12} + \frac{2}{n}(\Delta V^{\alpha})H^{\alpha}F_{22} + 2V^{\alpha}(S_{\alpha\beta\beta} - h^{\beta}_{ij}\bar{R}^{\beta}_{ij\alpha})F_{12} \right.$$

$$+ \frac{2}{n}V^{\alpha}(S_{\alpha\beta} + \bar{R}^{\top}_{\alpha\beta})H^{\beta}F_{22} - nV^{\alpha}H^{\alpha}F_2 \Big]$$

$$\times \left[\frac{2}{n}H^{\gamma}\Delta V^{\gamma} + \frac{2}{n}(S_{\gamma\delta} + \bar{R}^{\top}_{\gamma\delta})H^{\gamma}V^{\delta} \right] \mathrm{d}v.$$

至此，我们推导出了$LCR_{(n,F)}$泛函的第二变分公式。

定理 11.1 设$x : M^n \to N^{n+p}$是一般原流形中的$LCR_{(n,F)}$子流形，$V = V^{\alpha}e_{\alpha}$是法向变分向量场，那么其第二变分为

$$\frac{\partial^2}{\partial t^2}|_{t=0}LRC_{(n,F)}(x_t)$$

$$= \int_M 2F_1 V^{\alpha}_{,ij}(V^{\alpha}_{,ij} + h^{\alpha}_{ip}h^{\beta}_{pj}V^{\beta} - \bar{R}^{\alpha}_{ij\beta}V^{\beta})$$

$$+ \frac{2}{n^2}F_2(\Delta V^{\alpha})(\Delta V^{\alpha} + S_{\alpha\beta}V^{\beta} + \bar{R}^{\top}_{\alpha\beta}V^{\beta})$$

$$+ 2F_1 V^{\alpha}\left[V^{\alpha}_{,ij}h^{\beta}_{jk}h^{\beta}_{ki} + h^{\alpha}_{ij}V^{\beta}_{,jk}h^{\beta}_{ki} + h^{\alpha}_{ij}h^{\beta}_{jk}V^{\beta}_{,ki} \right.$$

$$+ S_{\alpha\gamma\beta\beta}V^{\gamma} + S_{\alpha\beta\gamma\beta}V^{\gamma} + S_{\alpha\beta\beta\gamma}V^{\gamma}$$

$$- (\bar{R}^{\alpha}_{ij\gamma}h^{\beta}_{jk}h^{\beta}_{ki} + h^{\alpha}_{ij}\bar{R}^{\beta}_{jk\gamma}h^{\beta}_{ki} + h^{\alpha}_{ij}h^{\beta}_{jk}\bar{R}^{\beta}_{ki\gamma})V^{\gamma} \Big]$$

$$- 2F_1 V^{\alpha}\bar{R}^{\beta}_{ij\alpha}(V^{\beta}_{,ij} + h^{\alpha}_{ip}h^{\gamma}_{pj}V^{\gamma} - \bar{R}^{\beta}_{ij\gamma}V^{\gamma})$$

$$- 2F_1 V^{\alpha}h^{\beta}_{ij}(\bar{R}_{i\beta j\alpha;\gamma}V^{\gamma} + \bar{R}_{\gamma\beta j\alpha}V^{\gamma}_{,i}$$

$$- \bar{R}_{iqj\alpha}V^{\beta}_{,q} + \bar{R}_{i\beta\gamma\alpha}V^{\gamma}_{,j} - \bar{R}_{i\beta jq}V^{\alpha}_{,q})$$

$$+ \frac{2}{n}F_2 V^{\alpha}H^{\beta}\left[V^{\alpha}_{,ij}h^{\beta}_{ij} + h^{\alpha}_{ij}V^{\beta}_{,ij} \right.$$

$$+ 2S_{\alpha\beta\gamma}V^{\gamma} - (\bar{R}^{\alpha}_{ij\gamma}h^{\beta}_{ij} + h^{\alpha}_{ij}\bar{R}^{\beta}_{ij\gamma})V^{\gamma}$$

$$+ \bar{R}_{\alpha ii\beta;\gamma}V^{\gamma} - \bar{R}_{qii\beta}V^{\alpha}_{,q} + (\bar{R}_{\alpha\gamma i\beta} + \bar{R}_{\alpha i\gamma\beta})V^{\gamma}_{,i} - \bar{R}_{\alpha iiq}V^{\beta}_{,q} \Big]$$

$$+ \frac{2}{n^2}F_2 V^{\alpha}(S_{\alpha\beta} + \bar{R}^{\top}_{\alpha\beta})(\Delta V^{\beta} + S_{\beta\gamma}V^{\gamma} + \bar{R}^{\top}_{\beta\gamma}V^{\gamma})$$

$$- FV^{\alpha}(\Delta V^{\alpha} + S_{\alpha\beta}V^{\beta} + \bar{R}^{\top}_{\alpha\beta}V^{\beta})$$

$$+ \left[\, 2V_{,ij}^{\alpha} h_{ij}^{\alpha} F_{11} + \frac{2}{n}(\Delta V^{\alpha}) H^{\alpha} F_{21} + 2V^{\alpha}(S_{\alpha\beta\beta} - h_{ij}^{\beta} \bar{R}_{ij\alpha}^{\beta}) F_{11} \right.$$

$$\left. + \frac{2}{n} V^{\alpha}(S_{\alpha\beta} + \bar{R}_{\alpha\beta}^{\top}) H^{\beta} F_{21} - nH^{\alpha} V^{\alpha} F_1 \,\right]$$

$$\times (\, 2h_{kl}^{\delta} V_{,kl}^{\delta} + 2S_{\gamma\gamma\delta} V^{\delta} - 2h_{kl}^{\gamma} \bar{R}_{kl\delta}^{\gamma} V^{\delta})$$

$$+ \left[\, 2V_{,ij}^{\alpha} h_{ij}^{\alpha} F_{12} + \frac{2}{n}(\Delta V^{\alpha}) H^{\alpha} F_{22} \right.$$

$$+ 2V^{\alpha}(S_{\alpha\beta\beta} - h_{ij}^{\beta} \bar{R}_{ij\alpha}^{\beta}) F_{12}$$

$$\left. + \frac{2}{n} V^{\alpha}(S_{\alpha\beta} + \bar{R}_{\alpha\beta}^{\top}) H^{\beta} F_{22} - nV^{\alpha} H^{\alpha} F_2 \,\right]$$

$$\times \left[\, \frac{2}{n} H^{\gamma} \Delta V^{\gamma} + \frac{2}{n}(S_{\gamma\delta} + \bar{R}_{\gamma\delta}^{\top}) H^{\gamma} V^{\delta} \,\right] \mathrm{d}v.$$

定理 11.2 设 $x : M^n \to N^{n+1}$ 是一般原流形中的 $LCR_{(n,F)}$ 超曲面，$V = fe_{n+1}$ 是法向变分向量场，那么其第二变分为

$$\frac{\partial^2}{\partial t^2}|_{t=0} LRC_{(n,F)}(x_t)$$

$$= \int_M 2F_1 f_{,ij}(f_{,ij} + h_{ip} h_{pj} f + \bar{R}_{i(n+1)(n+1)j} f)$$

$$+ \frac{2}{n^2} F_2(\Delta f)(\Delta f + Sf + \bar{R}_{(n+1)(n+1)}^{\top} f)$$

$$+ 2F_1 f(\, 3f_{,ij} h_{jk} h_{ki} + 3P_4 f + 3\bar{R}_{i(n+1)(n+1)j} h_{jk} h_{ki} f)$$

$$+ 2F_1 f \bar{R}_{i(n+1)(n+1)j}(f_{,ij} + h_{ip} h_{pj} f + \bar{R}_{i(n+1)(n+1)j} f)$$

$$+ 2F_1 f h_{ij}(\bar{R}_{i(n+1)(n+1)j;(n+1)} f + 2\bar{R}_{iqj(n+1)} f_{,q})$$

$$+ \frac{2}{n} F_2 fH(\, 2f_{,ij} h_{ij} + 2P_3 f + 2h_{ij} \bar{R}_{i(n+1)(n+1)j} f$$

$$+ \bar{R}_{(n+1)(n+1);(n+1)}^{\top} f - 2\bar{R}_{q(n+1)}^{\top} f_{,q})$$

$$+ \frac{2}{n^2} F_2 f(S + \bar{R}_{(n+1)(n+1)}^{\top})(\Delta f + Sf + \bar{R}_{(n+1)(n+1)}^{\top} f)$$

$$- Ff(\Delta f + S f + \bar{R}^{\mathsf{T}}_{(n+1)(n+1)}f)$$

$$+ \big[\, 2f_{,ij}h_{ij}F_{11} + \frac{2}{n}(\Delta f)HF_{21} + 2f(P_3 + h_{ij}\bar{R}_{i(n+1)(n+1)j})F_{11}$$

$$+ \frac{2}{n}f(S + \bar{R}^{\mathsf{T}}_{(n+1)(n+1)})HF_{21} - nHfF_1 \,\big]$$

$$\times (\, 2h_{kl}f_{,kl} + 2P_3f + 2h_{kl}\bar{R}_{k(n+1)(n+1)l}f \,)$$

$$+ \big[\, 2f_{,ij}h_{ij}F_{12} + \frac{2}{n}(\Delta f)HF_{22} + 2f(P_3 + h_{ij}\bar{R}_{i(n+1)(n+1)j})F_{12}$$

$$+ \frac{2}{n}f(S + \bar{R}^{\mathsf{T}}_{(n+1)(n+1)})HF_{22} - nfHF_2 \,\big]$$

$$\times \big[\, \frac{2}{n}H\Delta f + \frac{2}{n}(S + \bar{R}^{\mathsf{T}}_{(n+1)(n+1)})Hf \,\big]\mathrm{d}v.$$

当流形N^{n+p}是空间形式$R^{n+p}(c)$时，我们知道其黎曼曲率张量可以表示为式(9.1)，所以有下面的第二变分公式。

定理 11.3 设$x : M^n \to R^{n+p}(c)$是空间形式中的$LCR_{(n,F)}$子流形，$V = V^\alpha e_\alpha$是法向变分向量场，那么其第二变分为

$$\frac{\partial^2}{\partial t^2}\big|_{t=0}LRC_{(n,F)}(x_t)$$

$$= \int_M 2F_1 V^\alpha_{,ij}(V^\alpha_{,ij} + h^\alpha_{ip}h^\beta_{pj}V^\beta + c\delta_{ij}V^\alpha)$$

$$+ \frac{2}{n^2}F_2(\Delta V^\alpha)(\Delta V^\alpha + S_{\alpha\beta}V^\beta + ncV^\alpha)$$

$$+ 2F_1 V^\alpha \big[\, V^\alpha_{,ij}h^\beta_{jk}h^\beta_{ki} + h^\alpha_{ij}V^\beta_{,jk}h^\beta_{ki} + h^\alpha_{ij}h^\beta_{jk}V^\beta_{,ki}$$

$$+ S_{\alpha\gamma\beta\beta}V^\gamma + S_{\alpha\beta\gamma\beta}V^\gamma + S_{\alpha\beta\beta\gamma}V^\gamma$$

$$+ (c\delta_{ij}\delta_{\alpha\gamma}h^\beta_{jk}h^\beta_{ki} + c\delta_{jk}\delta_{\beta\gamma}h^\alpha_{ij}h^\beta_{ki} + c\delta_{ik}\delta_{\beta\gamma}h^\alpha_{ij}h^\beta_{jk})V^\gamma \,\big]$$

$$+ 2cF_1 V^\alpha\delta_{ij}\delta_{\alpha\beta}(V^\beta_{,ij} + h^\beta_{ip}h^\gamma_{pj}V^\gamma + c\delta_{ij}V^\beta)$$

$$+ \frac{2}{n}F_2 V^\alpha H^\beta \big[\, V^\alpha_{,ij}h^\beta_{ij} + h^\alpha_{ij}V^\beta_{,ij} + 2S_{\alpha\beta\gamma}V^\gamma$$

$$+ (nc\delta_{\alpha\gamma}H^\beta + ncH^\alpha\delta_{\beta\gamma})V^\gamma \,]$$

$$+ \frac{2}{n^2}F_2V^\alpha(S_{\alpha\beta} + nc\delta_{\alpha\beta})(\Delta V^\beta + S_{\beta\gamma}V^\gamma + ncV^\beta)$$

$$- FV^\alpha(\Delta V^\alpha + S_{\alpha\beta}V^\beta + ncV^\alpha)$$

$$+ [\, 2V_{,ij}^\alpha h_{ij}^\alpha F_{11} + \frac{2}{n}(\Delta V^\alpha)H^\alpha F_{21} + 2V^\alpha(S_{\alpha\beta\beta} + ncH^\alpha)F_{11}$$

$$+ \frac{2}{n}V^\alpha(S_{\alpha\beta} + nc\delta_{\alpha\beta})H^\beta F_{21} - nH^\alpha V^\alpha F_1 \,]$$

$$\times (\, 2h_{kl}^\delta V_{,kl}^\delta + 2S_{\gamma\gamma\delta}V^\delta + 2ncH^\gamma V^\gamma \,)$$

$$+ [\, 2V_{,ij}^\alpha h_{ij}^\alpha F_{12} + \frac{2}{n}(\Delta V^\alpha)H^\alpha F_{22} + 2V^\alpha(S_{\alpha\beta\beta} + ncH^\alpha)F_{12}$$

$$+ \frac{2}{n}V^\alpha(S_{\alpha\beta} + nc\delta_{\alpha\beta})H^\beta F_{22} - nV^\alpha H^\alpha F_2 \,]$$

$$\times [\, \frac{2}{n}H^\gamma\Delta V^\gamma + \frac{2}{n}(S_{\gamma\delta} + nc\delta_{\gamma\delta})H^\gamma V^\delta \,]\mathrm{d}v.$$

定理 11.4 设 $x : M^n \to R^{n+1}(c)$ 是空间形式中的 $LCR_{(n,F)}$ 超曲面，$V = fe_{n+1}$ 是法向变分向量场，那么其第二变分为

$$\frac{\partial^2}{\partial t^2}|_{t=0}LRC_{(n,F)}(x_t)$$

$$= \int_M 2F_1 f_{,ij}(f_{,ij} + h_{ip}h_{pj}f + c\delta_{ij}f)$$

$$+ \frac{2}{n^2}F_2(\Delta f)(\Delta f + Sf + ncf)$$

$$+ 2F_1 f(3f_{,ij}h_{jk}h_{ki} + 3P_4 f + 3cSf)$$

$$+ 2cF_1 f\delta_{ij}(f_{,ij} + h_{ip}h_{pj}f + c\delta_{ij}f)$$

$$+ \frac{2}{n}F_2 fH(2f_{,ij}h_{ij} + 2P_3 f + 2ncHf)$$

$$+ \frac{2}{n^2}F_2 f(S + nc)(\Delta f + Sf + ncf)$$

$$- Ff(\Delta f + Sf + ncf)$$

$$+ \left[\, 2f_{,ij}h_{ij}F_{11} + \frac{2}{n}(\Delta f)HF_{21} + 2f(P_3 + ncH)F_{11}\right.$$

$$\left. + \frac{2}{n}f(S + nc)HF_{21} - nHfF_1 \,\right]$$

$$\times (2h_{kl}f_{,kl} + 2P_3f + 2ncHf)$$

$$+ \left[\, 2f_{,ij}h_{ij}F_{12} + \frac{2}{n}(\Delta f)HF_{22} + 2f(P_3 + ncH)F_{12}\right.$$

$$\left. + \frac{2}{n}f(S + nc)HF_{22} - nfHF_2 \,\right]$$

$$\times \left[\, \frac{2}{n}H\Delta f + \frac{2}{n}(S + nc)Hf \,\right]\mathrm{d}v.$$

11.2　Willmore泛函的第二变分公式

当$F(S, H^2) = F(\rho)$时，有

$$F_1 = F'(\rho), \quad F_2 = -nF'(\rho), \quad F_{11} = F''(\rho),$$

$$F_{12} = F_{21} = -nF''(\rho), \quad F_{22} = n^2F''(\rho).$$

将它们代入泛函$LRC_{(n,F)}$的变分公式，得到下面的结论。

定理 11.5　设$x : M^n \to N^{n+p}$是一般原流形中的$W_{(n,F)}$子流形，$V = V^i e_i + V^\alpha e_\alpha$是变分向量场，那么其第二变分为

$$\frac{\partial^2}{\partial t^2}\Big|_{t=0} W_{(n,F)}(x_t)$$

$$= 2\int_M F'(\rho)V^\alpha_{,ij}\left(V^\alpha_{,ij} + h^\alpha_{ij,p}V^p + h^\alpha_{ip}h^\beta_{pj}V^\beta - \bar{R}^\alpha_{ij\beta}V^\beta \right)$$

$$+ V^\alpha_{,ij}h^\alpha_{ij}F''(\rho)\left[\, 2h^\gamma_{kl}V^\gamma_{,kl} - 2H^\gamma \Delta V^\gamma + \rho_{,p}V^p\right.$$

$$\left. + 2(S_{\gamma\gamma\delta} - S_{\gamma\delta}H^\gamma)V^\delta - 2h^\gamma_{kl}\bar{R}^\gamma_{kl\delta}V^\delta - 2H^\gamma\bar{R}^\top_{\gamma\delta}V^\delta \,\right]$$

$$- F'(\rho)\Delta(V^\alpha)\left(\frac{1}{n}\Delta V^\alpha + H^\alpha_{,p}V^p + \frac{1}{n}S_{\alpha\gamma}V^\gamma + \frac{1}{n}\bar{R}^\top_{\alpha\gamma}V^\gamma \right)$$

$$- H^\alpha F''(\rho)\Delta(V^\alpha)\left[2h^\gamma_{ij}V^\gamma_{,ij} - 2H^\gamma\Delta V^\gamma + \rho_{,p}V^p \right.$$

$$\left. + 2(S_{\gamma\gamma\delta} - S_{\gamma\delta}H^\gamma)V^\delta - 2h^\gamma_{ij}\bar{R}^\gamma_{ij\delta}V^\delta - 2H^\gamma\bar{R}^\top_{\gamma\delta}V^\delta \right]$$

$$+ V^\alpha F'(\rho)\left[V^\alpha_{,ij}h^\beta_{jk}h^\beta_{ki} + h^\alpha_{ij}V^\beta_{,jk}h^\beta_{ki} + h^\alpha_{ij}h^\beta_{jk}V^\beta_{,ki} \right.$$

$$+ S_{\alpha\beta\beta,i}V^i + S_{\alpha\gamma\beta\beta}V^\gamma + S_{\alpha\beta\gamma\beta}V^\gamma + S_{\alpha\beta\beta\gamma}V^\gamma$$

$$\left. - (\bar{R}^\alpha_{ij\gamma}h^\beta_{jk}h^\beta_{ki} + h^\alpha_{ij}\bar{R}^\beta_{jk\gamma}h^\beta_{ki} + h^\alpha_{ij}h^\beta_{jk}\bar{R}^\beta_{ki\gamma})V^\gamma \right]$$

$$+ V^\alpha S_{\alpha\beta\beta}F''(\rho)\left[2h^\gamma_{ij}V^\gamma_{,ij} - 2H^\gamma\Delta V^\gamma + \rho_{,p}V^p \right.$$

$$\left. + 2(S_{\gamma\gamma\delta} - S_{\gamma\delta}H^\gamma)V^\delta - 2h^\gamma_{ij}\bar{R}^\gamma_{ij\delta}V^\delta - 2H^\gamma\bar{R}^\top_{\gamma\delta}V^\delta \right]$$

$$- V^\alpha H^\beta F'(\rho)\left[V^\alpha_{,ij}h^\beta_{ij} + h^\alpha_{ij}V^\beta_{,ij} + S_{\alpha\beta,i}V^i \right.$$

$$\left. + 2S_{\alpha\beta\gamma}V^\gamma - (\bar{R}^\alpha_{ij\gamma}h^\beta_{ij} + h^\alpha_{ij}\bar{R}^\beta_{ij\gamma})V^\gamma \right]$$

$$- V^\alpha S_{\alpha\beta}F'(\rho)\left(\frac{1}{n}\Delta V^\beta + H^\beta_{,p}V^p + \frac{1}{n}S_{\beta\gamma}V^\gamma + \frac{1}{n}\bar{R}^\top_{\beta\gamma}V^\gamma \right)$$

$$- V^\alpha S_{\alpha\beta}H^\beta F''(\rho)\left[2h^\gamma_{ij}V^\gamma_{,ij} - 2H^\gamma\Delta V^\gamma + \rho_{,p}V^p \right.$$

$$\left. + 2(S_{\gamma\gamma\delta} - S_{\gamma\delta}H^\gamma)V^\delta - 2h^\gamma_{ij}\bar{R}^\gamma_{ij\delta}V^\delta - 2H^\gamma\bar{R}^\top_{\gamma\delta}V^\delta \right]$$

$$- V^\alpha \bar{R}^\beta_{ij\alpha}F'(\rho)\left(V^\beta_{,ij} + h^\beta_{ij,p}V^p + h^\beta_{ip}h^\gamma_{pj}V^\gamma - \bar{R}^\beta_{ij\gamma}V^\gamma \right)$$

$$- V^\alpha h^\beta_{ij}F'(\rho)\left(\bar{R}_{i\beta j\alpha;\gamma}V^\gamma + \bar{R}_{i\beta j\alpha,p}V^p + \bar{R}_{\gamma\beta j\alpha}V^\gamma_{,i} \right.$$

$$\left. - \bar{R}_{iqj\alpha}V^\beta_{,q} + \bar{R}_{i\beta\gamma\alpha}V^\gamma_{,j} - \bar{R}_{i\beta jq}V^\alpha_{,q} \right)$$

$$- V^\alpha h^\beta_{ij}\bar{R}^\beta_{ij\alpha}F''(\rho)\left[2h^\gamma_{kl}V^\gamma_{,kl} - 2H^\gamma\Delta V^\gamma + \rho_{,p}V^p \right.$$

$$\left. + 2(S_{\gamma\gamma\delta} - S_{\gamma\delta}H^\gamma)V^\delta - 2h^\gamma_{kl}\bar{R}^\gamma_{kl\delta}V^\delta - 2H^\gamma\bar{R}^\top_{\gamma\delta}V^\delta \right]$$

$$- V^\alpha \bar{R}^\top_{\alpha\beta}F'(\rho)\left(\frac{1}{n}\Delta V^\beta + H^\beta_{,p}V^p + \frac{1}{n}S_{\beta\gamma}V^\gamma + \frac{1}{n}\bar{R}^\top_{\beta\gamma}V^\gamma \right)$$

$$- V^\alpha H^\beta F'(\rho)\left[\bar{R}_{\alpha ii\beta;\gamma}V^\gamma + \bar{R}_{\alpha ii\beta,p}V^p - \bar{R}_{qii\beta}V^\alpha_{,q} \right.$$

$$\left. + (\bar{R}_{\alpha\gamma i\beta} + \bar{R}_{\alpha i\gamma\beta})V^\gamma_{,i} - \bar{R}_{\alpha iiq}V^\beta_{,q} \right]$$

$$- V^\alpha H^\beta \bar{R}_{\alpha\beta}^\top F''(\rho) [\, 2h_{ij}^\gamma V_{,ij}^\gamma - 2H^\gamma \Delta V^\gamma + \rho_{,p} V^p$$

$$+ 2(S_{\gamma\gamma\delta} - S_{\gamma\delta} H^\gamma) V^\delta - 2h_{ij}^\gamma \bar{R}_{ij\delta}^\gamma V^\delta - 2H^\gamma \bar{R}_{\gamma\delta}^\top V^\delta \,]$$

$$- \frac{n}{2} V^\alpha F(\rho) (\frac{1}{n} \Delta V^\alpha + H_{,p}^\alpha V^p + \frac{1}{n} S_{\alpha\gamma} V^\gamma + \frac{1}{n} \bar{R}_{\alpha\gamma}^\top V^\gamma)$$

$$- \frac{n}{2} V^\alpha H^\alpha F'(\rho) [\, 2h_{ij}^\gamma V_{,ij}^\gamma - 2H^\gamma \Delta V^\gamma + \rho_{,p} V^p$$

$$+ 2(S_{\gamma\gamma\delta} - S_{\gamma\delta} H^\gamma) V^\delta - 2h_{ij}^\gamma \bar{R}_{ij\delta}^\gamma V^\delta - 2H^\gamma \bar{R}_{\gamma\delta}^\top V^\delta \,] \mathrm{d}v.$$

定理 11.6　设 $x : M^n \to N^{n+1}$ 是一般原流形中的 $W_{(n,F)}$ 超曲面，$V = V^i e_i + f e_{n+1}$ 是变分向量场，那么其第二变分为

$$\frac{\partial^2}{\partial t^2}|_{t=0} W_{(n,F)}(x_t)$$

$$= 2 \int_M F'(\rho) f_{,ij} (\, f_{,ij} + h_{ij,p} V^p + h_{ip} h_{pj} f + \bar{R}_{(n+1)ij(n+1)} f\,)$$

$$+ F''(\rho) f_{,ij} h_{ij} [\, 2h_{kl} f_{,kl} - 2H\Delta f + \rho_{,p} V^p + 2(P_3 - P_2 H)f$$

$$+ 2h_{kl} \bar{R}_{(n+1)kl(n+1)} f - 2H \bar{R}_{(n+1)(n+1)}^\top f \,]$$

$$- F'(\rho) \Delta(f) (\frac{1}{n} \Delta f + H_{,p} V^p + \frac{1}{n} P_2 f + \frac{1}{n} \bar{R}_{(n+1)(n+1)}^\top f)$$

$$- HF''(\rho) \Delta(f) [\, 2h_{ij} f_{,ij} - 2H\Delta f + \rho_{,p} V^p + 2(P_3 - P_2 H)f$$

$$+ 2h_{ij} \bar{R}_{(n+1)ij(n+1)} f - 2H \bar{R}_{(n+1)(n+1)}^\top f \,]$$

$$+ f F'(\rho) (\, 3f_{,ij} h_{jk} h_{ki} + P_{3,i} V^i + 3P_4 f + 3\bar{R}_{(n+1)ij(n+1)} h_{jk} h_{ki} f\,)$$

$$+ f P_3 F''(\rho) [\, 2h_{ij} f_{,ij} - 2H\Delta f + \rho_{,p} V^p + 2(P_3 - P_2 H)f$$

$$+ 2h_{ij} \bar{R}_{(n+1)ij(n+1)} f - 2H \bar{R}_{(n+1)(n+1)}^\top f \,]$$

$$- f H F'(\rho) (\, 2f_{,ij} h_{ij} + h_{ij} f_{,ij} + P_{2,i} V^i + 2P_3 f\,)$$

$$- f P_2 F'(\rho) (\frac{1}{n} \Delta f + H_{,p} V^p + \frac{1}{n} P_2 f + \frac{1}{n} \bar{R}_{(n+1)(n+1)}^\top f)$$

$$f P_2 H F''(\rho) [\, 2h_{ij} f_{,ij} - 2H\Delta f + \rho_{,p} V^p + 2(P_3 - P_2 H)f$$

$$+ 2h_{ij}\bar{R}_{(n+1)ij(n+1)}f - 2H\bar{R}^{\top}_{(n+1)(n+1)}f \,]$$

$$+ f\bar{R}_{(n+1)ij(n+1)}F'(\rho)(f_{,ij} + h_{ij,p}V^p + h_{ip}h_{pj}f + \bar{R}_{(n+1)ij(n+1)}f)$$

$$- fh_{ij}F'(\rho)(- \bar{R}_{(n+1)ij(n+1);(n+1)}f - \bar{R}_{(n+1)ij(n+1),p}V^p + 2\bar{R}_{(n+1)ijq}f_{,q})$$

$$+ fh_{ij}\bar{R}_{(n+1)ij(n+1)}F''(\rho)[2h_{kl}f_{,kl} - 2H\Delta f + \rho_{,p}V^p$$

$$+ 2(P_3 - P_2H)f + 2h_{kl}\bar{R}_{(n+1)kl(n+1)}f - 2H\bar{R}^{\top}_{(n+1)(n+1)}f \,]$$

$$- f\bar{R}^{\top}_{(n+1)(n+1)}F'(\rho)(\frac{1}{n}\Delta f + H_{,p}V^p + \frac{1}{n}P_2f + \frac{1}{n}\bar{R}^{\top}_{(n+1)(n+1)}f)$$

$$- fHF'(\rho)(\bar{R}^{\top}_{(n+1)(n+1);(n+1)}f + \bar{R}^{\top}_{(n+1)(n+1),p}V^p - 2\bar{R}^{\top}_{q(n+1)}f_{,q})$$

$$- fH\bar{R}^{\top}_{(n+1)(n+1)}F''(\rho)[2h_{ij}f_{,ij} - 2H\Delta f + \rho_{,p}V^p$$

$$+ 2(P_3 - P_2H)f + 2h_{ij}\bar{R}_{(n+1)ij(n+1)}f - 2H\bar{R}^{\top}_{(n+1)(n+1)}f \,]$$

$$- \frac{n}{2}fF(\rho)(\frac{1}{n}\Delta f + H_{,p}V^p + \frac{1}{n}P_2f + \frac{1}{n}\bar{R}^{\top}_{(n+1)(n+1)}f)$$

$$- \frac{n}{2}fHF'(\rho)[2h_{ij}f_{,ij} - 2H\Delta f + \rho_{,p}V^p + 2(P_3 - P_2H)f$$

$$+ 2h_{ij}\bar{R}_{(n+1)ij(n+1)}f - 2H\bar{R}^{\top}_{(n+1)(n+1)}f \,]\mathrm{d}v.$$

当流形 N^{n+p} 是空间形式 $R^{n+p}(c)$ 时，我们知道其黎曼曲率张量可以表示为式(9.1)，所以有下面的第二变分公式。

定理 11.7　设 $x : M^n \rightarrow R^{n+p}(c)$ 是空间形式中的 $W_{(n,F)}$ 子流形，$V = V^i e_i + V^\alpha e_\alpha$ 是变分向量场，那么其第二变分为

$$\frac{\partial^2}{\partial t^2}|_{t=0}W_{(n,F)}(x_t)$$

$$= 2\int_M F'(\rho)V^\alpha_{,ij}(V^\alpha_{,ij} + h^\alpha_{ij,p}V^p + h^\alpha_{ip}h^\beta_{pj}V^\beta + c\delta_{ij}V^\alpha)$$

$$+ V^\alpha_{,ij}h^\alpha_{ij}F''(\rho)(2h^\gamma_{kl}V^\gamma_{,kl} - 2H^\gamma\Delta V^\gamma$$

$$+ \rho_{,p}V^p + 2(S_{\gamma\gamma\delta} - S_{\gamma\delta}H^\gamma)V^\delta)$$

$$- F'(\rho)\Delta(V^{\alpha})(\frac{1}{n}\Delta V^{\alpha} + H^{\alpha}_{,p}V^{p} + \frac{1}{n}S_{\alpha\gamma}V^{\gamma} + cV^{\alpha})$$

$$- H^{\alpha}F''(\rho)\Delta(V^{\alpha})[\,2h^{\gamma}_{ij}V^{\gamma}_{,ij} - 2H^{\gamma}\Delta V^{\gamma}$$

$$+ \rho_{,p}V^{p} + 2(S_{\gamma\gamma\delta} - S_{\gamma\delta}H^{\gamma})V^{\delta}\,]$$

$$+ V^{\alpha}F'(\rho)(\,V^{\alpha}_{,ij}h^{\beta}_{jk}h^{\beta}_{ki} + h^{\alpha}_{ij}V^{\beta}_{,jk}h^{\beta}_{ki} + h^{\alpha}_{ij}h^{\beta}_{jk}V^{\beta}_{,ki} + S_{\alpha\beta\beta,i}V^{i}$$

$$+ S_{\alpha\gamma\beta\beta}V^{\gamma} + S_{\alpha\beta\gamma\beta}V^{\gamma} + S_{\alpha\beta\beta\gamma}V^{\gamma} + cS V^{\alpha} + 2cS_{\alpha\gamma}V^{\gamma}\,)$$

$$+ V^{\alpha}S_{\alpha\beta\beta}F''(\rho)[\,2h^{\gamma}_{ij}V^{\gamma}_{,ij} - 2H^{\gamma}\Delta V^{\gamma}$$

$$+ \rho_{,p}V^{p} + 2(S_{\gamma\gamma\delta} - S_{\gamma\delta}H^{\gamma})V^{\delta}\,]$$

$$- V^{\alpha}H^{\beta}F'(\rho)(\,V^{\alpha}_{,ij}h^{\beta}_{ij} + h^{\alpha}_{ij}V^{\beta}_{,ij} + S_{\alpha\beta,i}V^{i}$$

$$+ 2S_{\alpha\beta\gamma}V^{\gamma} + ncH^{\alpha}V^{\beta} + ncH^{\beta}V^{\alpha}\,)$$

$$- V^{\alpha}S_{\alpha\beta}F'(\rho)(\frac{1}{n}\Delta V^{\beta} + H^{\beta}_{,p}V^{p} + \frac{1}{n}S_{\beta\gamma}V^{\gamma} + cV^{\beta})$$

$$- V^{\alpha}S_{\alpha\beta}H^{\beta}F''(\rho)[\,2h^{\gamma}_{ij}V^{\gamma}_{,ij} - 2H^{\gamma}\Delta V^{\gamma}$$

$$+ \rho_{,p}V^{p} + 2(S_{\gamma\gamma\delta} - S_{\gamma\delta}H^{\gamma})V^{\delta}\,]$$

$$- \frac{n}{2}V^{\alpha}F(\rho)(\frac{1}{n}\Delta V^{\alpha} + H^{\alpha}_{,p}V^{p} + \frac{1}{n}S_{\alpha\gamma}V^{\gamma} + cV^{\alpha})$$

$$- \frac{n}{2}V^{\alpha}H^{\alpha}F'(\rho)[\,2h^{\gamma}_{ij}V^{\gamma}_{,ij} - 2H^{\gamma}\Delta V^{\gamma}$$

$$+ \rho_{,p}V^{p} + 2(S_{\gamma\gamma\delta} - S_{\gamma\delta}H^{\gamma})V^{\delta}\,]\mathrm{d}v.$$

定理 11.8 设$x : M^{n} \to R^{n+1}(c)$是空间形式中的$W_{(n,F)}$超曲面，$V = V^{i}e_{i} + fe_{n+1}$是变分向量场，那么其第二变分为

$$\frac{\partial^{2}}{\partial t^{2}}|_{t=0}W_{(n,F)}(x_{t})$$

$$= 2\int_{M} F'(\rho)f_{,ij}(f_{,ij} + h_{ij,p}V^{p} + h_{ip}h_{pj}f + c\delta_{ij}f)$$

$$+ F''(\rho)f_{,ij}h_{ij}[\,2h_{kl}f_{,kl} - 2H\Delta f + \rho_{,p}V^{p} + 2(P_{3} - P_{2}H)f\,]$$

$$- F'(\rho)\Delta(f)(\frac{1}{n}\Delta f + H_{,p}V^p + \frac{1}{n}P_2f + cf\,)$$

$$- HF''(\rho)\Delta(f)[\,2h_{ij}f_{,ij} - 2H\Delta f + \rho_{,p}V^p + 2(P_3 - P_2H)f\,]$$

$$+ fF'(\rho)(3f_{,ij}h_{jk}h_{ki} + P_{3,i}V^i + 3P_4f + 3cP_2f)$$

$$+ fP_3F''(\rho)[\,2h_{ij}f_{,ij} - 2H\Delta f + \rho_{,p}V^p + 2(P_3 - P_2H)f\,]$$

$$- fHF'(\rho)(2f_{,ij}h_{ij} + h_{ij}f_{,ij} + P_{2,i}V^i + 2P_3f)$$

$$- fP_2F'(\rho)(\frac{1}{n}\Delta f + H_{,p}V^p + \frac{1}{n}P_2f + cf\,)$$

$$- fP_2HF''(\rho)[\,2h_{ij}f_{,ij} - 2H\Delta f + \rho_{,p}V^p + 2(P_3 - P_2H)f\,]$$

$$- \frac{n}{2}fF(\rho)(\frac{1}{n}\Delta f + H_{,p}V^p + \frac{1}{n}P_2f + cf\,)$$

$$- \frac{n}{2}fHF'(\rho)[\,2h_{ij}f_{,ij} - 2H\Delta f + \rho_{,p}V^p + 2(P_3 - P_2H)f\,]\mathrm{d}v.$$

11.3　全曲率模长泛函的第二变分公式

当$F(S, H^2) = F(S)$时，有

$$F_1 = F'(S),\ \ F_2 = 0,\ \ F_{11} = F''(S),$$

$$F_{12} = F_{21} = 0,\ \ F_{22} = 0.$$

将它们代入泛函$LRC_{(n,F)}$的变分公式，得到下面的结论。

定理 11.9　设$x : M^n \to N^{n+p}$是一般原流形中的$GD_{(n,F)}$子流形，$V = V^i e_i + V^\alpha e_\alpha$是变分向量场，那么其第二变分为

$$\frac{\partial^2}{\partial t^2}|_{t=0}GD_{(n,F)}(x_t)$$

$$= \int_M F''(S)(4h_{kl}^\beta V_{,kl}^\beta V_{,ij}^\alpha h_{ij}^\alpha + 2S_{,p}V^p V_{,ij}^\alpha h_{ij}^\alpha$$

$$+ 4S_{\gamma\gamma\beta}V^\beta V_{,ij}^\alpha h_{ij}^\alpha - 4V_{,ij}^\alpha h_{ij}^\alpha h_{kl}^\gamma \bar{R}_{kl\beta}^\gamma V^\beta)$$

$$+ F'(S)(2V^{\alpha}_{,ij}V^{\alpha}_{,ij} + 2V^{\alpha}_{,ij}h^{\alpha}_{ij,p}V^{p}$$

$$+ 2V^{\alpha}_{,ij}h^{\alpha}_{ip}h^{\beta}_{pj}V^{\beta} - 2V^{\alpha}_{,ij}\bar{R}^{\alpha}_{ij\beta}V^{\beta})$$

$$+ F''(S)(4V^{\alpha}S_{\alpha\beta\beta}h^{\gamma}_{kl}V^{\gamma}_{,kl} + 2V^{\alpha}S_{\alpha\beta\beta}S_{,p}V^{p}$$

$$+ 4V^{\alpha}S_{\alpha\beta\beta}S_{\delta\delta\gamma}V^{\gamma} - 4V^{\alpha}S_{\alpha\beta\beta}h^{\delta}_{kl}\bar{R}^{\delta}_{kl\gamma}V^{\gamma})$$

$$+ F'(S)[\ 2V^{\alpha}(V^{\alpha}_{,ij}h^{\beta}_{jk}h^{\beta}_{ki} + h^{\alpha}_{ij}V^{\beta}_{,jk}h^{\beta}_{ki} + h^{\alpha}_{ij}h^{\beta}_{jk}V^{\beta}_{,ki}$$

$$+ S_{\alpha\beta\beta,i}V^{i} + S_{\alpha\gamma\beta\beta}V^{\gamma} + S_{\alpha\beta\gamma\beta}V^{\gamma} + S_{\alpha\beta\beta\gamma}V^{\gamma}$$

$$- \bar{R}^{\alpha}_{ij\gamma}h^{\beta}_{jk}h^{\beta}_{ki} + h^{\alpha}_{ij}\bar{R}^{\beta}_{jk\gamma}h^{\beta}_{ki} + h^{\alpha}_{ij}h^{\beta}_{jk}\bar{R}^{\beta}_{ki\gamma})V^{\gamma}\ ]$$

$$- F''(S)(4V^{\alpha}h^{\beta}_{ij}\bar{R}^{\beta}_{ij\alpha}h^{\gamma}_{kl}V^{\gamma}_{,kl} + 2V^{\alpha}h^{\beta}_{ij}\bar{R}^{\beta}_{ij\alpha}S_{,p}V^{p}$$

$$+ 4V^{\alpha}h^{\beta}_{ij}\bar{R}^{\beta}_{ij\alpha}S_{\delta\delta\gamma}V^{\gamma} - 4V^{\alpha}h^{\beta}_{ij}\bar{R}^{\beta}_{ij\alpha}h^{\delta}_{kl}\bar{R}^{\delta}_{kl\gamma}V^{\gamma})$$

$$- F'(S)(2V^{\alpha}\bar{R}^{\beta}_{ij\alpha}V^{\beta}_{,ij}$$

$$+ 2V^{\alpha}\bar{R}^{\beta}_{ij\alpha}h^{\beta}_{ij,p}V^{p} + 2V^{\alpha}\bar{R}^{\beta}_{ij\alpha}h^{\beta}_{ip}h^{\gamma}_{pj}V^{\gamma} - 2V^{\alpha}\bar{R}^{\beta}_{ij\alpha}\bar{R}^{\beta}_{ij\gamma}V^{\gamma})$$

$$- F'(S)(\ 2V^{\alpha}h^{\beta}_{ij}\bar{R}_{i\beta j\alpha;\gamma}V^{\gamma} + 2V^{\alpha}h^{\beta}_{ij}\bar{R}_{i\beta j\alpha,p}V^{p}$$

$$+ 2V^{\alpha}h^{\beta}_{ij}\bar{R}_{\gamma\beta j\alpha}V^{\gamma}_{,i} - 2V^{\alpha}h^{\beta}_{ij}\bar{R}_{iqj\alpha}V^{\beta}_{,q}$$

$$+ 2V^{\alpha}h^{\beta}_{ij}\bar{R}_{i\beta\gamma\alpha}V^{\gamma}_{,j} - 2V^{\alpha}h^{\beta}_{ij}\bar{R}_{i\beta jq}V^{\alpha}_{,q})$$

$$- F'(S)(2nV^{\alpha}H^{\alpha}h^{\beta}_{kl}V^{\beta}_{,kl} + nV^{\alpha}H^{\alpha}S_{,p}V^{p}$$

$$+ 2nV^{\alpha}H^{\alpha}S_{\gamma\gamma\beta}V^{\beta} - 2nV^{\alpha}H^{\alpha}h^{\gamma}_{kl}\bar{R}^{\gamma}_{kl\beta}V^{\beta})$$

$$- F(S)(V^{\alpha}\Delta V^{\alpha} + nV^{\alpha}H^{\alpha}_{,p}V^{p} + V^{\alpha}S_{\alpha\beta}V^{\beta} + V^{\alpha}\bar{R}^{\top}_{\alpha\beta}V^{\beta})\mathrm{d}v.$$

定理 11.10 设 $x : M^{n} \to N^{n+1}$ 是一般原流形中的 $GD_{(n,F)}$ 超曲面，$V = V^{i}e_{i} + fe_{n+1}$ 是变分向量场，那么其第二变分为

$$\frac{\partial^{2}}{\partial t^{2}}\big|_{t=0}GD_{(n,F)}(x_{t})$$

$$= \int_{M} F''(S)(4h_{kl}f_{,kl}f_{,ij}h_{ij} + 2S_{,p}V^{p}f_{,ij}h_{ij}$$

$$+ 4P_3 f f_{,ij} h_{ij} - 4 f f_{,ij} h_{ij} h_{kl} \bar{R}_{k(n+1)l(n+1)})$$

$$+ F'(S)(2f_{,ij}f_{,ij} + 2f_{,ij}h_{ij,p}V^p + 2f f_{,ij}h_{ip}h_{pj}$$

$$- 2 f f_{,ij} \bar{R}_{i(n+1)j(n+1)})$$

$$+ F''(S)(4fP_3 h_{kl} f_{,kl} + 2fP_3 S_{,p}V^p$$

$$+ 4f^2 P_3 P_3 - 4f^2 P_3 h_{kl} \bar{R}_{k(n+1)l(n+1)})$$

$$+ F'(S)[\, 2f(f_{,ij}h_{jk}h_{ki} + h_{ij}f_{,jk}h_{ki} + h_{ij}h_{jk}f_{,ki} + P_{3,i}V^i + 3P_4 f)$$

$$- 2f^2(\bar{R}_{i(n+1)j(n+1)}h_{jk}h_{ki} + h_{ij}\bar{R}_{j(n+1)k(n+1)}h_{ki} + h_{ij}h_{jk}\bar{R}_{k(n+1)i(n+1)})\,]$$

$$- F''(S)(4fh_{ij}\bar{R}_{i(n+1)j(n+1)}h_{kl}f_{,kl} + 2fh_{ij}\bar{R}_{i(n+1)j(n+1)}S_{,p}V^p$$

$$+ 4f^2 h_{ij}\bar{R}_{i(n+1)j(n+1)}P_3 - 4f^2 h_{ij}\bar{R}_{i(n+1)j(n+1)}h_{kl}\bar{R}_{k(n+1)l(n+1)})$$

$$- F'(S)(2f\bar{R}_{i(n+1)j(n+1)}f_{,ij} + 2f\bar{R}_{i(n+1)j(n+1)}h_{ij,p}V^p$$

$$+ 2f^2 \bar{R}_{i(n+1)j(n+1)}h_{ip}h_{pj} - 2f^2 \bar{R}_{i(n+1)j(n+1)}\bar{R}_{i(n+1)j(n+1)})$$

$$- F'(S)(\, 2f^2 h_{ij}\bar{R}_{i(n+1)j(n+1);(n+1)} + 2fh_{ij}\bar{R}_{i(n+1)j(n+1),p}V^p$$

$$+ 2fh_{ij}\bar{R}_{(n+1)(n+1)j(n+1)}f_{,i} - 2fh_{ij}\bar{R}_{iqj(n+1)}f_{,q}$$

$$+ 2fh_{ij}^\beta \bar{R}_{i(n+1)(n+1)(n+1)}f_{,j} - 2fh_{ij}\bar{R}_{i(n+1)jq}f_{,q})$$

$$- F'(S)(2nfHh_{kl}f_{,kl} + nfHS_{,p}V^p$$

$$+ 2nf^2 HP_3 - 2nf^2 Hh_{kl}\bar{R}_{k(n+1)l(n+1)})$$

$$- F(S)(f\Delta f + nfH_{,p}V^p + f^2 P_2 + f^2 \bar{R}_{(n+1)ii(n+1)})\mathrm{d}v.$$

当流形 N^{n+p} 是空间形式 $R^{n+p}(c)$ 时，有下面第二变分公式。

定理 11.11 设 $x : M^n \to R^{n+p}(c)$ 是空间形式中的 $GD_{(n,F)}$ 子流形，$V = V^i e_i + V^\alpha e_\alpha$ 是变分向量场，那么其第二变分为

$$\frac{\partial^2}{\partial t^2}\big|_{t=0} GD_{(n,F)}(x_t)$$

$$
= \int_M F''(S)(4h^{\beta}_{kl}V^{\beta}_{,kl}V^{\alpha}_{,ij}h^{\alpha}_{ij} + 2S_{,p}V^p V^{\alpha}_{,ij}h^{\alpha}_{ij}
$$

$$
+ 4S_{\gamma\gamma\beta}V^{\beta}V^{\alpha}_{,ij}h^{\alpha}_{ij} + 4ncH^{\beta}V^{\alpha}_{,ij}h^{\alpha}_{ij}V^{\beta})
$$

$$
+ F'(S)(2V^{\alpha}_{,ij}V^{\alpha}_{,ij} + 2V^{\alpha}_{,ij}h^{\alpha}_{ij,p}V^p
$$

$$
+ 2V^{\alpha}_{,ij}h^{\alpha}_{ip}h^{\beta}_{pj}V^{\beta} + 2c\Delta(V^{\alpha})V^{\alpha})
$$

$$
+ F''(S)(4V^{\alpha}S_{\alpha\beta\beta}h^{\gamma}_{kl}V^{\gamma}_{,kl} + 2V^{\alpha}S_{\alpha\beta\beta}S_{,p}V^p
$$

$$
+ 4V^{\alpha}S_{\alpha\beta\beta}S_{\delta\delta\gamma}V^{\gamma} + 4ncH^{\gamma}V^{\alpha}S_{\alpha\beta\beta}V^{\gamma})
$$

$$
+ F'(S)[\, 2V^{\alpha}(V^{\alpha}_{,ij}h^{\beta}_{jk}h^{\beta}_{ki} + h^{\alpha}_{ij}V^{\beta}_{,jk}h^{\beta}_{ki} + h^{\alpha}_{ij}h^{\beta}_{jk}V^{\beta}_{,ki}
$$

$$
+ S_{\alpha\beta\beta,i}V^i + S_{\alpha\gamma\beta\beta}V^{\gamma} + S_{\alpha\beta\gamma\beta}V^{\gamma} + S_{\alpha\beta\beta\gamma}V^{\gamma}
$$

$$
- cV^{\alpha}S - 2cV^{\beta}S_{\alpha\beta}) \,]
$$

$$
- F''(S)(-4ncV^{\alpha}H^{\alpha}h^{\gamma}_{kl}V^{\gamma}_{,kl} - 2ncV^{\alpha}H^{\alpha}S_{,p}V^p
$$

$$
- 4ncV^{\alpha}H^{\alpha}S_{\delta\delta\gamma}V^{\gamma} - 4n^2c^2V^{\alpha}H^{\alpha}H^{\gamma}V^{\gamma})
$$

$$
- F'(S)(-2cV^{\alpha}\Delta(V^{\alpha}) - 2ncV^{\alpha}H^{\alpha}_{,p}V^p
$$

$$
- 2cV^{\alpha}S_{\alpha\gamma}V^{\gamma} - 2nc^2V^{\alpha}V^{\alpha})
$$

$$
- F'(S)(2nV^{\alpha}H^{\alpha}h^{\beta}_{kl}V^{\beta}_{,kl} + nV^{\alpha}H^{\alpha}S_{,p}V^p
$$

$$
+ 2nV^{\alpha}H^{\alpha}S_{\gamma\gamma\beta}V^{\beta} + 2n^2cV^{\alpha}H^{\alpha}H^{\beta}V^{\beta})
$$

$$
- F(S)(V^{\alpha}\Delta V^{\alpha} + nV^{\alpha}H^{\alpha}_{,p}V^p + V^{\alpha}S_{\alpha\beta}V^{\beta} + ncV^{\alpha}V^{\alpha})\mathrm{d}v.
$$

定理 11.12 设 $x : M^n \to R^{n+1}(c)$ 是空间形式中的 $GD_{(n,F)}$ 超曲面，$V = V^i e_i + fe_{n+1}$ 是变分向量场，那么其第二变分为

$$
\frac{\partial^2}{\partial t^2}|_{t=0}GD_{(n,F)}(x_t)
$$

$$
= \int_M F''(S)(4h_{kl}f_{,kl}f_{,ij}h_{ij} + 2S_{,p}V^p f_{,ij}h_{ij}
$$

$$+ 4P_3 f f_{,ij} h_{ij} + 4nc f f_{,ij} h_{ij} H)$$

$$+ F'(S)(2f_{,ij}f_{,ij} + 2f_{,ij}h_{ij,p}V^p + 2f f_{,ij}h_{ip}h_{pj} + 2cf\Delta f)$$

$$+ F''(S)(4fP_3 h_{kl}f_{,kl} + 2fP_3 S_{,p}V^p + 4f^2 P_3 P_3 + 4nc f^2 P_3 H)$$

$$+ F'(S)[\, 2f(f_{,ij}h_{jk}h_{ki} + h_{ij}f_{,jk}h_{ki} + h_{ij}h_{jk}f_{,ki} + P_{3,i}V^i + 3P_4 f)$$

$$+ 2f^2(c\delta_{ij}h_{jk}h_{ki} + c\delta_{jk}h_{ij}h_{ki} + c\delta_{ik}h_{ij}h_{jk})\,]$$

$$- F''(S)(-4ncHfh_{kl}f_{,kl} - 2ncfHS_{,p}V^p$$

$$- 4nc f^2 HP_3 - 4n^2 c^2 f^2 H^2)$$

$$- F'(S)(-2cf\Delta f - 2ncfH_{,p}V^p - 2cf^2 S - 2c^2 n f^2)$$

$$- F'(S)(2nfHh_{kl}f_{,kl} + nfHS_{,p}V^p$$

$$+ 2nf^2 HP_3 + 2n^2 c f^2 H^2)$$

$$- F(S)(f\Delta f + nfH_{,p}V^p + f^2 P_2 + nc f^2)\mathrm{d}v.$$

11.4　平均曲率模长泛函的第二变分公式

当 $F(S, H^2) = F(H^2)$ 时，有

$$F_1 = 0, \quad F_2 = F'(H^2), \quad F_{11} = 0,$$

$$F_{12} = F_{21} = 0, \quad F_{22} = F''(H^2).$$

将它们代入泛函 $LRC_{(n,F)}$ 的变分公式，得到下面的结论。

定理 11.13　设 $x : M^n \to N^{n+p}$ 是一般原流形中的 $MC_{(n,F)}$ 子流形，$V = V^\alpha e_\alpha$ 是法向变分向量场，那么其第二变分为

$$\frac{\partial^2}{\partial t^2}|_{t=0} MC_{(n,F)}(x_t)$$

$$= \frac{\partial}{\partial t}|_{t=0} \frac{2}{n} \int_M [\, \Delta(\, F'(H^2)H^\alpha\,)$$

$$+ F'(H^2)(S_{\alpha\beta} + \bar{R}^\top_{\alpha\beta})H^\beta - \frac{n^2}{2}H^\alpha F(H^2) \,]V^\alpha \mathrm{d}v$$

$$= \int_M \frac{2}{n^2}F''(H^2)(2H^\gamma\Delta V^\gamma + 2(S_{\gamma\delta} + \bar{R}^\top_{\gamma\delta})H^\gamma V^\delta)H^\alpha\Delta V^\alpha$$

$$+ \frac{2}{n^2}F'(H^2)(\Delta V^\alpha + (S_{\alpha\gamma} + \bar{R}^\top_{\alpha\gamma})V^\gamma)\Delta V^\alpha$$

$$+ \frac{2}{n^2}F''(H^2)(S_{\alpha\beta} + \bar{R}^\top_{\alpha\beta})H^\beta[\,2H^\gamma\Delta V^\gamma + 2(S_{\gamma\delta} + \bar{R}^\top_{\gamma\delta})H^\gamma V^\delta\,]V^\alpha$$

$$+ \frac{2}{n}F'(H^2)[\,V^\alpha_{,ij}h^\beta_{ij} + h^\alpha_{ij}V^\beta_{,ij} + 2S_{\alpha\beta\gamma}V^\gamma$$

$$- (\bar{R}^\alpha_{ij\gamma}h^\beta_{ij} + h^\alpha_{ij}\bar{R}^\beta_{ij\gamma})V^\gamma + \bar{R}_{\alpha ii\beta;\gamma}V^\gamma$$

$$- \bar{R}_{qii\beta}V^\alpha_{,q} + (\bar{R}_{\alpha\gamma i\beta} + \bar{R}_{\alpha i\gamma\beta})V^\gamma_{,i} - \bar{R}_{\alpha iiq}V^\beta_{,q}\,]H^\beta V^\alpha$$

$$+ \frac{2}{n^2}F'(H^2)(S_{\alpha\beta} + \bar{R}^\top_{\alpha\beta})[\,\Delta V^\beta + (S_{\beta\gamma} + \bar{R}^\top_{\beta\gamma})V^\gamma\,]V^\alpha$$

$$- F(H^2)[\,\Delta V^\alpha + (S_{\alpha\gamma} + \bar{R}^\top_{\alpha\gamma})V^\gamma\,]V^\alpha$$

$$- F'(H^2)[\,2H^\gamma\Delta V^\gamma + 2(S_{\gamma\delta} + \bar{R}^\top_{\gamma\delta})H^\gamma V^\delta\,]H^\alpha V^\alpha\mathrm{d}v.$$

定理 11.14 设 $x : M^n \to N^{n+1}$ 是一般原流形中的 $MC_{(n,F)}$ 超曲面，$V = fe_{n+1}$ 是法向变分向量场，那么其第二变分为

$$\frac{\partial^2}{\partial t^2}\Big|_{t=0}MC_{(n,F)}(x_t)$$

$$= \frac{\partial}{\partial t}\Big|_{t=0}\frac{2}{n}\int_M [\,\Delta(\,F'(H^2)H\,)$$

$$+ F'(H^2)(S + \bar{R}^\top_{(n+1)(n+1)})H - \frac{n^2}{2}HF(H^2)\,]f\mathrm{d}v$$

$$= \int_M \frac{2}{n^2}F''(H^2)[\,2H^2\Delta f + 2(S + \bar{R}^\top_{(n+1)(n+1)})H^2 f\,]\Delta f$$

$$+ \frac{2}{n^2}F'(H^2)[\,\Delta f + (S + \bar{R}^\top_{(n+1)(n+1)})f\,]\Delta f$$

$$+ \frac{2}{n^2} F''(H^2)(S + \bar{R}^\top_{(n+1)(n+1)})H$$

$$\times [\, 2H\Delta f + 2(S + \bar{R}^\top_{(n+1)(n+1)})Hf \,]f$$

$$+ \frac{2}{n} F'(H^2)(2f_{,ij}Hh_{ij} + 2HP_3 f$$

$$+ H\bar{R}_{(n+1)ii(n+1);(n+1)}f - H\bar{R}_{qii(n+1)}f_{,q} - H\bar{R}_{(n+1)iiq}f_{,q})f$$

$$+ \frac{2}{n^2} F'(H^2)(S + \bar{R}^\top_{(n+1)(n+1)})[\, \Delta f + (S + \bar{R}^\top_{(n+1)(n+1)})f \,]f$$

$$- F(H^2)[\, \Delta f + (S + \bar{R}^\top_{(n+1)(n+1)})f \,]f$$

$$- F'(H^2)[\, 2H^2\Delta f + 2(S + \bar{R}^\top_{(n+1)(n+1)})H^2 f \,]f\mathrm{d}v.$$

当流形 N^{n+p} 是空间形式 $R^{n+p}(c)$ 时，有下面的第二变分公式。

定理 11.15　设 $x : M^n \to R^{n+p}(c)$ 是空间形式中的 $MC_{(n,F)}$ 子流形，$V = V^\alpha e_\alpha$ 是法向变分向量场，那么其第二变分为

$$\frac{\partial^2}{\partial t^2}|_{t=0} MC_{(n,F)}(x_t)$$

$$= \int_M \frac{2}{n^2} F''(H^2)[\, 2H^\gamma \Delta V^\gamma + 2(S_{\gamma\delta} + nc\delta_{\alpha\beta})H^\gamma V^\delta \,]H^\alpha \Delta V^\alpha$$

$$+ \frac{2}{n^2} F'(H^2)[\, \Delta V^\alpha + (S_{\alpha\gamma} + nc\delta_{\alpha\beta})V^\gamma \,]\Delta V^\alpha$$

$$+ \frac{2}{n^2} F''(H^2)(S_{\alpha\beta} + nc\delta_{\alpha\beta})H^\beta$$

$$\times [\, 2H^\gamma \Delta V^\gamma + 2(S_{\gamma\delta} + nc\delta_{\alpha\beta})H^\gamma V^\delta \,]V^\alpha$$

$$+ \frac{2}{n} F'(H^2)(V^\alpha_{,ij}h^\beta_{ij} + h^\alpha_{ij}V^\beta_{,ij} + 2S_{\alpha\beta\gamma}V^\gamma$$

$$+ ncH^\alpha V^\beta + ncH^\beta V^\alpha)H^\beta V^\alpha$$

$$+ \frac{2}{n^2} F'(H^2)(S_{\alpha\beta} + nc\delta_{\alpha\beta})[\, \Delta V^\beta + (S_{\beta\gamma} + nc\delta_{\alpha\beta})V^\gamma \,]V^\alpha$$

$$- F(H^2)[\, \Delta V^\alpha + (S_{\alpha\gamma} + nc\delta_{\alpha\beta})V^\gamma \,]V^\alpha$$

$$- F'(H^2)[\,2H^\gamma\Delta V^\gamma + 2(S_{\gamma\delta} + nc\delta_{\alpha\beta})H^\gamma V^\delta\,]H^\alpha V^\alpha \mathrm{d}v.$$

定理 11.16 设 $x : M^n \to R^{n+1}(c)$ 是空间形式中的 $MC_{(n,F)}$ 超曲面，$V = fe_{n+1}$ 是法向变分向量场，那么其第二变分为

$$\frac{\partial^2}{\partial t^2}|_{t=0} MC_{(n,F)}(x_t)$$

$$= \int_M \frac{2}{n^2}F''(H^2)[\,2H^2\Delta f + 2(S + nc)H^2 f\,]\Delta f$$

$$+ \frac{2}{n^2}F'(H^2)[\,\Delta f + (S + nc)f\,]\Delta f$$

$$+ \frac{2}{n^2}F''(H^2)(S + nc)[\,2H^2\Delta f + 2(S + nc)H^2 f\,]f$$

$$+ \frac{2}{n}F'(H^2)(2f_{,ij}Hh_{ij} + 2HP_3 f)f$$

$$+ \frac{2}{n^2}F'(H^2)(S + nc)[\,\Delta f + (S + nc)f\,]f$$

$$- F(H^2)[\,\Delta f + (S + nc)f\,]f$$

$$- F'(H^2)[\,2H^2\Delta f + 2(S + nc)H^2 f\,]f\mathrm{d}v.$$

11.5 $LCR_{(n,F(au+bv))}$ 泛函的第二变分公式

当 $F(S, H^2) = F(aS + bH^2)$ 时，有

$$F_1 = aF', \quad F_2 = bF', \quad F_{11} = a^2 F'',$$

$$F_{12} = F_{21} = abF'', \quad F_{22} = b^2 F''.$$

将它们代入泛函 $LRC_{(n,F)}$ 的变分公式，得到下面的结论。

定理 11.17 设 $x : M^n \to N^{n+p}$ 是一般原流形中的 $LCR_{(n,F(au+bv))}$ 子流形，

$V = V^{\alpha}e_{\alpha}$ 是法向变分向量场，那么其第二变分为

$$\frac{\partial^2}{\partial t^2}\Big|_{t=0} LRC_{(n,F)}(x_t)$$

$$= \int_M 2aF' V^{\alpha}_{,ij}(V^{\alpha}_{,ij} + h^{\alpha}_{ip}h^{\beta}_{pj}V^{\beta} - \bar{R}^{\alpha}_{ij\beta}V^{\beta})$$

$$+ \frac{2}{n^2}bF'(\Delta V^{\alpha})(\Delta V^{\alpha} + S_{\alpha\beta}V^{\beta} + \bar{R}^{\top}_{\alpha\beta}V^{\beta})$$

$$+ 2aF'V^{\alpha}[\ V^{\alpha}_{,ij}h^{\beta}_{jk}h^{\beta}_{ki} + h^{\alpha}_{ij}V^{\beta}_{,jk}h^{\beta}_{ki} + h^{\alpha}_{ij}h^{\beta}_{jk}V^{\beta}_{,ki}$$

$$+ S_{\alpha\gamma\beta\beta}V^{\gamma} + S_{\alpha\beta\gamma\beta}V^{\gamma} + S_{\alpha\beta\beta\gamma}V^{\gamma}$$

$$- (\bar{R}^{\alpha}_{ij\gamma}h^{\beta}_{jk}h^{\beta}_{ki} + h^{\alpha}_{ij}\bar{R}^{\beta}_{jk\gamma}h^{\beta}_{ki} + h^{\alpha}_{ij}h^{\beta}_{jk}\bar{R}^{\beta}_{ki\gamma})V^{\gamma}\ ]$$

$$- 2aF'V^{\alpha}\bar{R}^{\beta}_{ij\alpha}(V^{\beta}_{,ij} + h^{\beta}_{ip}h^{\gamma}_{pj}V^{\gamma} - \bar{R}^{\beta}_{ij\gamma}V^{\gamma})$$

$$- 2aF'V^{\alpha}h^{\beta}_{ij}(\bar{R}_{i\beta j\alpha;\gamma}V^{\gamma} + \bar{R}_{\gamma\beta j\alpha}V^{\gamma}_{,i}$$

$$- \bar{R}_{iqj\alpha}V^{\beta}_{,q} + \bar{R}_{i\beta\gamma\alpha}V^{\gamma}_{,j} - \bar{R}_{i\beta jq}V^{\alpha}_{,q})$$

$$+ \frac{2}{n}bF'V^{\alpha}H^{\beta} \times [\ V^{\alpha}_{,ij}h^{\beta}_{ij} + h^{\alpha}_{ij}V^{\beta}_{,ij}$$

$$+ 2S_{\alpha\beta\gamma}V^{\gamma} - (\bar{R}^{\alpha}_{ij\gamma}h^{\beta}_{ij} + h^{\alpha}_{ij}\bar{R}^{\beta}_{ij\gamma})V^{\gamma}$$

$$+ \bar{R}_{\alpha ii\beta;\gamma}V^{\gamma} - \bar{R}_{qii\beta}V^{\alpha}_{,q} + (\bar{R}_{\alpha\gamma i\beta} + \bar{R}_{\alpha i\gamma\beta})V^{\gamma}_{,i} - \bar{R}_{\alpha iiq}V^{\beta}_{,q}\ ]$$

$$+ \frac{2}{n^2}bF'V^{\alpha}(S_{\alpha\beta} + \bar{R}^{\top}_{\alpha\beta})(\Delta V^{\beta} + S_{\beta\gamma}V^{\gamma} + \bar{R}^{\top}_{\beta\gamma}V^{\gamma})$$

$$- FV^{\alpha}(\Delta V^{\alpha} + S_{\alpha\beta}V^{\beta} + \bar{R}^{\top}_{\alpha\beta}V^{\beta})$$

$$+ [\ 2a^2F''V^{\alpha}_{,ij}h^{\alpha}_{ij} + \frac{2}{n}abF''(\Delta V^{\alpha})H^{\alpha} + 2a^2F''V^{\alpha}(S_{\alpha\beta\beta} - h^{\beta}_{ij}\bar{R}^{\beta}_{ij\alpha})$$

$$+ \frac{2}{n}abF''V^{\alpha}(S_{\alpha\beta} + \bar{R}^{\top}_{\alpha\beta})H^{\beta} - naF'H^{\alpha}V^{\alpha}\ ]$$

$$\times (2h^{\delta}_{kl}V^{\delta}_{,kl} + 2S_{\gamma\gamma\delta}V^{\delta} - 2h^{\gamma}_{kl}\bar{R}^{\gamma}_{kl\delta}V^{\delta})$$

$$+ [\ 2abF''V^{\alpha}_{,ij}h^{\alpha}_{ij} + \frac{2}{n}b^2F''(\Delta V^{\alpha})H^{\alpha} + 2abF''V^{\alpha}(S_{\alpha\beta\beta} - h^{\beta}_{ij}\bar{R}^{\beta}_{ij\alpha})$$

$$+ \frac{2}{n}b^2F''V^{\alpha}(S_{\alpha\beta} + \bar{R}^{\top}_{\alpha\beta})H^{\beta} - nbF'V^{\alpha}H^{\alpha}\ ]$$

$$\times [\; \frac{2}{n} H^\gamma \Delta V^\gamma + \frac{2}{n}(S_{\gamma\delta} + \bar{R}^\top_{\gamma\delta})H^\gamma V^\delta \;]\mathrm{d}v.$$

定理 11.18 设 $x : M^n \to N^{n+1}$ 是一般原流形中的 $LCR_{(n,F(au+bv))}$ 超曲面, $V = fe_{n+1}$ 是法向变分向量场, 那么其第二变分为

$$\frac{\partial^2}{\partial t^2}|_{t=0} LRC_{(n,F)}(x_t)$$

$$= \int\limits_M 2aF' f_{,ij}(f_{,ij} + h_{ip}h_{pj}f + \bar{R}_{i(n+1)(n+1)j}f)$$

$$+ \frac{2}{n^2}bF'(\Delta f)(\Delta f + S f + \bar{R}^\top_{(n+1)(n+1)}f)$$

$$+ 2aF'f(3f_{,ij}h_{jk}h_{ki} + 3P_4 f + 3\bar{R}_{i(n+1)(n+1)j}h_{jk}h_{ki}f)$$

$$+ 2aF'f\bar{R}_{i(n+1)(n+1)j}(f_{,ij} + h_{ip}h_{pj}f + \bar{R}_{i(n+1)(n+1)j}f)$$

$$+ 2aF'fh_{ij}(\bar{R}_{i(n+1)(n+1)j;(n+1)}f + 2\bar{R}_{iqj(n+1)}f_{,q})$$

$$+ \frac{2}{n}bF'fH(\; 2f_{,ij}h_{ij} + 2P_3 f + 2h_{ij}\bar{R}_{i(n+1)(n+1)j}f$$

$$+ \bar{R}^\top_{(n+1)(n+1);(n+1)}f - 2\bar{R}^\top_{q(n+1)}f_{,q} \;)$$

$$+ \frac{2}{n^2}bF'f(S + \bar{R}^\top_{(n+1)(n+1)})(\Delta f + S f + \bar{R}^\top_{(n+1)(n+1)}f)$$

$$- Ff(\Delta f + S f + \bar{R}^\top_{(n+1)(n+1)}f)$$

$$+ [\; 2a^2 F'' f_{,ij}h_{ij} + \frac{2}{n}abF''(\Delta f)H$$

$$+ 2a^2 F''f(P_3 + h_{ij}\bar{R}_{i(n+1)(n+1)j})$$

$$+ \frac{2}{n}abF''f(S + \bar{R}^\top_{(n+1)(n+1)})H - naF'Hf \;]$$

$$\times (2h_{kl}f_{,kl} + 2P_3 f + 2h_{kl}\bar{R}_{k(n+1)(n+1)l}f)$$

$$+ [\; 2abF'' f_{,ij}h_{ij} + \frac{2}{n}b^2 F''(\Delta f)H$$

$$+ 2abF''f(P_3 + h_{ij}\bar{R}_{i(n+1)(n+1)j})$$

$$+ \frac{2}{n} b^2 F'' f(S + \bar{R}^\top_{(n+1)(n+1)})H - nbF'fH]$$

$$\times [\frac{2}{n} H\Delta f + \frac{2}{n}(S + \bar{R}^\top_{(n+1)(n+1)})Hf]\mathrm{d}v.$$

当流形 N^{n+p} 是空间形式 $R^{n+p}(c)$ 时，下面的第二变分公式成立。

定理 11.19 设 $x : M^n \to R^{n+p}(c)$ 是空间形式中的 $LCR_{(n,F(au+bv))}$ 子流形，$V = V^\alpha e_\alpha$ 是法向变分向量场，那么其第二变分为

$$\frac{\partial^2}{\partial t^2}|_{t=0} LRC_{(n,F)}(x_t)$$

$$= \int_M 2aF' V^\alpha_{,ij}(V^\alpha_{,ij} + h^\alpha_{ip}h^\beta_{pj}V^\beta + c\delta_{ij}V^\alpha)$$

$$+ \frac{2}{n^2} bF'(\Delta V^\alpha)(\Delta V^\alpha + S_{\alpha\beta}V^\beta + ncV^\alpha)$$

$$+ 2aF' V^\alpha [V^\alpha_{,ij}h^\beta_{jk}h^\beta_{ki} + h^\alpha_{ij}V^\beta_{,jk}h^\beta_{ki}$$

$$+ h^\alpha_{ij}h^\beta_{jk}V^\beta_{,ki} + S_{\alpha\gamma\beta\beta}V^\gamma + S_{\alpha\beta\gamma\beta}V^\gamma + S_{\alpha\beta\beta\gamma}V^\gamma$$

$$+ (c\delta_{ij}\delta_{\alpha\gamma}h^\beta_{jk}h^\beta_{ki} + c\delta_{jk}\delta_{\beta\gamma}h^\alpha_{ij}h^\beta_{ki} + c\delta_{ik}\delta_{\beta\gamma}h^\alpha_{ij}h^\beta_{jk})V^\gamma]$$

$$+ 2caF' V^\alpha \delta_{ij}\delta_{\alpha\beta}(V^\beta_{,ij} + h^\beta_{ip}h^\gamma_{pj}V^\gamma + c\delta_{ij}V^\beta)$$

$$+ \frac{2}{n} bF' V^\alpha H^\beta [V^\alpha_{,ij}h^\beta_{ij} + h^\alpha_{ij}V^\beta_{,ij} + 2S_{\alpha\beta\gamma}V^\gamma$$

$$+ (nc\delta_{\alpha\gamma}H^\beta + ncH^\alpha\delta_{\beta\gamma})V^\gamma]$$

$$+ \frac{2}{n^2} bF' V^\alpha (S_{\alpha\beta} + nc\delta_{\alpha\beta})(\Delta V^\beta + S_{\beta\gamma}V^\gamma + ncV^\beta)$$

$$- FV^\alpha(\Delta V^\alpha + S_{\alpha\beta}V^\beta + ncV^\alpha)$$

$$+ [2a^2 F'' V^\alpha_{,ij}h^\alpha_{ij} + \frac{2}{n} abF''(\Delta V^\alpha)H^\alpha$$

$$+ 2a^2 F'' V^\alpha(S_{\alpha\beta\beta} + ncH^\alpha)$$

$$+ \frac{2}{n} abF'' V^\alpha(S_{\alpha\beta} + nc\delta_{\alpha\beta})H^\beta - naF'H^\alpha V^\alpha]$$

$$\times (2h_{kl}^{\delta}V_{,kl}^{\delta} + 2S_{\gamma\gamma\delta}V^{\delta} + 2ncH^{\gamma}V^{\gamma})$$

$$+ [\, 2abF''V_{,ij}^{\alpha}h_{ij}^{\alpha} + \frac{2}{n}b^2F''(\Delta V^{\alpha})H^{\alpha}$$

$$+ 2abF''V^{\alpha}(S_{\alpha\beta\beta} + ncH^{\alpha})$$

$$+ \frac{2}{n}b^2F''V^{\alpha}(S_{\alpha\beta} + nc\delta_{\alpha\beta})H^{\beta} - nbF'V^{\alpha}H^{\alpha}\,]$$

$$\times [\, \frac{2}{n}H^{\gamma}\Delta V^{\gamma} + \frac{2}{n}(S_{\gamma\delta} + nc\delta_{\gamma\delta})H^{\gamma}V^{\delta}\,]\mathrm{d}v.$$

定理 11.20 设 $x: M^n \to R^{n+1}(c)$ 是空间形式中的 $LCR_{(n,F(au+bv))}$ 超曲面, $V = fe_{n+1}$ 是法向变分向量场,那么其第二变分为

$$\frac{\partial^2}{\partial t^2}|_{t=0}LRC_{(n,F)}(x_t)$$

$$= \int_M 2aF'f_{,ij}(f_{,ij} + h_{ip}h_{pj}f + c\delta_{ij}f)$$

$$+ \frac{2}{n^2}bF'(\Delta f)(\Delta f + Sf + ncf)$$

$$+ 2aF'f(3f_{,ij}h_{jk}h_{ki} + 3P_4f + 3cSf)$$

$$+ 2caF'f\delta_{ij}(f_{,ij} + h_{ip}h_{pj}f + c\delta_{ij}f)$$

$$+ \frac{2}{n}bF'fH(2f_{,ij}h_{ij} + 2P_3f + 2ncHf)$$

$$+ \frac{2}{n^2}bF'f(S + nc)(\Delta f + Sf + ncf)$$

$$- Ff(\Delta f + Sf + ncf)$$

$$+ [\, 2a^2F''f_{,ij}h_{ij} + \frac{2}{n}abF''(\Delta f)H + 2a^2F''f(P_3 + ncH)$$

$$+ \frac{2}{n}abF''f(S + nc)H - naF'Hf\,]$$

$$\times (2h_{kl}f_{,kl} + 2P_3f + 2ncHf)$$

$$+ \left[2F_{12}f_{,ij}h_{ij} + \frac{2}{n}b^2F''(\Delta f)H + 2abF''f(P_3 + ncH) \right.$$

$$+ \frac{2}{n}b^2F''f(S + nc)H - nbF'fH \, \bigg]$$

$$\times \left[\frac{2}{n}H\Delta f + \frac{2}{n}(S + nc)Hf \, \right]dv.$$

11.6　$LCR_{(n,F(u^a v^b))}$ 泛函的第二变分公式

当 $F(S, H^2) = FS^a(H^2)^b$ 时，有

$$F_1 = aS^{a-1}(H^2)^b F', \quad F_2 = b(H^2)^{b-1}S^a F',$$

$$F_{11} = \left(a(a-1)S^{a-2}(H^2)^b F' + a^2 S^{2a-2}(H^2)^{2b} F'' \right),$$

$$F_{12} = F_{21} = \left(abS^{a-1}(H^2)^{b-1}F' + abS^{2a-1}(H^2)^{2b-1}F'' \right),$$

$$F_{22} = \left(b(b-1)(H^2)^{b-2}S^a F' + b^2(H^2)^{2b-2}S^{2a}F'' \right).$$

将它们代入泛函 $LRC_{(n,F)}$ 的变分公式，得到下面的结论。

定理 11.21　设 $x : M^n \to N^{n+p}$ 是一般原流形中的 $LCR_{(n,F(u^a v^b))}$ 子流形，$V = V^\alpha e_\alpha$ 是法向变分向量场，那么其第二变分为

$$\frac{\partial^2}{\partial t^2}\bigg|_{t=0}LRC_{(n,F)}(x_t)$$

$$= \int_M 2aS^{a-1}(H^2)^b F' V^\alpha_{,ij}(V^\alpha_{,ij} + h^\beta_{ip}h^\beta_{pj}V^\beta - \bar{R}^\alpha_{ij\beta}V^\beta)$$

$$+ \frac{2}{n^2}b(H^2)^{b-1}S^a F'(\Delta V^\alpha)(\Delta V^\alpha + S_{\alpha\beta}V^\beta + \bar{R}^\top_{\alpha\beta}V^\beta)$$

$$+ 2aS^{a-1}(H^2)^b F' V^\alpha \big[V^\beta_{,ij}h^\beta_{jk}h^\beta_{ki} + h^\alpha_{ij}V^\beta_{,jk}h^\beta_{ki}$$

$$+ h^\alpha_{ij}h^\beta_{jk}V^\beta_{,ki} + S_{\alpha\gamma\beta\beta}V^\gamma + S_{\alpha\beta\gamma\beta}V^\gamma + S_{\alpha\beta\beta\gamma}V^\gamma$$

$$- (\bar{R}^\alpha_{ij\gamma}h^\beta_{jk}h^\beta_{ki} + h^\alpha_{ij}\bar{R}^\beta_{jk\gamma}h^\beta_{ki} + h^\alpha_{ij}h^\beta_{jk}\bar{R}^\beta_{ki\gamma})V^\gamma \big]$$

$$- 2aS^{a-1}(H^2)^b F' V^\alpha \bar{R}^\beta_{ij\alpha}(V^\beta_{,ij} + h^\beta_{ip}h^\gamma_{pj}V^\gamma - \bar{R}^\beta_{ij\gamma}V^\gamma)$$

$$-2aS^{a-1}(H^2)^b F'V^\alpha h_{ij}^\beta (\bar{R}_{i\beta j\alpha;\gamma}V^\gamma + \bar{R}_{\gamma\beta j\alpha}V_{,i}^\gamma$$

$$-\bar{R}_{iqj\alpha}V_{,q}^\beta + \bar{R}_{i\beta\gamma\alpha}V_{,j}^\gamma - \bar{R}_{i\beta jq}V_{,q}^\alpha)$$

$$+\frac{2}{n}b(H^2)^{b-1}S^a F'V^\alpha H^\beta[\ V_{,ij}^\alpha h_{ij}^\beta + h_{ij}^\alpha V_{,ij}^\beta$$

$$+2S_{\alpha\beta\gamma}V^\gamma - (\bar{R}_{ij\gamma}^\alpha h_{ij}^\beta + h_{ij}^\alpha \bar{R}_{ij\gamma}^\beta)V^\gamma$$

$$+\bar{R}_{\alpha ii\beta;\gamma}V^\gamma - \bar{R}_{qii\beta}V_{,q}^\alpha + (\bar{R}_{\alpha\gamma i\beta} + \bar{R}_{\alpha i\gamma\beta})V_{,i}^\gamma - \bar{R}_{\alpha iiq}V_{,q}^\beta\ ]$$

$$+\frac{2}{n^2}b(H^2)^{b-1}S^a F'V^\alpha(S_{\alpha\beta} + \bar{R}_{\alpha\beta}^\top)(\Delta V^\beta + S_{\beta\gamma}V^\gamma + \bar{R}_{\beta\gamma}^\top V^\gamma)$$

$$-FS^a(H^2)^b V^\alpha(\Delta V^\alpha + S_{\alpha\beta}V^\beta + \bar{R}_{\alpha\beta}^\top V^\beta)$$

$$+\{\ 2[\ a(a-1)S^{a-2}(H^2)^b F' + a^2 S^{2a-2}(H^2)^{2b}F''\ ]V_{,ij}^\alpha h_{ij}^\alpha$$

$$+\frac{2}{n}(\ abS^{a-1}(H^2)^{b-1}F' + abS^{2a-1}(H^2)^{2b-1}F''\ )(\Delta V^\alpha)H^\alpha$$

$$+2[\ a(a-1)S^{a-2}(H^2)^b F' + a^2 S^{2a-2}(H^2)^{2b}F''\ ]V^\alpha(S_{\alpha\beta\beta} - h_{ij}^\beta \bar{R}_{ij\alpha}^\beta)$$

$$+\frac{2}{n}(\ abS^{a-1}(H^2)^{b-1}F' + abS^{2a-1}(H^2)^{2b-1}F''\ )V^\alpha(S_{\alpha\beta} + \bar{R}_{\alpha\beta}^\top)H^\beta$$

$$-naS^{a-1}(H^2)^b F'H^\alpha V^\alpha\ \}$$

$$\times(2h_{kl}^\delta V_{,kl}^\delta + 2S_{\gamma\gamma\delta}V^\delta - 2h_{kl}^\gamma \bar{R}_{kl\delta}^\gamma V^\delta)$$

$$+\{\ 2(\ abS^{a-1}(H^2)^{b-1}F' + abS^{2a-1}(H^2)^{2b-1}F''\ )V_{,ij}^\alpha h_{ij}^\alpha$$

$$+\frac{2}{n}[\ b(b-1)(H^2)^{b-2}S^a F' + b^2(H^2)^{2b-2}S^{2a}F''\ ](\Delta V^\alpha)H^\alpha$$

$$+2(\ abS^{a-1}(H^2)^{b-1}F' + abS^{2a-1}(H^2)^{2b-1}F''\ )V^\alpha(S_{\alpha\beta\beta} - h_{ij}^\beta \bar{R}_{ij\alpha}^\beta)$$

$$+\frac{2}{n}[\ b(b-1)(H^2)^{b-2}S^a F' + b^2(H^2)^{2b-2}S^{2a}F''\ ]V^\alpha(S_{\alpha\beta} + \bar{R}_{\alpha\beta}^\top)H^\beta$$

$$-nb(H^2)^{b-1}S^a F'V^\alpha H^\alpha\ \}$$

$$\times[\ \frac{2}{n}H^\gamma\Delta V^\gamma + \frac{2}{n}(S_{\gamma\delta} + \bar{R}_{\gamma\delta}^\top)H^\gamma V^\delta\ ]dv.$$

定理 11.22 设 $x : M^n \to N^{n+1}$ 是一般原流形中的 $LCR_{(n,F(u^a v^b))}$ 超曲面，$V = f e_{n+1}$ 是法向变分向量场，那么其第二变分为

$$\frac{\partial^2}{\partial t^2}\Big|_{t=0} LRC_{(n,F)}(x_t)$$

$$= \int_M 2aS^{a-1}(H^2)^b F' f_{,ij}(f_{,ij} + h_{ip}h_{pj}f + \bar{R}_{i(n+1)(n+1)j}f)$$

$$+ \frac{2}{n^2} b(H^2)^{b-1} S^a F'(\Delta f)(\Delta f + Sf + \bar{R}^\top_{(n+1)(n+1)}f)$$

$$+ 2aS^{a-1}(H^2)^b F' f(3 f_{,ij}h_{jk}h_{ki}$$

$$+ 3P_4 f + 3\bar{R}_{i(n+1)(n+1)j}h_{jk}h_{ki}f)$$

$$+ 2aS^{a-1}(H^2)^b F' f \bar{R}_{i(n+1)(n+1)j}(f_{,ij} + h_{ip}h_{pj}f + \bar{R}_{i(n+1)(n+1)j}f)$$

$$+ 2aS^{a-1}(H^2)^b F' f h_{ij}(\bar{R}_{i(n+1)(n+1)j;(n+1)}f + 2\bar{R}_{iqj(n+1)}f_{,q})$$

$$+ \frac{2}{n} b(H^2)^{b-1} S^a F' f H(2 f_{,ij}h_{ij} + 2P_3 f$$

$$+ 2h_{ij}\bar{R}_{i(n+1)(n+1)j}f + \bar{R}^\top_{(n+1)(n+1);(n+1)}f - 2\bar{R}^\top_{q(n+1)}f_{,q})$$

$$+ \frac{2}{n^2} b(H^2)^{b-1} S^a F' f(S + \bar{R}^\top_{(n+1)(n+1)})(\Delta f + Sf + \bar{R}^\top_{(n+1)(n+1)}f)$$

$$- FS^a(H^2)^b f(\Delta f + Sf + \bar{R}^\top_{(n+1)(n+1)}f)$$

$$+ \{ 2[a(a-1)S^{a-2}(H^2)^b F' + a^2 S^{2a-2}(H^2)^{2b} F''] f_{,ij}h_{ij}$$

$$+ \frac{2}{n} (abS^{a-1}(H^2)^{b-1} F' + abS^{2a-1}(H^2)^{2b-1} F'')(\Delta f)H$$

$$+ 2[a(a-1)S^{a-2}(H^2)^b F' + a^2 S^{2a-2}(H^2)^{2b} F'']$$

$$\times f(P_3 + h_{ij}\bar{R}_{i(n+1)(n+1)j})$$

$$+ \frac{2}{n} (abS^{a-1}(H^2)^{b-1} F' + abS^{2a-1}(H^2)^{2b-1} F'')$$

$$\times f(S + \bar{R}^\top_{(n+1)(n+1)})H - naS^{a-1}(H^2)^b F' Hf \}$$

$$\times (2h_{kl}f_{,kl} + 2P_3 f + 2h_{kl}\bar{R}_{k(n+1)(n+1)l}f)$$

$$+ \{ 2(abS^{a-1}(H^2)^{b-1}F' + abS^{2a-1}(H^2)^{2b-1}F'')f_{,ij}h_{ij}$$

$$+ \frac{2}{n}[b(b-1)(H^2)^{b-2}S^aF' + b^2(H^2)^{2b-2}S^{2a}F''](\Delta f)H$$

$$+ 2(abS^{a-1}(H^2)^{b-1}F' + abS^{2a-1}(H^2)^{2b-1}F'')$$

$$\times f(P_3 + h_{ij}\bar{R}_{i(n+1)(n+1)j})$$

$$+ \frac{2}{n}[b(b-1)(H^2)^{b-2}S^aF' + b^2(H^2)^{2b-2}S^{2a}F'']$$

$$\times f(S + \bar{R}^{\top}_{(n+1)(n+1)})H - nb(H^2)^{b-1}S^aF'fH \}$$

$$\times [\frac{2}{n}H\Delta f + \frac{2}{n}(S + \bar{R}^{\top}_{(n+1)(n+1)})Hf]\mathrm{d}v.$$

当流形 N^{n+p} 是空间形式 $R^{n+p}(c)$ 时，有下面的第二变分公式。

定理 11.23　设 $x : M^n \to R^{n+p}(c)$ 是空间形式中的 $LCR_{(n,F(u^av^b))}$ 子流形，$V = V^\alpha e_\alpha$ 是法向变分向量场，那么其第二变分为

$$\frac{\partial^2}{\partial t^2}|_{t=0}LRC_{(n,F)}(x_t)$$

$$= \int_M 2aS^{a-1}(H^2)^bF'V^\alpha_{,ij}(V^\alpha_{,ij} + h^\alpha_{ip}h^\beta_{pj}V^\beta + c\delta_{ij}V^\alpha)$$

$$+ \frac{2}{n^2}b(H^2)^{b-1}S^aF'(\Delta V^\alpha)(\Delta V^\alpha + S_{\alpha\beta}V^\beta + ncV^\alpha)$$

$$+ 2aS^{a-1}(H^2)^bF'V^\alpha[V^\alpha_{,ij}h^\beta_{jk}h^\beta_{ki} + h^\alpha_{ij}V^\beta_{,jk}h^\beta_{ki}$$

$$+ h^\alpha_{ij}h^\beta_{jk}V^\beta_{,ki} + S_{\alpha\gamma\beta\beta}V^\gamma + S_{\alpha\beta\gamma\beta}V^\gamma + S_{\alpha\beta\beta\gamma}V^\gamma$$

$$+ (c\delta_{ij}\delta_{\alpha\gamma}h^\beta_{jk}h^\beta_{ki} + c\delta_{jk}\delta_{\beta\gamma}h^\alpha_{ij}h^\alpha_{ki} + c\delta_{ik}\delta_{\beta\gamma}h^\alpha_{ij}h^\alpha_{jk})V^\gamma]$$

$$+ 2aS^{a-1}(H^2)^bF'cV^\alpha\delta_{ij}\delta_{\alpha\beta}(V^\beta_{,ij} + h^\beta_{ip}h^\gamma_{pj}V^\gamma + c\delta_{ij}V^\beta)$$

$$+ \frac{2}{n}b(H^2)^{b-1}S^aF'V^\alpha H^\beta[V^\alpha_{,ij}h^\beta_{ij} + h^\alpha_{ij}V^\beta_{,ij}$$

$$+ 2S_{\alpha\beta\gamma}V^\gamma + (nc\delta_{\alpha\gamma}H^\beta + ncH^\alpha\delta_{\beta\gamma})V^\gamma]$$

$$+ \frac{2}{n^2} b(H^2)^{b-1} S^a F' V^\alpha (S_{\alpha\beta} + nc\delta_{\alpha\beta})(\Delta V^\beta + S_{\beta\gamma} V^\gamma + ncV^\beta)$$

$$- F S^a (H^2)^b V^\alpha (\Delta V^\alpha + S_{\alpha\beta} V^\beta + ncV^\alpha)$$

$$+ \{ 2(a(a-1)S^{a-2}(H^2)^b F' + a^2 S^{2a-2}(H^2)^{2b} F'')V^\alpha_{,ij} h^\alpha_{ij}$$

$$+ \frac{2}{n}(abS^{a-1}(H^2)^{b-1} F' + abS^{2a-1}(H^2)^{2b-1} F'')(\Delta V^\alpha)H^\alpha$$

$$+ 2[a(a-1)S^{a-2}(H^2)^b F' + a^2 S^{2a-2}(H^2)^{2b} F'']V^\alpha (S_{\alpha\beta\beta} + ncH^\alpha)$$

$$+ \frac{2}{n}(abS^{a-1}(H^2)^{b-1} F' + abS^{2a-1}(H^2)^{2b-1} F'')V^\alpha (S_{\alpha\beta} + nc\delta_{\alpha\beta})H^\beta$$

$$- naS^{a-1}(H^2)^b F' H^\alpha V^\alpha \}$$

$$\times (2h^\delta_{kl} V^\delta_{,kl} + 2S_{\gamma\gamma\delta} V^\delta + 2ncH^\gamma V^\gamma)$$

$$+ \{ 2(abS^{a-1}(H^2)^{b-1} F' + abS^{2a-1}(H^2)^{2b-1} F'')V^\alpha_{,ij} h^\alpha_{ij}$$

$$+ \frac{2}{n}[b(b-1)(H^2)^{b-2} S^a F' + b^2(H^2)^{2b-2} S^{2a} F''](\Delta V^\alpha)H^\alpha$$

$$+ 2(abS^{a-1}(H^2)^{b-1} F' + abS^{2a-1}(H^2)^{2b-1} F'')V^\alpha (S_{\alpha\beta\beta} + ncH^\alpha)$$

$$+ \frac{2}{n}[b(b-1)(H^2)^{b-2} S^a F' + b^2(H^2)^{2b-2} S^{2a} F'']V^\alpha (S_{\alpha\beta} + nc\delta_{\alpha\beta})H^\beta$$

$$- nb(H^2)^{b-1} S^a F' V^\alpha H^\alpha \}$$

$$\times [\frac{2}{n}H^\gamma \Delta V^\gamma + \frac{2}{n}(S_{\gamma\delta} + nc\delta_{\gamma\delta})H^\gamma V^\delta]dv.$$

定理 11.24 设 $x : M^n \to R^{n+1}(c)$ 是空间形式中的 $LCR_{(n, F(u^a v^b))}$ 超曲面, $V = f e_{n+1}$ 是法向变分向量场, 那么其第二变分为

$$\frac{\partial^2}{\partial t^2}|_{t=0} LRC_{(n,F)}(x_t)$$

$$= \int_M 2aS^{a-1}(H^2)^b F' f_{,ij}(f_{,ij} + h_{ip}h_{pj}f + c\delta_{ij}f)$$

$$+ \frac{2}{n^2} b(H^2)^{b-1} S^a F'(\Delta f)(\Delta f + Sf + ncf)$$

$$+ 2aS^{a-1}(H^2)^b F' f(3f_{,ij}h_{jk}h_{ki} + 3P_4 f + 3cS f)$$

$$+ 2aS^{a-1}(H^2)^b F' c f \delta_{ij}(f_{,ij} + h_{ip}h_{pj}f + c\delta_{ij}f)$$

$$+ \frac{2}{n}b(H^2)^{b-1}S^a F' f H(2f_{,ij}h_{ij} + 2P_3 f + 2ncHf)$$

$$+ \frac{2}{n^2}b(H^2)^{b-1}S^a F' f(S+nc)(\Delta f + Sf + ncf)$$

$$- FS^a(H^2)^b f(\Delta f + Sf + ncf)$$

$$+ \{ 2[a(a-1)S^{a-2}(H^2)^b F' + a^2 S^{2a-2}(H^2)^{2b}F'']f_{,ij}h_{ij}$$

$$+ \frac{2}{n}(abS^{a-1}(H^2)^{b-1}F' + abS^{2a-1}(H^2)^{2b-1}F'')(\Delta f)H$$

$$+ 2[a(a-1)S^{a-2}(H^2)^b F' + a^2 S^{2a-2}(H^2)^{2b}F'']f(P_3 + ncH)$$

$$+ \frac{2}{n}(abS^{a-1}(H^2)^{b-1}F' + abS^{2a-1}(H^2)^{2b-1}F'')f(S+nc)H$$

$$- naS^{a-1}(H^2)^b F' H f \} \times (2h_{kl}f_{,kl} + 2P_3 f + 2ncHf)$$

$$+ \{ 2[abS^{a-1}(H^2)^{b-1}F' + abS^{2a-1}(H^2)^{2b-1}F'']f_{,ij}h_{ij}$$

$$+ \frac{2}{n}[b(b-1)(H^2)^{b-2}S^a F' + b^2(H^2)^{2b-2}S^{2a}F''](\Delta f)H$$

$$+ 2(abS^{a-1}(H^2)^{b-1}F' + abS^{2a-1}(H^2)^{2b-1}F'')f(P_3 + ncH)$$

$$+ \frac{2}{n}[b(b-1)(H^2)^{b-2}S^a F' + b^2(H^2)^{2b-2}S^{2a}F'']f(S+nc)H$$

$$- nb(H^2)^{b-1}S^a F' f H \}$$

$$\times [\frac{2}{n}H\Delta f + \frac{2}{n}(S+nc)Hf]dv.$$

注释 11.1 特别注意，本章公式中的黎曼张量 $\bar{R}_{i\alpha j\beta}$ 与分别在流形 N 和流形 M 上的拉回从 x^*TN 上的两个协变导数 $\bar{R}_{i\alpha j\beta;p}$ 和 $\bar{R}_{i\alpha j\beta,p}$ 的区别。

第 12 章　Simons型积分不等式

　　Simons型积分不等式是子流形几何中的一类重要的积分不等式，在子流形间隙现象的研究和刚性定理的发展中具有重要作用。实际上，最原始的Simons型积分不等式是针对极小子流形推导出来的，后来发现不仅在极小子流形中有此类现象，而且在Willomre型泛函和子流形中也有此类现象。本章推导低阶曲率泛函的Simons型积分不等式，这是讨论间隙现象的基础。

12.1　重要的不等式与抽象计算

引理 12.1

$$S_{\alpha\alpha} \overset{\text{def}}{=} N(A_\alpha) = \sum_{ij}(h_{ij}^\alpha)^2,$$

$$N(\hat{A}_\alpha) = \sum_{ij}(\hat{h}_{ij}^\alpha)^2 = \hat{S}_{\alpha\alpha} = S_{\alpha\alpha} - n(H^\alpha)^2,$$

$$N(A_\alpha A_\beta - A_\beta A_\alpha) = N((\hat{A}_\alpha + H^\alpha)A_\beta - A_\beta(\hat{A}_\alpha + H^\alpha))$$

$$= N(\hat{A}_\alpha A_\beta - A_\beta \hat{A}_\alpha)$$

$$= N(\hat{A}_\alpha(\hat{A}_\beta + H^\beta) - (\hat{A}_\beta + H^\beta)\hat{A}_\alpha)$$

$$= N(\hat{A}_\alpha \hat{A}_\beta - \hat{A}_\beta \hat{A}_\alpha).$$

　　陈省身等证明了下面的重要不等式，为方便起见可以称为陈省身类型不等式。

引理 12.2 [3]　设A, B是对称方阵，那么

$$N(AB - BA) \leqslant 2N(A)N(B).$$

等式成立当且仅当两种情形：（1）A, B 至少有一个为零；（2）如果 $A \neq 0$, $B \neq 0$，那么 A, B 可以同时正交化为

$$A = \lambda \begin{pmatrix} 1 & 0 & 0 & \cdots & 0 \\ 0 & -1 & 0 & \cdots & 0 \\ 0 & 0 & 0 & \cdots & 0 \\ \vdots & \vdots & \vdots & \cdots & \vdots \\ 0 & 0 & 0 & \cdots & 0 \end{pmatrix}, \quad B = \mu \begin{pmatrix} 0 & 1 & 0 & \cdots & 0 \\ 1 & 0 & 0 & \cdots & 0 \\ 0 & 0 & 0 & \cdots & 0 \\ \vdots & \vdots & \vdots & \cdots & \vdots \\ 0 & 0 & 0 & \cdots & 0 \end{pmatrix}. \quad (12.1)$$

另外，如果 B_1, B_2, B_3 为对称阵且满足

$$N(B_i B_j - B_j B_i) = 2N(B_i) . N(B_j), \quad 1 \leqslant i, j \leqslant 3.$$

那么至少有一个为零。

李安民等细致研究上面的陈省身不等式，给出了更加精细的不等式和等式成立的条件，为了方便起见，我们可以称之为李安民类型不等式。

引理 12.3 设 $A_1, \cdots, A_p, p \geqslant 2$ 是对称的 $(n \times n)$ 矩阵，令

$$S_{\alpha\beta} = \operatorname{tr}(A_\alpha A_\beta), \quad S_{\alpha\alpha} = N(A_\alpha), \quad S = \sum_\alpha S_{\alpha\alpha}.$$

则有

$$\sum_{\alpha \neq \beta} N(A_\alpha A_\beta - A_\beta A_\alpha) + \sum_{\alpha\beta} (S_{\alpha\beta})^2 \leqslant \frac{3}{2} S^2.$$

等式成立当且仅当下面的条件之一成立：

（1）$A_1 = A_2 = \cdots = A_p = 0$；

（2）$A_1 \neq 0$, $A_2 \neq 0$, $A_3 = A_4 = \cdots A_p = 0$, $S_{11} = S_{22}$.

在条件（2）成立下，A_1, A_2 可以同时正交化为

$$A_1 = \sqrt{\frac{S_{11}}{2}} \begin{pmatrix} 1 & 0 & 0 & \cdots & 0 \\ 0 & -1 & 0 & \cdots & 0 \\ 0 & 0 & 0 & \cdots & 0 \\ \vdots & \vdots & \vdots & \cdots & \vdots \\ 0 & 0 & 0 & \cdots & 0 \end{pmatrix}, \quad A_2 = \sqrt{\frac{S_{22}}{2}} \begin{pmatrix} 0 & 1 & 0 & \cdots & 0 \\ 1 & 0 & 0 & \cdots & 0 \\ 0 & 0 & 0 & \cdots & 0 \\ \vdots & \vdots & \vdots & \cdots & \vdots \\ 0 & 0 & 0 & \cdots & 0 \end{pmatrix}.$$

$$(12.2)$$

引理 12.4　假设符号如上面所述。对于上面抽象计算中出现与泛数相关的某些项，有如下"陈省身"和"李安民"两个类型的估计。

- 陈省身类型估计I（余维数大于等于2）

$$N(A_\alpha A_\beta - A_\beta A_\alpha) + (S_{\alpha\beta})^2 \leqslant \Big(2 - \frac{1}{p}\Big)S^2.$$

等号成立当且仅当下面一种情形成立：

（1）所有的矩阵 $A_\alpha = 0$，$\forall \alpha$.

（2）余维数为2，矩阵 $A_{n+1} \neq 0$，$A_{n+2} \neq 0$，$S_{(n+1)(n+1)} = S_{(n+2)(n+2)} = \frac{S}{2}$，$\vec{H} = 0$，并且 A_{n+1}，A_{n+2} 为式(12.1)的形式。

- 陈省身类型估计II（余维数大于等于2）

$$2n\hat{S}_{\alpha\beta}H^\beta H^\alpha + N(\hat{A}_\alpha \hat{A}_\beta - \hat{A}_\beta \hat{A}_\alpha) + (\hat{S}_{\alpha\beta})^2 \leqslant 2n\rho H^2 + \Big(2 - \frac{1}{p}\Big)\rho^2.$$

等号成立当且仅当下面一种情形成立：

（1）所有的矩阵 $\hat{A}_\alpha = 0$，$\forall \alpha$.

（2）余维数为2，矩阵 $\hat{A}_{n+1} \neq 0$，$\hat{A}_{n+2} \neq 0$，$\hat{S}_{(n+1)(n+1)} = \hat{S}_{(n+2)(n+2)} = \frac{\rho}{2}$，$\vec{H} = 0$，并且 A_{n+1}，A_{n+2} 为式(12.1)的形式。

- 李安民类型估计I（余维数大于等于2）

$$N(A_\alpha A_\beta - A_\beta A_\alpha) + (S_{\alpha\beta})^2 \leqslant \frac{3}{2}S^2.$$

等号成立当且仅当下面一种情形成立：

（1）所有的矩阵 $A_\alpha = 0$，$\forall \alpha$.

（2）矩阵 $A_{n+1} \neq 0$，$A_{n+2} \neq 0$，$S_{(n+1)(n+1)} = S_{(n+2)(n+2)} = \frac{S}{2}$，$A_{n+3} = \cdots = A_{n+p} = 0$，$\vec{H} = 0$，并且 A_{n+1}，A_{n+2} 为式(12.2)的形式。

- 李安民类型估计II（余维数大于等于2）

$$2n\hat{S}_{\alpha\beta}H^\beta H^\alpha + N(\hat{A}_\alpha \hat{A}_\beta - \hat{A}_\beta \hat{A}_\alpha) + (\hat{S}_{\alpha\beta})^2 \leqslant 2n\rho H^2 + \frac{3}{2}\rho^2.$$

等号成立当且仅当下面一种情形成立：

（1）所有的矩阵 $\hat{A}_\alpha = 0$，$\forall \alpha$.

（2）矩阵 $\hat{A}_{n+1} \neq 0$，$\hat{A}_{n+2} \neq 0$，$\hat{S}_{(n+1)(n+1)} = \hat{S}_{(n+2)(n+2)} = \frac{\rho}{2}$，$\hat{A}_{n+3} = \cdots = \hat{A}_{n+p} = 0$，$\vec{H} = 0$，并且 A_{n+1}，A_{n+2} 为式(12.2)的形式。

证明 首先证明陈省身估计。我们用符号 K_1 来表示需要估计的项：

$$K_1 = 2n \sum_{\alpha\beta} \hat{S}_{\alpha\beta} H^\alpha H^\beta + \sum_{\alpha\beta} (\hat{S}_{\alpha\beta})^2 + \sum_{\alpha\neq\beta} 2\hat{S}_{\alpha\alpha} \tilde{S}_{\beta\beta}.$$

对角化 $(\tilde{S}_{\alpha\beta})$ 使得 $\tilde{S}_{\alpha\beta} = 0$，$\alpha \neq \beta$，则有

$$K_1 = 2nK_2 + K_3, \tag{12.3}$$

此处

$$K_2 = \sum_\alpha (\hat{S}_{\alpha\alpha})(H^\alpha)^2$$

和

$$K_3 = \sum_\alpha (\hat{S}_{\alpha\alpha})^2 + \sum_{\alpha\neq\beta} 2\hat{S}_{\alpha\alpha}\hat{S}_{\beta\beta}.$$

可以推得

$$K_2 = \sum_\alpha (\hat{S}_{\alpha\alpha})(H^\alpha)^2 \leqslant \sum_\alpha (\hat{S}_{\alpha\alpha}) \sum_\beta (H^\beta)^2 \leqslant \rho H^2$$

和

$$
\begin{aligned}
K_3 &= \sum_\alpha (\hat{S}_{\alpha\alpha})^2 + \sum_{\alpha\neq\beta} 2\hat{S}_{\alpha\alpha}\hat{S}_{\beta\beta} \\
&= \sum_\alpha (\hat{S}_{\alpha\alpha})^2 + \sum_{\alpha\neq\beta} \hat{S}_{\alpha\alpha}\hat{S}_{\beta\beta} + \sum_{\alpha\neq\beta} \hat{S}_{\alpha\alpha}\hat{S}_{\beta\beta} \\
&= \left(\sum_\alpha \hat{S}_{\alpha\alpha} \right)^2 + \sum_{\alpha=1}^{p} \hat{S}_{\alpha\alpha} \left(\sum_\beta \hat{S}_{\beta\beta} - \hat{S}_{\alpha\alpha} \right) \\
&= \hat{S}^2 + \hat{S}^2 - \frac{1}{p} \cdot p \cdot \sum_{\alpha=1}^{p} \hat{S}_{\alpha\alpha}^2 \\
&\leqslant 2\hat{S}^2 - \frac{1}{p} \left[\left(\sum_\alpha \hat{S}_{\alpha\alpha} \right)^2 \right] = \left(2 - \frac{1}{p} \right) \hat{S}^2 \\
&= \left(2 - \frac{1}{p} \right) \rho^2.
\end{aligned}
$$

将 K_2 和 K_3 代入式 (12.3) 后可得

$$K_1 \leqslant 2n\rho H^2 + \left(2 - \frac{1}{p} \right) \rho^2.$$

如果等号成立，那么意味着上面推导过程中的所有等号都成立，即

$$\sum_{\alpha \neq \beta} \hat{S}_{\alpha\alpha}(H^\beta)^2 = 0,$$

$$N(\hat{A}_\alpha \hat{A}_\beta - \hat{A}_\beta \hat{A}_\alpha) = 2N(\hat{A}_\alpha)N(\hat{A}_\beta),$$

$$\hat{S}_{\alpha\alpha} = \hat{S}_{\beta\beta} = \frac{\rho}{p}, \ \forall \alpha \neq \beta.$$

如果某个矩阵 $\hat{A}_\alpha = 0$，那么其它所有的矩阵都为零，此时不等式变为等式。如果某个矩阵 $\hat{A}_\alpha \neq 0$，那么所有的矩阵都不为零，此时根据陈省身不等式的后面的结论，如果余维数大于2，那么某个矩阵 $\hat{A}_\alpha$ 必须为零，与假设矛盾，因此余维数一定为2，并且矩阵可以同时对角化为上面引理中的情形，在此种情形，平均曲率向量为零。由此，陈省身估计得证。对于李安民估计可用李安民不等式同理可证。　　□

下面的张量不等式首先是由Huisken在研究超曲面的情形时发现的，在积分估计中有重大应用，具体的证明见第6章。

引理 12.5　　Huisken估计[93]：

（1）当余维数为1时，

$$|\nabla h|^2 \geqslant \frac{3n^2}{n+2}|\nabla H|^2 \geqslant n|\nabla H|^2,$$

并且 $|\nabla h|^2 = n|\nabla H|^2$ 当且仅当 $\nabla h = 0$.

（2）当余维数大于等于2时，

$$|\nabla h|^2 \geqslant \frac{3n^2}{n+2}|\nabla \vec{H}|^2 \geqslant n|\nabla \vec{H}|^2,$$

并且 $|\nabla h|^2 = n|\nabla \vec{H}|^2$ 当且仅当 $\nabla h = 0$.

引理 12.6　　对于Willmore不变量 ρ，其协变导数分以下几种情况：

（1）当原流形为一般流形，余维数为1时，

$$\begin{aligned}
\rho_{,kl} =\ & 2h_{ij}h_{kl,ij} - 2nHH_{,kl} + 2h_{ij,k}h_{ij,l} - 2nH_{,k}H_{,l} \\
& + 2h_{ij}\bar{R}_{(n+1)ijk,l} - 2h_{ij}\bar{R}_{(n+1)kli,j} \\
& + 2h_{ij}h_{pk}\bar{R}_{ipjl} + 2h_{ij}h_{ip}\bar{R}_{kpjl} - 2Sh_{kp}h_{pl}
\end{aligned}$$

$$+ 2(h_{ij}h_{il}h_{kp}h_{pj} + h_{ij}h_{ip}h_{pj}h_{kl} - h_{ij}h_{ip}h_{pl}h_{jk}),$$

$$\Delta\rho = 2nh_{ij}H_{,ij} - 2nH\Delta H + 2|Dh|^2 - 2n|\nabla H|^2$$

$$+ 2h_{ij}\bar{R}_{(n+1)ijk,k} - 2h_{ij}\bar{R}_{(n+1)kki,j}$$

$$+ 2h_{ij}h_{kl}\bar{R}_{iljk} + 2h_{ij}h_{il}\bar{R}_{jkkl} - 2S^2 + 2nP_3H.$$

（2）当原流形为一般流形，余维数大于等于2时，

$$\rho_{,kl} = 2h_{ij}^\alpha h_{kl,ij}^\alpha - 2nH^\alpha H_{,kl}^\alpha + 2h_{ij,k}^\alpha h_{ij,l}^\alpha - 2nH_{,k}^\alpha H_{,l}^\alpha$$

$$- 2h_{ij}^\alpha \bar{R}_{ijk,l}^\alpha + 2h_{ij}^\alpha \bar{R}_{kli,j}^\alpha$$

$$+ 2h_{ij}^\alpha h_{pk}^\alpha \bar{R}_{ipjl} + 2h_{ij}^\alpha h_{ip}^\alpha \bar{R}_{kpjl} + 2h_{ik}^\alpha h_{ij}^\beta \bar{R}_{\alpha\beta jl}$$

$$+ 2(h_{ij}^\alpha h_{il}^\beta h_{kp}^\alpha h_{pj}^\beta - h_{ij}^\alpha h_{ij}^\beta h_{kp}^\alpha h_{pl}^\beta)$$

$$+ 2(h_{ij}^\alpha h_{ip}^\alpha h_{pj}^\beta h_{kl}^\beta - h_{ij}^\alpha h_{ip}^\alpha h_{pl}^\beta h_{jk}^\beta)$$

$$+ 2(h_{ij}^\alpha h_{ik}^\beta h_{jp}^\beta h_{pl}^\alpha - h_{ij}^\alpha h_{ik}^\beta h_{jp}^\alpha h_{pl}^\beta),$$

$$\Delta\rho = 2nh_{ij}^\alpha H_{,ij}^\alpha - 2nH^\alpha \Delta H^\alpha + 2|Dh|^2 - 2n|\nabla\vec{H}|^2$$

$$- 2h_{ij}^\alpha \bar{R}_{ijk,k}^\alpha + 2h_{ij}^\alpha \bar{R}_{kki,j}^\alpha$$

$$+ 2h_{ij}^\alpha h_{pk}^\alpha \bar{R}_{ipjk} + 2h_{ij}^\alpha h_{ip}^\alpha \bar{R}_{kpjk} + 2h_{ij}^\alpha h_{ik}^\beta \bar{R}_{\alpha\beta jk}$$

$$+ 2nS_{\alpha\alpha\beta}H^\beta - 2(\sum_{\alpha\neq\beta} N(A_\alpha A_\beta - A_\beta A_\alpha) + \sum_{\alpha\beta}(S_{\alpha\beta})^2)$$

$$= 2nh_{ij}^\alpha H_{,ij}^\alpha - 2nH^\alpha \Delta H^\alpha + 2|Dh|^2 - 2n|\nabla\vec{H}|^2$$

$$- 2h_{ij}^\alpha \bar{R}_{ijk,k}^\alpha + 2h_{ij}^\alpha \bar{R}_{kki,j}^\alpha$$

$$+ 2h_{ij}^\alpha h_{pk}^\alpha \bar{R}_{ipjk} + 2h_{ij}^\alpha h_{ip}^\alpha \bar{R}_{kpjk} + 2h_{ij}^\alpha h_{ik}^\beta \bar{R}_{\alpha\beta jk}$$

$$+ 2nS_{\alpha\alpha\beta}H^\beta - 2n^2H^4$$

$$- 2(\sum_{\alpha\neq\beta} N(\hat{A}_\alpha \hat{A}_\beta - \hat{A}_\beta \hat{A}_\alpha) + \sum_{\alpha\beta}(\hat{S}_{\alpha\beta})^2 + 2n\hat{S}_{\alpha\beta}H^\alpha H^\beta).$$

（3）当原流形为空间形式，余维数为1时，

$$\rho_{,kl} = 2h_{ij}h_{kl,ij} - 2nHH_{,kl} + 2h_{ij,k}h_{ij,l} - 2nH_{,k}H_{,l}$$

$$- 2ncHh_{kl} + 2c\delta_{kl}S - 2S\,h_{kp}h_{pl}$$

$$+ 2(h_{ij}h_{il}h_{kp}h_{pj} + h_{ij}h_{ip}h_{pj}h_{kl} - h_{ij}h_{ip}h_{pl}h_{jk}),$$

$$\Delta\rho = 2nh_{ij}H_{,ij} - 2nH\Delta H + 2|Dh|^2 - 2n|\nabla H|^2$$

$$+ 2nc\rho - 2S^2 + 2nHP_3.$$

（4）当原流形为空间形式，余维数大于等于2时，

$$\rho_{,kl} = 2h_{ij}^\alpha h_{kl,ij}^\alpha - 2nH^\alpha H_{,kl}^\alpha + 2h_{ij,k}^\alpha h_{ij,l}^\alpha - 2nH_{,k}^\alpha H_{,l}^\alpha$$

$$- c2nH^\alpha h_{kl}^\alpha + 2c\delta_{kl}S$$

$$+ 2(h_{ij}^\alpha h_{il}^\alpha h_{kp}^\beta h_{pj}^\beta - h_{ij}^\alpha h_{ij}^\beta h_{kp}^\alpha h_{pl}^\beta)$$

$$+ 2(h_{ij}^\alpha h_{ip}^\beta h_{pj}^\beta h_{kl}^\alpha - h_{ij}^\alpha h_{ip}^\alpha h_{pl}^\beta h_{jk}^\beta)$$

$$+ 2(h_{ij}^\alpha h_{ik}^\beta h_{jp}^\beta h_{pl}^\alpha - h_{ij}^\alpha h_{ik}^\beta h_{jp}^\alpha h_{pl}^\beta),$$

$$\Delta\rho = 2nh_{ij}^\alpha H_{,ij}^\alpha - 2nH^\alpha\Delta H^\alpha + 2|Dh|^2 - 2n|\nabla\vec{H}|^2 + 2nc\rho$$

$$+ 2nS_{\alpha\alpha\beta}H^\beta - 2\Big(\sum_{\alpha\neq\beta} N(A_\alpha A_\beta - A_\beta A_\alpha) + \sum_{\alpha\beta}(S_{\alpha\beta})^2\Big)$$

$$= 2nh_{ij}^\alpha H_{,ij}^\alpha - 2nH^\alpha\Delta H^\alpha + 2|Dh|^2 - 2n|\nabla\vec{H}|^2 + 2nc\rho$$

$$+ 2nS_{\alpha\alpha\beta}H^\beta - 2n^2H^4$$

$$- 2\Big(\sum_{\alpha\neq\beta} N(\hat{A}_\alpha\hat{A}_\beta - \hat{A}_\beta\hat{A}_\alpha) + \sum_{\alpha\beta}(\hat{S}_{\alpha\beta})^2 + 2n\hat{S}_{\alpha\beta}H^\alpha H^\beta\Big).$$

引理 12.7　对于曲率模长S，其协变导数分以下几种情况：

（1）在一般流形中，当$p = 1$时，

$$S_{,kl} = \sum_{ij} 2h_{ij}\bar{R}_{(n+1)ijk,l} - \sum_{ij} 2h_{ij}\bar{R}_{(n+1)kli,j}$$

$$+ \sum_{ij} 2h_{ij}h_{kl,ij} + \sum_{ij} 2h_{ij,k}h_{ij,l}$$

$$+ 2\Big(\sum_{ijp} h_{ij}h_{pk}\bar{R}_{ipjl} + \sum_{ijp} h_{ij}h_{ip}\bar{R}_{kpjl} - S\sum_p h_{kp}h_{pl}\Big)$$

$$+ \sum_{ijp}(h_{ij}h_{il}h_{kp}h_{pj} + h_{ij}h_{ip}h_{pj}h_{kl} - h_{ij}h_{ip}h_{pl}h_{jk})\Big),$$

$$\Delta S = \sum_{ijk} 2h_{ij}\bar{R}_{(n+1)ijk,k} - \sum_{ijk} 2h_{ij}\bar{R}_{(n+1)kki,j}$$

$$+ \sum_{ij} 2nh_{ij}H_{,ij} + 2|Dh|^2 + \sum_{ijkl} 2h_{ij}h_{kl}\bar{R}_{iljk}$$

$$+ \sum_{ijkl} 2h_{ij}h_{il}\bar{R}_{jkkl} - 2S^2 + 2nP_3H.$$

（2）在一般流形中，当 $p \geqslant 2$ 时，

$$S_{,kl} = \sum_{ij\alpha} -2h_{ij}^\alpha \bar{R}_{ijk,l}^\alpha + \sum_{ij\alpha} 2h_{ij}^\alpha \bar{R}_{kli,j}^\alpha$$

$$+ \sum_{ij\alpha} 2h_{ij}^\alpha h_{kl,ij}^\alpha + \sum_{ij\alpha} 2h_{ij,k}^\alpha h_{ij,l}^\alpha$$

$$+ 2\Big(\sum_{ijp\alpha} h_{ij}^\alpha h_{pk}^\alpha \bar{R}_{ipjl} + \sum_{ijp\alpha} h_{ij}^\alpha h_{ip}^\alpha \bar{R}_{kpjl} + \sum_{ij\alpha\beta} h_{ij}^\alpha h_{ik}^\beta \bar{R}_{\alpha\beta jl}$$

$$+ \sum_{ijp\alpha\beta} (h_{ij}^\alpha h_{il}^\beta h_{kp}^\alpha h_{pj}^\beta - h_{ij}^\alpha h_{ij}^\beta h_{kp}^\alpha h_{pl}^\beta)$$

$$+ \sum_{ijp\alpha\beta} (h_{ij}^\alpha h_{ip}^\alpha h_{pj}^\beta h_{kl}^\beta - h_{ij}^\alpha h_{ip}^\alpha h_{pl}^\beta h_{jk}^\beta)$$

$$+ \sum_{ijp\alpha\beta} (h_{ij}^\alpha h_{ik}^\beta h_{jp}^\beta h_{pl}^\alpha - h_{ij}^\alpha h_{ik}^\beta h_{jp}^\alpha h_{pl}^\beta)\Big),$$

$$\Delta S = \sum_{ijk\alpha} -2h_{ij}^\alpha \bar{R}_{ijk,k}^\alpha + \sum_{ijk\alpha} 2h_{ij}^\alpha \bar{R}_{kki,j}^\alpha + \sum_{ij\alpha} 2nh_{ij}^\alpha H_{,ij}^\alpha + 2|Dh|^2$$

$$+ 2\Big(\sum_{ijpk\alpha} h_{ij}^\alpha h_{pk}^\alpha \bar{R}_{ipjk} + \sum_{ijpk\alpha} h_{ij}^\alpha h_{ip}^\alpha \bar{R}_{kpjk} + \sum_{ijk\alpha\beta} h_{ij}^\alpha h_{ik}^\beta \bar{R}_{\alpha\beta jk}\Big)$$

$$+ \sum_{\alpha\beta} 2nS_{\alpha\beta}H^\beta - 2\sum_{\alpha\beta}(N(A_\alpha A_\beta - A_\beta A_\alpha) + (S_{\alpha\beta})^2)$$

$$= \sum_{ijk\alpha} -2h_{ij}^\alpha \bar{R}_{ijk,k}^\alpha + \sum_{ijk\alpha} 2h_{ij}^\alpha \bar{R}_{kki,j}^\alpha + \sum_{ij\alpha} 2nh_{ij}^\alpha H_{,ij}^\alpha + 2|Dh|^2$$

$$+ 2\Big(\sum_{ijpk\alpha} h_{ij}^\alpha h_{pk}^\alpha \bar{R}_{ipjk} + \sum_{ijpk\alpha} h_{ij}^\alpha h_{ip}^\alpha \bar{R}_{kpjk} + \sum_{ijk\alpha\beta} h_{ij}^\alpha h_{ik}^\beta \bar{R}_{\alpha\beta jk}\Big)$$

$$+ \sum_{\alpha\beta} 2nS_{\alpha\beta}H^\beta - 2n^2 H^4$$

$$- 2 \sum_{\alpha\beta} (N(\hat{A}_\alpha \hat{A}_\beta - \hat{A}_\beta \hat{A}_\alpha) + (\hat{S}_{\alpha\beta})^2 + 2n\hat{S}_{\alpha\beta} H^\alpha H^\beta).$$

（3）在空间形式中，当$p = 1$时，

$$S_{,kl} = \sum_{ij} 2h_{ij} h_{kl,ij} + \sum_{ij} 2h_{ij,k} h_{ij,l}$$

$$- 2cnHh_{kl} + 2c\delta_{kl}S - 2S \sum_p h_{kp} h_{pl}$$

$$+ \sum_{ijp} 2(h_{ij} h_{il} h_{kp} h_{pj} + h_{ij} h_{ip} h_{pj} h_{kl} - h_{ij} h_{ip} h_{pl} h_{jk}),$$

$$\Delta S = \sum_{ij} 2n h_{ij} H_{,ij} + 2|Dh|^2 - 2n^2 cH^2$$

$$+ 2ncS - 2S^2 + 2nHP_3.$$

（4）当在空间形式中，当$p \geqslant 2$时，

$$S_{,kl} = \sum_{ij\alpha} 2h_{ij}^\alpha h_{kl,ij}^\alpha + \sum_{ij\alpha} 2h_{ij,k}^\alpha h_{ij,l}^\alpha$$

$$+ 2\Big(\sum_\alpha -cnH^\alpha h_{kl}^\alpha + c\delta_{kl}S$$

$$+ \sum_{ijp\alpha\beta} (h_{ij}^\alpha h_{il}^\beta h_{kp}^\alpha h_{pj}^\beta - h_{ij}^\alpha h_{ij}^\beta h_{kp}^\alpha H_{pl}^\beta)$$

$$+ \sum_{ijp\alpha\beta} (h_{ij}^\alpha h_{ip}^\alpha h_{pj}^\beta h_{kl}^\beta - h_{ij}^\alpha h_{ip}^\alpha h_{pl}^\beta h_{jk}^\beta)$$

$$+ \sum_{ijp\alpha\beta} (h_{ij}^\alpha h_{ik}^\beta h_{jp}^\alpha h_{pl}^\beta - h_{ij}^\alpha h_{ik}^\beta h_{jp}^\alpha h_{pl}^\beta) \Big),$$

$$\Delta S = \sum_{ij\alpha} 2n h_{ij}^\alpha H_{,ij}^\alpha + 2|Dh|^2 + 2ncS$$

$$- 2n^2 cH^2 + \sum_{\alpha\beta} 2nS_{\alpha\alpha\beta} H^\beta$$

$$- 2 \sum_{\alpha\beta} (N(A_\alpha A_\beta - A_\beta A_\alpha) + (S_{\alpha\beta})^2)$$

$$= \sum_{ij\alpha} 2n h_{ij}^\alpha H_{,ij}^\alpha + 2|Dh|^2 + 2ncS$$

$$- 2n^2 cH^2 + \sum_{\alpha\beta} 2nS_{\alpha\alpha\beta} H^\beta - 2n^2 H^4$$

$$-2\sum_{\alpha\beta}(N(\hat{A}_\alpha\hat{A}_\beta - \hat{A}_\beta\hat{A}_\alpha) + (\hat{S}_{\alpha\beta})^2 + 2n\hat{S}_{\alpha\beta}H^\alpha H^\beta).$$

引理 12.8　对于平均曲率模长 H^2，其协变导数分以下几种情况：

（1）在一般流形中，当余维数 $p = 1$ 时，

$$(H^2)_{,ij} = 2H_{,i}H_{,j} + 2HH_{,ij},$$

$$\Delta(H^2) = 2|\nabla H|^2 + 2H\Delta(H).$$

（2）在一般流形中，当余维数 $p \geqslant 2$ 时，

$$(H^2)_{,ij} = \sum_\alpha 2H^\alpha_{,i}H^\alpha_{,j} + \sum_\alpha 2H^\alpha H^\alpha_{,ij},$$

$$\Delta(H^2) = 2|\nabla\vec{H}|^2 + \sum_\alpha 2H^\alpha\Delta(H^\alpha).$$

（3）在空间形式中，当 $p = 1$ 时，

$$(H^2)_{,ij} = 2H_{,i}H_{,j} + 2HH_{,ij},$$

$$\Delta(H^2) = 2|\nabla H|^2 + 2H\Delta(H).$$

（4）在空间形式中，当 $p \geqslant 2$ 时，

$$(H^2)_{,ij} = \sum_\alpha 2H^\alpha_{,i}H^\alpha_{,j} + \sum_\alpha 2H^\alpha H^\alpha_{,ij},$$

$$\Delta(H^2) = 2|\nabla\vec{H}|^2 + \sum_\alpha 2H^\alpha\Delta(H^\alpha).$$

为了推导出与低阶曲率泛函的临界点方程相匹配的微分表达式，下面我们选择恰当的实验函数来进行一些计算。

引理 12.9　对于函数 $F(S, H^2)$，其协变导数分以下几种情况：

（1）在一般流形中，当 $p = 1$ 时，

$$\begin{aligned}\Delta F(S, H^2) = {} & 2n\Big(h_{ij}F_1H_{,ij} + \frac{1}{n}HF_2\Delta(H)\\ & + (P_3 + h_{ij}\bar{R}_{i(n+1)(n+1)j})HF_1\\ & + \frac{1}{n}(S + \bar{R}^\top_{(n+1)(n+1)})H^2F_2 - \frac{n}{2}H^2F\Big)\end{aligned}$$

$$+ F_{11}|\nabla S|^2 + 2F_{12}\langle \nabla S, \nabla H^2\rangle + F_{22}|\nabla H^2|^2$$

$$+ 2F_1\Big(h_{ij}\bar{R}_{(n+1)ijk,k} - h_{ij}\bar{R}^{\top}_{(n+1)i,j} + h_{ij}h_{kl}\bar{R}_{iljk}$$

$$+ h_{ij}h_{il}\bar{R}^{\top}_{jl} - nh_{ij}\bar{R}^{\perp}_{ij}H \Big) - 2F_2\bar{R}^{\top}_{(n+1)(n+1)})H^2$$

$$+ 2F_1|Dh|^2 + 2F_2|\nabla H|^2 - 2F_1 S^2 - 2F_2 S H^2 + n^2 H^2 F.$$

（2）在一般流形中，当 $p \geqslant 2$ 时，

$$\Delta F(S, H^2) = 2n\Big(h^{\alpha}_{ij}F_1 H^{\alpha}_{,ij} + \frac{1}{n}H^{\alpha}F_2\Delta(H^{\alpha})$$

$$+ (S_{\alpha\beta\beta} - h^{\beta}_{ij}\bar{R}^{\beta}_{ij\alpha})H^{\alpha}F_1$$

$$+ \frac{1}{n}(S_{\alpha\beta} + \bar{R}^{\top}_{\alpha\beta})H^{\alpha}H^{\beta}F_2 - \frac{n}{2}H^2 F \Big)$$

$$+ F_{11}|\nabla S|^2 + 2F_{12}\langle \nabla S, \nabla H^2\rangle + F_{22}|\nabla H^2|^2$$

$$+ 2F_1\big(-h^{\alpha}_{ij}F_1\bar{R}^{\alpha}_{ijk,k} + h^{\alpha}_{ij}\bar{R}^{\alpha}_{kki,j} + h^{\alpha}_{ij}h^{\alpha}_{pk}\bar{R}_{ipjk}$$

$$+ h^{\alpha}_{ij}h^{\alpha}_{ip}\bar{R}_{kpjk} + h^{\alpha}_{ij}h^{\beta}_{ik}\bar{R}_{\alpha\beta jk} + nh^{\beta}_{ij}\bar{R}^{\beta}_{ij\alpha}H^{\alpha} \big)$$

$$- 2\bar{R}^{\top}_{\alpha\beta}H^{\alpha}H^{\beta}F_2 + 2F_1|Dh|^2$$

$$+ 2F_2|\nabla \vec{H}|^2 - 2F_2 S_{\alpha\beta}H^{\alpha}H^{\beta}$$

$$+ n^2 FH^2 - 2F_1\big(N(A_{\alpha}A_{\beta} - A_{\beta}A_{\alpha}) + (S_{\alpha\beta})^2 \big).$$

$$\Delta F(S, H^2) = 2n\Big(h^{\alpha}_{ij}F_1 H^{\alpha}_{,ij} + \frac{1}{n}H^{\alpha}F_2\Delta(H^{\alpha})$$

$$+ (S_{\alpha\beta\beta} - h^{\beta}_{ij}\bar{R}^{\beta}_{ij\alpha})H^{\alpha}F_1$$

$$+ \frac{1}{n}(S_{\alpha\beta} + \bar{R}^{\top}_{\alpha\beta})H^{\alpha}H^{\beta}F_2 - \frac{n}{2}H^2 F \Big)$$

$$+ F_{11}|\nabla S|^2 + 2F_{12}\langle \nabla S, \nabla H^2\rangle + F_{22}|\nabla H^2|^2$$

$$+ 2F_1\big(-h^{\alpha}_{ij}\bar{R}^{\alpha}_{ijk,k} + h^{\alpha}_{ij}\bar{R}^{\alpha}_{kki,j} + h^{\alpha}_{ij}h^{\alpha}_{pk}\bar{R}_{ipjk}$$

$$+ h^{\alpha}_{ij}h^{\alpha}_{ip}\bar{R}_{kpjk} + h^{\alpha}_{ij}h^{\beta}_{ik}\bar{R}_{\alpha\beta jk} + nh^{\beta}_{ij}\bar{R}^{\beta}_{ij\alpha}H^{\alpha} \big)$$

$$- 2\bar{R}^{\top}_{\alpha\beta}H^{\alpha}H^{\beta}F_2 + 2F_1|Dh|^2 + 2F_2|\nabla \vec{H}|^2$$

$$-2F_1n^2H^4 - 2F_2S_{\alpha\beta}H^\alpha H^\beta + n^2FH^2$$

$$-2F_1\big(N(\hat{A}_\alpha\hat{A}_\beta - \hat{A}_\beta\hat{A}_\alpha) + (\hat{S}_{\alpha\beta})^2 + 2n\hat{S}_{\alpha\beta}H^\alpha H^\beta\big).$$

（3）在空间形式中，当 $p = 1$ 时，

$$\Delta F(S, H^2) = 2n\Big(h_{ij}F_1H_{,ij} + \frac{1}{n}HF_2\Delta(H) + (P_3 + ncH)HF_1$$

$$+ \frac{1}{n}(S + nc)H^2F_2 - \frac{n}{2}H^2F\Big)$$

$$+ F_{11}|\nabla S|^2 + 2F_{12}\langle\nabla S, \nabla H^2\rangle + F_{22}|\nabla H^2|^2$$

$$+ 2F_1|Dh|^2 + 2F_2|\nabla H|^2$$

$$+ 2F_1(ncS - 2n^2cH^2 - S^2)$$

$$- 2F_2(S + nc)H^2 + n^2H^2F.$$

（4）在空间形式中，当 $p \geqslant 2$ 时，

$$\Delta F(S, H^2) = 2n\Big(h_{ij}^\alpha F_1 H_{,ij}^\alpha + \frac{1}{n}H^\alpha F_2\Delta(H^\alpha)$$

$$+ (S_{\alpha\beta\beta} + cnH^\alpha)H^\alpha F_1$$

$$+ \frac{1}{n}(S_{\alpha\beta} + nc\delta_{\alpha\beta})H^\alpha H^\beta F_2 - \frac{n}{2}H^2F\Big)$$

$$+ F_{11}|\nabla S|^2 + 2F_{12}\langle\nabla S, \nabla H^2\rangle + F_{22}|\nabla H^2|^2$$

$$+ 2F_1|Dh|^2 + 2F_2|\nabla\vec{H}|^2 + 2ncF_1(S - 2nH^2)$$

$$- 2(S_{\alpha\beta} + nc\delta_{\alpha\beta})H^\alpha H^\beta F_2 + n^2H^2F$$

$$- 2F_1(N(A_\alpha A_\beta - A_\beta A_\alpha) + (S_{\alpha\beta})^2).$$

$$\Delta F(S, H^2) = 2n\Big(h_{ij}^\alpha F_1 H_{,ij}^\alpha + \frac{1}{n}H^\alpha F_2\Delta(H^\alpha)$$

$$+ (S_{\alpha\beta\beta} + cnH^\alpha)H^\alpha F_1$$

$$+ \frac{1}{n}(S_{\alpha\beta} + nc\delta_{\alpha\beta})H^\alpha H^\beta F_2 - \frac{n}{2}H^2F\Big)$$

$$+ F_{11}|\nabla S|^2 + 2F_{12}\langle\nabla S, \nabla H^2\rangle + F_{22}|\nabla H^2|^2$$

$$+ 2F_1|Dh|^2 + 2F_2|\nabla \vec{H}|^2 + 2nF_1(cS - 2ncH^2 - nH^4)$$

$$- 2F_2(S_{\alpha\beta} + nc\delta_{\alpha\beta})H^\alpha H^\beta + n^2 FH^2$$

$$- 2F_1(N(\hat{A}_\alpha \hat{A}_\beta - \hat{A}_\beta \hat{A}_\alpha) + (\hat{S}_{\alpha\beta})^2 + 2n\hat{S}_{\alpha\beta}H^\alpha H^\beta).$$

至此，我们已经完成了抽象函数的计算，下面的任务是利用不等式进行估计。

12.2   低阶曲率泛函$LCR_{(n,F)}$临界点的估计

利用引理12.4，我们可以对上一节的抽象计算做一些估计。

定理 12.1

（1）当原流形为一般流形，余维数为1时，

$$\Delta F(S, H^2) = 2n\Big(h_{ij}F_1 H_{,ij} + \frac{1}{n}HF_2\Delta(H)$$

$$+ (P_3 + h_{ij}\bar{R}_{i(n+1)(n+1)j})HF_1$$

$$+ \frac{1}{n}(S + \bar{R}^\top_{(n+1)(n+1)})H^2 F_2 - \frac{n}{2}H^2 F \Big)$$

$$+ F_{11}|\nabla S|^2 + 2F_{12}\langle \nabla S, \nabla H^2 \rangle + F_{22}|\nabla H^2|^2$$

$$+ 2F_1\Big(h_{ij}\bar{R}_{(n+1)ijk,k} - h_{ij}\bar{R}^\top_{(n+1)i,j} + h_{ij}h_{kl}\bar{R}_{iljk}$$

$$+ h_{ij}h_{il}\bar{R}^\top_{jl} - nh_{ij}\bar{R}^\perp_{ij}H \Big) - 2F_2\bar{R}^\top_{(n+1)(n+1)})H^2$$

$$+ 2F_1|Dh|^2 + 2F_2|\nabla H|^2$$

$$- 2F_1 S^2 - 2F_2 SH^2 + n^2 H^2 F.$$

（2）当原流形为一般流形，余维数大于等于2时，

$$\Delta F(S, H^2) = 2n\Big(h^\alpha_{ij}F_1 H^\alpha_{,ij} + \frac{1}{n}H^\alpha F_2\Delta(H^\alpha)$$

$$+ (S_{\alpha\beta\beta} - h^\beta_{ij}\bar{R}^\beta_{ij\alpha})H^\alpha F_1$$

$$+ \frac{1}{n}(S_{\alpha\beta} + \bar{R}_{\alpha\beta}^{\top})H^{\alpha}H^{\beta}F_2 - \frac{n}{2}H^2F\Big)$$

$$+ F_{11}|\nabla S|^2 + 2F_{12}\langle \nabla S, \nabla H^2\rangle + F_{22}|\nabla H^2|^2$$

$$+ 2F_1\Big(- h_{ij}^{\alpha}F_1\bar{R}_{ijk,k}^{\alpha} + h_{ij}^{\alpha}\bar{R}_{kki,j}^{\alpha} + h_{ij}^{\alpha}h_{pk}^{\alpha}\bar{R}_{ipjk}$$

$$+ h_{ij}^{\alpha}h_{ip}^{\alpha}\bar{R}_{kpjk} + h_{ij}^{\alpha}h_{ik}^{\beta}\bar{R}_{\alpha\beta jk} + nh_{ij}^{\beta}\bar{R}_{ij\alpha}^{\beta}H^{\alpha}\Big)$$

$$- 2\bar{R}_{\alpha\beta}^{\top}H^{\alpha}H^{\beta}F_2 + 2F_1|Dh|^2$$

$$+ 2F_2|\nabla\vec{H}|^2 - 2F_2S_{\alpha\beta}H^{\alpha}H^{\beta}$$

$$+ n^2FH^2 - 2F_1\big(N(A_{\alpha}A_{\beta} - A_{\beta}A_{\alpha}) + (S_{\alpha\beta})^2 \big).$$

$$\Delta F(S, H^2) = 2n\Big(h_{ij}^{\alpha}F_1H_{,ij}^{\alpha} + \frac{1}{n}H^{\alpha}F_2\Delta(H^{\alpha})$$

$$+ (S_{\alpha\beta\beta} - h_{ij}^{\beta}\bar{R}_{ij\alpha}^{\beta})H^{\alpha}F_1$$

$$+ \frac{1}{n}(S_{\alpha\beta} + \bar{R}_{\alpha\beta}^{\top})H^{\alpha}H^{\beta}F_2 - \frac{n}{2}H^2F\Big)$$

$$+ F_{11}|\nabla S|^2 + 2F_{12}\langle \nabla S, \nabla H^2\rangle + F_{22}|\nabla H^2|^2$$

$$+ 2F_1\Big(- h_{ij}^{\alpha}\bar{R}_{ijk,k}^{\alpha} + h_{ij}^{\alpha}\bar{R}_{kki,j}^{\alpha} + h_{ij}^{\alpha}h_{pk}^{\alpha}\bar{R}_{ipjk}$$

$$+ h_{ij}^{\alpha}h_{ip}^{\alpha}\bar{R}_{kpjk} + h_{ij}^{\alpha}h_{ik}^{\beta}\bar{R}_{\alpha\beta jk} + nh_{ij}^{\beta}\bar{R}_{ij\alpha}^{\beta}H^{\alpha}\Big)$$

$$- 2\bar{R}_{\alpha\beta}^{\top}H^{\alpha}H^{\beta}F_2 + 2F_1|Dh|^2 + 2F_2|\nabla\vec{H}|^2$$

$$- 2F_1n^2H^4 - 2F_2S_{\alpha\beta}H^{\alpha}H^{\beta} + n^2FH^2$$

$$- 2F_1\big(N(\hat{A}_{\alpha}\hat{A}_{\beta} - \hat{A}_{\beta}\hat{A}_{\alpha}) + (\hat{S}_{\alpha\beta})^2 + 2n\hat{S}_{\alpha\beta}H^{\alpha}H^{\beta} \big).$$

（3）当原流形为一般流形，余维数大于等于2，$F_1 \geqslant 0$时，陈省身类型估计I为

$$\Delta F(S, H^2) \geqslant 2n\Big(h_{ij}^{\alpha}F_1H_{,ij}^{\alpha} + \frac{1}{n}H^{\alpha}F_2\Delta(H^{\alpha})$$

$$+ (S_{\alpha\beta\beta} - h_{ij}^{\beta}\bar{R}_{ij\alpha}^{\beta})H^{\alpha}F_1$$

$$+ \frac{1}{n}(S_{\alpha\beta} + \bar{R}_{\alpha\beta}^{\top})H^{\alpha}H^{\beta}F_2 - \frac{n}{2}H^2F\Big)$$

$$+ F_{11}|\nabla S|^2 + 2F_{12}\langle \nabla S, \nabla H^2 \rangle + F_{22}|\nabla H^2|^2$$

$$+ 2F_1\big(-h_{ij}^\alpha \bar{R}_{ijk,k}^\alpha + h_{ij}^\alpha \bar{R}_{kki,j}^\alpha + h_{ij}^\alpha h_{pk}^\alpha \bar{R}_{ipjk}$$

$$+ h_{ij}^\alpha h_{ip}^\alpha \bar{R}_{kpjk} + h_{ij}^\alpha h_{ik}^\beta \bar{R}_{\alpha\beta jk} + nh_{ij}^\beta \bar{R}_{ij\alpha}^\beta H^\alpha \big)$$

$$- 2\bar{R}_{\alpha\beta}^\top H^\alpha H^\beta F_2 + 2F_1|Dh|^2 + 2F_2|\nabla \vec{H}|^2$$

$$- 2F_2 S_{\alpha\beta} H^\alpha H^\beta + n^2 F H^2$$

$$- 2F_1\Big(\frac{2}{2-p^{-1}} S^2 \Big).$$

又当 $S \equiv S_0 > 0$ 且 $F_1 > 0$ 时，等式成立当且仅当：余维数为 2，矩阵 $A_{n+1} \neq 0$, $A_{n+2} \neq 0$, $S_{(n+1)(n+1)} = S_{(n+2)(n+2)} = \frac{S_0}{2}$, $\vec{H} = 0$，并且 A_{n+1}, A_{n+2} 为式 (12.1) 的形式。

（4）当原流形为一般流形，余维数大于等于 2，$F_1 \geqslant 0$ 时，陈省身类型估计 II 为

$$\Delta F(S, H^2) \geqslant 2n\Big(h_{ij}^\alpha F_1 H_{,ij}^\alpha + \frac{1}{n} H^\alpha F_2 \Delta(H^\alpha)$$

$$+ (S_{\alpha\beta\beta} - h_{ij}^\beta \bar{R}_{ij\alpha}^\beta) H^\alpha F_1$$

$$+ \frac{1}{n}(S_{\alpha\beta} + \bar{R}_{\alpha\beta}^\top) H^\alpha H^\beta F_2 - \frac{n}{2} H^2 F \Big)$$

$$+ F_{11}|\nabla S|^2 + 2F_{12}\langle \nabla S, \nabla H^2 \rangle + F_{22}|\nabla H^2|^2$$

$$+ 2F_1\big(-h_{ij}^\alpha \bar{R}_{ijk,k}^\alpha + h_{ij}^\alpha \bar{R}_{kki,j}^\alpha + h_{ij}^\alpha h_{pk}^\alpha \bar{R}_{ipjk}$$

$$+ h_{ij}^\alpha h_{ip}^\alpha \bar{R}_{kpjk} + h_{ij}^\alpha h_{ik}^\beta \bar{R}_{\alpha\beta jk} + nh_{ij}^\beta \bar{R}_{ij\alpha}^\beta H^\alpha \big)$$

$$- 2\bar{R}_{\alpha\beta}^\top H^\alpha H^\beta F_2 + 2F_1|Dh|^2 + 2F_2|\nabla \vec{H}|^2$$

$$- 2F_1 n^2 H^4 - 2F_2 S_{\alpha\beta} H^\alpha H^\beta + n^2 F H^2$$

$$- 2F_1\Big(2n\rho H^2 + \frac{2}{2-p^{-1}} \rho^2 \Big).$$

又当 $\rho \equiv \rho_0 > 0$ 且 $F_1 > 0$ 时，等式成立当且仅当：余维数为 2，矩阵 $\hat{A}_{n+1} \neq 0$, $\hat{A}_{n+2} \neq 0$, $\hat{S}_{(n+1)(n+1)} = \hat{S}_{(n+2)(n+2)} = \frac{\rho_0}{2}$, $\vec{H} = 0$，并且 A_{n+1}, A_{n+2} 为

式(12.1)的形式。

（5）当原流形为一般流形，余维数大于等于2，$F_1 \leqslant 0$时，陈省身类型估计I为

$$\Delta F(S, H^2) \leqslant 2n\Big(h_{ij}^\alpha F_1 H_{,ij}^\alpha + \frac{1}{n} H^\alpha F_2 \Delta(H^\alpha)$$

$$+ (S_{\alpha\beta\beta} - h_{ij}^\beta \bar{R}_{ij\alpha}^\beta) H^\alpha F_1$$

$$+ \frac{1}{n}(S_{\alpha\beta} + \bar{R}_{\alpha\beta}^\top) H^\alpha H^\beta F_2 - \frac{n}{2} H^2 F \Big)$$

$$+ F_{11}|\nabla S|^2 + 2F_{12}\langle \nabla S, \nabla H^2 \rangle + F_{22}|\nabla H^2|^2$$

$$+ 2F_1\big(- h_{ij}^\alpha \bar{R}_{ijk,k}^\alpha + h_{ij}^\alpha \bar{R}_{kki,j}^\alpha + h_{ij}^\alpha h_{pk}^\alpha \bar{R}_{ipjk}$$

$$+ h_{ij}^\alpha h_{ip}^\alpha \bar{R}_{kpjk} + h_{ij}^\alpha h_{ik}^\beta \bar{R}_{\alpha\beta jk} + n h_{ij}^\beta \bar{R}_{ij\alpha}^\beta H^\alpha \big)$$

$$- 2\bar{R}_{\alpha\beta}^\top H^\alpha H^\beta F_2 + 2F_1|Dh|^2 + 2F_2|\nabla \vec{H}|^2$$

$$- 2F_2 S_{\alpha\beta} H^\alpha H^\beta + n^2 F H^2$$

$$- 2F_1\Big(\frac{2}{2 - p^{-1}} S^2 \Big).$$

又当$S \equiv S_0 > 0$且$F_1 < 0$时，等式成立当且仅当：余维数为2，矩阵$A_{n+1} \neq 0$, $A_{n+2} \neq 0$, $S_{(n+1)(n+1)} = S_{(n+2)(n+2)} = \frac{S_0}{2}$, $\vec{H} = 0$，并且A_{n+1}, A_{n+2}为式(12.1)的形式。

（6）当原流形为一般流形，余维数大于等于2，$F_1 \leqslant 0$时，陈省身类型估计II为

$$\Delta F(S, H^2) \leqslant 2n\Big(h_{ij}^\alpha F_1 H_{,ij}^\alpha + \frac{1}{n} H^\alpha F_2 \Delta(H^\alpha)$$

$$+ (S_{\alpha\beta\beta} - h_{ij}^\beta \bar{R}_{ij\alpha}^\beta) H^\alpha F_1$$

$$+ \frac{1}{n}(S_{\alpha\beta} + \bar{R}_{\alpha\beta}^\top) H^\alpha H^\beta F_2 - \frac{n}{2} H^2 F \Big)$$

$$+ F_{11}|\nabla S|^2 + 2F_{12}\langle \nabla S, \nabla H^2 \rangle + F_{22}|\nabla H^2|^2$$

$$+ 2F_1\big(- h_{ij}^\alpha \bar{R}_{ijk,k}^\alpha + h_{ij}^\alpha \bar{R}_{kki,j}^\alpha + h_{ij}^\alpha h_{pk}^\alpha \bar{R}_{ipjk}$$

$$+ h_{ij}^\alpha h_{ip}^\alpha \bar{R}_{kpjk} + h_{ij}^\alpha h_{ik}^\beta \bar{R}_{\alpha\beta jk} + n h_{ij}^\beta \bar{R}_{ij\alpha}^\beta H^\alpha)$$

$$- 2\bar{R}_{\alpha\beta}^\top H^\alpha H^\beta F_2 + 2F_1|Dh|^2 + 2F_2|\nabla\vec{H}|^2$$

$$- 2F_1 n^2 H^4 - 2F_2 S_{\alpha\beta} H^\alpha H^\beta + n^2 F H^2$$

$$- 2F_1\left(2n\rho H^2 + \frac{2}{2 - p^{-1}}\rho^2 \right).$$

又当 $\rho \equiv \rho_0 > 0$ 且 $F_1 < 0$ 时，等式成立当且仅当：余维数为2，矩阵 $\hat{A}_{n+1} \neq 0$, $\hat{A}_{n+2} \neq 0$, $\hat{S}_{(n+1)(n+1)} = \hat{S}_{(n+2)(n+2)} = \frac{\rho_0}{2}$, $\vec{H} = 0$, 并且 A_{n+1}, A_{n+2} 为式(12.1)的形式。

（7）当原流形为一般流形，余维数大于等于2，$F_1 \geqslant 0$ 时，李安民类型估计I为

$$\Delta F(S, H^2) \geqslant 2n\Big(h_{ij}^\alpha F_1 H_{,ij}^\alpha + \frac{1}{n} H^\alpha F_2 \Delta(H^\alpha)$$

$$+ (S_{\alpha\beta\beta} - h_{ij}^\beta \bar{R}_{ij\alpha}^\beta) H^\alpha F_1$$

$$+ \frac{1}{n}(S_{\alpha\beta} + \bar{R}_{\alpha\beta}^\top) H^\alpha H^\beta F_2 - \frac{n}{2} H^2 F \Big)$$

$$+ F_{11}|\nabla S|^2 + 2F_{12}\langle\nabla S, \nabla H^2\rangle + F_{22}|\nabla H^2|^2$$

$$+ 2F_1\Big(- h_{ij}^\alpha \bar{R}_{ijk,k}^\alpha + h_{ij}^\alpha \bar{R}_{kki,j}^\alpha + h_{ij}^\alpha h_{pk}^\alpha \bar{R}_{ipjk}$$

$$+ h_{ij}^\alpha h_{ip}^\alpha \bar{R}_{kpjk} + h_{ij}^\alpha h_{ik}^\beta \bar{R}_{\alpha\beta jk} + n h_{ij}^\beta \bar{R}_{ij\alpha}^\beta H^\alpha \Big)$$

$$- 2\bar{R}_{\alpha\beta}^\top H^\alpha H^\beta F_2 + 2F_1|Dh|^2 + 2F_2|\nabla\vec{H}|^2$$

$$- 2F_2 S_{\alpha\beta} H^\alpha H^\beta + n^2 F H^2$$

$$- 2F_1\left(\frac{3}{2} S^2 \right).$$

又当 $S \equiv S_0 > 0$ 且 $F_1 > 0$ 时，等式成立当且仅当：矩阵 $A_{n+1} \neq 0$, $A_{n+2} \neq 0$, $\hat{A}_{n+3} = \cdots = \hat{A}_{n+p} = 0$, $\vec{H} = 0$, 并且 A_{n+1}, A_{n+2} 为式(12.2)的形式。

（8）当原流形为一般流形，余维数大于等于2，$F_1 \geqslant 0$ 时，李安民类型估计Ⅱ为

$$\Delta F(S, H^2) \geqslant 2n\Big(h_{ij}^\alpha F_1 H_{,ij}^\alpha + \frac{1}{n} H^\alpha F_2 \Delta(H^\alpha)$$

$$+ (S_{\alpha\beta\beta} - h_{ij}^{\beta}\bar{R}_{ij\alpha}^{\beta})H^{\alpha}F_1$$

$$+ \frac{1}{n}(S_{\alpha\beta} + \bar{R}_{\alpha\beta}^{\top})H^{\alpha}H^{\beta}F_2 - \frac{n}{2}H^2F \Big)$$

$$+ F_{11}|\nabla S|^2 + 2F_{12}\langle\nabla S, \nabla H^2\rangle + F_{22}|\nabla H^2|^2$$

$$+ 2F_1\big(-h_{ij}^{\alpha}\bar{R}_{ijk,k}^{\alpha} + h_{ij}^{\alpha}\bar{R}_{kki,j}^{\alpha} + h_{ij}^{\alpha}h_{pk}^{\alpha}\bar{R}_{ipjk}$$

$$+ h_{ij}^{\alpha}h_{ip}^{\alpha}\bar{R}_{kpjk} + h_{ij}^{\alpha}h_{ik}^{\beta}\bar{R}_{\alpha\beta jk} + nh_{ij}^{\beta}\bar{R}_{ij\alpha}^{\beta}H^{\alpha} \big)$$

$$- 2\bar{R}_{\alpha\beta}^{\top}H^{\alpha}H^{\beta}F_2 + 2F_1|Dh|^2 + 2F_2|\nabla\vec{H}|^2$$

$$- 2F_1n^2H^4 - 2F_2S_{\alpha\beta}H^{\alpha}H^{\beta} + n^2FH^2$$

$$- 2F_1\big(2n\rho H^2 + \frac{3}{2}\rho^2 \big).$$

又当 $\rho \equiv \rho_0 > 0$ 且 $F_1 > 0$ 时，等式成立当且仅当：矩阵 $\hat{A}_{n+1} \neq 0$，$\hat{A}_{n+2} \neq 0$，$\hat{A}_{n+3} = \cdots = \hat{A}_{n+p} = 0$，$\vec{H} = 0$，并且 A_{n+1}, A_{n+2} 为式(12.2)的形式。

（9）当原流形为一般流形，余维数大于等于2，$F_1 \leqslant 0$ 时，李安民类型估计I为

$$\Delta F(S, H^2) \leqslant 2n\Big(h_{ij}^{\alpha}F_1H_{,ij}^{\alpha} + \frac{1}{n}H^{\alpha}F_2\Delta(H^{\alpha})$$

$$+ (S_{\alpha\beta\beta} - h_{ij}^{\beta}\bar{R}_{ij\alpha}^{\beta})H^{\alpha}F_1$$

$$+ \frac{1}{n}(S_{\alpha\beta} + \bar{R}_{\alpha\beta}^{\top})H^{\alpha}H^{\beta}F_2 - \frac{n}{2}H^2F \Big)$$

$$+ F_{11}|\nabla S|^2 + 2F_{12}\langle\nabla S, \nabla H^2\rangle + F_{22}|\nabla H^2|^2$$

$$+ 2F_1\big(-h_{ij}^{\alpha}\bar{R}_{ijk,k}^{\alpha} + h_{ij}^{\alpha}\bar{R}_{kki,j}^{\alpha} + h_{ij}^{\alpha}h_{pk}^{\alpha}\bar{R}_{ipjk}$$

$$+ h_{ij}^{\alpha}h_{ip}^{\alpha}\bar{R}_{kpjk} + h_{ij}^{\alpha}h_{ik}^{\beta}\bar{R}_{\alpha\beta jk} + nh_{ij}^{\beta}\bar{R}_{ij\alpha}^{\beta}H^{\alpha} \big)$$

$$- 2\bar{R}_{\alpha\beta}^{\top}H^{\alpha}H^{\beta}F_2 + 2F_1|Dh|^2 + 2F_2|\nabla\vec{H}|^2$$

$$- 2F_2S_{\alpha\beta}H^{\alpha}H^{\beta} + n^2FH^2$$

$$- 2F_1\big(\frac{3}{2}S^2 \big).$$

又当 $S \equiv S_0 > 0$ 且 $F_1 < 0$ 时，等式成立当且仅当：矩阵 $A_{n+1} \neq 0$，$A_{n+2} \neq 0$，$\hat{A}_{n+3} = \cdots = \hat{A}_{n+p} = 0$，$\vec{H} = 0$，并且 A_{n+1}，A_{n+2} 为式(12.2)的形式。

（10）当原流形为一般流形，余维数大于等于2，$F_1 \leqslant 0$ 时，李安民类型估计 II 为

$$
\begin{aligned}
\Delta F(S, H^2) \leqslant 2n\Big(& h_{ij}^{\alpha} F_1 H_{,ij}^{\alpha} + \frac{1}{n} H^{\alpha} F_2 \Delta(H^{\alpha}) \\
& + (S_{\alpha\beta\beta} - h_{ij}^{\beta} \bar{R}_{ij\alpha}^{\beta}) H^{\alpha} F_1 \\
& + \frac{1}{n}(S_{\alpha\beta} + \bar{R}_{\alpha\beta}^{\top}) H^{\alpha} H^{\beta} F_2 - \frac{n}{2} H^2 F \Big) \\
& + F_{11} |\nabla S|^2 + 2F_{12} \langle \nabla S, \nabla H^2 \rangle + F_{22} |\nabla H^2|^2 \\
& + 2F_1\big(-h_{ij}^{\alpha} \bar{R}_{ijk,k}^{\alpha} + h_{ij}^{\alpha} \bar{R}_{kki,j}^{\alpha} + h_{ij}^{\alpha} h_{pk}^{\alpha} \bar{R}_{ipjk} \\
& + h_{ij}^{\alpha} h_{ip}^{\alpha} \bar{R}_{kpjk} + h_{ij}^{\alpha} h_{ik}^{\beta} \bar{R}_{\alpha\beta jk} + n h_{ij}^{\beta} \bar{R}_{ij\alpha}^{\beta} H^{\alpha} \big) \\
& - 2\bar{R}_{\alpha\beta}^{\top} H^{\alpha} H^{\beta} F_2 + 2F_1 |Dh|^2 + 2F_2 |\nabla \vec{H}|^2 \\
& - 2F_1 n^2 H^4 - 2F_2 S_{\alpha\beta} H^{\alpha} H^{\beta} + n^2 F H^2 \\
& - 2F_1\Big(2n\rho H^2 + \frac{3}{2}\rho^2 \Big).
\end{aligned}
$$

又当 $\rho \equiv \rho_0 > 0$ 且 $F_1 < 0$ 时，等式成立当且仅当：矩阵 $\hat{A}_{n+1} \neq 0$，$\hat{A}_{n+2} \neq 0$，$\hat{A}_{n+3} = \cdots = \hat{A}_{n+p} = 0$，$\vec{H} = 0$，并且 A_{n+1}，A_{n+2} 为式(12.2)的形式。

（11）当原流形为空间形式，余维数为1时，

$$
\begin{aligned}
\Delta F(S, H^2) = 2n\Big(& h_{ij} F_1 H_{,ij} + \frac{1}{n} H F_2 \Delta(H) + (P_3 + ncH) H F_1 \\
& + \frac{1}{n}(S + nc) H^2 F_2 - \frac{n}{2} H^2 F \Big) \\
& + F_{11} |\nabla S|^2 + 2F_{12} \langle \nabla S, \nabla H^2 \rangle + F_{22} |\nabla H^2|^2 + 2F_1 |Dh|^2 \\
& + 2F_2 |\nabla H|^2 + 2F_1(ncS - 2n^2 cH^2 - S^2) \\
& - 2F_2(S + nc) H^2 + n^2 H^2 F.
\end{aligned}
$$

（12）当原流形为空间形式，余维数大于等于2时，

$$\Delta F(S, H^2) = 2n\Big(h_{ij}^{\alpha} F_1 H_{,ij}^{\alpha} + \frac{1}{n} H^{\alpha} F_2 \Delta(H^{\alpha}) + (S_{\alpha\beta\beta} + cnH^{\alpha})H^{\alpha} F_1$$

$$+ \frac{1}{n}(S_{\alpha\beta} + nc\delta_{\alpha\beta})H^{\alpha} H^{\beta} F_2 - \frac{n}{2}H^2 F \Big)$$

$$+ F_{11}|\nabla S|^2 + 2F_{12}\langle\nabla S, \nabla H^2\rangle + F_{22}|\nabla H^2|^2$$

$$+ 2F_1|Dh|^2 + 2F_2|\nabla\vec{H}|^2 + 2ncF_1(S - 2nH^2)$$

$$- 2(S_{\alpha\beta} + nc\delta_{\alpha\beta})H^{\alpha} H^{\beta} F_2 + n^2 H^2 F$$

$$- 2F_1(N(A_{\alpha}A_{\beta} - A_{\beta}A_{\alpha}) + (S_{\alpha\beta})^2).$$

$$\Delta F(S, H^2) = 2n\Big(h_{ij}^{\alpha} F_1 H_{,ij}^{\alpha} + \frac{1}{n} H^{\alpha} F_2 \Delta(H^{\alpha}) + (S_{\alpha\beta\beta} + cnH^{\alpha})H^{\alpha} F_1$$

$$+ \frac{1}{n}(S_{\alpha\beta} + nc\delta_{\alpha\beta})H^{\alpha} H^{\beta} F_2 - \frac{n}{2}H^2 F \Big)$$

$$+ F_{11}|\nabla S|^2 + 2F_{12}\langle\nabla S, \nabla H^2\rangle + F_{22}|\nabla H^2|^2$$

$$+ 2F_1|Dh|^2 + 2F_2|\nabla\vec{H}|^2 + 2nF_1(cS - 2ncH^2 - nH^4)$$

$$- 2F_2(S_{\alpha\beta} + nc\delta_{\alpha\beta})H^{\alpha} H^{\beta} + n^2 F H^2$$

$$- 2F_1\big(N(\hat{A}_{\alpha}\hat{A}_{\beta} - \hat{A}_{\beta}\hat{A}_{\alpha}) + (\hat{S}_{\alpha\beta})^2 + 2n\hat{S}_{\alpha\beta}H^{\alpha} H^{\beta} \big).$$

（13）当原流形为空间形式，余维数大于等于2，$F_1 \geqslant 0$时，陈省身类型估计I为

$$\Delta F(S, H^2) \geqslant 2n\Big(h_{ij}^{\alpha} F_1 H_{,ij}^{\alpha} + \frac{1}{n} H^{\alpha} F_2 \Delta(H^{\alpha}) + (S_{\alpha\beta\beta} + cnH^{\alpha})H^{\alpha} F_1$$

$$+ \frac{1}{n}(S_{\alpha\beta} + nc\delta_{\alpha\beta})H^{\alpha} H^{\beta} F_2 - \frac{n}{2}H^2 F \Big)$$

$$+ F_{11}|\nabla S|^2 + 2F_{12}\langle\nabla S, \nabla H^2\rangle + F_{22}|\nabla H^2|^2$$

$$+ 2F_1|Dh|^2 + 2F_2|\nabla\vec{H}|^2 + 2ncF_1(S - 2nH^2)$$

$$- 2(S_{\alpha\beta} + nc\delta_{\alpha\beta})H^{\alpha} H^{\beta} F_2 + n^2 H^2 F$$

$$- 2F_1\left(\frac{2}{2-p^{-1}}S^2\right).$$

又当$S \equiv S_0 > 0$且$F_1 > 0$时，等式成立当且仅当：余维数为2，矩阵$A_{n+1} \neq 0$，$A_{n+2} \neq 0$，$S_{(n+1)(n+1)} = S_{(n+2)(n+2)} = \frac{s_0}{2}$，$\vec{H} = 0$，并且$A_{n+1}, A_{n+2}$为式(12.1)的形式。

（14）当原流形为空间形式，余维数大于等于2，$F_1 \geqslant 0$时，陈省身类型估计Ⅱ为

$$\Delta F(S, H^2) \geqslant 2n\Big(h_{ij}^\alpha F_1 H_{,ij}^\alpha + \frac{1}{n}H^\alpha F_2 \Delta(H^\alpha) + (S_{\alpha\beta\beta} + cnH^\alpha)H^\alpha F_1$$

$$+ \frac{1}{n}(S_{\alpha\beta} + nc\delta_{\alpha\beta})H^\alpha H^\beta F_2 - \frac{n}{2}H^2 F\Big)$$

$$+ F_{11}|\nabla S|^2 + 2F_{12}\langle \nabla S, \nabla H^2\rangle + F_{22}|\nabla H^2|^2$$

$$+ 2F_1|Dh|^2 + 2F_2|\nabla\vec{H}|^2 + 2nF_1(cS - 2ncH^2 - nH^4)$$

$$- 2F_2(S_{\alpha\beta} + nc\delta_{\alpha\beta})H^\alpha H^\beta + n^2 FH^2$$

$$- 2F_1\Big(2n\rho H^2 + \frac{2}{2-p^{-1}}\rho^2\Big).$$

又当$\rho \equiv \rho_0 > 0$且$F_1 > 0$时，等式成立当且仅当：余维数为2，矩阵$\hat{A}_{n+1} \neq 0$，$\hat{A}_{n+2} \neq 0$，$\hat{S}_{(n+1)(n+1)} = \hat{S}_{(n+2)(n+2)} = \frac{\rho_0}{2}$，$\vec{H} = 0$，并且$A_{n+1}, A_{n+2}$为式(12.1)的形式。

（15）当原流形为空间形式，余维数大于等于2，$F_1 \leqslant 0$时，陈省身类型估计I为

$$\Delta F(S, H^2) \leqslant 2n\Big(h_{ij}^\alpha F_1 H_{,ij}^\alpha + \frac{1}{n}H^\alpha F_2 \Delta(H^\alpha) + (S_{\alpha\beta\beta} + cnH^\alpha)H^\alpha F_1$$

$$+ \frac{1}{n}(S_{\alpha\beta} + nc\delta_{\alpha\beta})H^\alpha H^\beta F_2 - \frac{n}{2}H^2 F\Big)$$

$$+ F_{11}|\nabla S|^2 + 2F_{12}\langle \nabla S, \nabla H^2\rangle + F_{22}|\nabla H^2|^2$$

$$+ 2F_1|Dh|^2 + 2F_2|\nabla\vec{H}|^2 + 2ncF_1(S - 2nH^2)$$

$$- 2(S_{\alpha\beta} + nc\delta_{\alpha\beta})H^\alpha H^\beta F_2 + n^2 H^2 F$$

$$- 2F_1\Big(\frac{2}{2 - p^{-1}}S^2 \Big).$$

又当 $S \equiv S_0 > 0$ 且 $F_1 < 0$ 时，等式成立当且仅当：余维数为2，矩阵 $A_{n+1} \neq 0$，$A_{n+2} \neq 0$，$S_{(n+1)(n+1)} = S_{(n+2)(n+2)} = \frac{S_0}{2}$，$\vec{H} = 0$，并且 A_{n+1}, A_{n+2} 为式(12.1)的形式。

（16）当原流形为空间形式，余维数大于等于2，$F_1 \leqslant 0$ 时，陈省身类型估计II为

$$\Delta F(S, H^2) \leqslant 2n\Big(h_{ij}^\alpha F_1 H_{,ij}^\alpha + \frac{1}{n}H^\alpha F_2 \Delta(H^\alpha) + (S_{\alpha\beta\beta} + cnH^\alpha)H^\alpha F_1$$
$$+ \frac{1}{n}(S_{\alpha\beta} + nc\delta_{\alpha\beta})H^\alpha H^\beta F_2 - \frac{n}{2}H^2 F \Big)$$
$$+ F_{11}|\nabla S|^2 + 2F_{12}\langle \nabla S, \nabla H^2 \rangle + F_{22}|\nabla H^2|^2$$
$$+ 2F_1|Dh|^2 + 2F_2|\nabla \vec{H}|^2 + 2nF_1(cS - 2ncH^2 - nH^4)$$
$$- 2F_2(S_{\alpha\beta} + nc\delta_{\alpha\beta})H^\alpha H^\beta + n^2 F H^2$$
$$- 2F_1\Big(2n\rho H^2 + \frac{2}{2 - p^{-1}}\rho^2 \Big).$$

又当 $\rho \equiv \rho_0 > 0$ 且 $F_1 < 0$ 时，等式成立当且仅当：余维数为2，矩阵 $\hat{A}_{n+1} \neq 0$，$\hat{A}_{n+2} \neq 0$，$\hat{S}_{(n+1)(n+1)} = \hat{S}_{(n+2)(n+2)} = \frac{\rho_0}{2}$，$\vec{H} = 0$，并且 A_{n+1}, A_{n+2} 为式(12.1)的形式。

（17）当原流形为空间形式，余维数大于等于2，$F_1 \geqslant 0$ 时，李安民类型估计I为

$$\Delta F(S, H^2) \geqslant 2n\Big(h_{ij}^\alpha F_1 H_{,ij}^\alpha + \frac{1}{n}H^\alpha F_2 \Delta(H^\alpha) + (S_{\alpha\beta\beta} + cnH^\alpha)H^\alpha F_1$$
$$+ \frac{1}{n}(S_{\alpha\beta} + nc\delta_{\alpha\beta})H^\alpha H^\beta F_2 - \frac{n}{2}H^2 F \Big)$$
$$+ F_{11}|\nabla S|^2 + 2F_{12}\langle \nabla S, \nabla H^2 \rangle + F_{22}|\nabla H^2|^2$$
$$+ 2F_1|Dh|^2 + 2F_2|\nabla \vec{H}|^2 + 2ncF_1(S - 2nH^2)$$
$$- 2(S_{\alpha\beta} + nc\delta_{\alpha\beta})H^\alpha H^\beta F_2 + n^2 H^2 F$$

$$-2F_1\left(\frac{3}{2}S^2\right).$$

又当 $S \equiv S_0 > 0$ 且 $F_1 > 0$ 时，等式成立当且仅当：矩阵 $A_{n+1} \neq 0$，$A_{n+2} \neq 0$，$\hat{A}_{n+3} = \cdots = \hat{A}_{n+p} = 0$，$\vec{H} = 0$，并且 A_{n+1}，A_{n+2} 为式 (12.2) 的形式。

（18）当原流形为空间形式，余维数大于等于 2，$F_1 \geqslant 0$ 时，李安民类型估计 II 为

$$\Delta F(S, H^2) \geqslant 2n\left(h_{ij}^\alpha F_1 H_{,ij}^\alpha + \frac{1}{n} H^\alpha F_2 \Delta(H^\alpha) + (S_{\alpha\beta\beta} + cnH^\alpha)H^\alpha F_1 \right.$$

$$\left. + \frac{1}{n}(S_{\alpha\beta} + nc\delta_{\alpha\beta})H^\alpha H^\beta F_2 - \frac{n}{2}H^2 F \right)$$

$$+ F_{11}|\nabla S|^2 + 2F_{12}\langle \nabla S, \nabla H^2 \rangle + F_{22}|\nabla H^2|^2$$

$$+ 2F_1|Dh|^2 + 2F_2|\nabla \vec{H}|^2 + 2nF_1(cS - 2ncH^2 - nH^4)$$

$$- 2F_2(S_{\alpha\beta} + nc\delta_{\alpha\beta})H^\alpha H^\beta + n^2 F H^2$$

$$- 2F_1\left(2n\rho H^2 + \frac{3}{2}\rho^2\right).$$

又当 $\rho \equiv \rho_0 > 0$ 且 $F_1 > 0$ 时，等式成立当且仅当：矩阵 $\hat{A}_{n+1} \neq 0$，$\hat{A}_{n+2} \neq 0$，$\hat{A}_{n+3} = \cdots = \hat{A}_{n+p} = 0$，$\vec{H} = 0$，并且 A_{n+1}，A_{n+2} 为式 (12.2) 的形式。

（19）当原流形为空间形式，余维数大于等于 2，$F_1 \leqslant 0$ 时，李安民类型估计 I 为

$$\Delta F(S, H^2) \leqslant 2n\left(h_{ij}^\alpha F_1 H_{,ij}^\alpha + \frac{1}{n} H^\alpha F_2 \Delta(H^\alpha) + (S_{\alpha\beta\beta} + cnH^\alpha)H^\alpha F_1 \right.$$

$$\left. + \frac{1}{n}(S_{\alpha\beta} + nc\delta_{\alpha\beta})H^\alpha H^\beta F_2 - \frac{n}{2}H^2 F \right)$$

$$+ F_{11}|\nabla S|^2 + 2F_{12}\langle \nabla S, \nabla H^2 \rangle + F_{22}|\nabla H^2|^2$$

$$+ 2F_1|Dh|^2 + 2F_2|\nabla \vec{H}|^2 + 2ncF_1(S - 2nH^2)$$

$$- 2(S_{\alpha\beta} + nc\delta_{\alpha\beta})H^\alpha H^\beta F_2 + n^2 H^2 F$$

$$- 2F_1\left(\frac{3}{2}S^2\right).$$

又当 $S \equiv S_0 > 0$ 且 $F_1 < 0$ 时，等式成立当且仅当：矩阵 $A_{n+1} \neq 0$，$A_{n+2} \neq$

0, $\hat{A}_{n+3} = \cdots = \hat{A}_{n+p} = 0$, $\vec{H} = 0$, 并且A_{n+1}, A_{n+2}为式(12.2)的形式。

（20）当原流形为空间形式，余维数大于等于2，$F_1 \leqslant 0$时，李安民类型估计Ⅱ为

$$
\begin{aligned}
\Delta F(S, H^2) \leqslant {} & 2n\Big(h_{ij}^\alpha F_1 H_{,ij}^\alpha + \frac{1}{n} H^\alpha F_2 \Delta(H^\alpha) + (S_{\alpha\beta\beta} + cnH^\alpha)H^\alpha F_1 \\
& + \frac{1}{n}(S_{\alpha\beta} + nc\delta_{\alpha\beta})H^\alpha H^\beta F_2 - \frac{n}{2} H^2 F \Big) \\
& + F_{11}|\nabla S|^2 + 2F_{12}\langle \nabla S, \nabla H^2\rangle + F_{22}|\nabla H^2|^2 \\
& + 2F_1|Dh|^2 + 2F_2|\nabla \vec{H}|^2 + 2nF_1(cS - 2ncH^2 - nH^4) \\
& - 2F_2(S_{\alpha\beta} + nc\delta_{\alpha\beta})H^\alpha H^\beta + n^2 F H^2 \\
& - 2F_1\Big(2n\rho H^2 + \frac{3}{2}\rho^2 \Big).
\end{aligned}
$$

又当$\rho \equiv \rho_0 > 0$且$F_1 < 0$时，等式成立当且仅当：矩阵$\hat{A}_{n+1} \neq 0$, $\hat{A}_{n+2} \neq 0$, $\hat{A}_{n+3} = \cdots = \hat{A}_{n+p} = 0$, $\vec{H} = 0$, 并且A_{n+1}, A_{n+2}为式(12.2)的形式。

将上面的点估计在子流形上进行积分，可以得到下面的积分估计。

定理 12.2　设$x : M^n \to N^{n+p}(R^{n+p}(c))$为闭的$LCR_{(n,F)}$子流形，那么有如下的积分估计：

（1）当原流形为一般流形，余维数为1时，

$$
\begin{aligned}
\int {} & F_{11}|\nabla S|^2 + 2F_{12}\langle \nabla S, \nabla H^2\rangle + F_{22}|\nabla H^2|^2 \\
& + 2F_1(h_{ij}\bar{R}_{(n+1)ijk,k} - h_{ij}\bar{R}_{(n+1)i,j}^\top + h_{ij}h_{kl}\bar{R}_{iljk} \\
& + h_{ij}h_{il}\bar{R}_{jl}^\top - nh_{ij}\bar{R}_{ij}^\perp H) \\
& - 2F_2\bar{R}_{(n+1)(n+1)}^\top)H^2 + 2F_1|Dh|^2 + 2F_2|\nabla H|^2 \\
& - 2F_1 S^2 - 2F_2 S H^2 + n^2 H^2 F \mathrm{d}v = 0.
\end{aligned}
$$

（2）当原流形为一般流形，余维数大于等于2时，

$$
\int F_{11}|\nabla S|^2 + 2F_{12}\langle \nabla S, \nabla H^2\rangle + F_{22}|\nabla H^2|^2
$$
$$
+ 2F_1(-h_{ij}^\alpha F_1 \bar{R}_{ijk,k}^\alpha + h_{ij}^\alpha \bar{R}_{kki,j}^\alpha + h_{ij}^\alpha h_{pk}^\alpha \bar{R}_{ipjk}
$$

$$+ h_{ij}^\alpha h_{ip}^\alpha \bar{R}_{kpjk} + h_{ij}^\alpha h_{ik}^\beta \bar{R}_{\alpha\beta jk} + n h_{ij}^\beta \bar{R}_{ij\alpha}^\beta H^\alpha)$$

$$- 2\bar{R}_{\alpha\beta}^\top H^\alpha H^\beta F_2 + 2F_1|Dh|^2 + 2F_2|\nabla\vec{H}|^2$$

$$- 2F_2 S_{\alpha\beta} H^\alpha H^\beta + n^2 F H^2$$

$$- 2F_1\Big(N(A_\alpha A_\beta - A_\beta A_\alpha) + (S_{\alpha\beta})^2 \Big)\mathrm{d}v = 0.$$

$$\int F_{11}|\nabla S|^2 + 2F_{12}\langle\nabla S, \nabla H^2\rangle + F_{22}|\nabla H^2|^2$$

$$+ 2F_1(- h_{ij}^\alpha \bar{R}_{ijk,k}^\alpha + h_{ij}^\alpha \bar{R}_{kki,j}^\alpha + h_{ij}^\alpha h_{pk}^\alpha \bar{R}_{ipjk}$$

$$+ h_{ij}^\alpha h_{ip}^\alpha \bar{R}_{kpjk} + h_{ij}^\alpha h_{ik}^\beta \bar{R}_{\alpha\beta jk} + n h_{ij}^\beta \bar{R}_{ij\alpha}^\beta H^\alpha)$$

$$- 2\bar{R}_{\alpha\beta}^\top H^\alpha H^\beta F_2 + 2F_1|Dh|^2 + 2F_2|\nabla\vec{H}|^2$$

$$- 2F_1 n^2 H^4 - 2F_2 S_{\alpha\beta} H^\alpha H^\beta + n^2 F H^2$$

$$- 2F_1\big(N(\hat{A}_\alpha \hat{A}_\beta - \hat{A}_\beta \hat{A}_\alpha) + (\hat{S}_{\alpha\beta})^2 + 2n\hat{S}_{\alpha\beta} H^\alpha H^\beta \big)\mathrm{d}v = 0.$$

（3）当原流形为一般流形，余维数大于等于2，$F_1 \geqslant 0$时，陈省身类型估计I为

$$\int F_{11}|\nabla S|^2 + 2F_{12}\langle\nabla S, \nabla H^2\rangle + F_{22}|\nabla H^2|^2$$

$$+ 2F_1(- h_{ij}^\alpha F_1 \bar{R}_{ijk,k}^\alpha + h_{ij}^\alpha \bar{R}_{kki,j}^\alpha + h_{ij}^\alpha h_{pk}^\alpha \bar{R}_{ipjk}$$

$$+ h_{ij}^\alpha h_{ip}^\alpha \bar{R}_{kpjk} + h_{ij}^\alpha h_{ik}^\beta \bar{R}_{\alpha\beta jk} + n h_{ij}^\beta \bar{R}_{ij\alpha}^\beta H^\alpha)$$

$$- 2\bar{R}_{\alpha\beta}^\top H^\alpha H^\beta F_2 + 2F_1|Dh|^2 + 2F_2|\nabla\vec{H}|^2$$

$$- 2F_2 S_{\alpha\beta} H^\alpha H^\beta + n^2 F H^2$$

$$- 2F_1\Big(\frac{2}{2 - p^{-1}} S^2 \Big)\mathrm{d}v \leqslant 0.$$

又当$S \equiv S_0 > 0$且$F_1 > 0$时，等式成立当且仅当：余维数为2，矩阵$A_{n+1} \neq 0$，$A_{n+2} \neq 0$，$S_{(n+1)(n+1)} = S_{(n+2)(n+2)} = \frac{S_0}{2}$，$\vec{H} = 0$，并且$A_{n+1}$，$A_{n+2}$为式(12.1)的形式。

（4）当原流形为一般流形，余维数大于等于2，$F_1 \geqslant 0$时，陈省身类

型估计Ⅱ为

$$\int F_{11}|\nabla S|^2 + 2F_{12}\langle\nabla S, \nabla H^2\rangle + F_{22}|\nabla H^2|^2$$

$$+ 2F_1\big(-h_{ij}^\alpha \bar{R}_{ijk,k}^\alpha + h_{ij}^\alpha \bar{R}_{kki,j}^\alpha + h_{ij}^\alpha h_{pk}^\alpha \bar{R}_{ipjk}$$

$$+ h_{ij}^\alpha h_{ip}^\alpha \bar{R}_{kpjk} + h_{ij}^\alpha h_{ik}^\beta \bar{R}_{\alpha\beta jk} + n h_{ij}^\beta \bar{R}_{ij\alpha}^\beta H^\alpha \big)$$

$$- 2\bar{R}_{\alpha\beta}^\top H^\alpha H^\beta F_2 + 2F_1|Dh|^2 + 2F_2|\nabla \vec{H}|^2$$

$$- 2F_1 n^2 H^4 - 2F_2 S_{\alpha\beta} H^\alpha H^\beta + n^2 F H^2$$

$$- 2F_1\Big(2n\rho H^2 + \frac{2}{2-p^{-1}}\rho^2 \Big)\mathrm{d}v \leqslant 0.$$

又当$\rho \equiv \rho_0 > 0$且$F_1 > 0$时，等式成立当且仅当：余维数为2，矩阵$\hat{A}_{n+1} \neq 0$, $\hat{A}_{n+2} \neq 0$, $\hat{S}_{(n+1)(n+1)} = \hat{S}_{(n+2)(n+2)} = \frac{\rho_0}{2}$, $\vec{H} = 0$，并且A_{n+1}, A_{n+2}为式(12.1)的形式。

（5）当原流形为一般流形，余维数大于等于2，$F_1 \leqslant 0$时，陈省身类型估计Ⅰ为

$$\int F_{11}|\nabla S|^2 + 2F_{12}\langle\nabla S, \nabla H^2\rangle + F_{22}|\nabla H^2|^2$$

$$+ 2F_1\big(-h_{ij}^\alpha F_1 \bar{R}_{ijk,k}^\alpha + h_{ij}^\alpha \bar{R}_{kki,j}^\alpha + h_{ij}^\alpha h_{pk}^\alpha \bar{R}_{ipjk}$$

$$+ h_{ij}^\alpha h_{ip}^\alpha \bar{R}_{kpjk} + h_{ij}^\alpha h_{ik}^\beta \bar{R}_{\alpha\beta jk} + n h_{ij}^\beta \bar{R}_{ij\alpha}^\beta H^\alpha \big)$$

$$- 2\bar{R}_{\alpha\beta}^\top H^\alpha H^\beta F_2 + 2F_1|Dh|^2 + 2F_2|\nabla \vec{H}|^2$$

$$- 2F_2 S_{\alpha\beta} H^\alpha H^\beta + n^2 F H^2$$

$$- 2F_1\Big(\frac{2}{2-p^{-1}} S^2 \Big)\mathrm{d}v \geqslant 0.$$

又当$S \equiv S_0 > 0$且$F_1 < 0$时，等式成立当且仅当：余维数为2，矩阵$A_{n+1} \neq 0$, $A_{n+2} \neq 0$, $S_{(n+1)(n+1)} = S_{(n+2)(n+2)} = \frac{S_0}{2}$, $\vec{H} = 0$，并且A_{n+1}, A_{n+2}为式(12.1)的形式。

（6）当原流形为一般流形，余维数大于等于2，$F_1 \leqslant 0$时，陈省身类型估计Ⅱ为

$$\int F_{11}|\nabla S|^2 + 2F_{12}\langle\nabla S, \nabla H^2\rangle + F_{22}|\nabla H^2|^2$$

$$+ 2F_1\big(-h_{ij}^{\alpha}\bar{R}_{ijk,k}^{\alpha} + h_{ij}^{\alpha}\bar{R}_{kki,j}^{\alpha} + h_{ij}^{\alpha}h_{pk}^{\alpha}\bar{R}_{ipjk}$$

$$+ h_{ij}^{\alpha}h_{ip}^{\alpha}\bar{R}_{kpjk} + h_{ij}^{\alpha}h_{ik}^{\beta}\bar{R}_{\alpha\beta jk} + nh_{ij}^{\beta}\bar{R}_{ij\alpha}^{\beta}H^{\alpha} \big)$$

$$- 2\bar{R}_{\alpha\beta}^{\top}H^{\alpha}H^{\beta}F_2 + 2F_1|Dh|^2 + 2F_2|\nabla\vec{H}|^2$$

$$- 2F_1 n^2 H^4 - 2F_2 S_{\alpha\beta}H^{\alpha}H^{\beta} + n^2 F H^2$$

$$- 2F_1\Big(2n\rho H^2 + \frac{2}{2 - p^{-1}}\rho^2 \Big)\mathrm{d}v \geqslant 0.$$

又当 $\rho \equiv \rho_0 > 0$ 且 $F_1 < 0$ 时，等式成立当且仅当：余维数为2，矩阵 $\hat{A}_{n+1} \neq 0$, $\hat{A}_{n+2} \neq 0$, $\hat{S}_{(n+1)(n+1)} = \hat{S}_{(n+2)(n+2)} = \frac{\rho_0}{2}$, $\vec{H} = 0$, 并且 A_{n+1}, A_{n+2} 为式(12.1)的形式。

（7）当原流形为一般流形，余维数大于等于2，$F_1 \geqslant 0$时，李安民类型估计I为

$$\int F_{11}|\nabla S|^2 + 2F_{12}\langle\nabla S, \nabla H^2\rangle + F_{22}|\nabla H^2|^2$$

$$+ 2F_1\big(-h_{ij}^{\alpha}F_1\bar{R}_{ijk,k}^{\alpha} + h_{ij}^{\alpha}\bar{R}_{kki,j}^{\alpha} + h_{ij}^{\alpha}h_{pk}^{\alpha}\bar{R}_{ipjk}$$

$$+ h_{ij}^{\alpha}h_{ip}^{\alpha}\bar{R}_{kpjk} + h_{ij}^{\alpha}h_{ik}^{\beta}\bar{R}_{\alpha\beta jk} + nh_{ij}^{\beta}\bar{R}_{ij\alpha}^{\beta}H^{\alpha} \big)$$

$$- 2\bar{R}_{\alpha\beta}^{\top}H^{\alpha}H^{\beta}F_2 + 2F_1|Dh|^2 + 2F_2|\nabla\vec{H}|^2$$

$$- 2F_2 S_{\alpha\beta}H^{\alpha}H^{\beta} + n^2 F H^2$$

$$- 2F_1\Big(\frac{3}{2}S^2 \Big)\mathrm{d}v \leqslant 0.$$

又当 $S \equiv S_0 > 0$ 且 $F_1 > 0$ 时，等式成立当且仅当：矩阵 $A_{n+1} \neq 0$, $A_{n+2} \neq 0$, $\hat{A}_{n+3} = \cdots = \hat{A}_{n+p} = 0$, $\vec{H} = 0$, 并且 A_{n+1}, A_{n+2} 为式(12.2)的形式。

（8）当原流形为一般流形，余维数大于等于2，$F_1 \geqslant 0$时，李安民类型估计II为

$$\int F_{11}|\nabla S|^2 + 2F_{12}\langle\nabla S, \nabla H^2\rangle + F_{22}|\nabla H^2|^2$$

$$+ 2F_1\big(-h_{ij}^{\alpha}\bar{R}_{ijk,k}^{\alpha} + h_{ij}^{\alpha}\bar{R}_{kki,j}^{\alpha} + h_{ij}^{\alpha}h_{pk}^{\alpha}\bar{R}_{ipjk}$$

$$+ h_{ij}^{\alpha}h_{ip}^{\alpha}\bar{R}_{kpjk} + h_{ij}^{\alpha}h_{ik}^{\beta}\bar{R}_{\alpha\beta jk} + nh_{ij}^{\beta}\bar{R}_{ij\alpha}^{\beta}H^{\alpha} \big)$$

$$- 2\bar{R}_{\alpha\beta}^{\top} H^{\alpha} H^{\beta} F_2 + 2F_1 |Dh|^2 + 2F_2 |\nabla \vec{H}|^2$$

$$- 2F_1 n^2 H^4 - 2F_2 S_{\alpha\beta} H^{\alpha} H^{\beta} + n^2 F H^2$$

$$- 2F_1 \left(2n\rho H^2 + \frac{3}{2}\rho^2 \right) \mathrm{d}v \leqslant 0.$$

又当 $\rho \equiv \rho_0 > 0$ 且 $F_1 > 0$ 时，等式成立当且仅当：矩阵 $\hat{A}_{n+1} \neq 0$，$\hat{A}_{n+2} \neq 0$，$\hat{A}_{n+3} = \cdots = \hat{A}_{n+p} = 0$，$\vec{H} = 0$，并且 A_{n+1}, A_{n+2} 为式(12.2)的形式。

（9）当原流形为一般流形，余维数大于等于2，$F_1 \leqslant 0$ 时，李安民类型估计I为

$$\int F_{11} |\nabla S|^2 + 2F_{12} \langle \nabla S, \nabla H^2 \rangle + F_{22} |\nabla H^2|^2$$

$$+ 2F_1 \left(-h_{ij}^{\alpha} F_1 \bar{R}_{ijk,k}^{\alpha} + h_{ij}^{\alpha} \bar{R}_{kki,j}^{\alpha} + h_{ij}^{\alpha} h_{pk}^{\alpha} \bar{R}_{ipjk} \right.$$

$$\left. + h_{ij}^{\alpha} h_{ip}^{\alpha} \bar{R}_{kpjk} + h_{ij}^{\alpha} h_{ik}^{\beta} \bar{R}_{\alpha\beta jk} + n h_{ij}^{\beta} \bar{R}_{ij\alpha}^{\beta} H^{\alpha} \right)$$

$$- 2\bar{R}_{\alpha\beta}^{\top} H^{\alpha} H^{\beta} F_2 + 2F_1 |Dh|^2 + 2F_2 |\nabla \vec{H}|^2$$

$$- 2F_2 S_{\alpha\beta} H^{\alpha} H^{\beta} + n^2 F H^2$$

$$- 2F_1 \left(\frac{3}{2} S^2 \right) \mathrm{d}v \geqslant 0.$$

又当 $S \equiv S_0 > 0$ 且 $F_1 < 0$ 时，等式成立当且仅当：矩阵 $A_{n+1} \neq 0$，$A_{n+2} \neq 0$，$\hat{A}_{n+3} = \cdots = \hat{A}_{n+p} = 0$，$\vec{H} = 0$，并且 A_{n+1}, A_{n+2} 为式(12.2)的形式。

（10）当原流形为一般流形，余维数大于等于2，$F_1 \leqslant 0$ 时，李安民类型估计II为

$$\int F_{11} |\nabla S|^2 + 2F_{12} \langle \nabla S, \nabla H^2 \rangle + F_{22} |\nabla H^2|^2$$

$$+ 2F_1 \left(-h_{ij}^{\alpha} \bar{R}_{ijk,k}^{\alpha} + h_{ij}^{\alpha} \bar{R}_{kki,j}^{\alpha} + h_{ij}^{\alpha} h_{pk}^{\alpha} \bar{R}_{ipjk} \right.$$

$$\left. + h_{ij}^{\alpha} h_{ip}^{\alpha} \bar{R}_{kpjk} + h_{ij}^{\alpha} h_{ik}^{\beta} \bar{R}_{\alpha\beta jk} + n h_{ij}^{\beta} \bar{R}_{ij\alpha}^{\beta} H^{\alpha} \right)$$

$$- 2\bar{R}_{\alpha\beta}^{\top} H^{\alpha} H^{\beta} F_2 + 2F_1 |Dh|^2 + 2F_2 |\nabla \vec{H}|^2$$

$$- 2F_1 n^2 H^4 - 2F_2 S_{\alpha\beta} H^{\alpha} H^{\beta} + n^2 F H^2$$

$$- 2F_1 \left(2n\rho H^2 + \frac{3}{2}\rho^2 \right) \mathrm{d}v \geqslant 0.$$

又当$\rho \equiv \rho_0 > 0$且$F_1 < 0$时，等式成立当且仅当：矩阵$\hat{A}_{n+1} \neq 0$，$\hat{A}_{n+2} \neq 0$，$\hat{A}_{n+3} = \cdots = \hat{A}_{n+p} = 0$，$\vec{H} = 0$，并且$A_{n+1}$，$A_{n+2}$为式(12.2)的形式。

（11）当原流形为空间形式，余维数为1时，

$$\int F_{11}|\nabla S|^2 + 2F_{12}\langle \nabla S, \nabla H^2 \rangle + F_{22}|\nabla H^2|^2$$
$$+ 2F_1|Dh|^2 + 2F_2|\nabla H|^2 + 2F_1(ncS - 2n^2cH^2 - S^2)$$
$$- 2F_2(S + nc)H^2 + n^2H^2F\mathrm{d}v = 0.$$

（12）当原流形为空间形式，余维数大于等于2时，

$$\int F_{11}|\nabla S|^2 + 2F_{12}\langle \nabla S, \nabla H^2 \rangle + F_{22}|\nabla H^2|^2$$
$$+ 2F_1|Dh|^2 + 2F_2|\nabla \vec{H}|^2 + 2ncF_1(S - 2nH^2)$$
$$- 2(S_{\alpha\beta} + nc\delta_{\alpha\beta})H^\alpha H^\beta F_2 + n^2H^2F$$
$$- 2F_1(N(A_\alpha A_\beta - A_\beta A_\alpha) + (S_{\alpha\beta})^2)$$

$$\int F_{11}|\nabla S|^2 + 2F_{12}\langle \nabla S, \nabla H^2 \rangle + F_{22}|\nabla H^2|^2$$
$$+ 2F_1|Dh|^2 + 2F_2|\nabla \vec{H}|^2 + 2nF_1(cS - 2ncH^2 - nH^4)$$
$$- 2F_2(S_{\alpha\beta} + nc\delta_{\alpha\beta})H^\alpha H^\beta + n^2FH^2$$
$$- 2F_1(N(\hat{A}_\alpha \hat{A}_\beta - \hat{A}_\beta \hat{A}_\alpha) + (\hat{S}_{\alpha\beta})^2 + 2n\hat{S}_{\alpha\beta}H^\alpha H^\beta)\mathrm{d}v = 0.$$

（13）当原流形为空间形式，余维数大于等于2，$F_1 \geqslant 0$时，陈省身类型估计I为

$$\int F_{11}|\nabla S|^2 + 2F_{12}\langle \nabla S, \nabla H^2 \rangle + F_{22}|\nabla H^2|^2$$
$$+ 2F_1|Dh|^2 + 2F_2|\nabla \vec{H}|^2 + 2ncF_1(S - 2nH^2)$$
$$- 2(S_{\alpha\beta} + nc\delta_{\alpha\beta})H^\alpha H^\beta F_2 + n^2H^2F$$
$$- 2F_1\Big(\frac{2}{2 - p^{-1}}S^2 \Big)\mathrm{d}v \leqslant 0.$$

又当$S \equiv S_0 > 0$且$F_1 > 0$时，等式成立当且仅当：　余维数为2，矩

阵$A_{n+1} \neq 0$, $A_{n+2} \neq 0$, $S_{(n+1)(n+1)} = S_{(n+2)(n+2)} = \frac{S_0}{2}$, $\vec{H} = 0$, 并且A_{n+1}, A_{n+2}为式(12.1)的形式。

（14）当原流形为空间形式，余维数大于等于2，$F_1 \geqslant 0$时，陈省身类型估计II为

$$\int F_{11}|\nabla S|^2 + 2F_{12}\langle \nabla S, \nabla H^2 \rangle + F_{22}|\nabla H^2|^2$$

$$+ 2F_1|Dh|^2 + 2F_2|\nabla \vec{H}|^2 + 2nF_1(cS - 2ncH^2 - nH^4)$$

$$- 2F_2(S_{\alpha\beta} + nc\delta_{\alpha\beta})H^\alpha H^\beta + n^2 FH^2$$

$$- 2F_1\left(2n\rho H^2 + \frac{2}{2-p^{-1}}\rho^2 \right)dv \leqslant 0.$$

又当$\rho \equiv \rho_0 > 0$且$F_1 > 0$时，等式成立当且仅当： 余维数为2，矩阵$\hat{A}_{n+1} \neq 0$, $\hat{A}_{n+2} \neq 0$, $\hat{S}_{(n+1)(n+1)} = \hat{S}_{(n+2)(n+2)} = \frac{\rho_0}{2}$, $\vec{H} = 0$, 并且A_{n+1}, A_{n+2}为式(12.1)的形式。

（15）当原流形为空间形式，余维数大于等于2，$F_1 \leqslant 0$时，陈省身类型估计I为

$$\int F_{11}|\nabla S|^2 + 2F_{12}\langle \nabla S, \nabla H^2 \rangle + F_{22}|\nabla H^2|^2$$

$$+ 2F_1|Dh|^2 + 2F_2|\nabla \vec{H}|^2 + 2ncF_1(S - 2nH^2)$$

$$- 2(S_{\alpha\beta} + nc\delta_{\alpha\beta})H^\alpha H^\beta F_2 + n^2 H^2 F$$

$$- 2F_1\left(\frac{2}{2-p^{-1}}S^2 \right)dv \geqslant 0.$$

又当$S \equiv S_0 > 0$且$F_1 < 0$时，等式成立当且仅当： 余维数为2，矩阵$A_{n+1} \neq 0$, $A_{n+2} \neq 0$, $S_{(n+1)(n+1)} = S_{(n+2)(n+2)} = \frac{S_0}{2}$, $\vec{H} = 0$, 并且A_{n+1}, A_{n+2}为式(12.1)的形式。

（16）当原流形为空间形式，余维数大于等于2，$F_1 \leqslant 0$时，陈省身类型估计II为

$$\int F_{11}|\nabla S|^2 + 2F_{12}\langle \nabla S, \nabla H^2 \rangle + F_{22}|\nabla H^2|^2$$

$$+ 2F_1|Dh|^2 + 2F_2|\nabla \vec{H}|^2 + 2nF_1(cS - 2ncH^2 - nH^4)$$

$$- 2F_2(S_{\alpha\beta} + nc\delta_{\alpha\beta})H^\alpha H^\beta + n^2 F H^2$$

$$- 2F_1\Big(2n\rho H^2 + \frac{2}{2 - p^{-1}}\rho^2\Big)\mathrm{d}v \geqslant 0.$$

又当 $\rho \equiv \rho_0 > 0$ 且 $F_1 < 0$ 时，等式成立当且仅当：余维数为 2，矩阵 $\hat{A}_{n+1} \neq 0$, $\hat{A}_{n+2} \neq 0$, $\hat{S}_{(n+1)(n+1)} = \hat{S}_{(n+2)(n+2)} = \frac{\rho_0}{2}$, $\vec{H} = 0$，并且 A_{n+1}, A_{n+2} 为式 (12.1) 的形式。

（17）当原流形为空间形式，余维数大于等于 2，$F_1 \geqslant 0$ 时，李安民类型估计 I 为

$$\int F_{11}|\nabla S|^2 + 2F_{12}\langle \nabla S, \nabla H^2 \rangle + F_{22}|\nabla H^2|^2$$

$$+ 2F_1|Dh|^2 + 2F_2|\nabla \vec{H}|^2 + 2ncF_1(S - 2nH^2)$$

$$- 2(S_{\alpha\beta} + nc\delta_{\alpha\beta})H^\alpha H^\beta F_2 + n^2 H^2 F$$

$$- 2F_1\Big(\frac{3}{2}S^2\Big)\mathrm{d}v \leqslant 0.$$

又当 $S \equiv S_0 > 0$ 且 $F_1 > 0$ 时，等式成立当且仅当：矩阵 $A_{n+1} \neq 0$, $A_{n+2} \neq 0$, $\hat{A}_{n+3} = \cdots = \hat{A}_{n+p} = 0$, $\vec{H} = 0$，并且 A_{n+1}, A_{n+2} 为式 (12.2) 的形式。

（18）当原流形为空间形式，余维数大于等于 2，$F_1 \geqslant 0$ 时，李安民类型估计 II 为

$$\int F_{11}|\nabla S|^2 + 2F_{12}\langle \nabla S, \nabla H^2 \rangle + F_{22}|\nabla H^2|^2$$

$$+ 2F_1|Dh|^2 + 2F_2|\nabla \vec{H}|^2 + 2nF_1(cS - 2ncH^2 - nH^4)$$

$$- 2F_2(S_{\alpha\beta} + nc\delta_{\alpha\beta})H^\alpha H^\beta + n^2 F H^2$$

$$- 2F_1\Big(2n\rho H^2 + \frac{3}{2}\rho^2\Big)\mathrm{d}v \leqslant 0.$$

又当 $\rho \equiv \rho_0 > 0$ 且 $F_1 > 0$ 时，等式成立当且仅当：矩阵 $\hat{A}_{n+1} \neq 0$, $\hat{A}_{n+2} \neq 0$, $\hat{A}_{n+3} = \cdots = \hat{A}_{n+p} = 0$, $\vec{H} = 0$，并且 A_{n+1}, A_{n+2} 为式 (12.2) 的形式。

（19）当原流形为空间形式，余维数大于等于 2，$F_1 \leqslant 0$ 时，李安民类型估计 I 为

$$\leqslant \int F_{11}|\nabla S|^2 + 2F_{12}\langle \nabla S, \nabla H^2 \rangle + F_{22}|\nabla H^2|^2$$

$$+ 2F_1|Dh|^2 + 2F_2|\nabla\vec{H}|^2 + 2ncF_1(S - 2nH^2)$$

$$- 2(S_{\alpha\beta} + nc\delta_{\alpha\beta})H^\alpha H^\beta F_2 + n^2 H^2 F$$

$$- 2F_1\left(\frac{3}{2}S^2\right)\mathrm{d}v \geqslant 0.$$

又当$S \equiv S_0 > 0$且$F_1 < 0$时，等式成立当且仅当：矩阵$A_{n+1} \neq 0$, $A_{n+2} \neq 0$, $\hat{A}_{n+3} = \cdots = \hat{A}_{n+p} = 0$, $\vec{H} = 0$，并且A_{n+1}, A_{n+2}为式(12.2)的形式。

（20）当原流形为空间形式，余维数大于等于2，$F_1 \leqslant 0$时，李安民类型估计II为

$$\int F_{11}|\nabla S|^2 + 2F_{12}\langle\nabla S, \nabla H^2\rangle + F_{22}|\nabla H^2|^2$$

$$+ 2F_1|Dh|^2 + 2F_2|\nabla\vec{H}|^2 + 2nF_1(cS - 2ncH^2 - nH^4)$$

$$- 2F_2(S_{\alpha\beta} + nc\delta_{\alpha\beta})H^\alpha H^\beta + n^2 F H^2$$

$$- 2F_1\left(2n\rho H^2 + \frac{3}{2}\rho^2\right)\mathrm{d}v \geqslant 0.$$

又当$\rho \equiv \rho_0 > 0$且$F_1 < 0$时，等式成立当且仅当：矩阵$\hat{A}_{n+1} \neq 0$, $\hat{A}_{n+2} \neq 0$, $\hat{A}_{n+3} = \cdots = \hat{A}_{n+p} = 0$, $\vec{H} = 0$，并且A_{n+1}, A_{n+2}为式(12.2)的形式。

12.3　抽象Willmore泛函$W_{(n,F)}$临界点的估计

当$F(S, H^2) = F(\rho)$时，有

$$F_1 = F'(\rho), \quad F_2 = -nF'(\rho), \quad F_{11} = F''(\rho),$$

$$F_{12} = F_{21} = -nF''(\rho), F_{22} = n^2 F''(\rho).$$

将它们代入12.2节的公式，可以得到下面的结论。

引理 12.10　对于函数$F(\rho)$，计算如下：

（1）当原流形为一般流形，余维数为1时，

$$\Delta F(\rho) = 2n\left(F'(\rho)h_{ij}H_{,ij} - F'(\rho)H\Delta H\right.$$

$$+ F'(\rho)(P_3 - SH)II + F'(\rho)(h_{ij}\bar{R}_{i(n+1)(n+1)j}$$

$$- H\bar{R}_{(n+1)(n+1)})H - \frac{n}{2}F(\rho)H^2)$$

$$+ 2F'(\rho)(h_{ij}\bar{R}_{(n+1)ijk,k} - h_{ij}\bar{R}_{(n+1)kki,j})$$

$$+ 2nF'(\rho)(-Hh_{ij}\bar{R}_{i(n+1)(n+1)j} + H^2\bar{R}_{(n+1)(n+1)})$$

$$+ 2F'(\rho)(h_{ij}h_{kl}\bar{R}_{iljk} + h_{ij}h_{il}\bar{R}_{jkkl})$$

$$+ F''(\rho)|\nabla\rho|^2 + 2F'(\rho)(|Dh|^2 - n|\nabla H|^2)$$

$$- 2F'(\rho)\rho^2 + nH^2(nF(\rho) - 2\rho F'(\rho)).$$

（2）当原流形为一般流形，余维数大于等于2时，

$$\Delta F(\rho) = 2n(F'(\rho)h_{ij}^{\alpha}H_{,ij}^{\alpha} - F'(\rho)H^{\alpha}\Delta H^{\alpha} + F'(\rho)(S_{\alpha\beta\beta} - S_{\alpha\beta}H^{\beta})H^{\alpha}$$

$$- F'(\rho)(h_{ij}^{\beta}\bar{R}_{ij\alpha}^{\beta} + H^{\beta}\bar{R}_{\alpha\beta}^{\top})H^{\alpha} - \frac{n}{2}F(\rho)H^2)$$

$$+ 2F'(\rho)(h_{ij}^{\alpha}\bar{R}_{kki,j}^{\alpha} - h_{ij}^{\alpha}\bar{R}_{ijk,k}^{\alpha})$$

$$+ 2nF'(\rho)(H^{\beta}H^{\alpha}\bar{R}_{\alpha\beta}^{\top} + h_{ij}^{\beta}\bar{R}_{ij\alpha}^{\beta}H^{\alpha})$$

$$+ 2F'(\rho)(h_{ij}^{\alpha}h_{pk}^{\alpha}\bar{R}_{ipjk} + h_{ij}^{\alpha}h_{ip}^{\alpha}\bar{R}_{kpjk} + h_{ik}^{\alpha}h_{ij}^{\alpha}\bar{R}_{\alpha\beta jk})$$

$$+ 2nF'(\rho)S_{\alpha\beta}H^{\alpha}H^{\beta} + n^2F(\rho)H^2$$

$$+ F''(\rho)|\nabla\rho|^2 + 2F'(\rho)(|Dh|^2 - n|\nabla\vec{H}|^2)$$

$$- 2F'(\rho)(N(A_{\alpha}A_{\beta} - A_{\beta}A_{\alpha}) + (S_{\alpha\beta})^2).$$

$$\Delta F(\rho) = 2n(F'(\rho)h_{ij}^{\alpha}H_{,ij}^{\alpha} - F'(\rho)H^{\alpha}\Delta H^{\alpha}$$

$$+ F'(\rho)(S_{\alpha\beta\beta} - S_{\alpha\beta}H^{\beta})H^{\alpha}$$

$$- F'(\rho)(h_{ij}^{\beta}\bar{R}_{ij\alpha}^{\beta} + H^{\beta}\bar{R}_{\alpha\beta}^{\top})H^{\alpha} - \frac{n}{2}F(\rho)H^2)$$

$$+ 2F'(\rho)(h_{ij}^{\alpha}\bar{R}_{kki,j}^{\alpha} - h_{ij}^{\alpha}\bar{R}_{ijk,k}^{\alpha})$$

$$+ 2nF'(\rho)(H^{\beta}H^{\alpha}\bar{R}_{\alpha\beta}^{\top} + h_{ij}^{\beta}\bar{R}_{ij\alpha}^{\beta}H^{\alpha})$$

$$+ 2F'(\rho)(h_{ij}^{\alpha}h_{pk}^{\alpha}\bar{R}_{ipjk} + h_{ij}^{\alpha}h_{ip}^{\alpha}\bar{R}_{kpjk} + h_{ik}^{\alpha}h_{ij}^{\beta}\bar{R}_{\alpha\beta jk})$$

$$+ F''(\rho)|\nabla\rho|^2 + 2F'(\rho)(|Dh|^2 - n|\nabla\vec{H}|^2) + n^2F(\rho)H^2$$

$$- 2F'(\rho)(n\hat{S}_{\alpha\beta}H^\alpha H^\beta + N(\hat{A}_\alpha\hat{A}_\beta - \hat{A}_\beta\hat{A}_\alpha) + (\hat{S}_{\alpha\beta})^2).$$

（3）当原流形为空间形式，余维数为1时，

$$\Delta F(\rho) = 2n\Big(\sum_{ij} F'(\rho)h_{ij}H_{,ij} - F'(\rho)H\Delta H$$

$$+ F'(\rho)(P_3 - SH)H - \frac{n}{2}F(\rho)H^2$$

$$+ F''(\rho)|\nabla\rho|^2 + 2F'(\rho)(|\nabla h|^2 - n|\nabla H|^2)$$

$$- 2F'(\rho)\rho(\rho - nc) + nH^2(nF(\rho) - 2\rho F'(\rho)).$$

（4）当原流形为空间形式，余维数大于等于2时，

$$\Delta F(\rho) = 2n\big(F'(\rho)h_{ij}^\alpha H_{,ij}^\alpha - F'(\rho)H^\alpha\Delta H^\alpha$$

$$+ F'(\rho)(S_{\alpha\beta\beta} - S_{\alpha\beta}H^\beta)H^\alpha - \frac{n}{2}F(\rho)(H^\alpha)^2$$

$$+ F''(\rho)|\nabla\rho|^2 + 2F'(\rho)(|Dh|^2 - n|\nabla\vec{H}|^2)$$

$$+ 2nF'(\rho)S_{\alpha\beta}H^\alpha H^\beta + F'(\rho)2nc\rho + n^2F(\rho)H^2$$

$$- 2F'(\rho)\big(N(A_\alpha A_\beta - A_\beta A_\alpha) + (S_{\alpha\beta})^2 \big).$$

$$\Delta F(\rho) = 2n\big(F'(\rho)h_{ij}^\alpha H_{,ij}^\alpha - F'(\rho)H^\alpha\Delta H^\alpha$$

$$+ F'(\rho)(S_{\alpha\beta\beta} - S_{\alpha\beta}H^\beta)H^\alpha - \frac{n}{2}F(\rho)(H^\alpha)^2$$

$$+ F''(\rho)|\nabla\rho|^2 + 2F'(\rho)(|Dh|^2 - n|\nabla\vec{H}|^2) + F'(\rho)2nc\rho + n^2F(\rho)H^2$$

$$- 2F'(\rho)(n\hat{S}_{\alpha\beta}H^\beta H^\alpha + N(\hat{A}_\alpha\hat{A}_\beta - \hat{A}_\beta\hat{A}_\alpha) + (\hat{S}_{\alpha\beta})^2).$$

利用引理12.4，我们有关于函数$F(\rho)$的二阶导数$\Delta F(\rho)$的估计。

定理 12.3 对于$\Delta F(\rho)$有如下等式和不等式：

（1）当原流形为一般流形，余维数为1时，

$$\Delta F(\rho) = 2n\Big(F'(\rho)h_{ij}H_{,ij} - F'(\rho)H\Delta H$$

$$+ F'(\rho)(P_3 - SH)H + F'(\rho)(h_{ij}\bar{R}_{i(n+1)(n+1)j}$$

$$- H\bar{R}_{(n+1)(n+1)})H - \frac{n}{2}F(\rho)H^2\Big)$$

$$+ 2F'(\rho)(h_{ij}\bar{R}_{(n+1)ijk,k} - h_{ij}\bar{R}_{(n+1)kki,j})$$

$$+ 2nF'(\rho)(-Hh_{ij}\bar{R}_{i(n+1)(n+1)j} + H^2\bar{R}_{(n+1)(n+1)})$$

$$+ 2F'(\rho)(h_{ij}h_{kl}\bar{R}_{iljk} + h_{ij}h_{il}\bar{R}_{jkkl})$$

$$+ F''(\rho)|\nabla\rho|^2 + 2F'(\rho)(|Dh|^2 - n|\nabla H|^2)$$

$$- 2F'(\rho)\rho^2 + nH^2(nF(\rho) - 2\rho F'(\rho)).$$

（2）当原流形为一般流形，余维数大于等于2时，

$$\Delta F(\rho) = 2n\Big(F'(\rho)h_{ij}^{\alpha}H_{,ij}^{\alpha} - F'(\rho)H^{\alpha}\Delta H^{\alpha}$$

$$+ F'(\rho)(S_{\alpha\beta\beta} - S_{\alpha\beta}H^{\beta})H^{\alpha}$$

$$- F'(\rho)(h_{ij}^{\beta}\bar{R}_{ij\alpha}^{\beta} + H^{\beta}\bar{R}_{\alpha\beta}^{\top})H^{\alpha} - \frac{n}{2}F(\rho)H^2\Big)$$

$$+ 2F'(\rho)(h_{ij}^{\alpha}\bar{R}_{kki,j}^{\alpha} - h_{ij}^{\alpha}\bar{R}_{ijk,k}^{\alpha})$$

$$+ 2nF'(\rho)(H^{\beta}H^{\alpha}\bar{R}_{\alpha\beta}^{\top} + h_{ij}^{\beta}\bar{R}_{ij\alpha}^{\beta}H^{\alpha})$$

$$+ 2F'(\rho)(h_{ij}^{\alpha}h_{pk}^{\alpha}\bar{R}_{ipjk} + h_{ij}^{\alpha}h_{ip}^{\alpha}\bar{R}_{kpjk} + h_{ij}^{\alpha}h_{ik}^{\beta}\bar{R}_{\alpha\beta jk})$$

$$+ 2nF'(\rho)S_{\alpha\beta}H^{\alpha}H^{\beta} + n^2F(\rho)H^2$$

$$+ F''(\rho)|\nabla\rho|^2 + 2F'(\rho)(|Dh|^2 - n|\nabla\vec{H}|^2)$$

$$- 2F'(\rho)\Big(N(A_{\alpha}A_{\beta} - A_{\beta}A_{\alpha}) + (S_{\alpha\beta})^2 \Big).$$

$$\Delta F(\rho) = 2n\Big(F'(\rho)h_{ij}^{\alpha}H_{,ij}^{\alpha} - F'(\rho)H^{\alpha}\Delta H^{\alpha}$$

$$+ F'(\rho)(S_{\alpha\beta\beta} - S_{\alpha\beta}H^{\beta})H^{\alpha}$$

$$- F'(\rho)(h_{ij}^{\beta}\bar{R}_{ij\alpha}^{\beta} + H^{\beta}\bar{R}_{\alpha\beta}^{\top})H^{\alpha} - \frac{n}{2}F(\rho)H^2\Big)$$

$$+ 2F'(\rho)(h_{ij}^{\alpha}\bar{R}_{kki,j}^{\alpha} - h_{ij}^{\alpha}\bar{R}_{ijk,k}^{\alpha})$$

$$+ 2nF'(\rho)(H^\beta H^\alpha \bar{R}^\top_{\alpha\beta} + h^\beta_{ij}\bar{R}^\beta_{ij\alpha}H^\alpha)$$

$$+ 2F'(\rho)(h^\alpha_{ij}h^\alpha_{pk}\bar{R}_{ipjk} + h^\alpha_{ij}h^\alpha_{ip}\bar{R}_{kpjk} + h^\alpha_{ij}h^\beta_{ik}\bar{R}_{\alpha\beta jk})$$

$$+ F''(\rho)|\nabla\rho|^2 + 2F'(\rho)(|Dh|^2 - n|\nabla\vec{H}|^2) + n^2 F(\rho)H^2$$

$$- 2F'(\rho)(n\hat{S}_{\alpha\beta}H^\alpha H^\beta + N(\hat{A}_\alpha\hat{A}_\beta - \hat{A}_\beta\hat{A}_\alpha) + (\hat{S}_{\alpha\beta})^2).$$

（3）当原流形为一般流形，余维数大于等于2，$F'(u) \geqslant 0$时，陈省身类型估计I为

$$\Delta F(\rho) \geqslant 2n\Big(F'(\rho)h^\alpha_{ij}H^\alpha_{,ij} - F'(\rho)H^\alpha \Delta H^\alpha$$

$$+ F'(\rho)(S_{\alpha\beta\beta} - S_{\alpha\beta}H^\beta)H^\alpha$$

$$- F'(\rho)(h^\beta_{ij}\bar{R}^\beta_{ij\alpha} + H^\beta \bar{R}^\top_{\alpha\beta})H^\alpha - \frac{n}{2}F(\rho)H^2\Big)$$

$$+ 2F'(\rho)(h^\alpha_{ij}\bar{R}^\alpha_{kki,j} - h^\alpha_{ij}\bar{R}^\alpha_{ijk,k})$$

$$+ 2nF'(\rho)(H^\beta H^\alpha \bar{R}^\top_{\alpha\beta} + h^\beta_{ij}\bar{R}^\beta_{ij\alpha}H^\alpha)$$

$$+ 2F'(\rho)(h^\alpha_{ij}h^\alpha_{pk}\bar{R}_{ipjk} + h^\alpha_{ij}h^\alpha_{ip}\bar{R}_{kpjk} + h^\alpha_{ij}h^\beta_{ik}\bar{R}_{\alpha\beta jk})$$

$$+ 2nF'(\rho)S_{\alpha\beta}H^\alpha H^\beta + n^2 F(\rho)H^2$$

$$+ F''(\rho)|\nabla\rho|^2 + 2F'(\rho)(|Dh|^2 - n|\nabla\vec{H}|^2)$$

$$- 2F'(\rho)\Big(\frac{2}{2 - p^{-1}}S^2 \Big).$$

（4）当原流形为一般流形，余维数大于等于2，$F'(u) \geqslant 0$时，陈省身类型估计II为

$$\Delta F(\rho) \geqslant F''(\rho)|\nabla\rho|^2 + 2F'(\rho)(|Dh|^2 - n|\nabla\vec{H}|^2)$$

$$+ 2n\Big(F'(\rho)h^\alpha_{ij}H^\alpha_{,ij} - F'(\rho)H^\alpha \Delta H^\alpha$$

$$+ F'(\rho)(S_{\alpha\beta\beta} - S_{\alpha\beta}H^\beta)H^\alpha$$

$$- F'(\rho)(h^\beta_{ij}\bar{R}^\beta_{ij\alpha} + H^\beta \bar{R}^\top_{\alpha\beta})H^\alpha - \frac{n}{2}F(\rho)H^2\Big)$$

$$+ 2F'(\rho)(h^\alpha_{ij}\bar{R}^\alpha_{kki,j} - h^\alpha_{ij}R^\alpha_{ijk,k})$$

$$+ 2nF'(\rho)\left(H^\beta H^\alpha \bar{R}^\top_{\alpha\beta} + h^\beta_{ij} \bar{R}^\beta_{ij\alpha} H^\alpha \right)$$

$$+ 2F'(\rho)\left(h^\alpha_{ij} h^\alpha_{pk} \bar{R}_{ipjk} + h^\alpha_{ij} h^\alpha_{ip} \bar{R}_{kpjk} + h^\alpha_{ij} h^\beta_{ik} \bar{R}_{\alpha\beta jk} \right)$$

$$+ nH^2\left(nF(\rho) - 2F'(\rho)\rho \right) - 2\left(2 - \frac{1}{p} \right)F'(\rho)\rho^2.$$

又当$\rho \equiv \rho_0 > 0$且$F' > 0$时，等式成立当且仅当：余维数为2，矩阵$\hat{A}_{n+1} \neq 0$，$\hat{A}_{n+2} \neq 0$，$\vec{H} = 0$，并且$\hat{A}_{n+1}$，$\hat{A}_{n+2}$为式(12.1)的形式。

（5）当原流形为一般流形，余维数大于等于2，$F'(u) \leqslant 0$时，陈省身类型估计I为

$$\Delta F(\rho) \leqslant 2n\Big(F'(\rho)h^\alpha_{ij} H^\alpha_{,ij} - F'(\rho)H^\alpha \Delta H^\alpha$$

$$+ F'(\rho)(S_{\alpha\beta\beta} - S_{\alpha\beta}H^\beta)H^\alpha$$

$$- F'(\rho)(h^\beta_{ij}\bar{R}^\beta_{ij\alpha} + H^\beta \bar{R}^\top_{\alpha\beta})H^\alpha - \frac{n}{2}F(\rho)H^2\Big)$$

$$+ 2F'(\rho)\left(h^\alpha_{ij}\bar{R}^\alpha_{kki,j} - h^\alpha_{ij}\bar{R}^\alpha_{ijk,k} \right)$$

$$+ 2nF'(\rho)\left(H^\beta H^\alpha \bar{R}^\top_{\alpha\beta} + h^\beta_{ij}\bar{R}^\beta_{ij\alpha}H^\alpha \right)$$

$$+ 2F'(\rho)\left(h^\alpha_{ij} h^\alpha_{pk} \bar{R}_{ipjk} + h^\alpha_{ij} h^\alpha_{ip} \bar{R}_{kpjk} + h^\alpha_{ij} h^\beta_{ik} \bar{R}_{\alpha\beta jk} \right)$$

$$+ 2nF'(\rho)S_{\alpha\beta}H^\alpha H^\beta + n^2 F(\rho)H^2$$

$$+ F''(\rho)|\nabla\rho|^2 + 2F'(\rho)(|Dh|^2 - n|\nabla\vec{H}|^2)$$

$$- 2F'(\rho)\left(\frac{2}{2 - p^{-1}} S^2 \right).$$

又当$S \equiv S_0 > 0$且$F' < 0$时，等式成立当且仅当：余维数为2，矩阵$A_{n+1} \neq 0$，$A_{n+2} \neq 0$，$\vec{H} = 0$，并且A_{n+1}，A_{n+2}为式(12.1)的形式。

（6）当原流形为一般流形，余维数大于等于2，$F'(u) \leqslant 0$时，陈省身类型估计II为

$$\Delta F(\rho) \leqslant F''(\rho)|\nabla\rho|^2 + 2F'(\rho)(|Dh|^2 - n|\nabla\vec{H}|^2)$$

$$+ 2n\Big(F'(\rho)h^\alpha_{ij} H^\alpha_{,ij} - F'(\rho)H^\alpha \Delta H^\alpha$$

$$+ F'(\rho)(S_{\alpha\beta\beta} - S_{\alpha\beta}H^\beta)H^\alpha$$

$$- F'(\rho)(h_{ij}^{\beta}\bar{R}_{ij\alpha}^{\beta} + H^{\beta}\bar{R}_{\alpha\beta}^{\top})H^{\alpha} - \frac{n}{2}F(\rho)H^2\Big)$$

$$+ 2F'(\rho)(\, h_{ij}^{\alpha}\bar{R}_{kki,j}^{\alpha} - h_{ij}^{\alpha}\bar{R}_{ijk,k}^{\alpha}\,)$$

$$+ 2nF'(\rho)(\, H^{\beta}H^{\alpha}\bar{R}_{\alpha\beta}^{\top} + h_{ij}^{\beta}\bar{R}_{ij\alpha}^{\beta}H^{\alpha}\,)$$

$$+ 2F'(\rho)(\, h_{ij}^{\alpha}h_{pk}^{\alpha}\bar{R}_{ipjk} + h_{ij}^{\alpha}h_{ip}^{\alpha}\bar{R}_{kpjk} + h_{ij}^{\alpha}h_{ik}^{\beta}\bar{R}_{\alpha\beta jk}\,)$$

$$+ nH^2(\, nF(\rho) - 2F'(\rho)\rho\,) - 2(\, 2 - \frac{1}{p}\,)F'(\rho)\rho^2.$$

又当$\rho \equiv \rho_0 > 0$且$F' < 0$时，等式成立当且仅当：余维数为2，矩阵$\hat{A}_{n+1} \neq 0$，$\hat{A}_{n+2} \neq 0$，$\vec{H} = 0$，并且$\hat{A}_{n+1}$，$\hat{A}_{n+2}$为式(12.1)的形式。

（7）当原流形为一般流形，余维数大于等于2，$F'(u) \geqslant 0$时，李安民类型估计I为

$$\Delta F(\rho) \geqslant 2n\Big(\, F'(\rho)h_{ij}^{\alpha}H_{,ij}^{\alpha} - F'(\rho)H^{\alpha}\Delta H^{\alpha}$$

$$+ F'(\rho)(S_{\alpha\beta\beta} - S_{\alpha\beta}H^{\beta})H^{\alpha}$$

$$- F'(\rho)(h_{ij}^{\beta}\bar{R}_{ij\alpha}^{\beta} + H^{\beta}\bar{R}_{\alpha\beta}^{\top})H^{\alpha} - \frac{n}{2}F(\rho)H^2\Big)$$

$$+ 2F'(\rho)(\, h_{ij}^{\alpha}\bar{R}_{kki,j}^{\alpha} - h_{ij}^{\alpha}\bar{R}_{ijk,k}^{\alpha}\,)$$

$$+ 2nF'(\rho)(\, H^{\beta}H^{\alpha}\bar{R}_{\alpha\beta}^{\top} + h_{ij}^{\beta}\bar{R}_{ij\alpha}^{\beta}H^{\alpha}\,)$$

$$+ 2F'(\rho)(\, h_{ij}^{\alpha}h_{pk}^{\alpha}\bar{R}_{ipjk} + h_{ij}^{\alpha}h_{ip}^{\alpha}\bar{R}_{kpjk} + h_{ij}^{\alpha}h_{ik}^{\beta}\bar{R}_{\alpha\beta jk}\,)$$

$$+ 2nF'(\rho)S_{\alpha\beta}H^{\alpha}H^{\beta} + n^2F(\rho)H^2$$

$$+ F''(\rho)|\nabla\rho|^2 + 2F'(\rho)(|Dh|^2 - n|\nabla\vec{H}|^2)$$

$$- 2F'(\rho)\Big(\frac{3}{2}S^2\Big).$$

又当$S \equiv S_0 > 0$且$F' > 0$时，等式成立当且仅当：余维数为2，矩阵$A_{n+1} \neq 0$，$A_{n+2} \neq 0$，$\vec{H} = 0$，并且A_{n+1}，A_{n+2}为式(12.2)的形式。

（8）当原流形为一般流形，余维数大于等于2，$F'(u) \geqslant 0$时，李安民类型估计II为

$$\Delta F(\rho) \geqslant F''(\rho)|\nabla\rho|^2 + 2F'(\rho)(|Dh|^2 - n|\nabla\vec{H}|^2)$$

$$+ 2n\Big(F'(\rho)h_{ij}^\alpha H_{,ij}^\alpha - F'(\rho)H^\alpha \Delta H^\alpha$$

$$+ F'(\rho)(S_{\alpha\beta\beta} - S_{\alpha\beta}H^\beta)H^\alpha$$

$$- F'(\rho)(h_{ij}^\beta \bar{R}_{ij\alpha}^\beta + H^\beta \bar{R}_{\alpha\beta}^\top)H^\alpha - \frac{n}{2}F(\rho)H^2 \Big)$$

$$+ 2F'(\rho)(h_{ij}^\alpha \bar{R}_{kki,j}^\alpha - h_{ij}^\alpha \bar{R}_{ijk,k}^\alpha)$$

$$+ 2nF'(\rho)(H^\beta H^\alpha \bar{R}_{\alpha\beta}^\top + h_{ij}^\beta \bar{R}_{ij\alpha}^\beta H^\alpha)$$

$$+ 2F'(\rho)(h_{ij}^\alpha h_{pk}^\alpha \bar{R}_{ipjk} + h_{ij}^\alpha h_{ip}^\alpha \bar{R}_{kpjk} + h_{ij}^\alpha h_{ik}^\beta \bar{R}_{\alpha\beta jk})$$

$$+ nH^2(nF(\rho) - 2\rho F'(\rho)) - 3F'(\rho)\rho^2.$$

又当 $\rho \equiv \rho_0 > 0$ 且 $F' > 0$ 时，等式成立当且仅当：余维数为2，矩阵 $\hat{A}_{n+1} \neq 0$, $\hat{A}_{n+2} \neq 0$, $\vec{H} = 0$，并且 $\hat{A}_{n+1}$, $\hat{A}_{n+2}$ 为式(12.2)的形式。

（9）当原流形为一般流形，余维数大于等于2，$F'(u) \leqslant 0$ 时，李安民类型估计I为

$$\Delta F(\rho) \leqslant 2n\Big(F'(\rho)h_{ij}^\alpha H_{,ij}^\alpha - F'(\rho)H^\alpha \Delta H^\alpha$$

$$+ F'(\rho)(S_{\alpha\beta\beta} - S_{\alpha\beta}H^\beta)H^\alpha$$

$$- F'(\rho)(h_{ij}^\beta \bar{R}_{ij\alpha}^\beta + H^\beta \bar{R}_{\alpha\beta}^\top)H^\alpha - \frac{n}{2}F(\rho)H^2 \Big)$$

$$+ 2F'(\rho)(h_{ij}^\alpha \bar{R}_{kki,j}^\alpha - h_{ij}^\alpha \bar{R}_{ijk,k}^\alpha)$$

$$+ 2nF'(\rho)(H^\beta H^\alpha \bar{R}_{\alpha\beta}^\top + h_{ij}^\beta \bar{R}_{ij\alpha}^\beta H^\alpha)$$

$$+ 2F'(\rho)(h_{ij}^\alpha h_{pk}^\alpha \bar{R}_{ipjk} + h_{ij}^\alpha h_{ip}^\alpha \bar{R}_{kpjk} + h_{ij}^\alpha h_{ik}^\beta \bar{R}_{\alpha\beta jk})$$

$$+ 2nF'(\rho)S_{\alpha\beta}H^\alpha H^\beta + n^2 F(\rho)H^2$$

$$+ F''(\rho)|\nabla\rho|^2 + 2F'(\rho)(|Dh|^2 - n|\nabla\vec{H}|^2)$$

$$- 2F'(\rho)\Big(\frac{3}{2}S^2 \Big).$$

又当 $S \equiv S_0 > 0$ 且 $F' < 0$ 时，等式成立当且仅当：余维数为2，矩阵 $A_{n+1} \neq 0$, $A_{n+2} \neq 0$, $\vec{H} = 0$，并且 A_{n+1}, A_{n+2} 为式(12.2)的形式。

（10）当原流形为一般流形，余维数大于等于2，$F'(u) \leqslant 0$时，李安民类型估计Ⅱ为

$$\Delta F(\rho) \leqslant F''(\rho)|\nabla \rho|^2 + 2F'(\rho)(|Dh|^2 - n|\nabla \vec{H}|^2)$$
$$+ 2n\Big(F'(\rho)h_{ij}^\alpha H_{,ij}^\alpha - F'(\rho)H^\alpha \Delta H^\alpha$$
$$+ F'(\rho)(S_{\alpha\beta\beta} - S_{\alpha\beta}H^\beta)H^\alpha$$
$$- F'(\rho)(h_{ij}^\beta \bar{R}_{ij\alpha}^\beta + H^\beta \bar{R}_{\alpha\beta}^\top)H^\alpha - \frac{n}{2}F(\rho)H^2\Big)$$
$$+ 2F'(\rho)(h_{ij}^\alpha \bar{R}_{kki,j}^\alpha - h_{ij}^\alpha \bar{R}_{ijk,k}^\alpha)$$
$$+ 2nF'(\rho)(H^\beta H^\alpha \bar{R}_{\alpha\beta}^\top + h_{ij}^\beta \bar{R}_{ij\alpha}^\beta H^\alpha)$$
$$+ 2F'(\rho)(h_{ij}^\alpha h_{pk}^\alpha \bar{R}_{ipjk} + h_{ij}^\alpha h_{ip}^\alpha \bar{R}_{kpjk} + h_{ij}^\alpha h_{ik}^\beta \bar{R}_{\alpha\beta jk})$$
$$+ nH^2(nF(\rho) - 2\rho F'(\rho)) - 3F'(\rho)\rho^2.$$

又当$\rho \equiv \rho_0 > 0$且$F' < 0$时，等式成立当且仅当：余维数为2，矩阵$\hat{A}_{n+1} \neq 0$，$\hat{A}_{n+2} \neq 0$，$\vec{H} = 0$，并且$\hat{A}_{n+1}$，$\hat{A}_{n+2}$为式(12.2)的形式。

（11）当原流形为空间形式，余维数为1时，

$$\Delta F(\rho) = F''(\rho)|\nabla \rho|^2 + 2F'(\rho)(|\nabla h|^2 - n|\nabla H|^2)$$
$$+ 2n\Big(\sum_{ij} F'(\rho)h_{ij}H_{,ij} - F'(\rho)H\Delta H$$
$$+ F'(\rho)(P_3 - SH)H - \frac{n}{2}F(\rho)H^2\Big)$$
$$- 2F'(\rho)\rho(\rho - nc) + nH^2(nF(\rho) - 2\rho F'(\rho)).$$

（12）当原流形为空间形式，余维数大于等于2时，

$$\Delta F(\rho) = 2n\Big(F'(\rho)h_{ij}^\alpha H_{,ij}^\alpha - F'(\rho)H^\alpha \Delta H^\alpha$$
$$+ F'(\rho)(S_{\alpha\beta\beta} - S_{\alpha\beta}H^\beta)H^\alpha - \frac{n}{2}F(\rho)(H^\alpha)^2 \Big)$$
$$+ F''(\rho)|\nabla \rho|^2 + 2F'(\rho)(|Dh|^2 - n|\nabla \vec{H}|^2)$$
$$+ 2nF'(\rho)S_{\alpha\beta}H^\alpha H^\beta + F'(\rho)2nc\rho + n^2 F(\rho)H^2$$

$$- 2F'(\rho)\Big(N(A_\alpha A_\beta - A_\beta A_\alpha) + (S_{\alpha\beta})^2 \Big)$$

$$=2n\Big(F'(\rho)h_{ij}^\alpha H_{,ij}^\alpha - F'(\rho)H^\alpha \Delta H^\alpha$$

$$+ F'(\rho)(S_{\alpha\beta\beta} - S_{\alpha\beta}H^\beta)H^\alpha - \frac{n}{2}F(\rho)(H^\alpha)^2 \Big)$$

$$+ F''(\rho)|\nabla\rho|^2 + 2F'(\rho)(|Dh|^2 - n|\nabla\vec{H}|^2)$$

$$+ F'(\rho)2nc\rho + n^2 F(\rho)H^2$$

$$- 2F'(\rho)\Big(n\hat{S}_{\alpha\beta}H^\beta H^\alpha + N(\hat{A}_\alpha \hat{A}_\beta - \hat{A}_\beta \hat{A}_\alpha) + (\hat{S}_{\alpha\beta})^2 \Big).$$

（13）当原流形为空间形式，余维数大于等于2，$F'(u) \geq 0$时，陈省身类型估计I为

$$\Delta F(\rho) \geq 2n\Big(F'(\rho)h_{ij}^\alpha H_{,ij}^\alpha - F'(\rho)H^\alpha \Delta H^\alpha$$

$$+ F'(\rho)(S_{\alpha\beta\beta} - S_{\alpha\beta}H^\beta)H^\alpha - \frac{n}{2}F(\rho)(H^\alpha)^2 \Big)$$

$$+ F''(\rho)|\nabla\rho|^2 + 2F'(\rho)(|Dh|^2 - n|\nabla\vec{H}|^2)$$

$$+ 2nF'(\rho)S_{\alpha\beta}H^\alpha H^\beta + F'(\rho)2nc\rho + n^2 F(\rho)H^2$$

$$- 2F'(\rho)\Big(\frac{2}{2 - p^{-1}}S^2 \Big).$$

又当$S \equiv S_0 > 0$且$F' > 0$时，等式成立当且仅当：余维数为2，矩阵$A_{n+1} \neq 0$，$A_{n+2} \neq 0$，$\vec{H} = 0$，并且 A_{n+1}，A_{n+2}为式(12.1)的形式。

（14）当原流形为空间形式，余维数大于等于2，$F'(u) \geq 0$时，陈省身类型估计II为

$$\Delta F(\rho) \geq F''(\rho)|\nabla\rho|^2 + 2F'(\rho)(|Dh|^2 - n|\nabla\vec{H}|^2)$$

$$+ 2n\Big(F'(\rho)h_{ij}^\alpha H_{,ij}^\alpha - F'(\rho)H^\alpha \Delta H^\alpha$$

$$+ F'(\rho)(S_{\alpha\beta\beta} - S_{\alpha\beta}H^\beta)H^\alpha - \frac{n}{2}F(\rho)(H^\alpha)^2 \Big)$$

$$+ nH^2\big(nF(\rho) - 2\rho F'(\rho) \big)$$

$$- 2(2 - \frac{1}{p})F'(\rho)\rho\Big(\rho - \frac{nc}{2 - p^{-1}} \Big).$$

又当$\rho \equiv \rho_0 > 0$且$F' > 0$时，等式成立当且仅当：余维数为2，矩阵$\hat{A}_{n+1} \neq 0$，$\hat{A}_{n+2} \neq 0$，$\vec{H} = 0$，并且$\hat{A}_{n+1}$，$\hat{A}_{n+2}$为式(12.1)的形式。

（15）当原流形为空间形式，余维数大于等于2，$F'(u) \leqslant 0$时，陈省身类型估计I为

$$\Delta F(\rho) \leqslant 2n\Big(F'(\rho)h_{ij}^\alpha H_{,ij}^\alpha - F'(\rho)H^\alpha \Delta H^\alpha$$
$$+ F'(\rho)(S_{\alpha\beta\beta} - S_{\alpha\beta}H^\beta)H^\alpha - \frac{n}{2}F(\rho)(H^\alpha)^2 \Big)$$
$$+ F''(\rho)|\nabla\rho|^2 + 2F'(\rho)(|Dh|^2 - n|\nabla\vec{H}|^2)$$
$$+ 2nF'(\rho)S_{\alpha\beta}H^\alpha H^\beta + F'(\rho)2nc\rho + n^2 F(\rho)H^2$$
$$- 2F'(\rho)\Big(\frac{2}{2 - p^{-1}}S^2 \Big).$$

又当$S \equiv S_0 > 0$且$F' < 0$时，等式成立当且仅当：余维数为2，矩阵$A_{n+1} \neq 0$，$A_{n+2} \neq 0$，$\vec{H} = 0$，并且A_{n+1}，A_{n+2}为式(12.1)的形式。

（16）当原流形为空间形式，余维数大于等于2，$F'(u) \leqslant 0$时，陈省身类型估计II为

$$\Delta F(\rho) \leqslant F''(\rho)|\nabla\rho|^2 + 2F'(\rho)(|Dh|^2 - n|\nabla\vec{H}|^2)$$
$$+ 2n\Big(F'(\rho)h_{ij}^\alpha H_{,ij}^\alpha - F'(\rho)H^\alpha \Delta H^\alpha$$
$$+ F'(\rho)(S_{\alpha\beta\beta} - S_{\alpha\beta}H^\beta)H^\alpha - \frac{n}{2}F(\rho)(H^\alpha)^2 \Big)$$
$$+ nH^2\big(nF(\rho) - 2\rho F'(\rho) \big)$$
$$- 2\big(2 - \frac{1}{p} \big)F'(\rho)\rho\Big(\rho - \frac{nc}{2 - p^{-1}} \Big).$$

又当$\rho \equiv \rho_0 > 0$且$F' < 0$时，等式成立当且仅当：余维数为2，矩阵$\hat{A}_{n+1} \neq 0$，$\hat{A}_{n+2} \neq 0$，$\vec{H} = 0$，并且$\hat{A}_{n+1}$，$\hat{A}_{n+2}$为式(12.1)的形式。

（17）当原流形为空间形式，余维数大于等于2，$F'(u) \geqslant 0$时，李安民类型估计I为

$$\Delta F(\rho) \geqslant 2n\Big(F'(\rho)h_{ij}^\alpha H_{,ij}^\alpha - F'(\rho)H^\alpha \Delta H^\alpha$$

$$+ F'(\rho)(S_{\alpha\beta\beta} - S_{\alpha\beta}H^\beta)H^\alpha - \frac{n}{2}F(\rho)(H^\alpha)^2 \Big)$$

$$+ F''(\rho)|\nabla\rho|^2 + 2F'(\rho)(|Dh|^2 - n|\nabla\vec{H}|^2)$$

$$+ 2nF'(\rho)S_{\alpha\beta}H^\alpha H^\beta + F'(\rho)2nc\rho + n^2F(\rho)H^2$$

$$- 2F'(\rho)\Big(\frac{3}{2}S^2\Big).$$

又当 $S \equiv S_0 > 0$ 且 $F' > 0$ 时，等式成立当且仅当：余维数为2，矩阵 $A_{n+1} \neq 0$，$A_{n+2} \neq 0$，$\vec{H} = 0$，并且 A_{n+1}, A_{n+2} 为式(12.2)的形式。

（18）当原流形为空间形式，余维数大于等于2，$F'(u) \geqslant 0$ 时，李安民类型估计Ⅱ为

$$\Delta F(\rho) \geqslant F''(\rho)|\nabla\rho|^2 + 2F'(\rho)(|Dh|^2 - n|\nabla\vec{H}|^2)$$

$$+ 2n\Big(F'(\rho)h_{ij}^\alpha H_{,ij}^\alpha - F'(\rho)H^\alpha \Delta H^\alpha$$

$$+ F'(\rho)(S_{\alpha\beta\beta} - S_{\alpha\beta}H^\beta)H^\alpha - \frac{n}{2}F(\rho)(H^\alpha)^2 \Big)$$

$$+ nH^2(nF(\rho) - 2\rho F'(\rho)) - 3F'(\rho)\rho(\rho - \frac{2nc}{3}).$$

又当 $\rho \equiv \rho_0 > 0$ 且 $F' > 0$ 时，等式成立当且仅当：余维数为2，矩阵 $\hat{A}_{n+1} \neq 0$，$\hat{A}_{n+2} \neq 0$，$\vec{H} = 0$，并且 $\hat{A}_{n+1}, \hat{A}_{n+2}$ 为式(12.2)的形式。

（19）当原流形为空间形式，余维数大于等于2，$F'(u) \leqslant 0$ 时，李安民类型估计Ⅰ为

$$\Delta F(\rho) \leqslant 2n\Big(F'(\rho)h_{ij}^\alpha H_{,ij}^\alpha - F'(\rho)H^\alpha \Delta H^\alpha$$

$$+ F'(\rho)(S_{\alpha\beta\beta} - S_{\alpha\beta}H^\beta)H^\alpha - \frac{n}{2}F(\rho)(H^\alpha)^2 \Big)$$

$$+ F''(\rho)|\nabla\rho|^2 + 2F'(\rho)(|Dh|^2 - n|\nabla\vec{H}|^2)$$

$$+ 2nF'(\rho)S_{\alpha\beta}H^\alpha H^\beta + F'(\rho)2nc\rho + n^2F(\rho)H^2$$

$$- 2F'(\rho)\Big(\frac{3}{2}S^2\Big).$$

又当 $S \equiv S_0 > 0$ 且 $F' < 0$ 时，等式成立当且仅当：余维数为2，矩阵 $A_{n+1} \neq 0$，$A_{n+2} \neq 0$，$\vec{H} = 0$，并且 A_{n+1}, A_{n+2} 为式(12.2)的形式。

（20）当原流形为空间形式，余维数大于等于2，$F'(u) \leqslant 0$时，李安民类型估计Ⅱ为

$$\Delta F(\rho) \leqslant F''(\rho)|\nabla \rho|^2 + 2F'(\rho)(|Dh|^2 - n|\nabla \vec{H}|^2)$$

$$+ 2n\Big(F'(\rho)h_{ij}^{\alpha}H_{,ij}^{\alpha} - F'(\rho)H^{\alpha}\Delta H^{\alpha}$$

$$+ F'(\rho)(S_{\alpha\beta\beta} - S_{\alpha\beta}H^{\beta})H^{\alpha} - \frac{n}{2}F(\rho)(H^{\alpha})^2 \Big)$$

$$+ nH^2(nF(\rho) - 2\rho F'(\rho)) - 3F'(\rho)\rho(\rho - \frac{2nc}{3}).$$

又当$\rho \equiv \rho_0 > 0$且$F' < 0$时，等式成立当且仅当：余维数为2，矩阵$\hat{A}_{n+1} \neq 0$，$\hat{A}_{n+2} \neq 0$，$\vec{H} = 0$，并且$\hat{A}_{n+1}$，$\hat{A}_{n+2}$为式(12.2)的形式。

对于上面引理中的公式，我们在流形上进行积分运算，利用分部积分公式和$W_{(n,F)}$-Willmore子流形的Euler-Lagrange方程，可以得到下面的定理。

定理 12.4　设M^n为$W_{(n,F)}$子流形，则有如下积分等式或不等式：

（1）当原流形为一般流形，余维数为1时，

$$\int 2F'(\rho)(h_{ij}\bar{R}_{(n+1)ijk,k} - h_{ij}\bar{R}_{(n+1)kki,j})$$

$$+ 2nF'(\rho)(-Hh_{ij}\bar{R}_{i(n+1)(n+1)j} + H^2\bar{R}_{(n+1)(n+1)})$$

$$+ 2F'(\rho)(h_{ij}h_{kl}\bar{R}_{iljk} + h_{ij}h_{il}\bar{R}_{jkkl})$$

$$+ F''(\rho)|\nabla \rho|^2 + 2F'(\rho)(|Dh|^2 - n|\nabla H|^2)$$

$$- 2F'(\rho)\rho^2 + nH^2(nF(\rho) - 2\rho F'(\rho))\mathrm{d}v = 0.$$

（2）当原流形为一般流形，余维数大于等于2时，

$$\int 2F'(\rho)(h_{ij}^{\alpha}\bar{R}_{kki,j}^{\alpha} - h_{ij}^{\alpha}\bar{R}_{ijk,k}^{\alpha})$$

$$+ 2nF'(\rho)(H^{\beta}H^{\alpha}\bar{R}_{\alpha\beta}^{\top} + h_{ij}^{\beta}\bar{R}_{ij\alpha}^{\beta}H^{\alpha})$$

$$+ 2F'(\rho)(h_{ij}^{\alpha}h_{pk}^{\alpha}\bar{R}_{ipjk} + h_{ij}^{\alpha}h_{ip}^{\alpha}\bar{R}_{kpjk} + h_{ij}^{\alpha}h_{ik}^{\beta}\bar{R}_{\alpha\beta jk})$$

$$+ 2nF'(\rho)S_{\alpha\beta}H^{\alpha}H^{\beta} + n^2F(\rho)H^2$$

$$+ F''(\rho)|\nabla \rho|^2 + 2F'(\rho)(|Dh|^2 - n|\nabla \vec{H}|^2)$$

$$- 2F'(\rho)(N(A_\alpha A_\beta - A_\beta A_\alpha) + (S_{\alpha\beta})^2)dv = 0.$$

$$\int 2F'(\rho)(h_{ij}^\alpha \bar{R}_{kki,j}^\alpha - h_{ij}^\alpha \bar{R}_{ijk,k}^\alpha)$$

$$+ 2nF'(\rho)(H^\beta H^\alpha \bar{R}_{\alpha\beta}^\top + h_{ij}^\beta \bar{R}_{ij\alpha}^\beta H^\alpha)$$

$$+ 2F'(\rho)(h_{ij}^\alpha h_{pk}^\alpha \bar{R}_{ipjk} + h_{ij}^\alpha h_{ip}^\alpha \bar{R}_{kpjk} + h_{ij}^\alpha h_{ik}^\beta \bar{R}_{\alpha\beta jk})$$

$$+ F''(\rho)|\nabla\rho|^2 + 2F'(\rho)(|Dh|^2 - n|\nabla\vec{H}|^2) + n^2 F(\rho)H^2$$

$$- 2F'(\rho)(n\hat{S}_{\alpha\beta} H^\alpha H^\beta + N(\hat{A}_\alpha \hat{A}_\beta - \hat{A}_\beta \hat{A}_\alpha) + (\hat{S}_{\alpha\beta})^2)dv = 0.$$

（3）当原流形为一般流形，余维数大于等于2，$F'(u) \geqslant 0$时，陈省身类型估计I为

$$\int 2F'(\rho)(h_{ij}^\alpha \bar{R}_{kki,j}^\alpha - h_{ij}^\alpha \bar{R}_{ijk,k}^\alpha)$$

$$+ 2nF'(\rho)(H^\beta H^\alpha \bar{R}_{\alpha\beta}^\top + h_{ij}^\beta \bar{R}_{ij\alpha}^\beta H^\alpha)$$

$$+ 2F'(\rho)(h_{ij}^\alpha h_{pk}^\alpha \bar{R}_{ipjk} + h_{ij}^\alpha h_{ip}^\alpha \bar{R}_{kpjk} + h_{ij}^\alpha h_{ik}^\beta \bar{R}_{\alpha\beta jk})$$

$$+ 2nF'(\rho)S_{\alpha\beta} H^\alpha H^\beta + n^2 F(\rho)H^2$$

$$+ F''(\rho)|\nabla\rho|^2 + 2F'(\rho)(|Dh|^2 - n|\nabla\vec{H}|^2)$$

$$- 2F'(\rho)\left(\frac{2}{2 - p^{-1}}S^2 \right)dv \leqslant 0.$$

又当$S \equiv S_0 > 0$且$F' > 0$时，等式成立当且仅当：余维数为2，矩阵$A_{n+1} \neq 0$，$A_{n+2} \neq 0$，$\vec{H} = 0$，并且A_{n+1}，A_{n+2}为式(12.1)的形式。

（4）当原流形为一般流形，余维数大于等于2，$F'(u) \geqslant 0$时，陈省身类型估计II为

$$\int F''(\rho)|\nabla\rho|^2 + 2F'(\rho)(|Dh|^2 - n|\nabla\vec{H}|^2)$$

$$+ 2F'(\rho)(h_{ij}^\alpha \bar{R}_{kki,j}^\alpha - h_{ij}^\alpha \bar{R}_{ijk,k}^\alpha)$$

$$+ 2nF'(\rho)(H^\beta H^\alpha \bar{R}_{\alpha\beta}^\top + h_{ij}^\beta \bar{R}_{ij\alpha}^\beta H^\alpha)$$

$$+ 2F'(\rho)(h_{ij}^\alpha h_{pk}^\alpha \bar{R}_{ipjk} + h_{ij}^\alpha h_{ip}^\alpha \bar{R}_{kpjk} + h_{ij}^\alpha h_{ik}^\beta \bar{R}_{\alpha\beta jk})$$

$$+ nH^2(nF(\rho) - 2F'(\rho)\rho) - 2(2 - \frac{1}{p})F'(\rho)\rho^2 \mathrm{d}v \leqslant 0.$$

又当$\rho \equiv \rho_0 > 0$且$F' > 0$时，等式成立当且仅当：余维数为2，矩阵$\hat{A}_{n+1} \neq 0$，$\hat{A}_{n+2} \neq 0$，$\vec{H} = 0$，并且$\hat{A}_{n+1}$，$\hat{A}_{n+2}$为式(12.1)的形式。

（5）当原流形为一般流形，余维数大于等于2，$F'(u) \leqslant 0$时，陈省身类型估计I为

$$\int 2F'(\rho)(h_{ij}^{\alpha}\bar{R}_{kki,j}^{\alpha} - h_{ij}^{\alpha}\bar{R}_{ijk,k}^{\alpha})$$

$$+ 2nF'(\rho)(H^{\beta}H^{\alpha}\bar{R}_{\alpha\beta}^{\top} + h_{ij}^{\beta}\bar{R}_{ij\alpha}^{\beta}H^{\alpha})$$

$$+ 2F'(\rho)(h_{ij}^{\alpha}h_{pk}^{\alpha}\bar{R}_{ipjk} + h_{ij}^{\alpha}h_{ip}^{\alpha}\bar{R}_{kpjk} + h_{ij}^{\alpha}h_{ik}^{\beta}\bar{R}_{\alpha\beta jk})$$

$$+ 2nF'(\rho)S_{\alpha\beta}H^{\alpha}H^{\beta} + n^2F(\rho)H^2$$

$$+ F''(\rho)|\nabla\rho|^2 + 2F'(\rho)(|Dh|^2 - n|\nabla\vec{H}|^2)$$

$$- 2F'(\rho)\left(\frac{2}{2 - p^{-1}}S^2\right)\mathrm{d}v \geqslant 0.$$

又当$S \equiv S_0 > 0$且$F' < 0$时，等式成立当且仅当：余维数为2，矩阵$A_{n+1} \neq 0$，$A_{n+2} \neq 0$，$\vec{H} = 0$，并且A_{n+1}，A_{n+2}为式(12.1)的形式。

（6）当原流形为一般流形，余维数大于等于2，$F'(u) \leqslant 0$时，陈省身类型估计II为

$$\int F''(\rho)|\nabla\rho|^2 + 2F'(\rho)(|Dh|^2 - n|\nabla\vec{H}|^2)$$

$$+ 2F'(\rho)(h_{ij}^{\alpha}\bar{R}_{kki,j}^{\alpha} - h_{ij}^{\alpha}\bar{R}_{ijk,k}^{\alpha})$$

$$+ 2nF'(\rho)(H^{\beta}H^{\alpha}\bar{R}_{\alpha\beta}^{\top} + h_{ij}^{\beta}\bar{R}_{ij\alpha}^{\beta}H^{\alpha})$$

$$+ 2F'(\rho)(h_{ij}^{\alpha}h_{pk}^{\alpha}\bar{R}_{ipjk} + h_{ij}^{\alpha}h_{ip}^{\alpha}\bar{R}_{kpjk} + h_{ij}^{\alpha}h_{ik}^{\beta}\bar{R}_{\alpha\beta jk})$$

$$+ nH^2(nF(\rho) - 2F'(\rho)\rho) - 2(2 - \frac{1}{p})F'(\rho)\rho^2 \mathrm{d}v \geqslant 0.$$

又当$\rho \equiv \rho_0 > 0$且$F' < 0$时，等式成立当且仅当：余维数为2，矩阵$\hat{A}_{n+1} \neq 0$，$\hat{A}_{n+2} \neq 0$，$\vec{H} = 0$，并且$\hat{A}_{n+1}$，$\hat{A}_{n+2}$为式(12.1)的形式。

（7）当原流形为一般流形，余维数大于等于2，$F'(u) \geqslant 0$时，李安

民类型估计I为

$$\int 2F'(\rho)(\, h_{ij}^\alpha \bar{R}_{kki,j}^\alpha - h_{ij}^\alpha \bar{R}_{ijk,k}^\alpha \,)$$

$$+ 2nF'(\rho)(\, H^\beta H^\alpha \bar{R}_{\alpha\beta}^\top + h_{ij}^\beta \bar{R}_{ij\alpha}^\beta H^\alpha \,)$$

$$+ 2F'(\rho)(\, h_{ij}^\alpha h_{pk}^\alpha \bar{R}_{ipjk} + h_{ij}^\alpha h_{ip}^\alpha \bar{R}_{kpjk} + h_{ij}^\alpha h_{ik}^\beta \bar{R}_{\alpha\beta jk} \,)$$

$$+ 2nF'(\rho) S_{\alpha\beta} H^\alpha H^\beta + n^2 F(\rho) H^2$$

$$+ F''(\rho)|\nabla\rho|^2 + 2F'(\rho)(|Dh|^2 - n|\nabla\vec{H}|^2)$$

$$- 2F'(\rho)\Big(\frac{3}{2}S^2\Big)\mathrm{d}v \leqslant 0.$$

又当 $S \equiv S_0 > 0$ 且 $F' > 0$ 时，等式成立当且仅当：余维数为2，矩阵 $A_{n+1} \neq 0$, $A_{n+2} \neq 0$, $\vec{H} = 0$，并且 A_{n+1}, A_{n+2} 为式(12.2)的形式。

（8）当原流形为一般流形，余维数大于等于2，$F'(u) \geqslant 0$ 时，李安民类型估计II为

$$\int F''(\rho)|\nabla\rho|^2 + 2F'(\rho)(|Dh|^2 - n|\nabla\vec{H}|^2)$$

$$+ 2F'(\rho)(\, h_{ij}^\alpha \bar{R}_{kki,j}^\alpha - h_{ij}^\alpha \bar{R}_{ijk,k}^\alpha \,)$$

$$+ 2nF'(\rho)(\, H^\beta H^\alpha \bar{R}_{\alpha\beta}^\top + h_{ij}^\beta \bar{R}_{ij\alpha}^\beta H^\alpha \,)$$

$$+ 2F'(\rho)(\, h_{ij}^\alpha h_{pk}^\alpha \bar{R}_{ipjk} + h_{ij}^\alpha h_{ip}^\alpha \bar{R}_{kpjk} + h_{ij}^\alpha h_{ik}^\beta \bar{R}_{\alpha\beta jk} \,)$$

$$+ nH^2(\, nF(\rho) - 2\rho F'(\rho) \,) - 3F'(\rho)\rho^2 \mathrm{d}v \leqslant 0.$$

又当 $\rho \equiv \rho_0 > 0$ 且 $F' > 0$ 时，等式成立当且仅当：余维数为2，矩阵 $\hat{A}_{n+1} \neq 0$, $\hat{A}_{n+2} \neq 0$, $\vec{H} = 0$，并且 $\hat{A}_{n+1}$, $\hat{A}_{n+2}$ 为式(12.2)的形式。

（9）当原流形为一般流形，余维数大于等于2，$F'(u) \leqslant 0$ 时，李安民类型估计I为

$$\int 2F'(\rho)(\, h_{ij}^\alpha \bar{R}_{kki,j}^\alpha - h_{ij}^\alpha \bar{R}_{ijk,k}^\alpha \,)$$

$$+ 2nF'(\rho)(\, H^\beta H^\alpha \bar{R}_{\alpha\beta}^\top + h_{ij}^\beta \bar{R}_{ij\alpha}^\beta H^\alpha \,)$$

$$+ 2F'(\rho)(\, h_{ij}^\alpha h_{pk}^\alpha \bar{R}_{ipjk} + h_{ij}^\alpha h_{ip}^\alpha \bar{R}_{kpjk} + h_{ij}^\alpha h_{ik}^\beta \bar{R}_{\alpha\beta jk} \,)$$

$$+ 2nF'(\rho)S_{\alpha\beta}H^{\alpha}H^{\beta} + n^2 F(\rho)H^2$$

$$+ F''(\rho)|\nabla\rho|^2 + 2F'(\rho)(|Dh|^2 - n|\nabla\vec{H}|^2)$$

$$- 2F'(\rho)\left(\frac{3}{2}S^2\right)\mathrm{d}v \geqslant 0.$$

又当$S \equiv S_0 > 0$且$F' < 0$时，等式成立当且仅当：余维数为2，矩阵$A_{n+1} \neq 0$，$A_{n+2} \neq 0$，$\vec{H} = 0$，并且A_{n+1}，A_{n+2}为式(12.2)的形式。

（10）当原流形为一般流形，余维数大于等于2，$F'(u) \leqslant 0$时，李安民类型估计Ⅱ为

$$\int F''(\rho)|\nabla\rho|^2 + 2F'(\rho)(|Dh|^2 - n|\nabla\vec{H}|^2)$$

$$+ 2F'(\rho)(h_{ij}^{\alpha}\bar{R}_{kki,j}^{\alpha} - h_{ij}^{\alpha}\bar{R}_{ijk,k}^{\alpha})$$

$$+ 2nF'(\rho)(H^{\beta}H^{\alpha}\bar{R}_{\alpha\beta}^{\top} + h_{ij}^{\beta}\bar{R}_{ij\alpha}^{\beta}H^{\alpha})$$

$$+ 2F'(\rho)(h_{ij}^{\alpha}h_{pk}^{\alpha}\bar{R}_{ipjk} + h_{ij}^{\alpha}h_{ip}^{\alpha}\bar{R}_{kpjk} + h_{ij}^{\alpha}h_{ik}^{\beta}\bar{R}_{\alpha\beta jk})$$

$$+ nH^2(nF(\rho) - 2\rho F'(\rho)) - 3F'(\rho)\rho^2 \mathrm{d}v \geqslant 0.$$

又当$\rho \equiv \rho_0 > 0$且$F' < 0$时，等式成立当且仅当：余维数为2，矩阵$\hat{A}_{n+1} \neq 0$，$\hat{A}_{n+2} \neq 0$，$\vec{H} = 0$，并且$\hat{A}_{n+1}$，$\hat{A}_{n+2}$为式(12.2)的形式。

（11）当原流形为空间形式，余维数为1时，

$$\int F''(\rho)|\nabla\rho|^2 + 2F'(\rho)(|\nabla h|^2 - n|\nabla H|^2)$$

$$- 2F'(\rho)\rho(\rho - nc) + nH^2(nF(\rho) - 2\rho F'(\rho))\mathrm{d}v = 0.$$

（12）当原流形为空间形式，余维数大于等于2时，

$$\int F''(\rho)|\nabla\rho|^2 + 2F'(\rho)(|Dh|^2 - n|\nabla\vec{H}|^2)$$

$$+ 2nF'(\rho)S_{\alpha\beta}H^{\alpha}H^{\beta} + F'(\rho)2nc\rho + n^2 F(\rho)H^2$$

$$- 2F'(\rho)(N(A_{\alpha}A_{\beta} - A_{\beta}A_{\alpha}) + (S_{\alpha\beta})^2)\mathrm{d}v = 0.$$

$$\int F''(\rho)|\nabla\rho|^2 + 2F'(\rho)(|Dh|^2 - n|\nabla\vec{H}|^2)$$

$$+ F'(\rho)2nc\rho + n^2 F(\rho)H^2$$

$$- 2F'(\rho)(n\hat{S}_{\alpha\beta}H^\beta H^\alpha + N(\hat{A}_\alpha\hat{A}_\beta - \hat{A}_\beta\hat{A}_\alpha) + (\hat{S}_{\alpha\beta})^2)\mathrm{d}v = 0.$$

（13）当原流形为空间形式，余维数大于等于2，$F'(u) \geqslant 0$时，陈省身类型估计I为

$$\int F''(\rho)|\nabla\rho|^2 + 2F'(\rho)(|Dh|^2 - n|\nabla\vec{H}|^2)$$

$$+ 2nF'(\rho)S_{\alpha\beta}H^\alpha H^\beta + F'(\rho)2nc\rho + n^2F(\rho)H^2$$

$$- 2F'(\rho)\Big(\frac{2}{2 - p^{-1}}S^2\Big)\mathrm{d}v \leqslant 0.$$

又当$S \equiv S_0 > 0$且$F' > 0$时，等式成立当且仅当：余维数为2，矩阵$A_{n+1} \neq 0$，$A_{n+2} \neq 0$，$\vec{H} = 0$，并且A_{n+1}，A_{n+2}为式(12.1)的形式。

（14）当原流形为空间形式，余维数大于等于2，$F'(u) \geqslant 0$时，陈省身类型估计II为

$$\int F''(\rho)|\nabla\rho|^2 + 2F'(\rho)(|Dh|^2 - n|\nabla\vec{H}|^2)$$

$$+ nH^2(nF(\rho) - 2\rho F'(\rho))$$

$$- 2\big(2 - \frac{1}{p} \big)F'(\rho)\rho\big(\rho - \frac{nc}{2 - p^{-1}}\big)\mathrm{d}v \leqslant 0.$$

又当$\rho \equiv \rho_0 > 0$且$F' > 0$时，等式成立当且仅当：余维数为2，矩阵$\hat{A}_{n+1} \neq 0$，$\hat{A}_{n+2} \neq 0$，$\vec{H} = 0$，并且$\hat{A}_{n+1}$，$\hat{A}_{n+2}$为式(12.1)的形式。

（15）当原流形为空间形式，余维数大于等于2，$F'(u) \leqslant 0$时，陈省身类型估计I为

$$\int F''(\rho)|\nabla\rho|^2 + 2F'(\rho)(|Dh|^2 - n|\nabla\vec{H}|^2)$$

$$+ 2nF'(\rho)S_{\alpha\beta}H^\alpha H^\beta + F'(\rho)2nc\rho + n^2F(\rho)H^2$$

$$- 2F'(\rho)\Big(\frac{2}{2 - p^{-1}}S^2\Big)\mathrm{d}v \geqslant 0.$$

又当$S \equiv S_0 > 0$且$F' < 0$时，等式成立当且仅当：余维数为2，矩阵$A_{n+1} \neq 0$，$A_{n+2} \neq 0$，$\vec{H} = 0$，并且A_{n+1}，A_{n+2}为式(12.1)的形式。

（16）当原流形为空间形式，余维数大于等于2，$F'(u) \leqslant 0$时，陈省

身类型估计Ⅱ为

$$\int F''(\rho)|\nabla\rho|^2 + 2F'(\rho)(|Dh|^2 - n|\nabla\vec{H}|^2)$$

$$+ nH^2(\,nF(\rho) - 2\rho F'(\rho)\,)$$

$$- 2(\,2 - \frac{1}{p}\,)F'(\rho)\rho(\rho - \frac{nc}{2 - p^{-1}})\mathrm{d}v \geqslant 0.$$

又当 $\rho \equiv \rho_0 > 0$ 且 $F' < 0$ 时，等式成立当且仅当：余维数为2，矩阵 $\hat{A}_{n+1} \neq 0$，$\hat{A}_{n+2} \neq 0$，$\vec{H} = 0$，并且 $\hat{A}_{n+1}$，$\hat{A}_{n+2}$ 为式(12.1)的形式。

（17）当原流形为空间形式，余维数大于等于2，$F'(u) \geqslant 0$ 时，李安民类型估计Ⅰ为

$$\int F''(\rho)|\nabla\rho|^2 + 2F'(\rho)(|Dh|^2 - n|\nabla\vec{H}|^2)$$

$$+ 2nF'(\rho)S_{\alpha\beta}H^\alpha H^\beta + F'(\rho)2nc\rho + n^2F(\rho)H^2$$

$$- 2F'(\rho)\left(\frac{3}{2}S^2\right)\mathrm{d}v \leqslant 0.$$

又当 $S \equiv S_0 > 0$ 且 $F' > 0$ 时，等式成立当且仅当：余维数为2，矩阵 $A_{n+1} \neq 0$，$A_{n+2} \neq 0$，$\vec{H} = 0$，并且 A_{n+1}，A_{n+2} 为式(12.2)的形式。

（18）当原流形为空间形式，余维数大于等于2，$F'(u) \geqslant 0$ 时，李安民类型估计Ⅱ为

$$\int F''(\rho)|\nabla\rho|^2 + 2F'(\rho)(|Dh|^2 - n|\nabla\vec{H}|^2)$$

$$+ nH^2(\,nF(\rho) - 2\rho F'(\rho)\,) - 3F'(\rho)\rho(\rho - \frac{2nc}{3})\mathrm{d}v \leqslant 0.$$

又当 $\rho \equiv \rho_0 > 0$ 且 $F' > 0$ 时，等式成立当且仅当：余维数为2，矩阵 $\hat{A}_{n+1} \neq 0$，$\hat{A}_{n+2} \neq 0$，$\vec{H} = 0$，并且 $\hat{A}_{n+1}$，$\hat{A}_{n+2}$ 为式(12.2)的形式。

（19）当原流形为空间形式，余维数大于等于2，$F'(u) \leqslant 0$ 时，李安民类型估计Ⅰ为

$$\int F''(\rho)|\nabla\rho|^2 + 2F'(\rho)(|Dh|^2 - n|\nabla\vec{H}|^2)$$

$$+ 2nF'(\rho)S_{\alpha\beta}II^\alpha H^\beta + F'(\rho)2nc\rho + n^2F(\rho)H^2$$

$$- 2F'(\rho)\left(\frac{3}{2}S^2\right)\mathrm{d}v \geqslant 0.$$

又当 $S \equiv S_0 > 0$ 且 $F' < 0$ 时，等式成立当且仅当：余维数为2，矩阵 $A_{n+1} \neq 0$, $A_{n+2} \neq 0$, $\vec{H} = 0$，并且 A_{n+1}, A_{n+2} 为式(12.2)的形式。

（20）当原流形为空间形式，余维数大于等于2，$F'(u) \leqslant 0$ 时，李安民类型估计Ⅱ为

$$\int F''(\rho)|\nabla\rho|^2 + 2F'(\rho)(|Dh|^2 - n|\nabla\vec{H}|^2)$$
$$+ nH^2(\,nF(\rho) - 2\rho F'(\rho)\,) - 3F'(\rho)\rho(\rho - \frac{2nc}{3})\mathrm{d}v \geqslant 0.$$

又当 $\rho \equiv \rho_0 > 0$ 且 $F' < 0$ 时，等式成立当且仅当：余维数为2，矩阵 $\hat{A}_{n+1} \neq 0$, $\hat{A}_{n+2} \neq 0$, $\vec{H} = 0$，并且 $\hat{A}_{n+1}$, $\hat{A}_{n+2}$ 为式(12.2)的形式。

12.4　全曲率模长泛函 $GD_{(n,F)}$ 临界点的估计

当 $F(S, H^2) = F(S)$ 时，有

$$F_1 = F'(S), \quad F_2 = 0, \quad F_{11} = F''(S),$$
$$F_{12} = F_{21} = 0, \quad F_{22} = 0.$$

将它们代入节12.2的公式可以得到下面的结论。

引理 12.11　对于函数 $F(S)$，在 $GD_{(n,F)}$ 子流形的一阶变分公式的基础上，有如下公式：

（1）当原流形为一般流形，余维数等于1时，

$$\Delta F(S) = F''(S)|\nabla S|^2 + (\,2nF'(S)h_{ij}H_{,ij} + 2nF'(S)P_3H$$
$$+ 2nF'(S)h_{ij}\bar{R}_{i(n+1)(n+1)j}H - n^2F(S)H^2\,)$$
$$+ 2F'(S)|Dh|^2 - 2F'(S)S^2$$
$$- 2nF'(S)h_{ij}\bar{R}_{i(n+1)(n+1)j}H + n^2F(S)H^2$$
$$+ 2F'(S)(h_{ij}\bar{R}_{(n+1)ijk,k} - h_{ij}\bar{R}_{(n+1)kki,j})$$

$$+ 2F'(S)(h_{ij}h_{kl}\bar{R}_{iljk} + h_{ij}h_{il}\bar{R}_{jkkl})$$

（2）当原流形为一般流形，余维数大于等于2时，

$$\Delta F(S) = F''(S)|\nabla S|^2 + ((2nF'(S)h_{ij}^{\alpha})H_{,ij}^{\alpha} + 2nF'(S)S_{\alpha\beta\beta}H^{\alpha}$$
$$- 2nF'(S)h_{ij}^{\beta}\bar{R}_{ij\alpha}^{\beta}H^{\alpha} - n^2F(S)H^2)$$
$$+ 2F'(S)|Dh|^2 + n^2F(S)H^2 + 2nF'(S)h_{ij}^{\beta}\bar{R}_{ij\alpha}^{\beta}H^{\alpha}$$
$$+ 2F'(S)(-h_{ij}^{\alpha}\bar{R}_{ijk,k}^{\alpha} + h_{ij}^{\alpha}\bar{R}_{kki,j}^{\alpha})$$
$$+ 2F'(S)(h_{ij}^{\alpha}h_{pk}^{\alpha}\bar{R}_{ipjk} + h_{ij}^{\alpha}h_{ip}^{\alpha}\bar{R}_{kpjk} + h_{ij}^{\alpha}h_{ik}^{\beta}\bar{R}_{\alpha\beta jk})$$
$$- 2F'(S)(N(A_{\alpha}A_{\beta} - A_{\beta}A_{\alpha}) + (S_{\alpha\beta})^2).$$

$$\Delta F(S) = F''(S)|\nabla S|^2 + ((2nF'(S)h_{ij}^{\alpha})H_{,ij}^{\alpha} + 2nF'(S)S_{\alpha\beta\beta}H^{\alpha}$$
$$- 2nF'(S)h_{ij}^{\beta}\bar{R}_{ij\alpha}^{\beta}H^{\alpha}$$
$$- n^2F(S)H^2)$$
$$+ 2F'(S)|Dh|^2 - 2n^2F'(S)H^4$$
$$+ n^2F(S)H^2 + 2nF'(S)h_{ij}^{\beta}\bar{R}_{ij\alpha}^{\beta}H^{\alpha}$$
$$+ 2F'(S)(-h_{ij}^{\alpha}\bar{R}_{ijk,k}^{\alpha} + h_{ij}^{\alpha}\bar{R}_{kki,j}^{\alpha})$$
$$+ 2F'(S)(h_{ij}^{\alpha}h_{pk}^{\alpha}\bar{R}_{ipjk} + h_{ij}^{\alpha}h_{ip}^{\alpha}\bar{R}_{kpjk} + h_{ij}^{\alpha}h_{ik}^{\beta}\bar{R}_{\alpha\beta jk})$$
$$- 2F'(S)(N(\hat{A}_{\alpha}\hat{A}_{\beta} - \hat{A}_{\beta}\hat{A}_{\alpha}) + (\hat{S}_{\alpha\beta})^2 + 2n\hat{S}_{\alpha\beta}H^{\alpha}H^{\beta}).$$

（3）当原流形为空间形式，余维数等于1时，

$$\Delta F(S) = F''(S)|\nabla S|^2 + (2nF'(S)h_{ij}H_{,ij} + 2nF'(S)P_3H$$
$$+ 2n^2cF'(S)H^2 - n^2F(S)H^2)$$
$$- 4n^2cF'(S)H^2 + 2F'(S)|Dh|^2$$
$$+ 2ncF'(S)S - 2F'(S)S^2 + n^2F(S)H^2.$$

（4）当原流形为空间形式，余维数大于等于2时，

$$
\begin{aligned}
\Delta F(S) = {} & F''(S)|\nabla S|^2 + \big((2nF'(S)h_{ij}^{\alpha})H_{,ij}^{\alpha} \\
& + 2nF'(S)S_{\alpha\beta\beta}H^{\alpha} + 2n^2cF'(S)H^2 - n^2F(S)H^2 \big) \\
& - 4n^2cF'(S)H^2 + 2F'(S)|Dh|^2 \\
& + 2ncF'(S)S + n^2F(S)H^2 \\
& - 2F'(S)\big(N(A_{\alpha}A_{\beta} - A_{\beta}A_{\alpha}) + (S_{\alpha\beta})^2 \big).
\end{aligned}
$$

$$
\begin{aligned}
\Delta F(S) = {} & F''(S)|\nabla S|^2 + \big((2nF'(S)h_{ij}^{\alpha})H_{,ij}^{\alpha} \\
& + 2nF'(S)S_{\alpha\beta\beta}H^{\alpha} + 2n^2cF'(S)H^2 - n^2F(S)H^2 \big) \\
& - 4n^2cF'(S)H^2 + 2F'(S)|Dh|^2 + 2ncF'(S)S \\
& + n^2F(S)H^2 - 2n^2F'(S)H^4 \\
& - 2F'(S)\big(N(\hat{A}_{\alpha}\hat{A}_{\beta} - \hat{A}_{\beta}\hat{A}_{\alpha}) + (\hat{S}_{\alpha\beta})^2 + 2n\hat{S}_{\alpha\beta}H^{\alpha}H^{\beta} \big).
\end{aligned}
$$

结合上面的引理，我们有下面的结论。

定理 12.5 对函数$F(S)$的二阶导数$\Delta F(S)$有如下等式和不等式。

（1）当原流形为一般流形，余维数等于1时，

$$
\begin{aligned}
\Delta F(S) = {} & F''(S)|\nabla S|^2 + \big(2nF'(S)h_{ij}H_{,ij} + 2nF'(S)P_3H \\
& + 2nF'(S)h_{ij}\bar{R}_{i(n+1)(n+1)j}H - n^2F(S)H^2 \big) \\
& + 2F'(S)|Dh|^2 - 2F'(S)S^2 \\
& - 2nF'(S)h_{ij}\bar{R}_{i(n+1)(n+1)j}H + n^2F(S)H^2 \\
& + 2F'(S)(h_{ij}\bar{R}_{(n+1)ijk,k} - h_{ij}\bar{R}_{(n+1)kki,j}) \\
& + 2F'(S)(h_{ij}h_{kl}\bar{R}_{iljk} + h_{ij}h_{il}\bar{R}_{jkkl})
\end{aligned}
$$

（2）当原流形为一般流形，余维数大于等于2时，

$$
\Delta F(S) = F''(S)|\nabla S|^2 + \big((2nF'(S)h_{ij}^{\alpha})H_{,ij}^{\alpha} + 2nF'(S)S_{\alpha\beta\beta}H^{\alpha}
$$

$$- 2nF'(S)h_{ij}^{\beta}\bar{R}_{ij\alpha}^{\beta}H^{\alpha} - n^2F(S)H^2\Big)$$

$$+ 2F'(S)|Dh|^2 + n^2F(S)H^2 + 2nF'(S)h_{ij}^{\beta}\bar{R}_{ij\alpha}^{\beta}H^{\alpha}$$

$$+ 2F'(S)(-h_{ij}^{\alpha}\bar{R}_{ijk,k}^{\alpha} + h_{ij}^{\alpha}\bar{R}_{kki,j}^{\alpha})$$

$$+ 2F'(S)(h_{ij}^{\alpha}h_{pk}^{\alpha}\bar{R}_{ipjk} + h_{ij}^{\alpha}h_{ip}^{\alpha}\bar{R}_{kpjk} + h_{ij}^{\alpha}h_{ik}^{\beta}\bar{R}_{\alpha\beta jk})$$

$$- 2F'(S)(N(A_{\alpha}A_{\beta} - A_{\beta}A_{\alpha}) + (S_{\alpha\beta})^2).$$

$$\Delta F(S) = F''(S)|\nabla S|^2 + \Big((2nF'(S)h_{ij}^{\alpha})H_{,ij}^{\alpha} + 2nF'(S)S_{\alpha\beta\beta}H^{\alpha}$$

$$- 2nF'(S)h_{ij}^{\beta}\bar{R}_{ij\alpha}^{\beta}H^{\alpha} - n^2F(S)H^2\Big)$$

$$+ 2F'(S)|Dh|^2 - 2n^2F'(S)H^4$$

$$+ n^2F(S)H^2 + 2nF'(S)h_{ij}^{\beta}\bar{R}_{ij\alpha}^{\beta}H^{\alpha}$$

$$+ 2F'(S)(-h_{ij}^{\alpha}\bar{R}_{ijk,k}^{\alpha} + h_{ij}^{\alpha}\bar{R}_{kki,j}^{\alpha})$$

$$+ 2F'(S)(h_{ij}^{\alpha}h_{pk}^{\alpha}\bar{R}_{ipjk} + h_{ij}^{\alpha}h_{ip}^{\alpha}\bar{R}_{kpjk} + h_{ij}^{\alpha}h_{ik}^{\beta}\bar{R}_{\alpha\beta jk})$$

$$- 2F'(S)(N(\hat{A}_{\alpha}\hat{A}_{\beta} - \hat{A}_{\beta}\hat{A}_{\alpha}) + (\hat{S}_{\alpha\beta})^2 + 2n\hat{S}_{\alpha\beta}H^{\alpha}H^{\beta}).$$

（3）当原流形为一般流形，余维数大于等于2，$F'(u) \geqslant 0$时，陈省身类型估计I为

$$\Delta F(S) \geqslant F''(S)|\nabla S|^2 + \Big((2nF'(S)h_{ij}^{\alpha})H_{,ij}^{\alpha} + 2nF'(S)S_{\alpha\beta\beta}H^{\alpha}$$

$$- 2nF'(S)h_{ij}^{\beta}\bar{R}_{ij\alpha}^{\beta}H^{\alpha} - n^2F(S)H^2\Big)$$

$$+ 2F'(S)|Dh|^2 + n^2F(S)H^2 + 2nF'(S)h_{ij}^{\beta}\bar{R}_{ij\alpha}^{\beta}H^{\alpha}$$

$$+ 2F'(S)(-h_{ij}^{\alpha}\bar{R}_{ijk,k}^{\alpha} + h_{ij}^{\alpha}\bar{R}_{kki,j}^{\alpha})$$

$$+ 2F'(S)(h_{ij}^{\alpha}h_{pk}^{\alpha}\bar{R}_{ipjk} + h_{ij}^{\alpha}h_{ip}^{\alpha}\bar{R}_{kpjk} + h_{ij}^{\alpha}h_{ik}^{\beta}\bar{R}_{\alpha\beta jk})$$

$$- 2F'(S)\Big(2 - \frac{1}{p} \Big)S^2.$$

又当$S \equiv S_0 > 0$且$F' > 0$时，等式成立当且仅当：余维数为2，矩阵$A_{n+1} \neq 0$，$A_{n+2} \neq 0$，$\vec{H} = 0$，并且A_{n+1}, A_{n+2}为式(12.)的形式

（4）当原流形为一般流形，余维数大于等于2，$F'(u) \geqslant 0$时，陈省身类型估计Ⅱ为

$$
\begin{aligned}
\Delta F(S) \geqslant {} & F''(S)|\nabla S|^2 + \big((2nF'(S)h_{ij}^{\alpha})H_{,ij}^{\alpha} + 2nF'(S)S_{\alpha\beta\beta}H^{\alpha} \\
& - 2nF'(S)h_{ij}^{\beta}\bar{R}_{ij\alpha}^{\beta}H^{\alpha} - n^2F(S)H^2 \big) \\
& + 2F'(S)|Dh|^2 - 2n^2F'(S)H^4 \\
& + n^2F(S)H^2 + 2nF'(S)h_{ij}^{\beta}\bar{R}_{ij\alpha}^{\beta}H^{\alpha} \\
& + 2F'(S)(-h_{ij}^{\alpha}\bar{R}_{ijk,k}^{\alpha} + h_{ij}^{\alpha}\bar{R}_{kki,j}^{\alpha}) \\
& + 2F'(S)(h_{ij}^{\alpha}h_{pk}^{\alpha}\bar{R}_{ipjk} + h_{ij}^{\alpha}h_{ip}^{\alpha}\bar{R}_{kpjk} + h_{ij}^{\alpha}h_{ik}^{\beta}\bar{R}_{\alpha\beta jk}) \\
& - 2F'(S)\Big(2n\rho H^2 + \big(2 - \frac{1}{p} \big)\rho^2 \Big).
\end{aligned}
$$

又当$\rho \equiv \rho_0 > 0$且$F' > 0$时，等式成立当且仅当：余维数为2，矩阵$\hat{A}_{n+1} \neq 0$，$\hat{A}_{n+2} \neq 0$，$\vec{H} = 0$，并且$\hat{A}_{n+1}$，$\hat{A}_{n+2}$为式(12.1)的形式。

（5）当原流形为一般流形，余维数大于等于2，$F'(u) \leqslant 0$时，陈省身类型估计Ⅰ为

$$
\begin{aligned}
\Delta F(S) \leqslant {} & F''(S)|\nabla S|^2 + \big((2nF'(S)h_{ij}^{\alpha})H_{,ij}^{\alpha} + 2nF'(S)S_{\alpha\beta\beta}H^{\alpha} \\
& - 2nF'(S)h_{ij}^{\beta}\bar{R}_{ij\alpha}^{\beta}H^{\alpha} - n^2F(S)H^2 \big) \\
& + 2F'(S)|Dh|^2 + n^2F(S)H^2 + 2nF'(S)h_{ij}^{\beta}\bar{R}_{ij\alpha}^{\beta}H^{\alpha} \\
& + 2F'(S)(-h_{ij}^{\alpha}\bar{R}_{ijk,k}^{\alpha} + h_{ij}^{\alpha}\bar{R}_{kki,j}^{\alpha}) \\
& + 2F'(S)(h_{ij}^{\alpha}h_{pk}^{\alpha}\bar{R}_{ipjk} + h_{ij}^{\alpha}h_{ip}^{\alpha}\bar{R}_{kpjk} + h_{ij}^{\alpha}h_{ik}^{\beta}\bar{R}_{\alpha\beta jk}) \\
& - 2F'(S)\big(2 - \frac{1}{p} \big)S^2.
\end{aligned}
$$

又当$S \equiv S_0 > 0$且$F' < 0$时，等式成立当且仅当：余维数为2，矩阵$A_{n+1} \neq 0$，$A_{n+2} \neq 0$，$\vec{H} = 0$，并且A_{n+1}，A_{n+2}为式(12.1)的形式

（6）当原流形为一般流形，余维数大于等于2，$F'(u) \leqslant 0$时，陈省

身类型估计Ⅱ为

$$\Delta F(S) \leqslant F''(S)|\nabla S|^2 + \Big((2nF'(S)h_{ij}^{\alpha})H_{,ij}^{\alpha} + 2nF'(S)S_{\alpha\beta\beta}H^{\alpha}$$
$$- 2nF'(S)h_{ij}^{\beta}\bar{R}_{ij\alpha}^{\beta}H^{\alpha} - n^2F(S)H^2 \Big)$$
$$+ 2F'(S)|Dh|^2 - 2n^2F'(S)H^4$$
$$+ n^2F(S)H^2 + 2nF'(S)h_{ij}^{\beta}\bar{R}_{ij\alpha}^{\beta}H^{\alpha}$$
$$+ 2F'(S)(-h_{ij}^{\alpha}\bar{R}_{ijk,k}^{\alpha} + h_{ij}^{\alpha}\bar{R}_{kki,j}^{\alpha})$$
$$+ 2F'(S)(h_{ij}^{\alpha}h_{pk}^{\alpha}\bar{R}_{ipjk} + h_{ij}^{\alpha}h_{ip}^{\alpha}\bar{R}_{kpjk} + h_{ij}^{\alpha}h_{ik}^{\beta}\bar{R}_{\alpha\beta jk})$$
$$- 2F'(S)\Big(2n\rho H^2 + (2-\frac{1}{p})\rho^2 \Big).$$

又当$\rho \equiv \rho_0 > 0$且$F' < 0$时，等式成立当且仅当：余维数为2，矩阵$\hat{A}_{n+1} \neq 0$，$\hat{A}_{n+2} \neq 0$，$\vec{H} = 0$，并且$\hat{A}_{n+1}$，$\hat{A}_{n+2}$为式(12.1)的形式。

（7）当原流形为一般流形，余维数大于等于2，$F'(u) \geqslant 0$时，李安民类型估计Ⅰ为

$$\Delta F(S) \geqslant F''(S)|\nabla S|^2 + \Big((2nF'(S)h_{ij}^{\alpha})H_{,ij}^{\alpha} + 2nF'(S)S_{\alpha\beta\beta}H^{\alpha}$$
$$- 2nF'(S)h_{ij}^{\beta}\bar{R}_{ij\alpha}^{\beta}H^{\alpha} - n^2F(S)H^2 \Big)$$
$$+ 2F'(S)|Dh|^2 + n^2F(S)H^2 + 2nF'(S)h_{ij}^{\beta}\bar{R}_{ij\alpha}^{\beta}H^{\alpha}$$
$$+ 2F'(S)(-h_{ij}^{\alpha}\bar{R}_{ijk,k}^{\alpha} + h_{ij}^{\alpha}\bar{R}_{kki,j}^{\alpha})$$
$$+ 2F'(S)(h_{ij}^{\alpha}h_{pk}^{\alpha}\bar{R}_{ipjk} + h_{ij}^{\alpha}h_{ip}^{\alpha}\bar{R}_{kpjk} + h_{ij}^{\alpha}h_{ik}^{\beta}\bar{R}_{\alpha\beta jk})$$
$$- 3F'(S)S^2.$$

又当$S \equiv S_0 > 0$且$F' > 0$时，等式成立当且仅当：余维数为2，矩阵$A_{n+1} \neq 0$，$A_{n+2} \neq 0$，$\vec{H} = 0$，并且A_{n+1}，A_{n+2}为式(12.2)的形式。

（8）当原流形为一般流形，余维数大于等于2，$F'(u) \geqslant 0$时，李安民类型估计Ⅱ为

$$\Delta F(S) \geqslant F''(S)|\nabla S|^2 + \Big((2nF'(S)h_{ij}^{\alpha})H_{,ij}^{\alpha} + 2nF'(S)S_{\alpha\beta\beta}H^{\alpha}$$

$$- 2nF'(S)h_{ij}^{\beta}\bar{R}_{ij\alpha}^{\beta}H^{\alpha} - n^2 F(S)H^2\Big)$$

$$+ 2F'(S)|Dh|^2 - 2n^2 F'(S)H^4$$

$$+ n^2 F(S)H^2 + 2nF'(S)h_{ij}^{\beta}\bar{R}_{ij\alpha}^{\beta}H^{\alpha}$$

$$+ 2F'(S)(-h_{ij}^{\alpha}\bar{R}_{ijk,k}^{\alpha} + h_{ij}^{\alpha}\bar{R}_{kki,j}^{\alpha})$$

$$+ 2F'(S)(h_{ij}^{\alpha}h_{pk}^{\alpha}\bar{R}_{ipjk} + h_{ij}^{\alpha}h_{ip}^{\alpha}\bar{R}_{kpjk} + h_{ij}^{\alpha}h_{ik}^{\beta}\bar{R}_{\alpha\beta jk})$$

$$- 2F'(S)\Big(2n\rho H^2 + \frac{3}{2}\rho^2\Big).$$

又当 $\rho \equiv \rho_0 > 0$ 且 $F' > 0$ 时，等式成立当且仅当：余维数为2，矩阵 $\hat{A}_{n+1} \neq 0$，$\hat{A}_{n+2} \neq 0$，$\vec{H} = 0$，并且 $\hat{A}_{n+1}$，$\hat{A}_{n+2}$ 为式(12.2)的形式。

（9）当原流形为一般流形，余维数大于等于2，$F'(u) \leq 0$ 时，李安民类型估计I为

$$\Delta F(S) \leq F''(S)|\nabla S|^2 + \Big((2nF'(S)h_{ij}^{\alpha})H_{,ij}^{\alpha} + 2nF'(S)S_{\alpha\beta\beta}H^{\alpha}$$

$$- 2nF'(S)h_{ij}^{\beta}\bar{R}_{ij\alpha}^{\beta}H^{\alpha} - n^2 F(S)H^2\Big)$$

$$+ 2F'(S)|Dh|^2 + n^2 F(S)H^2 + 2nF'(S)h_{ij}^{\beta}\bar{R}_{ij\alpha}^{\beta}H^{\alpha}$$

$$+ 2F'(S)(-h_{ij}^{\alpha}\bar{R}_{ijk,k}^{\alpha} + h_{ij}^{\alpha}\bar{R}_{kki,j}^{\alpha})$$

$$+ 2F'(S)(h_{ij}^{\alpha}h_{pk}^{\alpha}\bar{R}_{ipjk} + h_{ij}^{\alpha}h_{ip}^{\alpha}\bar{R}_{kpjk} + h_{ij}^{\alpha}h_{ik}^{\beta}\bar{R}_{\alpha\beta jk})$$

$$- 3F'(S)S^2.$$

又当 $S \equiv S_0 > 0$ 且 $F' < 0$ 时，等式成立当且仅当：余维数为2，矩阵 $A_{n+1} \neq 0$，$A_{n+2} \neq 0$，$\vec{H} = 0$，并且 A_{n+1}，A_{n+2} 为式(12.2)的形式。

（10）当原流形为一般流形，余维数大于等于2，$F'(u) \leq 0$ 时，李安民类型估计II为

$$\Delta F(S) \leq F''(S)|\nabla S|^2 + \Big((2nF'(S)h_{ij}^{\alpha})H_{,ij}^{\alpha} + 2nF'(S)S_{\alpha\beta\beta}H^{\alpha}$$

$$- 2nF'(S)h_{ij}^{\beta}\bar{R}_{ij\alpha}^{\beta}H^{\alpha} - n^2 F(S)H^2\Big)$$

$$+ 2F'(S)|Dh|^2 - 2n^2 F'(S)H^4$$

$$+ n^2 F(S)H^2 + 2nF'(S)h_{ij}^\beta \bar{R}_{ij\alpha}^\beta H^\alpha$$

$$+ 2F'(S)(-h_{ij}^\alpha \bar{R}_{ijk,k}^\alpha + h_{ij}^\alpha \bar{R}_{kki,j}^\alpha)$$

$$+ 2F'(S)(h_{ij}^\alpha h_{pk}^\alpha \bar{R}_{ipjk} + h_{ij}^\alpha h_{ip}^\alpha \bar{R}_{kpjk} + h_{ik}^\alpha h_{ik}^\beta \bar{R}_{\alpha\beta jk})$$

$$- 2F'(S)\left(2n\rho H^2 + \frac{3}{2}\rho^2\right).$$

又当$\rho \equiv \rho_0 > 0$且$F' < 0$时，等式成立当且仅当：余维数为2，矩阵$\hat{A}_{n+1} \neq 0$, $\hat{A}_{n+2} \neq 0$, $\vec{H} = 0$, 并且$\hat{A}_{n+1}$, $\hat{A}_{n+2}$为式(12.2)的形式。

（11）当原流形为空间形式，余维数等于1时，

$$\Delta F(S) = F''(S)|\nabla S|^2 + \left(2nF'(S)h_{ij}H_{,ij} + 2nF'(S)P_3 H\right.$$

$$+ 2n^2 cF'(S)H^2 - n^2 F(S)H^2\Big)$$

$$- 4n^2 cF'(S)H^2 + 2F'(S)|Dh|^2$$

$$+ 2ncF'(S)S - 2F'(S)S^2 + n^2 F(S)H^2.$$

（12）当原流形为空间形式，余维数大于等于2时，

$$\Delta F(S) = F''(S)|\nabla S|^2 + \left((2nF'(S)h_{ij}^\alpha)H_{,ij}^\alpha\right.$$

$$+ 2nF'(S)S_{\alpha\beta\beta}H^\alpha + 2n^2 cF'(S)H^2 - n^2 F(S)H^2\Big)$$

$$- 4n^2 cF'(S)H^2 + 2F'(S)|Dh|^2 + 2ncF'(S)S + n^2 F(S)H^2$$

$$- 2F'(S)(N(A_\alpha A_\beta - A_\beta A_\alpha) + (S_{\alpha\beta})^2).$$

$$\Delta F(S) = F''(S)|\nabla S|^2 + \left((2nF'(S)h_{ij}^\alpha)H_{,ij}^\alpha\right.$$

$$+ 2nF'(S)S_{\alpha\beta\beta}H^\alpha + 2n^2 cF'(S)H^2 - n^2 F(S)H^2\Big)$$

$$- 4n^2 cF'(S)H^2 + 2F'(S)|Dh|^2$$

$$+ 2ncF'(S)S + n^2 F(S)H^2 - 2n^2 F'(S)H^4$$

$$- 2F'(S)(N(\hat{A}_\alpha \hat{A}_\beta - \hat{A}_\beta \hat{A}_\alpha) + (\hat{S}_{\alpha\beta})^2 + 2n\hat{S}_{\alpha\beta}H^\alpha H^\beta).$$

（13）当原流形为空间形式，余维数大于等于2，$F'(u) \geqslant 0$时，陈省

身类型估计I为

$$\Delta F(S) \geqslant F''(S)|\nabla S|^2 + \Big((2nF'(S)h_{ij}^\alpha)H_{,ij}^\alpha$$
$$+ 2nF'(S)S_{\alpha\beta\beta}H^\alpha + 2n^2cF'(S)H^2 - n^2F(S)H^2 \Big)$$
$$- 4n^2cF'(S)H^2 + 2F'(S)|Dh|^2$$
$$+ 2ncF'(S)S + n^2F(S)H^2$$
$$- 2\Big(2 - \frac{1}{p}\Big)F'(S)S^2.$$

又当$S \equiv S_0 > 0$且$F' > 0$时，等式成立当且仅当：余维数为2，矩阵$A_{n+1} \neq 0$，$A_{n+2} \neq 0$，$\vec{H} = 0$，并且A_{n+1}，A_{n+2}为式(12.1)的形式

（14）当原流形为空间形式，余维数大于等于2，$F'(u) \geqslant 0$时，陈省身类型估计II为

$$\Delta F(S) \geqslant F''(S)|\nabla S|^2 + \Big((2nF'(S)h_{ij}^\alpha)H_{,ij}^\alpha$$
$$+ 2nF'(S)S_{\alpha\beta\beta}H^\alpha + 2n^2cF'(S)H^2 - n^2F(S)H^2 \Big)$$
$$- 4n^2cF'(S)H^2 + 2F'(S)|Dh|^2 + 2ncF'(S)S$$
$$+ n^2F(S)H^2 - 2n^2F'(S)H^4$$
$$- 2F'(S)\Big(2n\rho H^2 + \Big(2 - \frac{1}{p}\Big)\rho^2 \Big).$$

又当$\rho \equiv \rho_0 > 0$且$F' > 0$时，等式成立当且仅当：余维数为2，矩阵$\hat{A}_{n+1} \neq 0$，$\hat{A}_{n+2} \neq 0$，$\vec{H} = 0$，并且$\hat{A}_{n+1}$，$\hat{A}_{n+2}$为式(12.1)的形式。

（15）当原流形为空间形式，余维数大于等于2，$F'(u) \leqslant 0$时，陈省身类型估计I为

$$\Delta F(S) \leqslant F''(S)|\nabla S|^2 + \Big((2nF'(S)h_{ij}^\alpha)H_{,ij}^\alpha$$
$$+ 2nF'(S)S_{\alpha\beta\beta}H^\alpha + 2n^2cF'(S)H^2 - n^2F(S)H^2 \Big)$$
$$- 4n^2cF'(S)H^2 + 2F'(S)|Dh|^2$$
$$+ 2ncF'(S)S + n^2F(S)H^2$$

$$- 2\left(2 - \frac{1}{p}\right)F'(S)S^2.$$

又当$S \equiv S_0 > 0$且$F' < 0$时，等式成立当且仅当：余维数为2，矩阵$A_{n+1} \neq 0$，$A_{n+2} \neq 0$，$\vec{H} = 0$，并且A_{n+1}，A_{n+2}为式(12.1)的形式

（16）当原流形为空间形式，余维数大于等于2，$F'(u) \leqslant 0$时，陈省身类型估计Ⅱ为

$$\Delta F(S) \leqslant F''(S)|\nabla S|^2 + \Big((2nF'(S)h_{ij}^\alpha)H_{,ij}^\alpha$$
$$+ 2nF'(S)S_{\alpha\beta\beta}H^\alpha + 2n^2cF'(S)H^2 - n^2F(S)H^2 \Big)$$
$$- 4n^2cF'(S)H^2 + 2F'(S)|Dh|^2 + 2ncF'(S)S$$
$$+ n^2F(S)H^2 - 2n^2F'(S)H^4$$
$$- 2F'(S)\Big(2n\rho H^2 + \left(2 - \frac{1}{p}\right)\rho^2\Big).$$

又当$\rho \equiv \rho_0 > 0$且$F' < 0$时，等式成立当且仅当：余维数为2，矩阵$\hat{A}_{n+1} \neq 0$，$\hat{A}_{n+2} \neq 0$，$\vec{H} = 0$，并且$\hat{A}_{n+1}$，$\hat{A}_{n+2}$为式(12.1)的形式。

（17）当原流形为空间形式，余维数大于等于2，$F'(u) \geqslant 0$时，李安民类型估计I为

$$\Delta F(S) = F''(S)|\nabla S|^2 + \Big((2nF'(S)h_{ij}^\alpha)H_{,ij}^\alpha$$
$$+ 2nF'(S)S_{\alpha\beta\beta}H^\alpha + 2n^2cF'(S)H^2 - n^2F(S)H^2 \Big)$$
$$- 4n^2cF'(S)H^2 + 2F'(S)|Dh|^2$$
$$+ 2ncF'(S)S + n^2F(S)H^2 - 3F'(S)S^2.$$

又当$S \equiv S_0 > 0$且$F' > 0$时，等式成立当且仅当：余维数为2，矩阵$A_{n+1} \neq 0$，$A_{n+2} \neq 0$，$\vec{H} = 0$，并且A_{n+1}，A_{n+2}为式(12.2)的形式。

（18）当原流形为空间形式，余维数大于等于2，$F'(u) \geqslant 0$时，李安民类型估计Ⅱ为

$$\Delta F(S) \leqslant F''(S)|\nabla S|^2 + \Big((2nF'(S)h_{ij}^\alpha)H_{,ij}^\alpha$$

$$+ 2nF'(S)S_{\alpha\beta\beta}H^\alpha + 2n^2cF'(S)H^2 - n^2F(S)H^2 \Big)$$

$$- 4n^2cF'(S)H^2 + 2F'(S)|Dh|^2 + 2ncF'(S)S$$

$$+ n^2F(S)H^2 - 2n^2F'(S)H^4$$

$$- 2F'(S)\Big(2n\rho H^2 + \frac{3}{2}\rho^2 \Big).$$

又当 $\rho \equiv \rho_0 > 0$ 且 $F' > 0$ 时，等式成立当且仅当：余维数为2，矩阵 $\hat{A}_{n+1} \neq 0$, $\hat{A}_{n+2} \neq 0$, $\vec{H} = 0$，并且 $\hat{A}_{n+1}$, $\hat{A}_{n+2}$ 为式(12.2)的形式。

（19）当原流形为空间形式，余维数大于等于2，$F'(u) \leqslant 0$ 时，李安民类型估计I为

$$\Delta F(S) \leqslant F''(S)|\nabla S|^2 + \Big((2nF'(S)h_{ij}^\alpha)H_{,ij}^\alpha$$

$$+ 2nF'(S)S_{\alpha\beta\beta}H^\alpha + 2n^2cF'(S)H^2 - n^2F(S)H^2 \Big)$$

$$- 4n^2cF'(S)H^2 + 2F'(S)|Dh|^2$$

$$+ 2ncF'(S)S + n^2F(S)H^2 - 3F'(S)S^2.$$

又当 $S \equiv S_0 > 0$ 且 $F' < 0$ 时，等式成立当且仅当：余维数为2，矩阵 $A_{n+1} \neq 0$, $A_{n+2} \neq 0$, $\vec{H} = 0$，并且 A_{n+1}, A_{n+2} 为式(12.2)的形式。

（20）当原流形为空间形式，余维数大于等于2，$F'(u) \leqslant 0$ 时，李安民类型估计II为

$$\Delta F(S) \leqslant F''(S)|\nabla S|^2 + \Big((2nF'(S)h_{ij}^\alpha)H_{,ij}^\alpha$$

$$+ 2nF'(S)S_{\alpha\beta\beta}H^\alpha + 2n^2cF'(S)H^2 - n^2F(S)H^2 \Big)$$

$$- 4n^2cF'(S)H^2 + 2F'(S)|Dh|^2 + 2ncF'(S)S$$

$$+ n^2F(S)H^2 - 2n^2F'(S)H^4$$

$$- 2F'(S)\Big(2n\rho H^2 + \frac{3}{2}\rho^2 \Big).$$

又当 $\rho \equiv \rho_0 > 0$ 且 $F' < 0$ 时，等式成立当且仅当：余维数为2，矩阵 $\hat{A}_{n+1} \neq 0$, $\hat{A}_{n+2} \neq 0$, $\vec{H} = 0$，并且 $\hat{A}_{n+1}$, $\hat{A}_{n+2}$ 为式(12.2)的形式。

利用上面的点估计和$GD_{(n,F)}$子流形的Euler-Lagrange方程，我们可以得到积分估计。

定理 12.6 设M是$GD_{(n,F)}$子流形，则有如下的积分等式和不等式：

（1）当原流形为一般流形，余维数等于1时，

$$\int F''(S)|\nabla S|^2 + 2F'(S)|Dh|^2 - 2F'(S)S^2$$
$$- 2nF'(S)h_{ij}\bar{R}_{i(n+1)(n+1)j}H + n^2 F(S)H^2$$
$$+ 2F'(S)(h_{ij}\bar{R}_{(n+1)ijk,k} - h_{ij}\bar{R}_{(n+1)kki,j})$$
$$+ 2F'(S)(h_{ij}h_{kl}\bar{R}_{iljk} + h_{ij}h_{il}\bar{R}_{jkkl})\mathrm{d}v = 0.$$

（2）当原流形为一般流形，余维数大于等于2时，

$$\int F''(S)|\nabla S|^2 + 2F'(S)|Dh|^2 + n^2 F(S)H^2$$
$$+ 2nF'(S)h_{ij}^\beta \bar{R}_{ij\alpha}^\beta H^\alpha$$
$$+ 2F'(S)(-h_{ij}^\alpha \bar{R}_{ijk,k}^\alpha + h_{ij}^\alpha \bar{R}_{kki,j}^\alpha)$$
$$+ 2F'(S)(h_{ij}^\alpha h_{pk}^\alpha \bar{R}_{ipjk} + h_{ij}^\alpha h_{ip}^\alpha \bar{R}_{kpjk} + h_{ij}^\alpha h_{ik}^\beta \bar{R}_{\alpha\beta jk})$$
$$- 2F'(S)(N(A_\alpha A_\beta - A_\beta A_\alpha) + (S_{\alpha\beta})^2)\mathrm{d}v = 0.$$

$$\int F''(S)|\nabla S|^2 + 2F'(S)|Dh|^2 - 2n^2 F'(S)H^4$$
$$+ n^2 F(S)H^2 + 2nF'(S)h_{ij}^\beta \bar{R}_{ij\alpha}^\beta H^\alpha$$
$$+ 2F'(S)(-h_{ij}^\alpha \bar{R}_{ijk,k}^\alpha + h_{ij}^\alpha \bar{R}_{kki,j}^\alpha)$$
$$+ 2F'(S)(h_{ij}^\alpha h_{pk}^\alpha \bar{R}_{ipjk} + h_{ij}^\alpha h_{ip}^\alpha \bar{R}_{kpjk} + h_{ij}^\alpha h_{ik}^\beta \bar{R}_{\alpha\beta jk})$$
$$- 2F'(S)(N(\hat{A}_\alpha \hat{A}_\beta - \hat{A}_\beta \hat{A}_\alpha) + (\hat{S}_{\alpha\beta})^2 + 2n\hat{S}_{\alpha\beta}H^\alpha H^\beta)\mathrm{d}v = 0.$$

（3）当原流形为一般流形，余维数大于等于2，$F'(u) \geqslant 0$时，陈省身类型估计I为

$$\int F''(S)|\nabla S|^2 + 2F'(S)|Dh|^2 + n^2 F(S)H^2$$
$$+ 2nF'(S)h_{ij}^\beta \bar{R}_{ij\alpha}^\beta H^\alpha + 2F'(S)(-h_{ij}^\alpha \bar{R}_{ijk,k}^\alpha + h_{ij}^\alpha \bar{R}_{kki,j}^\alpha)$$

$$+ 2F'(S)(h_{ij}^{\alpha}h_{pk}^{\alpha}\bar{R}_{ipjk} + h_{ij}^{\alpha}h_{ip}^{\alpha}\bar{R}_{kpjk} + h_{ij}^{\alpha}h_{ik}^{\beta}\bar{R}_{\alpha\beta jk})$$

$$- 2F'(S)\left(2 - \frac{1}{p}\right)S^2 \mathrm{d}v \leqslant 0.$$

又当 $S \equiv S_0 > 0$ 且 $F' > 0$ 时，等式成立当且仅当：余维数为2，矩阵 $A_{n+1} \neq 0$, $A_{n+2} \neq 0$, $\vec{H} = 0$, 并且 A_{n+1}, A_{n+2} 为式(12.1)的形式

（4）当原流形为一般流形，余维数大于等于2，$F'(u) \geqslant 0$ 时，陈省身类型估计Ⅱ为

$$\int F''(S)|\nabla S|^2 + 2F'(S)|Dh|^2 - 2n^2 F'(S)H^4$$

$$+ n^2 F(S)H^2 + 2nF'(S)h_{ij}^{\beta}\bar{R}_{ij\alpha}^{\beta}H^{\alpha}$$

$$+ 2F'(S)(-h_{ij}^{\alpha}\bar{R}_{ijk,k}^{\alpha} + h_{ij}^{\alpha}\bar{R}_{kki,j}^{\alpha})$$

$$+ 2F'(S)(h_{ij}^{\alpha}h_{pk}^{\alpha}\bar{R}_{ipjk} + h_{ij}^{\alpha}h_{ip}^{\alpha}\bar{R}_{kpjk} + h_{ij}^{\alpha}h_{ik}^{\beta}\bar{R}_{\alpha\beta jk})$$

$$- 2F'(S)\left(2n\rho H^2 + \left(2 - \frac{1}{p}\right)\rho^2\right)\mathrm{d}v \leqslant 0.$$

又当 $\rho \equiv \rho_0 > 0$ 且 $F' > 0$ 时，等式成立当且仅当：余维数为2，矩阵 $\hat{A}_{n+1} \neq 0$, $\hat{A}_{n+2} \neq 0$, $\vec{H} = 0$, 并且 $\hat{A}_{n+1}$, $\hat{A}_{n+2}$ 为式(12.1)的形式。

（5）当原流形为一般流形，余维数大于等于2，$F'(u) \leqslant 0$ 时，陈省身类型估计Ⅰ为

$$\int F''(S)|\nabla S|^2 + 2F'(S)|Dh|^2 + n^2 F(S)H^2$$

$$+ 2nF'(S)h_{ij}^{\beta}\bar{R}_{ij\alpha}^{\beta}H^{\alpha} + 2F'(S)(-h_{ij}^{\alpha}\bar{R}_{ijk,k}^{\alpha} + h_{ij}^{\alpha}\bar{R}_{kki,j}^{\alpha})$$

$$+ 2F'(S)(h_{ij}^{\alpha}h_{pk}^{\alpha}\bar{R}_{ipjk} + h_{ij}^{\alpha}h_{ip}^{\alpha}\bar{R}_{kpjk} + h_{ij}^{\alpha}h_{ik}^{\beta}\bar{R}_{\alpha\beta jk})$$

$$- 2F'(S)\left(2 - \frac{1}{p}\right)S^2 \mathrm{d}v \geqslant 0.$$

又当 $S \equiv S_0 > 0$ 且 $F' < 0$ 时，等式成立当且仅当：余维数为2，矩阵 $A_{n+1} \neq 0$, $A_{n+2} \neq 0$, $\vec{H} = 0$, 并且 A_{n+1}, A_{n+2} 为式(12.1)的形式

（6）当原流形为一般流形，余维数大于等于2，$F'(u) \leqslant 0$ 时，陈省

身类型估计Ⅱ为

$$\int F''(S)|\nabla S|^2 + 2F'(S)|Dh|^2 - 2n^2F'(S)H^4 + n^2F(S)H^2$$

$$+ 2nF'(S)h_{ij}^{\beta}\bar{R}_{ij\alpha}^{\beta}H^{\alpha} + 2F'(S)(-h_{ij}^{\alpha}\bar{R}_{ijk,k}^{\alpha} + h_{ij}^{\alpha}\bar{R}_{kki,j}^{\alpha})$$

$$+ 2F'(S)(h_{ij}^{\alpha}h_{pk}^{\alpha}\bar{R}_{ipjk} + h_{ij}^{\alpha}h_{ip}^{\alpha}\bar{R}_{kpjk} + h_{ij}^{\alpha}h_{ik}^{\beta}\bar{R}_{\alpha\beta jk})$$

$$- 2F'(S)\left(2n\rho H^2 + \left(2 - \frac{1}{p}\right)\rho^2\right)\mathrm{d}v \geqslant 0.$$

又当$\rho \equiv \rho_0 > 0$且$F' < 0$时，等式成立当且仅当：余维数为2，矩阵$\hat{A}_{n+1} \neq 0$, $\hat{A}_{n+2} \neq 0$, $\vec{H} = 0$，并且$\hat{A}_{n+1}$, $\hat{A}_{n+2}$为式(12.1)的形式。

（7）当原流形为一般流形，余维数大于等于2，$F'(u) \geqslant 0$时，李安民类型估计Ⅰ为

$$\int F''(S)|\nabla S|^2 + 2F'(S)|Dh|^2 + n^2F(S)H^2$$

$$+ 2nF'(S)h_{ij}^{\beta}\bar{R}_{ij\alpha}^{\beta}H^{\alpha} + 2F'(S)(-h_{ij}^{\alpha}\bar{R}_{ijk,k}^{\alpha} + h_{ij}^{\alpha}\bar{R}_{kki,j}^{\alpha})$$

$$+ 2F'(S)(h_{ij}^{\alpha}h_{pk}^{\alpha}\bar{R}_{ipjk} + h_{ij}^{\alpha}h_{ip}^{\alpha}\bar{R}_{kpjk} + h_{ij}^{\alpha}h_{ik}^{\beta}\bar{R}_{\alpha\beta jk}) - 3F'(S)S^2\mathrm{d}v \leqslant 0.$$

又当$S \equiv S_0 > 0$且$F' > 0$时，等式成立当且仅当：余维数为2，矩阵$A_{n+1} \neq 0$, $A_{n+2} \neq 0$, $\vec{H} = 0$，并且A_{n+1}, A_{n+2}为式(12.2)的形式。

（8）当原流形为一般流形，余维数大于等于2，$F'(u) \geqslant 0$时，李安民类型估计Ⅱ为

$$\int F''(S)|\nabla S|^2 + 2F'(S)|Dh|^2 - 2n^2F'(S)H^4$$

$$+ n^2F(S)H^2 + 2nF'(S)h_{ij}^{\beta}\bar{R}_{ij\alpha}^{\beta}H^{\alpha}$$

$$+ 2F'(S)(-h_{ij}^{\alpha}\bar{R}_{ijk,k}^{\alpha} + h_{ij}^{\alpha}\bar{R}_{kki,j}^{\alpha})$$

$$+ 2F'(S)(h_{ij}^{\alpha}h_{pk}^{\alpha}\bar{R}_{ipjk} + h_{ij}^{\alpha}h_{ip}^{\alpha}\bar{R}_{kpjk} + h_{ij}^{\alpha}h_{ik}^{\beta}\bar{R}_{\alpha\beta jk})$$

$$- 2F'(S)\left(2n\rho H^2 + \frac{3}{2}\rho^2\right)\mathrm{d}v \leqslant 0.$$

又当$\rho \equiv \rho_0 > 0$且$F' > 0$时，等式成立当且仅当：余维数为2，矩阵$\hat{A}_{n+1} \neq 0$, $\hat{A}_{n+2} \neq 0$, $\vec{H} = 0$，并且$\hat{A}_{n+1}$, $\hat{A}_{n+2}$为式(12.2)的形式。

（9）当原流形为一般流形，余维数大于等于2，$F'(u) \leqslant 0$时，李安

民类型估计I为

$$\int F''(S)|\nabla S|^2 + 2F'(S)|Dh|^2 + n^2 F(S)H^2$$
$$+ 2nF'(S)h_{ij}^{\beta}\bar{R}_{ij\alpha}^{\beta}H^{\alpha} + 2F'(S)(-h_{ij}^{\alpha}\bar{R}_{ijk,k}^{\alpha} + h_{ij}^{\alpha}\bar{R}_{kki,j}^{\alpha})$$
$$+ 2F'(S)(h_{ij}^{\alpha}h_{pk}^{\alpha}\bar{R}_{ipjk} + h_{ij}^{\alpha}h_{ip}^{\alpha}\bar{R}_{kpjk} + h_{ij}^{\alpha}h_{ik}^{\beta}\bar{R}_{\alpha\beta jk}) - 3F'(S)S^2 dv \geqslant 0.$$

又当 $S \equiv S_0 > 0$ 且 $F' < 0$ 时，等式成立当且仅当：余维数为2，矩阵 $A_{n+1} \neq 0$, $A_{n+2} \neq 0$, $\vec{H} = 0$，并且 A_{n+1}, A_{n+2} 为式(12.2)的形式。

（10）当原流形为一般流形，余维数大于等于2，$F'(u) \leqslant 0$ 时，李安民类型估计Ⅱ为

$$\int F''(S)|\nabla S|^2 + 2F'(S)|Dh|^2 - 2n^2 F'(S)H^4$$
$$+ n^2 F(S)H^2 + 2nF'(S)h_{ij}^{\beta}\bar{R}_{ij\alpha}^{\beta}H^{\alpha}$$
$$+ 2F'(S)(-h_{ij}^{\alpha}\bar{R}_{ijk,k}^{\alpha} + h_{ij}^{\alpha}\bar{R}_{kki,j}^{\alpha})$$
$$+ 2F'(S)(h_{ij}^{\alpha}h_{pk}^{\alpha}\bar{R}_{ipjk} + h_{ij}^{\alpha}h_{ip}^{\alpha}\bar{R}_{kpjk} + h_{ij}^{\alpha}h_{ik}^{\beta}\bar{R}_{\alpha\beta jk})$$
$$- 2F'(S)\left(2n\rho H^2 + \frac{3}{2}\rho^2\right)dv \geqslant 0.$$

又当 $\rho \equiv \rho_0 > 0$ 且 $F' < 0$ 时，等式成立当且仅当：余维数为2，矩阵 $\hat{A}_{n+1} \neq 0$, $\hat{A}_{n+2} \neq 0$, $\vec{H} = 0$，并且 $\hat{A}_{n+1}$, $\hat{A}_{n+2}$ 为式(12.2)的形式。

（11）当原流形为空间形式，余维数等于1时，

$$\int F''(S)|\nabla S|^2 - 4n^2 cF'(S)H^2 + 2F'(S)|Dh|^2$$
$$+ 2ncF'(S)S - 2F'(S)S^2 + n^2 F(S)H^2 dv = 0.$$

（12）当原流形为空间形式，余维数大于等于2，

$$\int F''(S)|\nabla S|^2 - 4n^2 cF'(S)H^2 + 2F'(S)|Dh|^2$$
$$+ 2ncF'(S)S + n^2 F(S)H^2$$
$$- 2F'(S)(N(A_{\alpha}A_{\beta} - A_{\beta}A_{\alpha}) + (S_{\alpha\beta})^2)dv = 0.$$

$$\int F''(S)|\nabla S|^2 - 4n^2 cF'(S)H^2 + 2F'(S)|Dh|^2$$

$$+ 2ncF'(S)S + n^2F(S)H^2 - 2n^2F'(S)H^4$$

$$- 2F'(S)(N(\hat{A}_\alpha \hat{A}_\beta - \hat{A}_\beta \hat{A}_\alpha) + (\hat{S}_{\alpha\beta})^2 + 2n\hat{S}_{\alpha\beta}H^\alpha H^\beta)\mathrm{d}v = 0.$$

（13）当原流形为空间形式，余维数大于等于2，$F'(u) \geqslant 0$时，陈省身类型估计I为

$$\int F''(S)|\nabla S|^2 - 4n^2cF'(S)H^2 + 2F'(S)|Dh|^2$$

$$+ 2ncF'(S)S + n^2F(S)H^2$$

$$- 2(2 - \frac{1}{p})F'(S)S^2\mathrm{d}v \leqslant 0.$$

又当$S \equiv S_0 > 0$且$F' > 0$时，等式成立当且仅当：余维数为2，矩阵$A_{n+1} \neq 0$，$A_{n+2} \neq 0$，$\vec{H} = 0$，并且A_{n+1}, A_{n+2}为式(12.1)的形式

（14）当原流形为空间形式，余维数大于等于2，$F'(u) \geqslant 0$时，陈省身类型估计II为

$$\int F''(S)|\nabla S|^2 - 4n^2cF'(S)H^2 + 2F'(S)|Dh|^2$$

$$+ 2ncF'(S)S + n^2F(S)H^2 - 2n^2F'(S)H^4$$

$$- 2F'(S)\left(2n\rho H^2 + (2 - \frac{1}{p})\rho^2\right)\mathrm{d}v \leqslant 0.$$

又当$\rho \equiv \rho_0 > 0$且$F' > 0$时，等式成立当且仅当：余维数为2，矩阵$\hat{A}_{n+1} \neq 0$，$\hat{A}_{n+2} \neq 0$，$\vec{H} = 0$，并且$\hat{A}_{n+1}, \hat{A}_{n+2}$为式(12.1)的形式。

（15）当原流形为空间形式，余维数大于等于2，$F'(u) \leqslant 0$时，陈省身类型估计I为

$$\int F''(S)|\nabla S|^2 - 4n^2cF'(S)H^2 + 2F'(S)|Dh|^2$$

$$+ 2ncF'(S)S + n^2F(S)H^2$$

$$- 2(2 - \frac{1}{p})F'(S)S^2\mathrm{d}v \geqslant 0.$$

又当$S \equiv S_0 > 0$且$F' < 0$时，等式成立当且仅当：余维数为2，矩阵$A_{n+1} \neq 0$，$A_{n+2} \neq 0$，$\vec{H} = 0$，并且A_{n+1}, A_{n+2}为式(12.1)的形式

（16）当原流形为空间形式，余维数大于等于2，$F'(u) \leqslant 0$时，陈省身类型估计Ⅱ为

$$\int F''(S)|\nabla S|^2 - 4n^2cF'(S)H^2 + 2F'(S)|Dh|^2$$
$$+ 2ncF'(S)S + n^2F(S)H^2 - 2n^2F'(S)H^4$$
$$- 2F'(S)\left(2n\rho H^2 + \left(2 - \frac{1}{p}\right)\rho^2\right)\mathrm{d}v \geqslant 0.$$

又当$\rho \equiv \rho_0 > 0$且$F' < 0$时，等式成立当且仅当：余维数为2，矩阵$\hat{A}_{n+1} \neq 0$，$\hat{A}_{n+2} \neq 0$，$\vec{H} = 0$，并且$\hat{A}_{n+1}$，$\hat{A}_{n+2}$为式(12.1)的形式。

（17）当原流形为空间形式，余维数大于等于2，$F'(u) \geqslant 0$时，李安民类型估计I为

$$\int F''(S)|\nabla S|^2 - 4n^2cF'(S)H^2 + 2F'(S)|Dh|^2$$
$$+ 2ncF'(S)S + n^2F(S)H^2 - 3F'(S)S^2\mathrm{d}v \leqslant 0.$$

又当$S \equiv S_0 > 0$且$F' > 0$时，等式成立当且仅当：余维数为2，矩阵$A_{n+1} \neq 0$，$A_{n+2} \neq 0$，$\vec{H} = 0$，并且A_{n+1}，A_{n+2}为式(12.2)的形式。

（18）当原流形为空间形式，余维数大于等于2，$F'(u) \geqslant 0$时，李安民类型估计Ⅱ为

$$\int F''(S)|\nabla S|^2 - 4n^2cF'(S)H^2 + 2F'(S)|Dh|^2$$
$$+ 2ncF'(S)S + n^2F(S)H^2 - 2n^2F'(S)H^4$$
$$- 2F'(S)\left(2n\rho H^2 + \frac{3}{2}\rho^2\right)\mathrm{d}v \leqslant 0.$$

又当$\rho \equiv \rho_0 > 0$且$F' > 0$时，等式成立当且仅当：余维数为2，矩阵$\hat{A}_{n+1} \neq 0$，$\hat{A}_{n+2} \neq 0$，$\vec{H} = 0$，并且$\hat{A}_{n+1}$，$\hat{A}_{n+2}$为式(12.2)的形式。

（19）当原流形为空间形式，余维数大于等于2，$F'(u) \leqslant 0$时，李安民类型估计I为

$$\int F''(S)|\nabla S|^2 - 4n^2cF'(S)H^2 + 2F'(S)|Dh|^2$$
$$+ 2ncF'(S)S + n^2F(S)H^2 - 3F'(S)S^2\mathrm{d}v \geqslant 0.$$

又当 $S \equiv S_0 > 0$ 且 $F' < 0$ 时，等式成立当且仅当：余维数为2，矩阵 $A_{n+1} \neq 0$, $A_{n+2} \neq 0$, $\vec{H} = 0$，并且 A_{n+1}, A_{n+2} 为式(12.2)的形式。

（20）当原流形为空间形式，余维数大于等于2，$F'(u) \leqslant 0$ 时，李安民类型估计 II 为

$$\int F''(S)|\nabla S|^2 - 4n^2 c F'(S) H^2 + 2F'(S)|Dh|^2$$

$$+ 2nc F'(S) S + n^2 F(S) H^2 - 2n^2 F'(S) H^4$$

$$- 2F'(S)\left(2n\rho H^2 + \frac{3}{2}\rho^2 \right)\mathrm{d}v \geqslant 0.$$

又当 $\rho \equiv \rho_0 > 0$ 且 $F' < 0$ 时，等式成立当且仅当：余维数为2，矩阵 $\hat{A}_{n+1} \neq 0$, $\hat{A}_{n+2} \neq 0$, $\vec{H} = 0$，并且 $\hat{A}_{n+1}$, $\hat{A}_{n+2}$ 为式(12.2)的形式。

第 13 章　单位球面中的间隙现象

本章讨论间隙现象，这是子流形几何中最奇异的现象。这个现象的讨论依赖于前一章所推导的积分不等式以及流形的可积定理——Frobenious定理。

13.1　低阶曲率泛函$LCR_{(n,F)}$临界点的间隙现象

实际上，根据我们的经验得知，对于单位球面中$LCR_{(n,F)}$临界点的间隙现象，无外乎是全脐子流形、全测地子流形、Clifford环面、Willmore环面、$S^m(a) \times S^{n-m}(b)$和Veronese曲面等情形，为了得到这些结论，需要对函数F作出合理的假设。

定理 13.1　设$x : M^n \to S^{n+1}(1)$为单位球面中闭的$LCR_{(n,F)}$超曲面，那么积分估计为

$$\int F_{11}|\nabla S|^2 + 2F_{12}\langle \nabla S, \nabla H^2 \rangle + F_{22}|\nabla H^2|^2$$
$$+ 2F_1|Dh|^2 + 2F_2|\nabla H|^2 + 2F_1(nS - 2n^2H^2 - S^2)$$
$$- 2F_2(S+n)H^2 + n^2H^2F\mathrm{d}v = 0.$$

定理 13.2　设$x : M^n \to S^{n+p}(1)$，$p \geqslant 2$为单位球面中闭的$LCR_{(n,F)}$子流形，当$F_1 \geqslant 0$时，陈省身类型估计I为

$$\int F_{11}|\nabla S|^2 + 2F_{12}\langle \nabla S, \nabla H^2 \rangle + F_{22}|\nabla H^2|^2$$
$$+ 2F_1|Dh|^2 + 2F_2|\nabla \vec{H}|^2 + 2nF_1(S - 2nH^2)$$
$$- 2(S_{\alpha\beta} + n\delta_{\alpha\beta})H^\alpha H^\beta F_2 + n^2H^2F$$
$$- 2F_1\left(\frac{2}{2-p^{-1}}S^2\right)\mathrm{d}v \leqslant 0.$$

又当 $S \equiv S_0 > 0$ 且 $F_1 > 0$ 时，等式成立当且仅当：余维数为2，矩阵 $A_{n+1} \neq 0$, $A_{n+2} \neq 0$, $S_{(n+1)(n+1)} = S_{(n+2)(n+2)} = \frac{S_0}{2}$, $\vec{H} = 0$, 并且 A_{n+1}, A_{n+2} 为式(12.1)的形式。

定理 13.3　设 $x : M^n \to S^{n+p}(1)$, $p \geqslant 2$ 为单位球面中闭的 $LCR_{(n,F)}$ 子流形，当 $F_1 \geqslant 0$ 时，陈省身类型估计 II 为

$$
\int F_{11}|\nabla S|^2 + 2F_{12}\langle \nabla S, \nabla H^2 \rangle + F_{22}|\nabla H^2|^2
$$
$$
+ 2F_1|Dh|^2 + 2F_2|\nabla \vec{H}|^2 + 2nF_1(S - 2nH^2 - nH^4)
$$
$$
- 2F_2(S_{\alpha\beta} + n\delta_{\alpha\beta})H^\alpha H^\beta + n^2 F H^2
$$
$$
- 2F_1\Big(2n\rho H^2 + \frac{2}{2 - p^{-1}}\rho^2 \Big)\mathrm{d}v \leqslant 0.
$$

又当 $\rho \equiv \rho_0 > 0$ 且 $F_1 > 0$ 时，等式成立当且仅当：余维数为2，矩阵 $\hat{A}_{n+1} \neq 0$, $\hat{A}_{n+2} \neq 0$, $\hat{S}_{(n+1)(n+1)} = \hat{S}_{(n+2)(n+2)} = \frac{\rho_0}{2}$, $\vec{H} = 0$, 并且 A_{n+1}, A_{n+2} 为式(12.1)的形式。

定理 13.4　设 $x : M^n \to S^{n+p}(1)$, $p \geqslant 2$ 为单位球面中闭的 $LCR_{(n,F)}$ 子流形，当 $F_1 \geqslant 0$ 时，李安民类型估计 I 为

$$
\int F_{11}|\nabla S|^2 + 2F_{12}\langle \nabla S, \nabla H^2 \rangle + F_{22}|\nabla H^2|^2
$$
$$
+ 2F_1|Dh|^2 + 2F_2|\nabla \vec{H}|^2 + 2nF_1(S - 2nH^2)
$$
$$
- 2(S_{\alpha\beta} + n\delta_{\alpha\beta})H^\alpha H^\beta F_2 + n^2 H^2 F
$$
$$
- 2F_1\Big(\frac{3}{2}S^2 \Big)\mathrm{d}v \leqslant 0.
$$

又当 $S \equiv S_0 > 0$ 且 $F_1 > 0$ 时，等式成立当且仅当：矩阵 $A_{n+1} \neq 0$, $A_{n+2} \neq 0$, $\hat{A}_{n+3} = \cdots = \hat{A}_{n+p} = 0$, $\vec{H} = 0$, 并且 A_{n+1}, A_{n+2} 为式(12.2)的形式。

定理 13.5　设 $x : M^n \to S^{n+p}(1)$, $p \geqslant 2$ 为单位球面中闭的 $LCR_{(n,F)}$ 子流形，当 $F_1 \geqslant 0$ 时，李安民类型估计 II 为

$$
\int F_{11}|\nabla S|^2 + 2F_{12}\langle \nabla S, \nabla H^2 \rangle + F_{22}|\nabla H^2|^2
$$
$$
+ 2F_1|Dh|^2 + 2F_2|\nabla \vec{H}|^2 + 2nF_1(S - 2nH^2 - nH^4)
$$

$$- 2F_2(S_{\alpha\beta} + n\delta_{\alpha\beta})H^\alpha H^\beta + n^2 FH^2$$

$$- 2F_1\Big(2n\rho H^2 + \frac{3}{2}\rho^2 \Big)\mathrm{d}v \leqslant 0.$$

又当 $\rho \equiv \rho_0 > 0$ 且 $F_1 > 0$ 时，等式成立当且仅当：矩阵 $\hat{A}_{n+1} \neq 0$，$\hat{A}_{n+2} \neq 0$，$\hat{A}_{n+3} = \cdots = \hat{A}_{n+p} = 0$，$\vec{H} = 0$，并且 A_{n+1}，A_{n+2} 为式(12.2)的形式。

定理 13.6　设 $x : M^n \to S^{n+p}(1)$，$p \geqslant 2$ 为单位球面中闭的 $LCR_{(n,F)}$ 子流形，当 $F_1 \leqslant 0$ 时，陈省身类型估计 I 为

$$\int F_{11}|\nabla S|^2 + 2F_{12}\langle \nabla S, \nabla H^2 \rangle + F_{22}|\nabla H^2|^2$$

$$+ 2F_1|Dh|^2 + 2F_2|\nabla \vec{H}|^2 + 2nF_1(S - 2nH^2)$$

$$- 2(S_{\alpha\beta} + n\delta_{\alpha\beta})H^\alpha H^\beta F_2 + n^2 H^2 F$$

$$- 2F_1\Big(\frac{2}{2 - p^{-1}}S^2 \Big)\mathrm{d}v \geqslant 0.$$

又当 $S \equiv S_0 > 0$ 且 $F_1 < 0$ 时，等式成立当且仅当：余维数为2，矩阵 $A_{n+1} \neq 0$，$A_{n+2} \neq 0$，$S_{(n+1)(n+1)} = S_{(n+2)(n+2)} = \frac{S_0}{2}$，$\vec{H} = 0$，并且 A_{n+1}，A_{n+2} 为式(12.1)的形式。

定理 13.7　设 $x : M^n \to S^{n+p}(1)$，$p \geqslant 2$ 为单位球面中闭的 $LCR_{(n,F)}$ 子流形，当 $F_1 \leqslant 0$ 时，陈省身类型估计 II 为

$$\int F_{11}|\nabla S|^2 + 2F_{12}\langle \nabla S, \nabla H^2 \rangle + F_{22}|\nabla H^2|^2$$

$$+ 2F_1|Dh|^2 + 2F_2|\nabla \vec{H}|^2 + 2nF_1(S - 2nH^2 - nH^4)$$

$$- 2F_2(S_{\alpha\beta} + n\delta_{\alpha\beta})H^\alpha H^\beta + n^2 FH^2$$

$$- 2F_1\Big(2n\rho H^2 + \frac{2}{2 - p^{-1}}\rho^2 \Big)\mathrm{d}v \geqslant 0.$$

又当 $\rho \equiv \rho_0 > 0$ 且 $F_1 < 0$ 时，等式成立当且仅当：余维数为2，矩阵 $\hat{A}_{n+1} \neq 0$，$\hat{A}_{n+2} \neq 0$，$\hat{S}_{(n+1)(n+1)} = \hat{S}_{(n+2)(n+2)} = \frac{\rho_0}{2}$，$\vec{H} = 0$，并且 A_{n+1}，A_{n+2} 为式(12.1)的形式。

定理 13.8 设 $x : M^n \to S^{n+p}(1)$，$p \geqslant 2$ 为单位球面中闭的 $LCR_{(n,F)}$ 子流形，当 $F_1 \leqslant 0$ 时，李安民类型估计 I 为

$$\int F_{11}|\nabla S|^2 + 2F_{12}\langle \nabla S, \nabla H^2 \rangle + F_{22}|\nabla H^2|^2$$

$$+ 2F_1|Dh|^2 + 2F_2|\nabla \vec{H}|^2 + 2nF_1(S - 2nH^2)$$

$$- 2(S_{\alpha\beta} + n\delta_{\alpha\beta})H^\alpha H^\beta F_2 + n^2 H^2 F$$

$$- 2F_1\left(\frac{3}{2}S^2\right)\mathrm{d}v \geqslant 0.$$

又当 $S \equiv S_0 > 0$ 且 $F_1 < 0$ 时，等式成立当且仅当：矩阵 $A_{n+1} \neq 0$，$A_{n+2} \neq 0$，$\hat{A}_{n+3} = \cdots = \hat{A}_{n+p} = 0$，$\vec{H} = 0$，并且 A_{n+1}, A_{n+2} 为式(12.2)的形式。

定理 13.9 设 $x : M^n \to S^{n+p}(1)$，$p \geqslant 2$ 为单位球面中闭的 $LCR_{(n,F)}$ 子流形，当 $F_1 \leqslant 0$ 时，李安民类型估计 II 为

$$\int F_{11}|\nabla S|^2 + 2F_{12}\langle \nabla S, \nabla H^2 \rangle + F_{22}|\nabla H^2|^2$$

$$+ 2F_1|Dh|^2 + 2F_2|\nabla \vec{H}|^2 + 2nF_1(S - 2nH^2 - nH^4)$$

$$- 2F_2(S_{\alpha\beta} + n\delta_{\alpha\beta})H^\alpha H^\beta + n^2 F H^2$$

$$- 2F_1\left(2n\rho H^2 + \frac{3}{2}\rho^2\right)\mathrm{d}v \geqslant 0.$$

又当 $\rho \equiv \rho_0 > 0$ 且 $F_1 < 0$ 时，等式成立当且仅当：矩阵 $\hat{A}_{n+1} \neq 0$，$\hat{A}_{n+2} \neq 0$，$\hat{A}_{n+3} = \cdots = \hat{A}_{n+p} = 0$，$\vec{H} = 0$，并且 A_{n+1}, A_{n+2} 为式(12.2)的形式。

定理 13.10 (间隙定理) 设 $x : M^n \to S^{n+p}(1)$ 为单位球面中的 $LCR_{(n,F)}$ 子流形并且函数 F 满足合适的条件，则当 $0 \leqslant S \leqslant \frac{n}{2-p^{-1}}$ (或者 $\frac{2n}{3}$) 时，则有 $S = 0$ 或者 $S = \frac{n}{2-p^{-1}}$ (或者 $\frac{2n}{3}$)。前者为全测地超曲面，后者为 $S^m(a) \times S^{n-m}(b)$ (或者Veronese曲面)。

13.2 抽象Willmore泛函$W_{(n,F)}$临界点的间隙现象

单位球面 $S^{n+p}(1)$ 中的 $W_{(n,F)}$ 子流形的间隙现象是重要的，下面专门研究，首先需要具体的讨论。

定理 13.11   设 $x: M^n \to S^{n+1}(1)$ 为单位球面中的 $W_{(n,F)}$ 超曲面, 则有如下积分等式:

$$\int_M F''(\rho)|\nabla\rho|^2 + 2F'(\rho)(|\nabla h|^2 - n|\nabla H|^2)$$

$$- 2F'(\rho)\rho(\rho - n) + nH^2(nF(\rho) - 2\rho F'(\rho))\mathrm{d}v = 0.$$

（1）当 $(M, F) \in T_{2,2}$ 且 $\rho = 0$ 时,

$$\int_M 2F'(0)(|\nabla h|^2 - n|\nabla H|^2) + n^2 H^2 F(0)\mathrm{d}v = 0.$$

（2）当 $(M, F) \in T_{1,1}$ 或者 $T_{2,2}$ 且 $\rho = n$ 时,

$$\int_M 2F'(n)(|\nabla h|^2 - n|\nabla H|^2) + n^2 H^2(F(n) - 2F'(n))\mathrm{d}v = 0.$$

（3）在区间 $(0, n)$ 或者区间 $[0, n]$ 上当 $F' \equiv 0$, $F \equiv c \neq 0$ 时,

$$\int_M cn^2 H^2 \mathrm{d}v = 0.$$

（4）在区间 $(0, n)$ 或者区间 $[0, n]$ 上当 $nF - 2uF' \geqslant 0$, $F' \geqslant 0$, $F'' \geqslant 0$ 时,

$$\int_M 2\rho F'(\rho)(\rho - n)\mathrm{d}v$$

$$= \int_M F''(\rho)|\nabla\rho|^2 + 2F'(\rho)(|\nabla h|^2 - n|\nabla H|^2)$$

$$+ nH^2(nF(\rho) - 2\rho F'(\rho))\mathrm{d}v.$$

（5）在区间 $(0, n)$ 或者区间 $[0, n]$ 上当 $nF - 2uF' \equiv 0$, $F' \geqslant 0$, $F'' \geqslant 0$ 时,

$$\int_M 2\rho F'(\rho)(\rho - n)\mathrm{d}v$$

$$= \int_M F''(\rho)|\nabla\rho|^2 + 2F'(\rho)(|\nabla h|^2 - n|\nabla H|^2)\mathrm{d}v.$$

（6）在区间 $(0, n)$ 或者区间 $[0, n]$ 上当 $nF - 2uF' \leqslant 0$, $F' \geqslant 0$, $F'' \geqslant 0$

时，

$$\int_M 2\rho F'(\rho)(\rho - n) - nH^2(nF(\rho) - 2\rho F'(\rho))\mathrm{d}v$$

$$= \int_M F''(\rho)|\nabla\rho|^2 + 2F'(\rho)(|\nabla h|^2 - n|\nabla H|^2)\mathrm{d}v.$$

（7）在区间$(0,n]$或者区间$[0,n]$上当$nF - 2uF' \geqslant 0$，$F' \geqslant 0$，$F'' \leqslant 0$时，

$$\int_M 2\rho F'(\rho)(\rho - n) - F''(\rho)|\nabla\rho|^2\mathrm{d}v$$

$$= \int_M 2F'(\rho)(|\nabla h|^2 - n|\nabla H|^2) + nH^2(nF(\rho) - 2\rho F'(\rho))\mathrm{d}v.$$

（8）在区间$(0,n]$或者区间$[0,n]$上当$nF - 2uF' \equiv 0$，$F' \geqslant 0$，$F'' \leqslant 0$时，

$$\int_M 2\rho F'(\rho)(\rho - n) - F''(\rho)|\nabla\rho|^2\mathrm{d}v$$

$$= \int_M 2F'(\rho)(|\nabla h|^2 - n|\nabla H|^2)\mathrm{d}v.$$

（9）在区间$(0,n]$或者区间$[0,n]$上当$nF - 2uF' \leqslant 0$，$F' \geqslant 0$，$F'' \leqslant 0$时，

$$\int_M 2\rho F'(\rho)(\rho - n) - nH^2(nF(\rho) - 2\rho F'(\rho)) - F''(\rho)|\nabla\rho|^2\mathrm{d}v$$

$$= \int_M 2F'(\rho)(|\nabla h|^2 - n|\nabla H|^2)\mathrm{d}v.$$

（10）在区间$(0,n]$或者区间$[0,n]$上当$nF - 2uF' \geqslant 0$，$F' \leqslant 0$，$F'' \geqslant 0$时，

$$\int_M -2F'(\rho)(|\nabla h|^2 - n|\nabla H|^2)\mathrm{d}v$$

$$= \int_M F''(\rho)|\nabla\rho|^2 - 2\rho F'(\rho)(\rho - n)$$

$$+ nH^2(nF(\rho) - 2\rho F'(\rho))\mathrm{d}v.$$

（11）在区间$(0,n]$或者区间$[0,n]$上当$nF - 2uF' \equiv 0$, $F' \leqslant 0$, $F'' \geqslant 0$时，

$$\int_M -2F'(\rho)(|\nabla h|^2 - n|\nabla H|^2)\mathrm{d}v$$

$$= \int_M F''(\rho)|\nabla\rho|^2 - 2\rho F'(\rho)(\rho - n)\mathrm{d}v.$$

（12）在区间$(0,n]$或者区间$[0,n]$上当$nF - 2uF' \leqslant 0$, $F' \leqslant 0$, $F'' \geqslant 0$时，

$$\int_M -nH^2(nF(\rho) - 2\rho F'(\rho)) - 2F'(\rho)(|\nabla h|^2 - n|\nabla H|^2)\mathrm{d}v$$

$$= \int_M F''(\rho)|\nabla\rho|^2 - 2\rho F'(\rho)(\rho - n)\mathrm{d}v.$$

（13）在区间$(0,n]$或者区间$[0,n]$上当$nF - 2uF' \geqslant 0$, $F' \leqslant 0$, $F'' \leqslant 0$时，

$$\int_M -F''(\rho)|\nabla\rho|^2 - 2F'(\rho)(|\nabla h|^2 - n|\nabla H|^2)\mathrm{d}v$$

$$= \int_M nH^2(nF(\rho) - 2\rho F'(\rho)) - 2\rho F'(\rho)(\rho - n)\mathrm{d}v.$$

（14）在区间$(0,n]$或者区间$[0,n]$上当$nF - 2uF' \equiv 0$, $F' \leqslant 0$, $F'' \leqslant 0$时，

$$\int_M -F''(\rho)|\nabla\rho|^2 - 2F'(\rho)(|\nabla h|^2 - n|\nabla H|^2)\mathrm{d}v$$

$$= \int_M -2\rho F'(\rho)(\rho - n)\mathrm{d}v.$$

（15）在区间$(0,n]$或者区间$[0,n]$上当$nF - 2uF' \leqslant 0$, $F' \leqslant 0$, $F'' \leqslant 0$时，

$$\int_M -nH^2(nF(\rho) - 2\rho F'(\rho)) - F''(\rho)|\nabla\rho|^2$$

$$- 2F'(\rho)(|\nabla h|^2 - n|\nabla H|^2)\mathrm{d}v$$

$$= \int_M -2\rho F'(\rho)(\rho - n)\mathrm{d}v.$$

定理 13.12 设 $x : M^n \to S^{n+p}(1),\ p \geqslant 2$ 为单位球面中的 $W_{(n,F)}$ 子流形，则有如下等式和不等式：

$$\int_M F''(\rho)|\nabla\rho|^2 + 2F'(\rho)(|Dh|^2 - n|\nabla\vec{H}|^2)$$

$$- 2F'(\rho)(\ n\hat{S}_{\alpha\beta}H^\beta H^\alpha + N(\hat{A}_\alpha\hat{A}_\beta - \hat{A}_\beta\hat{A}_\alpha) + (\hat{S}_{\alpha\beta})^2\ )$$

$$+ F'(\rho)2n\rho + n^2 F(\rho)H^2 \mathrm{d}v = 0.$$

（1）当 $F'(u) \geqslant 0$ 时，陈省身类型估计为

$$\int_M F''(\rho)|\nabla\rho|^2 + 2F'(\rho)(|Dh|^2 - n|\nabla\vec{H}|^2)$$

$$+ nH^2(\ nF(\rho) - 2\rho F'(\rho)\ )$$

$$- 2(2 - \frac{1}{p})F'(\rho)\rho\Big(\rho - \frac{n}{2 - p^{-1}}\Big)\mathrm{d}v \leqslant 0.$$

当 $\rho \equiv \rho_0 > 0$ 且 $F'(\rho_0) > 0$ 时，等式成立当且仅当：余维数为2，矩阵 $\hat{A}_{n+1} \neq 0$, $\hat{A}_{n+2} \neq 0$, $\hat{S}_{(n+1)(n+1)} = \hat{S}_{(n+2)(n+2)} = \frac{\rho_0}{2}$, $\vec{H} = 0$, 并且

$$A_{n+1} = \hat{A}_{n+1} = \frac{\sqrt{\rho_0}}{2}\begin{pmatrix} 0 & 1 & 0 & \cdots & 0 \\ 1 & 0 & 0 & \cdots & 0 \\ 0 & 0 & 0 & \cdots & 0 \\ \vdots & \vdots & \vdots & \cdots & \vdots \\ 0 & 0 & 0 & \cdots & 0 \end{pmatrix}, \tag{13.1}$$

$$A_{n+2} = \hat{A}_{n+2} = \frac{\sqrt{\rho_0}}{2}\begin{pmatrix} 1 & 0 & 0 & \cdots & 0 \\ 0 & -1 & 0 & \cdots & 0 \\ 0 & 0 & 0 & \cdots & 0 \\ \vdots & \vdots & \vdots & \cdots & \vdots \\ 0 & 0 & 0 & \cdots & 0 \end{pmatrix}. \tag{13.2}$$

（1.1）当$(M, F) \in T_{2,2}$且$\rho = 0$时，

$$\int_M 2F'(0)(|Dh|^2 - n|\nabla \vec{H}|^2) + n^2 H^2 F(0) \mathrm{d}v = 0.$$

（1.2）当$(M, F) \in T_{2,2}$或者$T_{1,1}$且$\rho = \frac{n}{2 - p^{-1}}$时，

$$\int_M 2F'\left(\frac{n}{2 - p^{-1}}\right)(|Dh|^2 - n|\nabla \vec{H}|^2)$$

$$+ nH^2\left(nF\left(\frac{n}{2 - p^{-1}}\right) - \frac{2n}{2 - p^{-1}}F'\left(\frac{n}{2 - p^{-1}}\right)\right)\mathrm{d}v \leqslant 0.$$

（1.3）在区间$(0, \frac{n}{2-p^{-1}}]$或者区间$[0, \frac{n}{2-p^{-1}}]$上当$nF - 2uF' \geqslant 0$, $F' \geqslant 0$, $F'' \geqslant 0$时，

$$\int_M 2\left(2 - \frac{1}{p}\right)F'(\rho)\rho\left(\rho - \frac{n}{2 - p^{-1}}\right)\mathrm{d}v$$

$$\geqslant \int_M F''(\rho)|\nabla \rho|^2 + 2F'(\rho)(|Dh|^2 - n|\nabla \vec{H}|^2)$$

$$+ nH^2\left(nF(\rho) - 2\rho F'(\rho)\right)\mathrm{d}v.$$

（1.4）在区间$(0, \frac{n}{2-p^{-1}}]$或者区间$[0, \frac{n}{2-p^{-1}}]$上当$nF - 2uF' \geqslant 0$, $F' \geqslant 0$, $F'' \leqslant 0$时，

$$\int_M 2\left(2 - \frac{1}{p}\right)F'(\rho)\rho\left(\rho - \frac{n}{2 - p^{-1}}\right) - F''(\rho)|\nabla \rho|^2 \mathrm{d}v$$

$$\geqslant \int_M 2F'(\rho)(|Dh|^2 - n|\nabla \vec{H}|^2) + nH^2\left(nF(\rho) - 2\rho F'(\rho)\right)\mathrm{d}v.$$

（1.5）在区间$(0, \frac{n}{2-p^{-1}}]$或者区间$[0, \frac{n}{2-p^{-1}}]$上当$nF - 2uF' \equiv 0$, $F' \geqslant 0$, $F'' \geqslant 0$时，

$$\int_M 2\left(2 - \frac{1}{p}\right)F'(\rho)\rho\left(\rho - \frac{n}{2 - p^{-1}}\right)\mathrm{d}v$$

$$\geqslant \int_M F''(\rho)|\nabla \rho|^2 + 2F'(\rho)(|Dh|^2 - n|\nabla \vec{H}|^2)\mathrm{d}v.$$

（1.6）在区间$(0, \frac{n}{2-p^{-1}}]$或者区间$[0, \frac{n}{2-p^{-1}}]$上当$nF - 2uF' \equiv 0$, $F' \geqslant$

0, $F'' \leqslant 0$ 时，

$$\int_M 2\left(2 - \frac{1}{p}\right)F'(\rho)\rho\left(\rho - \frac{n}{2 - p^{-1}}\right) - F''(\rho)|\nabla\rho|^2 \mathrm{d}v$$

$$\geqslant \int_M +2F'(\rho)(|Dh|^2 - n|\nabla\vec{H}|^2)\mathrm{d}v.$$

（1.7）在区间$(0, \frac{n}{2-p^{-1}}]$或者区间$[0, \frac{n}{2-p^{-1}}]$上当$nF - 2uF' \leqslant 0$，$F' \geqslant 0$，$F'' \geqslant 0$时，

$$\int_M 2\left(2 - \frac{1}{p}\right)F'(\rho)\rho\left(\rho - \frac{n}{2 - p^{-1}}\right)$$

$$- nH^2\left(nF(\rho) - 2\rho F'(\rho)\right)\mathrm{d}v$$

$$\geqslant \int_M F''(\rho)|\nabla\rho|^2 + 2F'(\rho)(|Dh|^2 - n|\nabla\vec{H}|^2)\mathrm{d}v.$$

（1.8）在区间$(0, \frac{n}{2-p^{-1}}]$或者区间$[0, \frac{n}{2-p^{-1}}]$上当$nF - 2uF' \leqslant 0$，$F' \geqslant 0$，$F'' \leqslant 0$时，

$$\int_M 2\left(2 - \frac{1}{p}\right)F'(\rho)\rho\left(\rho - \frac{n}{2 - p^{-1}}\right)$$

$$- nH^2\left(nF(\rho) - 2\rho F'(\rho)\right) - F''(\rho)|\nabla\rho|^2 \mathrm{d}v$$

$$\geqslant \int_M +2F'(\rho)(|Dh|^2 - n|\nabla\vec{H}|^2)\mathrm{d}v.$$

（2）当$F'(u) \leqslant 0$时，陈省身类型估计为

$$\int_M F''(\rho)|\nabla\rho|^2 + 2F'(\rho)(|Dh|^2 - n|\nabla\vec{H}|^2)$$

$$+ nH^2\left(nF(\rho) - 2\rho F'(\rho)\right)$$

$$- 2\left(2 - \frac{1}{p}\right)F'(\rho)\rho\left(\rho - \frac{n}{2 - p^{-1}}\right)\mathrm{d}v \geqslant 0.$$

当$\rho \equiv \rho_0 > 0$且$F'(\rho_0) < 0$时，等式成立当且仅当：余维数为2，矩阵$\hat{A}_{n+1} \neq 0$，$\hat{A}_{n+2} \neq 0$，$\hat{S}_{(n+1)(n+1)} = \hat{S}_{(n+2)(n+2)} = \frac{\rho_0}{2}$，$\vec{H} = 0$，并且$A_{n+1}$，$A_{n+2}$分别为式（13.1）（13.2）的形式。

（2.1）当$(M, F) \in T_{2,2}$且$\rho = 0$时，

$$\int_M 2F'(0)(|Dh|^2 - n|\nabla \vec{H}|^2) + n^2H^2F(0)\mathrm{d}v = 0.$$

（2.2）当$(M, F) \in T_{2,2}$或者$T_{1,1}$且$\rho = \frac{n}{2-p^{-1}}$时，

$$\int_M 2F'\left(\frac{n}{2-p^{-1}}\right)(|Dh|^2 - n|\nabla\vec{H}|^2)$$

$$+ nH^2\left(nF\left(\frac{n}{2-p^{-1}}\right) - \frac{2n}{2-p^{-1}}F'\left(\frac{n}{2-p^{-1}}\right)\right)\mathrm{d}v \geqslant 0.$$

（2.3）在区间$(0, \frac{n}{2-p^{-1}}]$或者区间$[0, \frac{n}{2-p^{-1}}]$上当$nF - 2uF' \geqslant 0$，$F' \leqslant 0$，$F'' \geqslant 0$时，

$$\int_M -2F'(\rho)(|Dh|^2 - n|\nabla\vec{H}|^2)\mathrm{d}v$$

$$\leqslant \int_M F''(\rho)|\nabla\rho|^2 + nH^2\left(nF(\rho) - 2\rho F'(\rho)\right)$$

$$- 2\left(2 - \frac{1}{p}\right)F'(\rho)\rho\left(\rho - \frac{n}{2-p^{-1}}\right)\mathrm{d}v.$$

（2.4）在区间$(0, \frac{n}{2-p^{-1}}]$或者区间$[0, \frac{n}{2-p^{-1}}]$上当$nF - 2uF' \geqslant 0$，$F' \leqslant 0$，$F'' \leqslant 0$时，

$$\int_M -F''(\rho)|\nabla\rho|^2 - 2F'(\rho)(|Dh|^2 - n|\nabla\vec{H}|^2)\mathrm{d}v$$

$$\leqslant \int_M nH^2\left(nF(\rho) - 2\rho F'(\rho)\right)$$

$$- 2\left(2 - \frac{1}{p}\right)F'(\rho)\rho\left(\rho - \frac{n}{2-p^{-1}}\right)\mathrm{d}v.$$

（2.5）在区间$(0, \frac{n}{2-p^{-1}}]$或者区间$[0, \frac{n}{2-p^{-1}}]$上当$nF - 2uF' \equiv 0$，$F' \leqslant 0$，$F'' \geqslant 0$时，

$$\int_M -2F'(\rho)(|Dh|^2 - n|\nabla\vec{H}|^2)\mathrm{d}v$$

$$\leqslant \int_M F''(\rho)|\nabla\rho|^2 - 2\left(2 - \frac{1}{p}\right)F'(\rho)\rho\left(\rho - \frac{n}{2-p^{-1}}\right)\mathrm{d}v.$$

（2.6）在区间 $(0, \frac{n}{2-p^{-1}}]$ 或者区间 $[0, \frac{n}{2-p^{-1}}]$ 上当 $nF - 2uF' \equiv 0$，$F' \leqslant 0$，$F'' \leqslant 0$ 时，

$$\int_M -2F'(\rho)(|Dh|^2 - n|\nabla\vec{H}|^2) - F''(\rho)|\nabla\rho|^2 \mathrm{d}v$$

$$\leqslant \int_M -2\left(2 - \frac{1}{p}\right)F'(\rho)\rho\left(\rho - \frac{n}{2 - p^{-1}}\right)\mathrm{d}v.$$

（2.7）在区间 $(0, \frac{n}{2-p^{-1}}]$ 或者区间 $[0, \frac{n}{2-p^{-1}}]$ 上当 $nF - 2uF' \leqslant 0$，$F' \leqslant 0$，$F'' \geqslant 0$ 时，

$$\int_M -nH^2\left(nF(\rho) - 2\rho F'(\rho)\right) - 2F'(\rho)(|Dh|^2 - n|\nabla\vec{H}|^2)\mathrm{d}v$$

$$\leqslant \int_M F''(\rho)|\nabla\rho|^2 - 2\left(2 - \frac{1}{p}\right)F'(\rho)\rho\left(\rho - \frac{n}{2 - p^{-1}}\right)\mathrm{d}v.$$

（2.8）在区间 $(0, \frac{n}{2-p^{-1}}]$ 或者区间 $[0, \frac{n}{2-p^{-1}}]$ 上当 $nF - 2uF' \leqslant 0$，$F' \leqslant 0$，$F'' \leqslant 0$ 时，

$$\int_M -F''(\rho)|\nabla\rho|^2 - 2F'(\rho)(|Dh|^2 - n|\nabla\vec{H}|^2)$$

$$- nH^2\left(nF(\rho) - 2\rho F'(\rho)\right)\mathrm{d}v$$

$$\leqslant \int_M -2\left(2 - \frac{1}{p}\right)F'(\rho)\rho\left(\rho - \frac{n}{2 - p^{-1}}\right)\mathrm{d}v.$$

（3）当 $F'(u) \geqslant 0$ 时，李安民类型估计为

$$\int_M F''(\rho)|\nabla\rho|^2 + 2F'(\rho)(|Dh|^2 - n|\nabla\vec{H}|^2)$$

$$+ nH^2\left(nF(\rho) - 2\rho F'(\rho)\right) - 3F'(\rho)\rho\left(\rho - \frac{2n}{3}\right)\mathrm{d}v \leqslant 0.$$

当 $\rho \equiv \rho_0 > 0$ 且 $F'(\rho_0) > 0$ 时，等式成立当且仅当：矩阵 $\hat{A}_{n+1} \neq 0$，$\hat{A}_{n+2} \neq 0$，$\hat{S}_{(n+1)(n+1)} = \hat{S}_{(n+2)(n+2)} = \frac{\rho_0}{2}$，$\hat{A}_{n+3} = \cdots = \hat{A}_{n+p} = 0$，$\vec{H} = 0$，并且 A_{n+1}，A_{n+2} 分别为式（13.1）（13.2）的形式。

（3.1）当 $(M, F) \in T_{2,2}$ 且 $\rho = 0$ 时，

$$0 = \int_M 2F'(0)(|Dh|^2 - n|\nabla\vec{H}|^2) + n^2H^2F(0)\mathrm{d}v.$$

（3.2）当 $(M, F) \in T_{2,2}$ 或者 $T_{1,1}$ 且 $\rho = \frac{2n}{3}$ 时，

$$\int_M 2F'\Big(\frac{2n}{3}\Big)(|Dh|^2 - n|\nabla \vec{H}|^2)$$

$$+ nH^2\Big(nF\Big(\frac{2n}{3}\Big) - \frac{4n}{3}F'\Big(\frac{2n}{3}\Big)\Big)\mathrm{d}v \leqslant 0.$$

（3.3）在区间 $(0, \frac{2n}{3}]$ 或者区间 $[0, \frac{2n}{3}]$ 上当 $nF - 2uF' \geqslant 0$，$F' \geqslant 0$，$F'' \geqslant 0$ 时，

$$\int_M 3F'(\rho)\rho\Big(\rho - \frac{2n}{3}\Big)\mathrm{d}v$$

$$\geqslant \int_M F''(\rho)|\nabla \rho|^2 + 2F'(\rho)(|Dh|^2 - n|\nabla \vec{H}|^2)$$

$$+ nH^2(nF(\rho) - 2\rho F'(\rho))\mathrm{d}v.$$

（3.4）在区间 $(0, \frac{2n}{3}]$ 或者区间 $[0, \frac{2n}{3}]$ 上当 $nF - 2uF' \geqslant 0$，$F' \geqslant 0$，$F'' \leqslant 0$ 时，

$$\int_M 3F'(\rho)\rho\Big(\rho - \frac{2n}{3}\Big) - F''(\rho)|\nabla \rho|^2 \mathrm{d}v$$

$$\geqslant \int_M 2F'(\rho)(|Dh|^2 - n|\nabla \vec{H}|^2)$$

$$+ nH^2(nF(\rho) - 2\rho F'(\rho))\mathrm{d}v.$$

（3.5）在区间 $(0, \frac{2n}{3}]$ 或者区间 $[0, \frac{2n}{3}]$ 上当 $nF - 2uF' \equiv 0$，$F' \geqslant 0$，$F'' \geqslant 0$ 时，

$$\int_M 3F'(\rho)\rho\Big(\rho - \frac{2n}{3}\Big)\mathrm{d}v$$

$$\geqslant \int_M F''(\rho)|\nabla \rho|^2 + 2F'(\rho)(|Dh|^2 - n|\nabla \vec{H}|^2)\mathrm{d}v.$$

（3.6）在区间 $(0, \frac{2n}{3}]$ 或者区间 $[0, \frac{2n}{3}]$ 上当 $nF - 2uF' \equiv 0$，$F' \geqslant 0$，$F'' \leqslant$

0时，

$$\int_M 3F'(\rho)\rho\Big(\rho - \frac{2n}{3}\Big) - F''(\rho)|\nabla\rho|^2 \mathrm{d}v$$

$$\geqslant \int_M 2F'(\rho)(|Dh|^2 - n|\nabla\vec{H}|^2)\mathrm{d}v.$$

（3.7）在区间 $(0, \frac{2n}{3}]$ 或者区间 $[0, \frac{2n}{3}]$ 上当 $nF - 2uF' \leqslant 0,\ F' \geqslant 0,\ F'' \geqslant$ 0时，

$$\int_M 3F'(\rho)\rho\Big(\rho - \frac{2n}{3}\Big) - nH^2\big(nF(\rho) - 2\rho F'(\rho)\big)\mathrm{d}v$$

$$\geqslant \int_M F''(\rho)|\nabla\rho|^2 + 2F'(\rho)(|Dh|^2 - n|\nabla\vec{H}|^2)\mathrm{d}v.$$

（3.8）在区间 $(0, \frac{2n}{3}]$ 或者区间 $[0, \frac{2n}{3}]$ 上当 $nF - 2uF' \leqslant 0,\ F' \geqslant 0,\ F'' \leqslant$ 0时，

$$\int_M 3F'(\rho)\rho\Big(\rho - \frac{2n}{3}\Big) - F''(\rho)|\nabla\rho|^2$$

$$- nH^2\big(nF(\rho) - 2\rho F'(\rho)\big)\mathrm{d}v$$

$$\geqslant \int_M 2F'(\rho)(|Dh|^2 - n|\nabla\vec{H}|^2)\mathrm{d}v.$$

（4）当 $F'(u) \leqslant 0$ 时，李安民类型估计为

$$\int_M F''(\rho)|\nabla\rho|^2 + 2F'(\rho)(|Dh|^2 - n|\nabla\vec{H}|^2)$$

$$+ nH^2\big(nF(\rho) - 2\rho F'(\rho)\big) - 3F'(\rho)\rho\Big(\rho - \frac{2n}{3}\Big)\mathrm{d}v \geqslant 0.$$

当 $\rho \equiv \rho_0 > 0$ 且 $F'(\rho_0) < 0$ 时，等式成立当且仅当：矩阵 $\hat{A}_{n+1} \neq 0,\ \hat{A}_{n+2} \neq 0,\ \hat{S}_{(n+1)(n+1)} = \hat{S}_{(n+2)(n+2)} = \frac{\rho_0}{2}, \hat{A}_{n+3} = \cdots = \hat{A}_{n+p} = 0,\ \vec{H} = 0$，并且 A_{n+1}, A_{n+2} 分别为式（13.1）（13.2）的形式。

（4.1）当 $(M, F) \in T_{2,2}$ 且 $\rho = 0$ 时，

$$\int_M 2F'(0)(|Dh|^2 - n|\nabla\vec{H}|^2) + n^2H^2F(0)\mathrm{d}v = 0.$$

（4.2）当 $(M, F) \in T_{2,2}$ 或者 $T_{1,1}$ 且 $\rho = \frac{2n}{3}$ 时，

$$\int_M 2F'\left(\frac{2n}{3}\right)(|Dh|^2 - n|\nabla \vec{H}|^2)$$

$$+ nH^2\left(nF\left(\frac{2n}{3}\right) - \frac{4n}{3}F'\left(\frac{2n}{3}\right)\right)\mathrm{d}v \geqslant 0.$$

（4.3）在区间 $(0, \frac{2n}{3}]$ 或者区间 $[0, \frac{2n}{3}]$ 上当 $nF - 2uF' \geqslant 0$，$F' \leqslant 0$，$F'' \geqslant 0$ 时，

$$\int_M -2F'(\rho)(|Dh|^2 - n|\nabla \vec{H}|^2)\mathrm{d}v$$

$$\leqslant \int_M F''(\rho)|\nabla \rho|^2 + nH^2(nF(\rho) - 2\rho F'(\rho))$$

$$- 3F'(\rho)\rho\left(\rho - \frac{2n}{3}\right)\mathrm{d}v.$$

（4.4）在区间 $(0, \frac{2n}{3}]$ 或者区间 $[0, \frac{2n}{3}]$ 上当 $nF - 2uF' \geqslant 0$，$F' \leqslant 0$，$F'' \leqslant 0$ 时，

$$\int_M -F''(\rho)|\nabla \rho|^2 - 2F'(\rho)(|Dh|^2 - n|\nabla \vec{H}|^2)\mathrm{d}v$$

$$\leqslant \int_M nH^2(nF(\rho) - 2\rho F'(\rho)) - 3F'(\rho)\rho\left(\rho - \frac{2n}{3}\right)\mathrm{d}v.$$

（4.5）在区间 $(0, \frac{2n}{3}]$ 或者区间 $[0, \frac{2n}{3}]$ 上当 $nF - 2uF' \equiv 0$，$F' \leqslant 0$，$F'' \geqslant 0$ 时，

$$\int_M -2F'(\rho)(|Dh|^2 - n|\nabla \vec{H}|^2\mathrm{d}v)$$

$$\leqslant \int_M F''(\rho)|\nabla \rho|^2 - 3F'(\rho)\rho\left(\rho - \frac{2n}{3}\right)\mathrm{d}v.$$

（4.6）在区间 $(0, \frac{2n}{3}]$ 或者区间 $[0, \frac{2n}{3}]$ 上当 $nF - 2uF' \equiv 0$，$F' \leqslant 0$，$F'' \leqslant 0$ 时，

$$\int_M -F''(\rho)|\nabla \rho|^2 - 2F'(\rho)(|Dh|^2 - n|\nabla \vec{H}|^2)\mathrm{d}v$$

$$\leqslant \int_M -3F'(\rho)\rho\left(\rho - \frac{2n}{3}\right)\mathrm{d}v.$$

（4.7）在区间$(0, \frac{2n}{3}]$或者区间$[0, \frac{2n}{3}]$上当$nF - 2uF' \leqslant 0$，$F' \leqslant 0$，$F'' \geqslant 0$时，

$$\int_M -nH^2\left(nF(\rho) - 2\rho F'(\rho)\right) - 2F'(\rho)(|Dh|^2 - n|\nabla \vec{H}|^2)\mathrm{d}v$$

$$\leqslant \int_M F''(\rho)|\nabla\rho|^2 - 3F'(\rho)\rho\left(\rho - \frac{2n}{3}\right)\mathrm{d}v.$$

（4.8）在区间$(0, \frac{2n}{3}]$或者区间$[0, \frac{2n}{3}]$上当$nF - 2uF' \leqslant 0$，$F' \leqslant 0$，$F'' \leqslant 0$时，

$$\int_M -F''(\rho)|\nabla\rho|^2 - 2F'(\rho)(|Dh|^2 - n|\nabla \vec{H}|^2)$$

$$- nH^2\left(nF(\rho) - 2\rho F'(\rho)\right)\mathrm{d}v$$

$$\leqslant \int_M -3F'(\rho)\rho\left(\rho - \frac{2n}{3}\right)\mathrm{d}v.$$

定理 13.13 (间隙定理) 　设M是单位球面中的n维紧致无边的$W_{(n,F)}-$Willmore子流形，并且满足$(M,F) \in T_{2,2}$，则有

（1）当在区间$(0, \frac{n}{2-p^{-1}}]$上满足$p \geqslant 2$，$F'' \leqslant 0$，$F' > 0$，$nF - 2uF' \geqslant 0$，$\nabla\rho = 0$并且$0 \leqslant \rho \leqslant \frac{n}{2-p^{-1}}$时，有$\rho = 0$或者$\rho = \frac{n}{2-p^{-1}}$。（1.1）对于$\rho = 0$的情形：如果$F(0) = 0$，那么$M$是全脐子流形；如果$F(0) \neq 0$，那么$H = S = \rho = 0$并且$M$是全测地子流形。（1.2）对于$\rho = \frac{n}{2-p^{-1}}$的情形，可得$n = p = 2$，$H = 0$，$S = \rho = \frac{4}{3}$并且$M$是Veronese 曲面。

（2）当在区间$(0, \frac{n}{2-p^{-1}}]$上满足$p \geqslant 2$，$F'' \geqslant 0$，$nF - 2uF' \leqslant 0$，$H = 0$，$0 \leqslant \rho \leqslant \frac{n}{2-p^{-1}}$时，有$\rho = 0$或者$\rho = \frac{n}{2-p^{-1}}$。（2.1）对于$\rho = 0$的情形，可得$H = S = \rho = 0$并且$M$是全测地子流形。（2.2）对于$\rho = \frac{n}{2-p^{-1}}$，可得$n = p = 2$，$H = 0$，$S = \rho = \frac{4}{3}$并且$M$是Veronese曲面。

（3）当在区间$(0, \frac{n}{2-p^{-1}}]$上满足$p \geqslant 2$，$F'' \leqslant 0$，$F' > 0$，$nF - 2uF' \leqslant 0$，$H = 0$，$\nabla\rho = 0$并且$0 \leqslant \rho \leqslant \frac{n}{2-p^{-1}}$时，有$\rho = 0$或者$\rho = \frac{n}{2-p^{-1}}$。（3.1）对

于 $\rho = 0$ 的情形，可得 $H = S = \rho = 0$ 并且 M 是全测地子流形。（3.2）对于 $\rho = \frac{n}{2 - p^{-1}}$ 的情形，可得 $n = p = 2$，$H = 0$，$S = \rho = \frac{4}{3}$ 并且 M 是 Veronese 曲面。

13.3   全曲率模长泛函 $GD_{(n,F)}$ 临界点的间隙现象

利用 Simons 公式，我们可以讨论 $GD_{(n,F)}$ 子流形的间隙现象。

定理 13.14   设 $x : M^n \to S^{n+1}(1)$ 为单位球面中的 $GD_{(n,F)}$ 超曲面，则有

$$\int_M F''(S)|\nabla S|^2 + 2F'(S)|Dh|^2 + (F(S) - 4F'(S))n^2 H^2$$

$$- 2F'(S)S(S - n)\mathrm{d}v = 0.$$

特别地，根据函数 F 及其导数的正负性不同，有如下等式：

（1）当 $F' \geqslant 0$，$F - 4F' \geqslant 0$，$F'' \geqslant 0$ 时，

$$\int_M 2F'(S)S(S - n)\mathrm{d}v$$

$$= \int_M F''(S)|\nabla S|^2 + 2F'(S)|Dh|^2 + (F(S) - 4F'(S))n^2 H^2 \mathrm{d}v.$$

（2）当 $F' \geqslant 0$，$F - 4F' \geqslant 0$，$F'' \leqslant 0$ 时，

$$\int_M 2F'(S)S(S - n) - F''(S)|\nabla S|^2 \mathrm{d}v$$

$$= \int_M 2F'(S)|Dh|^2 + (F(S) - 4F'(S))n^2 H^2 \mathrm{d}v.$$

（3）当 $F' \geqslant 0$，$F - 4F' \leqslant 0$，$F'' \geqslant 0$ 时，

$$\int_M 2F'(S)S(S - n) - (F(S) - 4F'(S))n^2 H^2 \mathrm{d}v$$

$$= \int_M F''(S)|\nabla S|^2 + 2F'(S)|Dh|^2 \mathrm{d}v.$$

（4）当 $F' \geqslant 0,\ F - 4F' \leqslant 0,\ F'' \leqslant 0$ 时，

$$\int_M 2F'(S)S(S - n) - F''(S)|\nabla S|^2 - (F(S) - 4F'(S))n^2H^2 \mathrm{d}v$$

$$= \int_M +2F'(S)|Dh|^2 \mathrm{d}v.$$

（5）当 $F' \leqslant 0,\ F - 4F' \geqslant 0,\ F'' \geqslant 0$ 时，

$$\int_M -2F'(S)S(S - n) + F''(S)|\nabla S|^2 + (F(S) - 4F'(S))n^2H^2 \mathrm{d}v$$

$$= \int_M -2F'(S)|Dh|^2 \mathrm{d}v.$$

（6）当 $F' \leqslant 0,\ F - 4F' \geqslant 0,\ F'' \leqslant 0$ 时，

$$\int_M -2F'(S)S(S - n) + (F(S) - 4F'(S))n^2H^2 \mathrm{d}v$$

$$= \int_M -F''(S)|\nabla S|^2 - 2F'(S)|Dh|^2 \mathrm{d}v.$$

（7）当 $F' \leqslant 0,\ F - 4F' \leqslant 0,\ F'' \geqslant 0$ 时，

$$\int_M -2F'(S)S(S - n)\mathrm{d}v + F''(S)|\nabla S|^2 \mathrm{d}v$$

$$= \int_M -(F(S) - 4F'(S))n^2H^2 - 2F'(S)|Dh|^2 \mathrm{d}v.$$

（8）当 $F' \leqslant 0,\ F - 4F' \leqslant 0,\ F'' \leqslant 0$ 时，

$$\int_M -2F'(S)S(S - n)\mathrm{d}v$$

$$= \int_M -F''(S)|\nabla S|^2 - (F(S) - 4F'(S))n^2H^2 - 2F'(S)|Dh|^2 \mathrm{d}v.$$

（9）当 $S = 0$ 时，等式显然成立；当 $S = n$ 时，等式为

$$\int_M 2F'(n)|Dh|^2 + (F(n) - 4F'(n))n^2H^2 \mathrm{d}v = 0.$$

定理 13.15 (间隙定理)　设 $x : M^n \to S^{n+1}(1)$ 为单位球面中的 $GD_{(n,F)}$ 超曲面，且在区间 $[0, n]$ 上满足 $F' > 0$, $F - 4F' > 0$, $F'' > 0$，则当 $0 \leqslant S \leqslant n$ 时，有 $S = 0$ 或者 $S = n$. 前者为全测地超曲面，后者为特殊的 Clifford Torus $C_{(\frac{n}{2}, \frac{n}{2})}$.

定理 13.16　设 $x : M^n \to S^{n+p}(1), p \geqslant 2$ 为单位球面中的 $GD_{(n,F)}$ 子流形，当 $F'(u) \geqslant 0$ 时，陈省身类型估计 I 为

$$\int_M F''(S)|\nabla S|^2 + 2F'(S)|Dh|^2 + (F(S) - 4F'(S))n^2 H^2$$

$$- 2\left(2 - \frac{1}{p}\right)F'(S)S\left(S - \frac{n}{2 - p^{-1}}\right)\mathrm{d}v \leqslant 0.$$

又当 $S \equiv S_0 > 0$ 且 $F'(S_0) > 0$ 时，等式成立当且仅当：余维数为 2，矩阵 $A_{n+1} \neq 0$, $A_{n+2} \neq 0$, $S_{(n+1)(n+1)} = S_{(n+2)(n+2)} = \frac{S_0}{2}$, $\vec{H} = 0$，并且

$$A_{n+1} = \frac{\sqrt{S_0}}{2}\begin{pmatrix} 0 & 1 & 0 & \cdots & 0 \\ 1 & 0 & 0 & \cdots & 0 \\ 0 & 0 & 0 & \cdots & 0 \\ \vdots & \vdots & \vdots & \cdots & \vdots \\ 0 & 0 & 0 & \cdots & 0 \end{pmatrix}, \tag{13.3}$$

$$A_{n+2} = \frac{\sqrt{S_0}}{2}\begin{pmatrix} 1 & 0 & 0 & \cdots & 0 \\ 0 & -1 & 0 & \cdots & 0 \\ 0 & 0 & 0 & \cdots & 0 \\ \vdots & \vdots & \vdots & \cdots & \vdots \\ 0 & 0 & 0 & \cdots & 0 \end{pmatrix}. \tag{13.4}$$

特别地，根据函数 F 及其导数的正负性不同，有如下不等式：

（1）当 $F' \geqslant 0$, $F - 4F' \geqslant 0$, $F'' \geqslant 0$ 时，

$$\int_M 2\left(2 - \frac{1}{p}\right)F'(S)S\left(S - \frac{n}{2 - p^{-1}}\right)$$

$$\geqslant \int_M F''(S)|\nabla S|^2 + 2F'(S)|Dh|^2 + (F(S) - 4F'(S))n^2 H^2 \mathrm{d}v.$$

（2）当 $F' \geqslant 0$, $F - 4F' \geqslant 0$, $F'' \leqslant 0$ 时,

$$\int_M 2\left(2 - \frac{1}{p}\right)F'(S)S\left(S - \frac{n}{2 - p^{-1}}\right) - F''(S)|\nabla S|^2 \mathrm{d}v$$

$$\geqslant \int_M 2F'(S)|Dh|^2 + (F(S) - 4F'(S))n^2H^2 \mathrm{d}v.$$

（3）当 $F' \geqslant 0$, $F - 4F' \leqslant 0$, $F'' \geqslant 0$ 时,

$$\int_M 2\left(2 - \frac{1}{p}\right)F'(S)S\left(S - \frac{n}{2 - p^{-1}}\right)$$

$$- (F(S) - 4F'(S))n^2H^2 \mathrm{d}v$$

$$\geqslant \int_M F''(S)|\nabla S|^2 + 2F'(S)|Dh|^2 \mathrm{d}v.$$

（4）当 $F' \geqslant 0$, $F - 4F' \leqslant 0$, $F'' \leqslant 0$ 时,

$$\int_M 2\left(2 - \frac{1}{p}\right)F'(S)S\left(S - \frac{n}{2 - p^{-1}}\right) - F''(S)|\nabla S|^2$$

$$- (F(S) - 4F'(S))n^2H^2$$

$$\geqslant \int_M + 2F'(S)|Dh|^2 \mathrm{d}v.$$

（5）当 $S = 0$ 时, 不等式变等式; 当 $S = \frac{n}{2 - p^{-1}}$ 时, 不等式为

$$\int_M 2F'\left(\frac{n}{2 - p^{-1}}\right)|Dh|^2$$

$$+ \left[F\left(\frac{n}{2 - p^{-1}}\right) - 4F'\left(\frac{n}{2 - p^{-1}}\right)\right]n^2H^2 \mathrm{d}v \leqslant 0.$$

定理 13.17 (间隙定理)　设 $x : M^n \to S^{n+p}(1), p \geqslant 2$ 为单位球面中的 $GD_{(n,F)}$ 子流形, 在区间 $[0, \frac{n}{2 - p^{-1}}]$ 上满足 $F' > 0$, $F - 4F' > 0$, $F'' > 0$, 则当 $0 \leqslant S \leqslant \frac{n}{2 - p^{-1}}$ 时, 有 $S = 0$ 或者 $S = \frac{n}{2 - p^{-1}}$. 前者为全测地子流形, 后者为 Veronese 曲面。

定理 13.18　设 $x: M^n \to S^{n+p}(1)$, $p \geqslant 2$ 为单位球面中的 $GD_{(n,F)}$ 子流形，当 $F'(u) \geqslant 0$ 时，陈省身类型估计 II 为

$$\int_M F''(S)|\nabla S|^2 + 2F'(S)|Dh|^2$$

$$+ (F(S) - 4F'(S))n^2H^2$$

$$- 2\left(2 - \frac{1}{p}\right)F'(S)S\left(S - \frac{n}{2 - p^{-1}}\right)$$

$$+ 2n\left(1 - \frac{1}{p}\right)F'(S)H^2(2S - nH^2)\mathrm{d}v \leqslant 0.$$

又当 $S \equiv S_0 > 0$ 且 $F'(S_0) > 0$ 时，等式成立当且仅当：余维数为 2，矩阵 $A_{n+1} \neq 0$, $A_{n+2} \neq 0$, $S_{(n+1)(n+1)} = S_{(n+2)(n+2)} = \frac{S_0}{2}$, $\vec{H} = 0$, 并且 A_{n+1}, A_{n+2} 分别为式（13.3）（13.4）的形式。

特别地，根据函数 F 及其导数的正负性不同，有如下不等式：

（1）当 $F' \geqslant 0$, $F - 4F' \geqslant 0$, $F'' \geqslant 0$ 时，

$$\int_M 2\left(2 - \frac{1}{p}\right)F'(S)S\left(S - \frac{n}{2 - p^{-1}}\right)\mathrm{d}v$$

$$\geqslant \int_M F''(S)|\nabla S|^2 + 2F'(S)|Dh|^2 + (F(S) - 4F'(S))n^2H^2$$

$$+ 2n\left(1 - \frac{1}{p}\right)F'(S)H^2(2S - nH^2)\mathrm{d}v.$$

（2）当 $F' \geqslant 0$, $F - 4F' \geqslant 0$, $F'' \leqslant 0$ 时，

$$\int_M 2\left(2 - \frac{1}{p}\right)F'(S)S\left(S - \frac{n}{2 - p^{-1}}\right) - F''(S)|\nabla S|^2\mathrm{d}v$$

$$\geqslant \int_M 2F'(S)|Dh|^2 + (F(S) - 4F'(S))n^2H^2$$

$$+ 2n\left(1 - \frac{1}{p}\right)F'(S)H^2(2S - nH^2)\mathrm{d}v.$$

（3）当 $F' \geqslant 0$, $F - 4F' \leqslant 0$, $F'' \geqslant 0$ 时，

$$\int_M 2\left(2 - \frac{1}{p}\right)F'(S)S\left(S - \frac{n}{2 - p^{-1}}\right)$$

$$- (F(S) - 4F'(S))n^2H^2\mathrm{d}v$$

$$\geqslant \int_M F''(S)|\nabla S|^2 + 2F'(S)|Dh|^2$$

$$+ 2n\left(1 - \frac{1}{p}\right)F'(S)H^2(2S - nH^2)\mathrm{d}v.$$

（4）当$F' \geqslant 0$, $F - 4F' \leqslant 0$, $F'' \leqslant 0$时，

$$\int_M 2\left(2 - \frac{1}{p}\right)F'(S)S\left(S - \frac{n}{2 - p^{-1}}\right) - F''(S)|\nabla S|^2$$

$$- (F(S) - 4F'(S))n^2H^2\mathrm{d}v$$

$$\geqslant \int_M 2F'(S)|Dh|^2 + 2n\left(1 - \frac{1}{p}\right)F'(S)H^2(2S - nH^2)\mathrm{d}v.$$

（5）当$S = 0$时，不等式变等式；当$S = \frac{n}{2 - p^{-1}}$时，不等式为

$$\int_M 2F'\left(\frac{n}{2 - p^{-1}}\right)|Dh|^2$$

$$+ \left[F\left(\frac{n}{2 - p^{-1}}\right) - 4F'\left(\frac{n}{2 - p^{-1}}\right)\right]n^2H^2$$

$$+ 2n\left(1 - \frac{1}{p}\right)F'\left(\frac{n}{2 - p^{-1}}\right)H^2\left(\frac{2n}{2 - p^{-1}} - nH^2\right)\mathrm{d}v \leqslant 0.$$

定理 13.19（间隙定理） 设$x : M^n \to S^{n+p}(1)$, $p \geqslant 2$为单位球面中的$GD_{(n,F)}$子流形，在区间$[0, \frac{n}{2 - p^{-1}}]$上满足$F' > 0$, $F - 4F' > 0$, $F'' > 0$，则当$0 \leqslant S \leqslant \frac{n}{2 - p^{-1}}$时，有$S = 0$或者$S = \frac{n}{2 - p^{-1}}$. 前者为全测地子流形，后者为Veronese曲面。

定理 13.20 设$x : M^n \to S^{n+p}(1)$, $p \geqslant 2$为单位球面中的$GD_{(n,F)}$子流形，当$F'(u) \leqslant 0$时，陈省身类型估计I为

$$\int_M F''(S)|\nabla S|^2 + 2F'(S)|Dh|^2$$

$$+ (F(S) - 4F'(S))n^2H^2$$

$$-2(2 - \frac{1}{p})F'(S)S\left(S - \frac{n}{2 - p^{-1}}\right)dv \geqslant 0.$$

又当 $S \equiv S_0 > 0$ 且 $F'(S_0) < 0$ 时，等式成立当且仅当：余维数为 2，矩阵 $A_{n+1} \neq 0$, $A_{n+2} \neq 0$, $S_{(n+1)(n+1)} = S_{(n+2)(n+2)} = \frac{S_0}{2}$, $\vec{H} = 0$, 并且 A_{n+1}, A_{n+2} 分别为式（13.3）（13.4）的形式。

特别地，根据函数 F 及其导数的正负性不同，有如下不等式：

（1）当 $F' \leqslant 0$, $F - 4F' \geqslant 0$, $F'' \geqslant 0$ 时，

$$\int_M -2(2 - \frac{1}{p})F'(S)S\left(S - \frac{n}{2 - p^{-1}}\right)$$

$$+ F''(S)|\nabla S|^2 + (F(S) - 4F'(S))n^2H^2 dv$$

$$\geqslant \int_M -2F'(S)|Dh|^2 dv.$$

（2）当 $F' \leqslant 0$, $F - 4F' \geqslant 0$, $F'' \leqslant 0$ 时，

$$\int_M -2(2 - \frac{1}{p})F'(S)S\left(S - \frac{n}{2 - p^{-1}}\right)$$

$$+ (F(S) - 4F'(S))n^2H^2 dv$$

$$\geqslant \int_M -F''(S)|\nabla S|^2 - 2F'(S)|Dh|^2 dv.$$

（3）当 $F' \leqslant 0$, $F - 4F' \leqslant 0$, $F'' \geqslant 0$ 时，

$$\int_M -2(2 - \frac{1}{p})F'(S)S\left(S - \frac{n}{2 - p^{-1}}\right) + F''(S)|\nabla S|^2 dv$$

$$\geqslant \int_M -2F'(S)|Dh|^2 - (F(S) - 4F'(S))n^2H^2 dv.$$

（4）当 $F' \leqslant 0$, $F - 4F' \leqslant 0$, $F'' \leqslant 0$ 时，

$$\int_M -2(2 - \frac{1}{p})F'(S)S\left(S - \frac{n}{2 - p^{-1}}\right)dv$$

$$\geqslant \int_M -F''(S)|\nabla S|^2 - 2F'(S)|Dh|^2$$

$$- (F(S) - 4F'(S))n^2H^2 dv.$$

（5）当$S = 0$时，不等式变等式；当$S = \frac{n}{2-p^{-1}}$时，不等式为

$$\int_M 2F'\left(\frac{n}{2-p^{-1}}\right)|Dh|^2$$

$$+ \left[F\left(\frac{n}{2-p^{-1}}\right) - 4F'\left(\frac{n}{2-p^{-1}}\right)\right]n^2H^2\mathrm{d}v \geqslant 0.$$

定理 13.21（间隙定理） 设$x : M^n \to S^{n+p}(1), p \geqslant 2$为单位球面中的$GD_{(n,F)}$子流形，在区间$[0, \frac{n}{2-p^{-1}}]$上满足$F' < 0, F - 4F' < 0, F'' < 0$，则当$0 \leqslant S \leqslant \frac{n}{2-p^{-1}}$时，有$S = 0$或者$S = \frac{n}{2-p^{-1}}$。前者为全测地子流形，后者为Veronese曲面。

定理 13.22 设$x : M^n \to S^{n+p}(1), p \geqslant 2$为单位球面中的$GD_{(n,F)}$子流形，当$F'(u) \leqslant 0$时，陈省身类型估计II为

$$\int_M F''(S)|\nabla S|^2 + 2F'(S)|Dh|^2 + (F(S) - 4F'(S))n^2H^2$$

$$- 2F'(S)\left(2 - \frac{1}{p}\right)S\left(S - \frac{n}{2-p^{-1}}\right)$$

$$+ 2n\left(1 - \frac{1}{p}\right)F'(S)H^2(2S - nH^2)\mathrm{d}v \geqslant 0.$$

又当$S \equiv S_0 > 0$且$F'(S_0) < 0$时，等式成立当且仅当：余维数为2，矩阵$A_{n+1} \neq 0, A_{n+2} \neq 0, S_{(n+1)(n+1)} = S_{(n+2)(n+2)} = \frac{S_0}{2}, \vec{H} = 0$，并且$A_{n+1}, A_{n+2}$分别为式（13.3）（13.4）的形式。

特别地，根据函数F及其导数的正负性不同，有如下不等式：

（1）当$F' \leqslant 0, F - 4F' \geqslant 0, F'' \geqslant 0$时，

$$\int_M -2F'(S)\left(2 - \frac{1}{p}\right)S\left(S - \frac{n}{2-p^{-1}}\right)$$

$$+ F''(S)|\nabla S|^2 + (F(S) - 4F'(S))n^2H^2\mathrm{d}v$$

$$\geqslant \int_M -2F'(S)|Dh|^2 - 2n\left(1 - \frac{1}{p}\right)F'(S)H^2(2S - nH^2)\mathrm{d}v.$$

（2）当 $F' \leqslant 0$, $F - 4F' \geqslant 0$, $F'' \leqslant 0$ 时,

$$\int_M -2F'(S)\left(2 - \frac{1}{p}\right)S\left(S - \frac{n}{2 - p^{-1}}\right)$$

$$+ (F(S) - 4F'(S))n^2H^2\mathrm{d}v$$

$$\geqslant \int_M -F''(S)|\nabla S|^2 - 2F'(S)|Dh|^2$$

$$- 2n\left(1 - \frac{1}{p}\right)F'(S)H^2(2S - nH^2)\mathrm{d}v.$$

（3）当 $F' \leqslant 0$, $F - 4F' \leqslant 0$, $F'' \geqslant 0$ 时,

$$\int_M -2F'(S)\left(2 - \frac{1}{p}\right)S\left(S - \frac{n}{2 - p^{-1}}\right) + F''(S)|\nabla S|^2\mathrm{d}v$$

$$\geqslant \int_M -(F(S) - 4F'(S))n^2H^2 - 2F'(S)|Dh|^2$$

$$- 2n\left(1 - \frac{1}{p}\right)F'(S)H^2(2S - nH^2)\mathrm{d}v.$$

· （4）当 $F' \leqslant 0$, $F - 4F' \leqslant 0$, $F'' \leqslant 0$ 时,

$$\int_M -2F'(S)\left(2 - \frac{1}{p}\right)S\left(S - \frac{n}{2 - p^{-1}}\right)\mathrm{d}v$$

$$\geqslant \int_M -F''(S)|\nabla S|^2 - (F(S) - 4F'(S))n^2H^2$$

$$- 2F'(S)|Dh|^2 - 2n\left(1 - \frac{1}{p}\right)F'(S)H^2(2S - nH^2)\mathrm{d}v.$$

（5）当 $S = 0$ 时, 不等式变等式; 当 $S = \frac{n}{2 - p^{-1}}$ 时, 不等式为

$$\int_M 2F'\left(\frac{n}{2 - p^{-1}}\right)|Dh|^2$$

$$+ \left[F\left(\frac{n}{2 - p^{-1}}\right) - 4F'\left(\frac{n}{2 - p^{-1}}\right)\right]n^2H^2$$

$$+ 2n\left(1 - \frac{1}{p}\right)F'\left(\frac{n}{2 - p^{-1}}\right)H^2\left(\frac{2n}{2 - p^{-1}} - nH^2\right)\mathrm{d}v \geqslant 0.$$

定理 13.23 (间隙定理) 设$x : M^n \to S^{n+p}(1)$, $p \geqslant 2$为单位球面中的$GD_{(n,F)}$子流形，在区间$[0, \frac{n}{2-p^{-1}}]$上满足$F' < 0$, $F - 4F' < 0$, $F'' < 0$，则当$0 \leqslant S \leqslant \frac{n}{2-p^{-1}}$时，有$S = 0$或者$S = \frac{n}{2-p^{-1}}$. 前者为全测地子流形，后者为Veronese曲面。

定理 13.24 设$x : M^n \to S^{n+p}(1)$, $p \geqslant 2$为单位球面中的$GD_{(n,F)}$子流形，$F'(u) \geqslant 0$时，李安民类型估计I为

$$\int_M F''(S)|\nabla S|^2 + 2F'(S)|Dh|^2 + (F(S) - 4F'(S))n^2H^2$$

$$- 3F'(S)S\left(S - \frac{2n}{3}\right)dv \leqslant 0.$$

又当$S \equiv S_0 > 0$且$F'(S_0) > 0$时，等式成立当且仅当：矩阵$A_{n+1} \neq 0$, $A_{n+2} \neq 0$, $S_{(n+1)(n+1)} = S_{(n+2)(n+2)} = \frac{S_0}{2}$, $A_{n+3} = \cdots = A_{n+p} = 0$, $\vec{H} = 0$，并且A_{n+1}, A_{n+2}分别为式（13.3）（13.4）的形式。

特别地，根据函数F及其导数的正负性不同，有如下不等式：

（1）当$F' \geqslant 0$, $F - 4F' \geqslant 0$, $F'' \geqslant 0$时，

$$\int_M 3F'(S)S\left(S - \frac{2n}{3}\right)dv$$

$$\geqslant \int_M F''(S)|\nabla S|^2 + 2F'(S)|Dh|^2 + (F(S) - 4F'(S))n^2H^2 dv.$$

（2）当$F' \geqslant 0$, $F - 4F' \geqslant 0$, $F'' \leqslant 0$时，

$$\int_M 3F'(S)S\left(S - \frac{2n}{3}\right) - F''(S)|\nabla S|^2 dv$$

$$\geqslant \int_M 2F'(S)|Dh|^2 + (F(S) - 4F'(S))n^2H^2 dv.$$

（3）当$F' \geqslant 0$, $F - 4F' \leqslant 0$, $F'' \geqslant 0$时，

$$\int_M 3F'(S)S\left(S - \frac{2n}{3}\right) - (F(S) - 4F'(S))n^2H^2 dv$$

$$\geqslant \int_M F''(S)|\nabla S|^2 + 2F'(S)|Dh|^2 dv.$$

（4）当$F' \geqslant 0$, $F - 4F' \leqslant 0$, $F'' \leqslant 0$时，

$$\int_M 3F'(S)S\left(S - \frac{2n}{3}\right) - F''(S)|\nabla S|^2$$

$$- (F(S) - 4F'(S))n^2H^2 \mathrm{d}v$$

$$\geqslant \int_M 2F'(S)|Dh|^2 \mathrm{d}v.$$

（5）当$S = 0$时，不等式变等式；当$S = \frac{2n}{3}$时，不等式为

$$\int_M 2F'\left(\frac{2n}{3}\right)|Dh|^2 + \left(F\left(\frac{2n}{3}\right) - 4F'\left(\frac{2n}{3}\right)\right)n^2H^2 \mathrm{d}v \leqslant 0.$$

定理 13.25 (间隙定理)   设$x : M^n \to S^{n+p}(1), p \geqslant 2$为单位球面中的$GD_{(n,F)}$子流形，在区间$[0, \frac{2n}{3}]$上满足$F' > 0$, $F - 4F' > 0$, $F'' > 0$，则当$0 \leqslant S \leqslant \frac{2n}{3}$时，有$S = 0$或者$S = \frac{2n}{3}$. 前者为全测地子流形，后者为Veronese曲面。

定理 13.26   设$x : M^n \to S^{n+p}(1), p \geqslant 2$为单位球面中的$GD_{(n,F)}$子流形，当$F'(u) \geqslant 0$时，李安民类型估计 II 为

$$\int_M F''(S)|\nabla S|^2 + (F(S) - 4F'(S))n^2H^2 + 2F'(S)|Dh|^2$$

$$- 3F'(S)S\left(S - \frac{2n}{3}\right) + nF'(S)H^2(2S - nH^2)\mathrm{d}v \leqslant 0.$$

又当$S \equiv S_0 > 0$且$F'(S_0) > 0$时，等式成立当且仅当：矩阵$A_{n+1} \neq 0$, $A_{n+2} \neq 0$, $S_{(n+1)(n+1)} = S_{(n+2)(n+2)} = \frac{S_0}{2}$, $A_{n+3} = \cdots = A_{n+p} = 0$, $\vec{H} = 0$，并且A_{n+1}, A_{n+2}分别为式（13.3）（13.4）的形式。

特别地，根据函数F及其导数的正负性不同，有如下不等式：

（1）当$F' \geqslant 0$, $F - 4F' \geqslant 0$, $F'' \geqslant 0$时，

$$\int_M 3F'(S)S\left(S - \frac{2n}{3}\right)\mathrm{d}v$$

$$\geqslant \int_M F''(S)|\nabla S|^2 + (F(S) - 4F'(S))n^2H^2$$

$$+ 2F'(S)|Dh|^2 + nF'(S)H^2(2S - nH^2)\mathrm{d}v.$$

（2）当$F' \geqslant 0$，$F - 4F' \geqslant 0$，$F'' \leqslant 0$时，

$$\int_M 3F'(S)S\left(S - \frac{2n}{3}\right) - F''(S)|\nabla S|^2 dv$$

$$\geqslant \int_M (F(S) - 4F'(S))n^2H^2 + 2F'(S)|Dh|^2$$

$$+ nF'(S)H^2(2S - nH^2)dv.$$

（3）当$F' \geqslant 0$，$F - 4F' \leqslant 0$，$F'' \geqslant 0$时，

$$\int_M 3F'(S)S\left(S - \frac{2n}{3}\right) - (F(S) - 4F'(S))n^2H^2 dv$$

$$\geqslant \int_M F''(S)|\nabla S|^2 + 2F'(S)|Dh|^2$$

$$+ nF'(S)H^2(2S - nH^2)dv.$$

（4）当$F' \geqslant 0$，$F - 4F' \leqslant 0$，$F'' \leqslant 0$时，

$$\int_M 3F'(S)S\left(S - \frac{2n}{3}\right) - F''(S)|\nabla S|^2 - (F(S) - 4F'(S))n^2H^2 dv$$

$$\geqslant \int_M 2F'(S)|Dh|^2 + nF'(S)H^2(2S - nH^2)dv.$$

（5）当$S = 0$时，不等式变等式；当$S = \frac{2n}{3}$时，不等式为

$$\int_M \left[F\left(\frac{2n}{3}\right) - 4F'\left(\frac{2n}{3}\right)\right]n^2H^2 + 2F'\left(\frac{2n}{3}\right)|Dh|^2$$

$$+ nF'\left(\frac{2n}{3}\right)H^2\left(2\frac{2n}{3} - nH^2\right)dv \leqslant 0.$$

定理 13.27 (间隙定理)　设$x : M^n \to S^{n+p}(1)$，$p \geqslant 2$为单位球面中的$GD_{(n,F)}$子流形，在区间$[0, \frac{2n}{3}]$上满足$F' > 0, F - 4F' > 0, F'' > 0$，则当$0 \leqslant S \leqslant \frac{2n}{3}$时，有$S = 0$或者$S = \frac{2n}{3}$. 前者为全测地子流形，后者为Veronese曲面。

定理 13.28   设 $x: M^n \to S^{n+p}(1), p \geqslant 2$ 为单位球面中的 $GD_{(n,F)}$ 子流形，当 $F'(u) \leqslant 0$ 时，李安民类型估计 I 为

$$\int_M F''(S)|\nabla S|^2 + 2F'(S)|Dh|^2 + (F(S) - 4F'(S))n^2H^2$$

$$- 3F'(S)S\left(S - \frac{2n}{3}\right)\mathrm{d}v \geqslant 0.$$

又当 $S \equiv S_0 > 0$ 且 $F'(S_0) < 0$ 时，等式成立当且仅当：矩阵 $A_{n+1} \neq 0$，$A_{n+2} \neq 0$，$S_{(n+1)(n+1)} = S_{(n+2)(n+2)} = \frac{S_0}{2}$，$A_{n+3} = \cdots = A_{n+p} = 0$，$\vec{H} = 0$，并且 A_{n+1}, A_{n+2} 分别为式（13.3）（13.4）的形式。

特别地，根据函数 F 及其导数的正负性不同，有如下不等式：

（1）当 $F' \leqslant 0, F - 4F' \geqslant 0, F'' \geqslant 0$ 时，

$$\int_M -3F'(S)S\left(S - \frac{2n}{3}\right) + F''(S)|\nabla S|^2$$

$$+ (F(S) - 4F'(S))n^2H^2\mathrm{d}v$$

$$\geqslant \int_M -2F'(S)|Dh|^2\mathrm{d}v.$$

（2）当 $F' \leqslant 0, F - 4F' \geqslant 0, F'' \leqslant 0$ 时，

$$\int_M -3F'(S)S\left(S - \frac{2n}{3}\right) + (F(S) - 4F'(S))n^2H^2\mathrm{d}v$$

$$\geqslant \int_M -F''(S)|\nabla S|^2 - 2F'(S)|Dh|^2\mathrm{d}v.$$

（3）当 $F' \leqslant 0, F - 4F' \leqslant 0, F'' \geqslant 0$ 时，

$$\int_M -3F'(S)S\left(S - \frac{2n}{3}\right) + F''(S)|\nabla S|^2\mathrm{d}v$$

$$\geqslant \int_M -2F'(S)|Dh|^2 - (F(S) - 4F'(S))n^2H^2\mathrm{d}v.$$

（4）当 $F' \leqslant 0, F - 4F' \leqslant 0, F'' \leqslant 0$ 时，

$$\int_M -3F'(S)S\left(S - \frac{2n}{3}\right)\mathrm{d}v$$

$$\geqslant \int_M -F''(S)|\nabla S|^2 - 2F'(S)|Dh|^2$$

$$- (F(S) - 4F'(S))n^2 H^2 \mathrm{d}v.$$

（5）当 $S = 0$ 时，不等式变等式；当 $S = \frac{2n}{3}$ 时，不等式为

$$\int_M 2F'\left(\frac{2n}{3}\right)|Dh|^2 + \left(F\left(\frac{2n}{3}\right) - 4F'\left(\frac{2n}{3}\right)\right)n^2 H^2 \mathrm{d}v \geqslant 0.$$

定理 13.29 (间隙定理)　设 $x : M^n \to S^{n+p}(1), p \geqslant 2$ 为单位球面中的 $GD_{(n,F)}$ 子流形，在区间 $[0, \frac{2n}{3}]$ 上满足 $F' < 0, F - 4F' < 0, F'' < 0$，则当 $0 \leqslant S \leqslant \frac{2n}{3}$ 时，有 $S = 0$ 或者 $S = \frac{2n}{3}$．前者为全测地子流形，后者为 Veronese 曲面。

定理 13.30　设 $x : M^n \to S^{n+p}(1), p \geqslant 2$ 为单位球面中的 $GD_{(n,F)}$ 子流形，当 $F'(u) \leqslant 0$ 时，李安民类型估计 II 为

$$\int_M F''(S)|\nabla S|^2 + (F(S) - 4F'(S))n^2 H^2 + 2F'(S)|Dh|^2$$

$$- 3F'(S)S\left(S - \frac{2n}{3}\right) + nF'(S)H^2(2S - nH^2)\mathrm{d}v \geqslant 0.$$

又当 $S \equiv S_0 > 0$ 且 $F'(S_0) < 0$ 时，等式成立当且仅当：矩阵 $A_{n+1} \neq 0$, $A_{n+2} \neq 0$, $S_{(n+1)(n+1)} = S_{(n+2)(n+2)} = \frac{S_0}{2}$, $A_{n+3} = \cdots = A_{n+p} = 0$, $\vec{H} = 0$, 并且 A_{n+1}, A_{n+2} 分别为式（13.3）（13.4）的形式。

特别地，根据函数 F 及其导数的正负性不同，有如下不等式：

（1）当 $F' \leqslant 0, F - 4F' \geqslant 0, F'' \geqslant 0$ 时，

$$\int_M -3F'(S)S\left(S - \frac{2n}{3}\right) + F''(S)|\nabla S|^2$$

$$+ (F(S) - 4F'(S))n^2 H^2 \mathrm{d}v$$

$$\geqslant \int_M -2F'(S)|Dh|^2 - nF'(S)H^2(2S - nH^2)\mathrm{d}v.$$

（2）当 $F' \leqslant 0$, $F - 4F' \geqslant 0$, $F'' \leqslant 0$ 时，

$$\int_M -3F'(S)S\Big(S - \frac{2n}{3}\Big) + (F(S) - 4F'(S))n^2 H^2 \mathrm{d}v$$

$$\geqslant \int_M -F''(S)|\nabla S|^2 - 2F'(S)|Dh|^2 - nF'(S)H^2(2S - nH^2)\mathrm{d}v.$$

（3）当 $F' \leqslant 0$, $F - 4F' \leqslant 0$, $F'' \geqslant 0$ 时，

$$\int_M -3F'(S)S\Big(S - \frac{2n}{3}\Big) + F''(S)|\nabla S|^2 \mathrm{d}v$$

$$\geqslant \int_M -(F(S) - 4F'(S))n^2 H^2 - 2F'(S)|Dh|^2$$

$$- nF'(S)H^2(2S - nH^2)\mathrm{d}v.$$

（4）当 $F' \leqslant 0$, $F - 4F' \leqslant 0$, $F'' \leqslant 0$ 时，

$$\int_M -3F'(S)S\Big(S - \frac{2n}{3}\Big)\mathrm{d}v$$

$$\geqslant \int_M -F''(S)|\nabla S|^2 - (F(S) - 4F'(S))n^2 H^2$$

$$- 2F'(S)|Dh|^2 - nF'(S)H^2(2S - nH^2)\mathrm{d}v.$$

（5）当 $S = 0$ 时，不等式变等式；当 $S = \frac{2n}{3}$ 时，不等式为

$$\int_M \Big(F\Big(\frac{2n}{3}\Big) - 4F'\Big(\frac{2n}{3}\Big)\Big)n^2 H^2 + 2F'\Big(\frac{2n}{3}\Big)|Dh|^2$$

$$+ nF'\Big(\frac{2n}{3}\Big)H^2\Big(2\frac{2n}{3} - nH^2\Big)\mathrm{d}v \geqslant 0.$$

定理 13.31 (间隙定理)   设 $x : M^n \rightarrow S^{n+p}(1)$, $p \geqslant 2$ 为单位球面中的 $GD_{(n,F)}$ 子流形，在区间 $[0, \frac{2n}{3}]$ 上满足 $F' < 0$, $F - 4F' < 0$, $F'' < 0$, 则当 $0 \leqslant S \leqslant \frac{2n}{3}$ 时，有 $S = 0$ 或者 $S = \frac{2n}{3}$. 前者为全测地子流形，后者为 Veronese 曲面。

注释 13.1   上面的间隙定理是以定理 13.30 中的（4）的式子为例发展得到的。根据 Simons 积分等式，我们可以发展很多的间隙定理。实际上根据

其余的式子附加一些条件同样可以发展其他间隙定理，在此略去。

13.4　间隙现象的证明

本节给出间隙现象的证明。我们需要Chern do 和Carmo Kobayashi在他们一篇著名的论文[3]中提出的两个重要结论，其中一个为引理，另一个被称为主定理。为了表述方便，我们采用一些记号。对于一个超曲面，令

$$h_{ij} \stackrel{\text{def}}{=} h_{ij}^{n+1}.$$

选择局部正交标架，使得

$$h_{ij} = 0, \quad \forall\, i \neq j,$$

并且

$$h_i \stackrel{\text{def}}{=} h_{ii}.$$

引理 13.1 [2,3]　设$x : M^n \to S^{n+1}(1)$是单位球面中的紧致无边超曲面并且满足$\nabla h \equiv 0$，那么有如下两种情形：

（1）$h_1 = \cdots = h_n = \lambda = $ constant，并且M或者是全脐($\lambda > 0$)超曲面或者是全测地($\lambda = 0$)超曲面；

（2）$h_1 = \cdots h_m = \lambda = $ constant > 0, $h_{m+1} = \cdots = h_n = -\frac{1}{\lambda}$, $1 \leqslant m \leqslant n - 1$，并且$M$是两个子流形的黎曼乘积$M_1 \times M_2$，此处

$$M_1 = S^m\Big(\frac{1}{\sqrt{1 + \lambda^2}} \Big), \quad M_2 = S^{n-m}\Big(\frac{\lambda}{\sqrt{1 + \lambda^2}} \Big).$$

不失一般性，假设$\lambda > 0$并且$1 \leqslant m \leqslant \frac{n}{2}$。

引理 13.2 [2,3]　Clifford torus $C_{m,n-m}$和Veronese曲面是单位球面$S^{n+p}(1)$中唯一满足$S = \frac{n}{2 - p^{-1}}$的极小子流形($H = 0$).

本章发展了很多间隙定理，其证明的思路完全一样。下面的间隙定理是定理13.15，我们只需证明它即可，其余的间隙定理同理可证。

定理 13.32 (间隙定理)　设$x : M^n \to S^{n+1}(1)$为单位球面中的$GD_{(n,F)}$超曲面，且在区间$[0, n]$上满足$F' > 0$, $F - 4F' > 0$, $F'' > 0$，则当$0 \leqslant S \leqslant n$

时，有 $S = 0$ 或者 $S = n$. 前者为全测地超曲面，后者为特殊的Clifford Torus $C_{(\frac{\pi}{2}, \frac{\pi}{2})}$.

证明 我们已知，当 $F' \geq 0$, $F - 4F' \geq 0$, $F'' \geq 0$ 时，有

$$LHS = \int_M 2F'(S)S(S - n)\mathrm{d}v$$

$$= \int_M F''(S)|\nabla S|^2 + 2F'(S)|Dh|^2 + (F(S) - 4F'(S))n^2H^2\mathrm{d}v$$

$$= RHS.$$

因此，当 $0 \leq S \leq n$ 时，有估计

$$LHS \leq 0, \quad RHS \geq 0.$$

又因为

$$LHS = RHS,$$

所以

$$LHS = 0, \quad RHS = 0.$$

由此推出

$$S = 0,$$

或者

$$S = n, \quad Dh = 0, \quad H = 0.$$

对于前者为全测地超曲面，对于后者由上面的两个引理知为Clifford Torus，根据第10章的例子，可知为特殊的 $C_{(\frac{\pi}{2}, \frac{\pi}{2})}$. □

参考文献

[1] Simons J. Minimal varieties in Riemannian manifolds[J]. Ann. Math. 2nd Ser., 1968,88(1):62-105.

[2] Chern S S. Minimal submanifolds in a Riemannian manifold[M]. University of Kansas, Lawrence, 1968.

[3] Chern S S, do Carmo M, Kobayashi S. Minimal submanifolds of a sphere with second fundamental form of constant length[G]//Functional Analysis and Related Fields. Berlin:Springer-Verlag,1970:59-75.

[4] Hu Z J, Li H Z. Willmore submanifolds in Riemannian manifolds[J]. Proceedings of the Workshop, Contem. Geom. and Related Topics, 2005:251-275.

[5] Reilly C R. Variational peoperties of functions of the mean curvatures for hypersurfaces in space forms[J]. J.D.G., 1973, 8:465-477.

[6] Pedit F J, Willmore T J. Conformal geometry[J]. Modena XXXVI, 1988:237-245.

[7] Willmore T J. Notes on embedded surfaces[J]. Ann.Stiint.Univ. Al.I.Cuza Iasi Sect. I a Mat.(N.S.),1965,11:493-496.

[8] Willmore T J. Total curvature in Riemannian geometry[M]. Ellis Horwood Ltd, 1982.

[9] Willmore T J. Riemannian geometry[M]. Oxford:Oxford Science Pub, Clarendon Press, 1993.

[10] Chen B Y. Some conformal invariants of submanifolds and their applications[J]. Boll. Un. Math. Ital,1974,10:380-385.

[11] Wang C P. Moebius geometry of submanifolds in S^n[J]. Manuscr. Math,1998,96:517-534.

[12] Li H Z, Wang C P. Surfaces with vanishing Moebius form in Sn[J]. Acta Math. Sinica (Engl. Series), 2003,19:671-678.

[13] Nie C X, Li T Z, He Y J, Wu C X. Conformal isoparametric hyper-surfaces with two distinct conformal principal curvatures in confor-malspace[J]. Science in China Ser. A, 2010,53(4):953-965.

[14] Nie C X, Ma X, Wang C P. Conformal CMC-surfaces in Lorentzian space forms[J]. Chin. Ann. Math. (Ser.B),2007,28(3):299-310.

[15] Nie C X, Wu C X. Space-like hypersurfaces with parallel conformal second fundamental forms in the conformal space (in Chinese)[J]. Acta Math.Sinica,2008,51(4):685-692.

[16] Nie C X, Wu C X. Classification of type I time-like hyperspaces with parallel conformal second fundamental forms in the conformal space(in Chinese)[J].Acta Math. Sinica,2011,54(1):685-692.

[17] Wang C P. Surfaces in Moebius geometry[J]. Nagoya Math.J.1992, 125:53-72.

[18] Wang P. On the Willmore functional of 2-tori in some product Rieman-nian manifolds[J]. Arxiv, 1111.1114.

[19] Wang P. Generalized polar transforms of spacelike isothermic sur-faces[J]. Arxiv, 1111.1115.

[20] Ma X. Isothermic and S-Willmore surfaces as solutions to a Problem of Blascke[J].Results in Math.,2005,48:301-309.

[21] Ma X. Adjoint transforms of Willmore surfaces in S^n[J]. manuscripta math., 2006,120:163-179.

[22] Ma X, Wang P. Spacelike Willmore surfaces in 4-dimensional Lorentzian space forms[J]. Sci. in China: Ser. A, Math.,2008,51(9).

[23] Ma X, Wang P. Polar transform of Spacelike isothermic surfaces in 4-dimensional Lorentzian space forms[J].Results in Math.,2008,52: 347-358.

[24] Pinkall U. Inequalities of Willmore type for submanifolds[J]. Math. Z.,1986,193:241-246.

[25] Li H Z. Willmore hypersurfaces in a sphere[J]. Asian J.of Math., 2001,5:365-378.

[26] Li H Z. Willmore surfaces in a sphere[J]. Ann. Global Anal. Geom., 2002,21:203-213.

[27] Li H Z. Willmore submanifolds in a sphere[J]. Math. Research Letters,2002,9:771-790.

[28] Cheng S Y, Yau S T. Hypersurface with constant scalar curvature[J].Math.Ann.,1977,225:195-204.

[29] Li H Z, Simon U. Quantization of curvature for compact surfaces in a sphere[J]. Math.Z.,2003,245:201-216.

[30] Li H Z, Vrancken L. Newexamples of Willmore surfaces in S^n[J]. Ann. GlobalAnal. Geom.,2003,23:205-225.

[31] Hu Z J, Li H Z. Willmore Lagrangian spheres in the complex Euclidean space C^n[J]. Ann. Global Anal. Geom.,2004,25:73-98.

[32] Tang Zizhou, Yan Wenjiao. New examples of Willmore submanifolds in the unit sphere via isoparamatric functions[J].Arxiv, 1110.3557.

[33] Qian Chao, Tang Zizhou, Yan Wenjiao. New examples of Willmore submanifolds in the unit sphere via isoparamatric functions II[J]. Arxiv, 1204.2917.

[34] Li H Z, Wei G X. Compact embedded rotation hypersurfaces of S^{n+1}[J]. Bull. Braz.Math. Soc.,2007,38:81-99.

[35] Wei G, Cheng Q M, Li H. Embedded hypersurfaces with constant mth mean curvature in a unit sphere[J]. Commun. Contemp. Math.,2010,12: 997-1013.

[36] Palmer B. The conformal Gauss map and the stability of Willmore surfaces[J]. Ann. Global Anal. Geom.,1991,9(3):305-317.

[37] Palmer B. Second variational formulas for Willmore surfaces[G]// The problem of Plateau. World Sci. Publishing, River Edge, NJ, 1992,221-228.

[38] Guo Z, Li H Z, Wang C P. The second variation of formula for Willmore submanifolds in S^n[J]. Results in Math.,2001,40:205-225.

[39] Cai M. L^p Willmore functionals[J]. Proc. Amer. Math. Soc., 1999,127:569-575.

[40] Guo Z, Li H Z. A variational problem for submanifolds in a sphere[J]. Monatsh. Math.,2007,152:295-302.

[41] Wu L. A class of variation problems of submanifolds in space forms[J]. Houston Journal Math.,2009:147-162.

[42] Cao L F, Li H Z. r-minimal submanifolds in space forms[J]. Ann. Global Anal. Geom.,2007,32:311-341.

[43] Guo Z. Generalized Willmore functionals and related variational problems[J]. Diff. Geom. Appl.,2007,25:543-551.

[44] Zhou J Z. On the Willmore deficit of convex surfaces[J]. Lectures in Applied Mathematics of the Amer Math Soc,1994,30: 279-287.

[45] Zhou J Z. The Willmore functional and the containment problem in R4[J]. Science in China Series A: Mathematics,2007,50(3):325-333.

[46] Zhou J Z. On Willmore functional for submanifolds[J]. Canad Math. Bull,2007,50(3): 474-480.

[47] Zhou J Z, Jiang D, Li M, Chen F. On Ros' Theorem for Hypersurface[J]. Acta Math. Sinica,2009,52(6):1075-1084.

[48] Wu L, Li H Z. An inequality between Willmore functional and Weyl functional for submanifolds in space forms[J]. Monatsh Math.,2009,158:403-411.

[49] 马志圣. 一组Willmore 型泛函通过子流形的Betti数的下界估计[J]. 四川师范大学学报(自然科学版),2000 23(4):329-331.

[50] 马志圣. 欧氏空间中子流形上的管状超曲面的Willmore型不等式[J]. 四川师范大学学报(自然科学版),2000,23(5):455-457.

[51] 马志圣. 关于高维Willmore问题[J]. 数学学报,1999,42(6):1035-1046.

[52] 马志圣. 关于Willmore猜测的推论[J]. 数学年刊,1992,13A:116-120.

[53] Li H Z, Wei G X. Classification of Lagrangian Willmore submanifolds of the nearly Kaehler 6-sphere $S^6(1)$ with constant scalar curvature[J]. Glasgow Math. J.,2006,48:53-64.

[54] Luo Y. Legendrian stationary surfaces and Legendrian Willmore surfaces in $S^5(1)$[J]. Arxiv,1211.4227.

[55] Kobayashi O. A Willmore type problem for $S^2 @ S^2$[J]. Lect. Notes Math.,1987,1255:67-72.

[56] Castro I, Urbano F. Willmore surfaces of R^4 and the Whitney sphere[J]. Ann. Global Anal. Geom.,2001,19:153-175.

[57] Ejiri N. Willmore surfaces with a duality in $S^n(1)$[J]. Proc. London Math.Soc., III Ser.,1988,57:383-416.

[58] Minicozzi W P. The Willmore functional on Lagrangian tori: its relation to area and existence of smooth minimizers[J]. J. Amer. Math. Soc.,1995,8:761-791.

[59] Montiel S. Willmore two-spheres in the four-sphere[J]. Trans. Amer. Math. Soc.,2000,352:4469-4486.

[60] Musso E. Willmore surfaces in the four-sphere[J]. Ann. Global Anal. Geom.,1990,13:21-41.

[61] Montiel S, Urbano F. A Willmore functional for compact surfaces in the complex projective space[J]. J. Reine Angew. Math.,2002,546: 139-154.

[62] Ros A. The Willmore conjecture in the real projective space[J]. Math. Research Letters,1999,6:487-493.

[63] Arroyo J, Barros M, Garay O J. Willmore-Chen tubes on homogeneous spaces in warped product spaces[J]. Pacific. J. Math.,1999,188(2):201-207.

[64] Barros M. Free elasticae and Willmore tori in warped product spaces[J]. Glasgow Math.J.,1988,40:263-270.

[65] Barros M. Willmore tori in non-standard three spheres[J]. Math. Proc. Camb. Phil. Soc.,1997,121:321-324.

[66] Bryant R L. A duality theorem for Willmore surfaces[J]. J. Differ. Geom.,1984,20:23-53.

[67] Kusner R. Comparison surfaces for the Willmore problem[J]. Pacific J. Math.,1989,138:317-345.

[68] Li P, Yau S T. A new conformal invariant and its application to Willmore conjecture and the first eigenvalue of compact surface[J]. Invent. Math.,1982,69:269-291.

[69] Rigoli M. The conformal Gauss map of submanifolds of the Moebius space[J]. Ann. Global Anal. Geom.,1987,5:203-213.

[70] Rigoli M, Salavessa I M C. Willmore submanifolds of the Moebius space and a Bernstein-type theorem[J]. Manuscripta Math.,1993,81: 203-222.

[71] Topping P. Towards the Willmore conjecture[J]. Calc. Var. Partial Differential Equations,2000,11:361-393.

[72] Berdinsky D A, Taimanov I. Surfaces of revolution in the Heisenberg group and the spectral generalization of the Willmore functional[J]. Siberian Math. J.,2007,48(3):395-407.

[73] Simon Masnou, Giacomo Nardi. Gradient Young measures, varifolds, and a generalized Willmore functional,ARXiv 1112.2091

[74] Simon L. Existence of surfaces minimizing the Willmore energy[J]. Comm. Analysis Geometry,1993,1(2):281-326.

[75] Kuwert E, Bauer M. Existence of minimizing Willmore surfaces of prescribed genus[J]. Int. Math. Res. Not.,2003,10:553-576.

[76] Kuwert E, Schaetzle R. Removability of isolated singularities of Willmore surfaces[J]. Annals of Math.,2004,160(1):315-357.

[77] Kuwert E ,Schaetzle R. Branch points for Willmore surfaces[J]. Duke Math. J.,2007,138:179-201.

[78] Kuwert E, Lorenz J. On the Stability of the CMC Clifford Tori as Constrained Willmore Surfaces[J]. Arxiv,1206 4483

[79] Fernando C Marques, Andr′ e Neves. Min-Max Theory and the Willmore Conjecture[J]. Arxiv,1202.6036.

[80] Abresch U. Isoparametric hypersurfaces with four or six distinct principal curvatures[J]. Math.Ann.,1983,264:283-302.

[81] Cartan E. Sur des familles remarquables d'hypersurfaces isoparamètriques dans les espaces sphè riques[J]. Math. Z.,1939,45:335-367.

[82] Cartan E. Familles de surfaces isoparamètriques dans les espaces à courbure constante[J]. Annali di Mat.,1938,17: 177-191.

[83] Munzner H F. Isoparametrische hyperflachen in sharen I[J]. Math.Ann.,1980,251:57-71.

[84] Nomizu K. Some results in E.cartan's theory of isoparametric families[J]. Bull. Amer. Math. Soc., 1973,79:1183-1188.

[85] Ge J Q, Tang Z Z. Isoparametric functions and exotic spheres[J]. arXiv,1003.0355.

[86] Ge J Q, Tang Z Z. Geometry of isoparametric hypersurafces in Riemannian manifolds[J]. arXiv,1006.2577.

[87] Ge J Q, Tang Z Z. Chern conjecture and isoparametric hypersurfaces. arXiv,1008.3683.

[88] Ge J Q, Xie Y Q. Gradient map of isoparametric polynomial and its application to Ginzburg-Landau system[J]. J. Funct. Anal., 2010, 258:1682-1691.

[89] Peng J G, Tang Z Z. Brouwer degrees of gradient maps of isoparametric functions[J]. Science in China Series A,1996,39(11): 1131-1139.

[90] Stolz S. Multiplicities of Dupin hypersurfaces[J]. Invent.Math., 1999,138:253-279.

[91] Tang Z Z. Isoparametric hypersurfaces with four distinct principal curvatures[J]. Chinese Sci. Bull.,1991,36:1237-1240.

[92] Tang Z Z. Multiplicities of equifocal hypersurfaces in symmetric spaces[J]. Asian J. Math.,1998,2:181-214.

[93] Huisken G. Flow by mean curvature of convex surfaces in to shperes[J]. J.D.G.,1984,20:237-266.

[94] Li Anmin, Li Jimin. An Intrinsic Rigidity Theorem for Minimal Submanifolds in a Sphere[J]. Arch. Math.,1992,58:582-594.

[95] Makoto Sakaki. Remarks on the Rigidity and Stability of Minimal Submanifolds[J]. Proceedings of the American Mathematical Society,1989, 106(3):793-795.

[96] Shen Yibing. On Intrinsic Rigidity for Minimal Submanifolds in a Sphere[J]. Science in China,1989,32(7):769-781,.

[97] Qing Chen, Senlin Xu. Rigidity of Compact Minimal Submanifolds in a Unit Sphere[J]. Geometriae Dedicata,1993,45:83-88.

[98] Liu Jin(刘进), Jian Huaiyu. F-Willmore submanifold in space forms[J]. Front. Math. China,2011,6(5):871-886.

[99] Liu Jin(刘进), Jian Huaiyu. The hyper-surfaces with two linear dependent mean curvature functions in space forms[J]. Sci. China Math., 2011,54(12):2635-2650.

[100] 刘进, 简怀玉. 空间形式中具有两个线性相关平均曲率函数的超曲面[J]. 中国科学:数学, 2011,41(7):651-668.

[101] 刘进. 子流形平均曲率向量场的线性相关性[J]. 数学学报,2013,5(5).

[102] 刘进. F-Willmore曲面的间隙现象[J]. 数学年刊,2013.

[103] 刘进. 子流形变分理论[M]. 长沙：国防科技大学出版社,2013.

[104] 刘进. Willmore泛函的变分法研究[M].长沙：国防科技大学出版社,2013.

[105] 陈省身, 陈维桓. 微分几何讲义:第二版[M]. 北京：北京大学出版社,2001.

[106] 丘成桐, 孙理察. 微分几何讲义[M]. 北京:高等教育出版社,2004.